电子技术

主　编　李良光

副主编　曹成茂　黄友锐

编　委　（以姓氏笔画为序）

李良光　邱月友　吴　敏

赵秀华　曹成茂　黄友锐

合肥工业大学出版社

内 容 简 介

本书是按照教育部高等学校教学指导委员会电工电子课程分会最新制定的《电子技术（电工学Ⅱ）课程教学基本要求》组织编写的21世纪课程教材，全书共分8章。第1章介绍半导体基础知识和核心器件——二极管与三极管；第2章介绍分立元件放大电路；第3章介绍集成运算放大器及其应用；第4章介绍正、负反馈的理论与应用；第5章介绍直流稳压电源及其应用；第6章介绍逻辑门电路与组合逻辑电路；第7章介绍时序逻辑电路；第8章介绍半导体存储器。另外，提供了包括模拟、数字电路常用元器件参数的附录。

本书可作为高等学校非电类各专业电子技术课程的教材，也可供电子技术、工程技术人员及电子技术爱好者阅读。

图书在版编目（CIP）数据

电子技术/李良光主编．—合肥：合肥工业大学出版社，2008.7（2015.2重印）
ISBN 978-7-81093-759-7

Ⅰ．电…　Ⅱ．李…　Ⅲ．电子技术　Ⅳ．TN

中国版本图书馆CIP数据核字（2008）第083923号

电 子 技 术

主编　李良光　　　　责任编辑　陆向军

出　版	合肥工业大学出版社	版　次	2008年7月第1版
地　址	合肥市屯溪路193号	印　次	2015年2月第5次印刷
邮　编	230009	开　本	787毫米×1092毫米　1/16
电　话	综合编辑部：0551-62903028	印　张	15.75　　字　数　348千字
	市场营销部：0551-62903198	印　数	12001—13001册
网　址	www.hfutpress.com.cn	印　刷	合肥现代印务有限公司
E-mail	hfutpress@163.com	发　行	全国新华书店

ISBN 978-7-81093-759-7　　　　定价：32.00元

如果有影响阅读的印装质量问题，请与出版社市场营销部联系调换。

前　言

本书是按照教育部高等学校教学指导委员会电工电子课程分会最新制定的《电子技术(电工学Ⅱ)课程教学基本要求》组织编写的21世纪课程教材,可作为高等学校非电类各专业电子技术课程的教材,与黄友锐等编写的《电工技术》一书配套使用。

随着集成电路技术的发展,实际应用中集成器件逐步取代分立元件电路。本书在兼顾分立元件电路的同时,把重点放在集成电路的应用方面。考虑到各院校非电类专业电子技术课程的课时普遍有所减少,因此我们精简了部分陈旧的和与专业相关性较小的内容,增加了实用技术知识。另外,考虑到各专业本科生对计算机应用的需要,仍保留了"半导体存储器"等章节。为了便于学生理解,书中选编了较多的应用实例和例题,并配有相关的课后习题和部分习题答案。加"*"号的部分为选讲内容。

本书参考学时数为42～54学时(含实验)。

全书包括了模拟电子技术和数字电子技术两部分内容,共8章。参加编写的人员有安徽理工大学电气与信息工程学院李良光(第4、5章),黄友锐(第3章、附录);安徽农业大学工学院曹成茂(第2章),吴敏(第1章);安徽工程科技学院赵秀华(第7、8章),邱月友(第6章)。

本书在编写与出版过程中得到了相关院校、合肥工业大学出版社的大力支持和友好人士的帮助,在此表示由衷的谢意。

由于我们水平有限,并且是几所院校联合编写,书中错误和不当之处在所难免,敬请读者给予批评指正。

编　者

2008年7月

目　录

第1章　二极管和三极管

本章首先介绍半导体中的载流子和半导体的导电规律，接着讨论半导体器件的核心环节——PN结，并重点讨论二极管和三极管的物理结构、工作原理、特性曲线和主要参数以及二极管和三极管的基本电路；在此基础上，对稳压二极管和光电子器件的特性与应用也给予了简要的介绍。在半导体基础知识方面，着重阐述一些基本概念。对半导体器件，按"管为路用"的原则，重点介绍它们的外部特性，以便能正确使用和合理选择这些器件。

1.1　半导体的导电特性

导电能力介乎导体和绝缘体之间的物质称为半导体，如硅、锗、硒以及大多数金属氧化物和硫化物都是半导体。很多半导体的导电能力在不同条件下有很大的差别。例如有些半导体（如钴、锰、镍等的氧化物）对温度的反应特别灵敏，环境温度升高时，它们的导电能力要增强很多。利用这种特性就做成了各种热敏电阻。又如有些半导体（如锡、铅等的硫化物与硒化物）受到光照时，它们的导电能力变得很强；当无光照时，又变得像绝缘体那样不导电。利用这种特性就做成了各种光敏电阻。另外，如果在纯净的半导体中掺入某种微量的杂质，它的导电能力就会有显著增加。例如，在纯硅中掺入百万分之一的硼后，硅的电阻率就从大约 $2\times10^{3}\Omega\cdot m$ 降低到 $4\times10^{-3}\Omega\cdot m$ 左右。利用这种特性就做成了各种不同用途的半导体器件，如二极管、三极管、场效应管及晶闸管等。

半导体的上述这些特点说明，半导体的导电机理必然不同于其他物质。为了理解这些特点，必须了解半导体物质的内部结构和导电机理。

1.1.1　本征半导体

在电子器件中，用得最多的材料是锗和硅。图 1－1 是锗和硅的原子结构图，它们都是四价元素，在原子结构中，最外层轨道上有四个价电子。物质的化学性质是由价电子决定的，半导体的导电性质也与价电子有关，因此，价电子是我们要研究的对象。半导体与金属和许多绝缘体一样，均具有晶体结构，将锗或硅材料提纯（去掉无用杂质）并形成单晶体后，所有原子便基本上整齐排列，其立体结构图与平面示意图分别如图 1－2 和图 1－3 所示。半导体一般都具有这种晶体结构，所以半导体也称为晶体，这就是晶体管名称的由来。

本征半导体是一种完全纯净的、具有晶体结构的半导体。

在本征半导体的晶体结构中，每一个原子与相邻的四个原子结合。每一原子的一个价电子与另一原子的一个价电子组成一个电子对。这对价电子是每两个相邻原子共有的，它们把相邻的原子结合在一起，构成所谓共价键的结构。

但是，半导体共价键中的价电子并不像在绝缘体中被束缚得那样紧，在获得一定能量（温度增高或受光照）后，即可挣脱原子核的束缚（电子受到激发），成为自由电子。温度愈高，晶体中产生的自由电子便愈多。

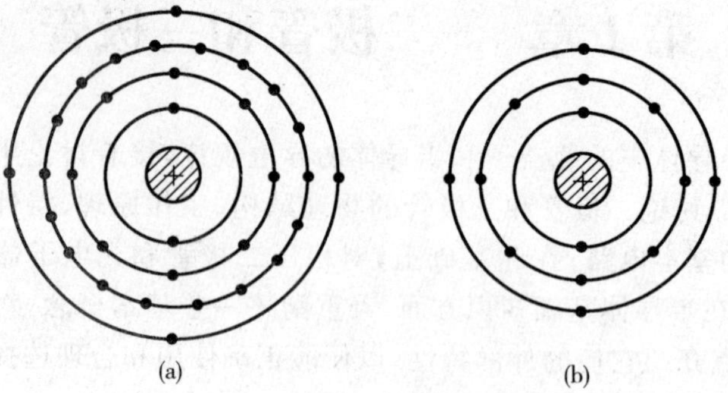

图 1－1　锗和硅的原子结构

（a）锗 Ge　（b）硅 Si

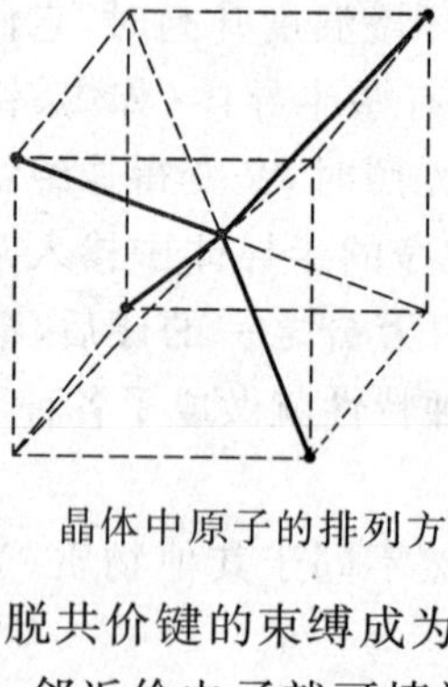

图 1－2　晶体中原子的排列方式

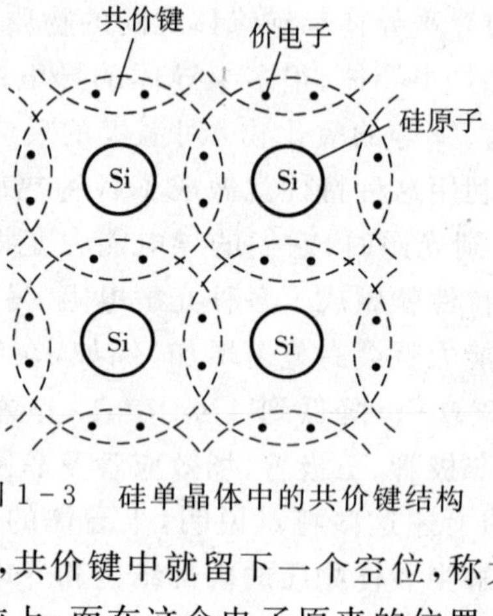

图 1－3　硅单晶体中的共价键结构

当电子挣脱共价键的束缚成为自由电子后，共价键中就留下一个空位，称为空穴。在外电场的作用下，邻近价电子就可填补到这个空位上，而在这个电子原来的位置上，又留下新的空位，以后其他电子又可转移到这个新的空位中，如图 1－4 所示。如此继续下去，就好像空穴在运动。而空穴运动的方向与价电子运动的方向相反，因此空穴运动相当于正电荷的运动，我们认为空穴是一种带正电荷的载流子。

因此，在半导体中存在两种载流子：带负电荷的自由电子和带正电荷的空穴。当半导体两端被施加外电压时，半导体中将出现两部分电流：一是自由电子做定向运动所形成的电子电流，一是仍被原子核束缚的价电子（注意：不是自由电子）递补空穴所形成的空穴电流。在半导体中，同时存在着电子导电和空穴导电，这是半导体导电方式的最大特点，也是半导体和金属在导电原理上的本质差别。

本征半导体中的自由电子和空穴总是成对出现，同时又不断复合。温度愈高，载流子数目愈多，导电性能也就愈好。所以，温度对半导体器件性能的影响很大。

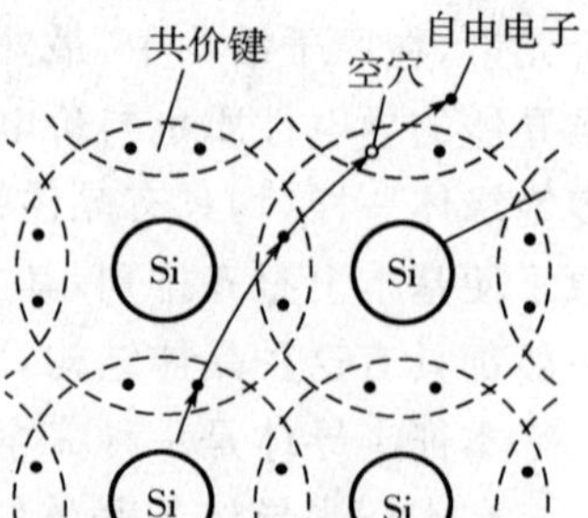

图 1－4　空穴和自由电子的形成

1.1.2　N型半导体和P型半导体

本征半导体的导电能力是很弱的，但如果在其中掺入微量的杂质（某种元素），就会使掺杂后的半导体的导电性能大大增强。掺入杂质的半导体称为杂质半导体，有N型和P型两类。

1. N型半导体

在硅（或锗）的晶体中掺入磷（或其他五价元素），磷原子的最外层有五个价电子（图1-5）。掺杂后磷原子就替代了晶格中某些硅原子，它的五个价电子中有四个与周围的硅原子结成共价键，多余的一个价电子处在共价键之外。磷原子对这个多余的价电子束缚力较弱，在室温下它就可以被激发成自由电子，同时磷原子变成带正电荷的离子（图1-6）。这种杂质半导体中电子的浓度是同一温度下本征半导体中电子的浓度的很多倍，这就大大增强了半导体的导电能力，我们把这种杂质半导体称为N型半导体。在N型半导体中电子的浓度远大于空穴的浓度，所以称电子为多数载流子（简称多子），空穴称为少数载流子（简称少子）。

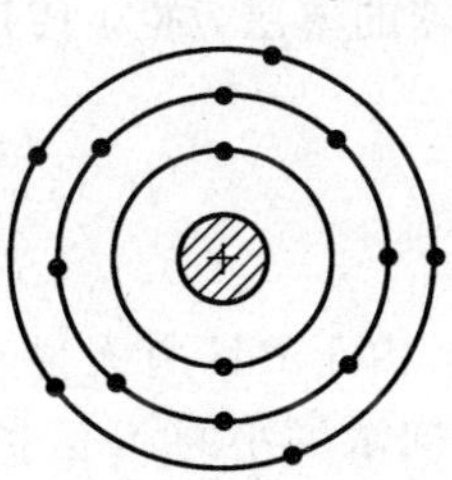

图1-5　磷原子的结构

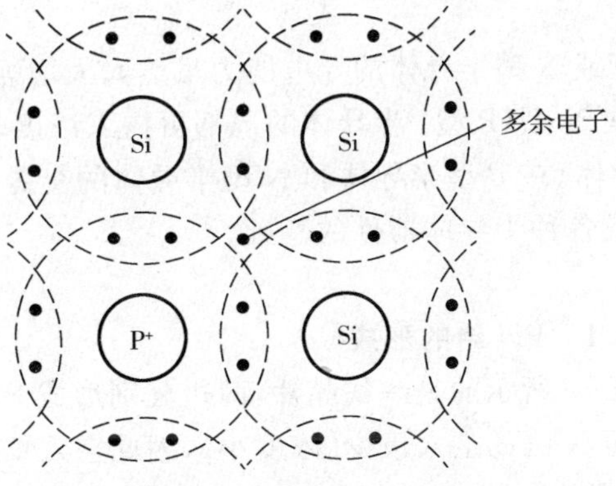

图1-6　硅晶体中掺磷后出现自由电子

例如在室温27℃时，每立方厘米纯净的硅晶体中约有自由电子或空穴1.5×10^{10}个，掺杂后成为N型半导体，其自由电子数目可增加几十万倍。由于自由电子增多而增加了复合的机会，空穴数目便减少到每立方厘米2.3×10^{5}个以下。故在N型半导体中，自由电子是多数载流子，而空穴则是少数载流子。

2. P型半导体

在硅（或锗）的晶体中掺入微量的硼（或其他三价元素），每个硼原子的最外层只有三个价电子（图1-7）。硼原子的三个价电子与周围的硅原子形成共价键时，出现一个空穴（图1-8）。当相邻共价键上的电子受到热振动或在其他激发条件下获得能量时，就有可能填补这个空位，使硼原子成为不能移动的负离子。这种杂质半导体中空穴是多子，而电子是少子，称为P型半导体。在P型半导体中，空穴是多数载流子，自由电子是少数载流子。

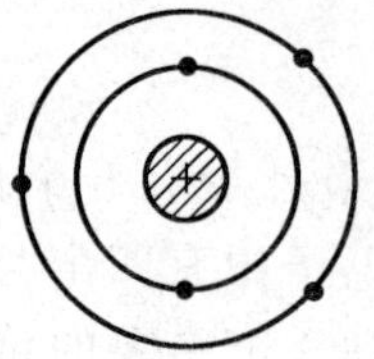

图 1-7　硼原子的结构

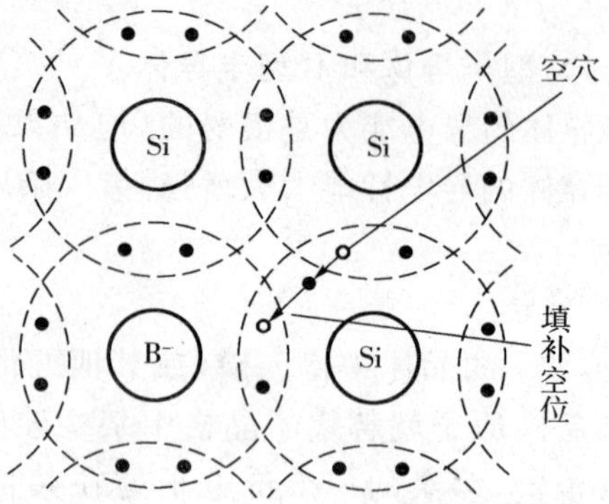

图 1-8　硅晶体中掺硼后出现空穴

应注意，不论是N型半导体还是P型半导体，虽然它们都有一种载流子占多数，但是整个晶体仍然是不带电的。

1.2　PN结及其单向导电性

P型或N型半导体的导电能力虽然大大增强，但并不能直接用来制造半导体器件。通常是在一块N型(P型)半导体的局部再掺入浓度较大的三价(五价)杂质，使其变为P型(N型)半导体。在P型半导体和N型半导体的交界面就形成一个特殊的薄层，称为PN结。PN结是构成各种半导体器件的基础。

1.2.1　PN结的形成

图1-9所示的是一块晶片，两边分别形成P型和N型半导体。由于P区有大量空穴(浓度大)，而N区的空穴极少(浓度小)，因此空穴要从浓度大的P区向浓度小的N区扩散。

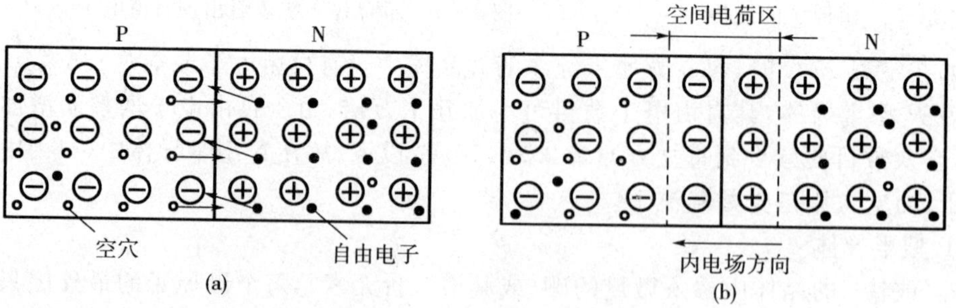

图 1-9　PN结的形成

首先是交界面附近的空穴扩散到N区，在交界面附近的P区留下一些带负电的三价杂质离子，形成负空间电荷区。同样，N区的自由电子要向P区扩散，在交界面附近的N区留下带正电的五价杂质离子，形成正空间电荷区。这样，在P型半导体和N型半导体交界面的两侧就形成了一个空间电荷区，这个空间电荷区就是PN结。

形成空间电荷区的正负离子虽然带电，但是它们不能移动，不参与导电，而在这区域内载流子极少，所以空间电荷区的电阻率很高。此外，这区域内多数载流子已扩散到对方并复合掉了，或者说消耗尽了，所以空间电荷区有时称为耗尽层。

正负空间电荷在交界面两侧形成一个电场，称为内电场，其方向从带正电的N区指向带负电的P区，如图1-9(b)所示。由P区向N区扩散的空穴在空间电荷区将受到内电场的阻力，而由N区向P区扩散的自由电子也将受到内电场的阻力，即内电场对多数载流子(P区的空穴和N区的自由电子)的扩散运动起阻挡作用，所以空间电荷区又称为阻挡层。

空间电荷区的内电场对多数载流子的扩散运动起阻挡作用，这是一个方面。但另一方面，内电场对少数载流子(P区的自由电子和N区的空穴)则可推动它们越过空间电荷区，进入对方。少数载流子在内电场作用下有规则的运动称为漂移运动。扩散和漂移是互相联系又是互相矛盾的。在开始形成空间电荷区时，多数载流子的扩散运动占优势。但在扩散运动进行的过程中，空间电荷区逐渐加宽，内电场逐步加强。于是在一定条件下(例如温度一定时)，扩散运动和漂移运动达到动态平衡。也就是如图1-10中所示的那样，P区的空穴(多数载流子)向右扩散的数量与N区的空穴(少数载流子)向左漂移的数量相等；对自由电子来说也是这样。达到平衡后，空间电荷区的宽度基本上稳定下来，PN结就处于相对稳定的状态。

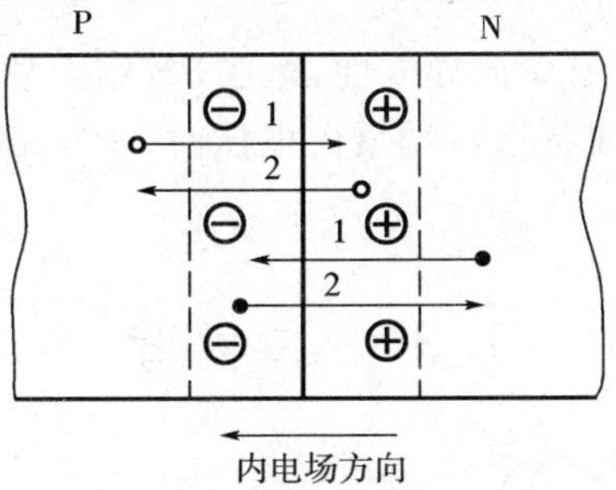

图1-10 扩散运动与漂移运动达到平衡

1—多数载流子扩散运动的方向； 2—少数载流子漂移运动的方向

1.2.2 PN结的单向导电性

在PN结上加正向电压，即P区接电源正极，N区接电源负极[图1-11(a)]。由图可见，外电场与内电场的方向相反，因此扩散与漂移运动的平衡被破坏。外电场驱使P区的空穴进入空间电荷区抵消一部分负空间电荷，同时N区的自由电子进入空间电荷区抵消一部分正空间电荷。于是，整个空间电荷区变窄，内电场被削弱，多数载流子的扩散运动增强，形成较大的扩散电流(正向电流)。在一定范围内，外电场愈强，正向电流(由P区流向N区的电流)愈大，这时PN结呈现的电阻很低。外电源不断地向半导体提供电荷，使电流得以维持。

当在PN结加反向电压，即P区接电源负极，N区接电源正极[图1-11(b)]时，则外电场与内电场方向一致，这也破坏了扩散与漂移运动的平衡。外电场驱使空间电荷区两侧的空穴和自由电子移走，使得空间电荷增加，空间电荷区变宽，内电场增强，使多数载流子的扩散运动难于进行。但另一方面，内电场的增强也加强了少数载流子的漂移运动，在外电场的作用下，N区中的空穴越过PN结进入P区，P区中的自由电子越过PN结进入N区，在电路中形成了反向电流（由N区流向P区的电流）。由于少数载流子数量很少，因此反向电流不大，即PN结呈现的反向电阻很高。又因为少数载流子是由于价电子获得热能（热激发）挣脱共价键的束缚而产生的，环境温度愈高，少数载流子的数量愈多，所以，温度对反向电流的影响很大。

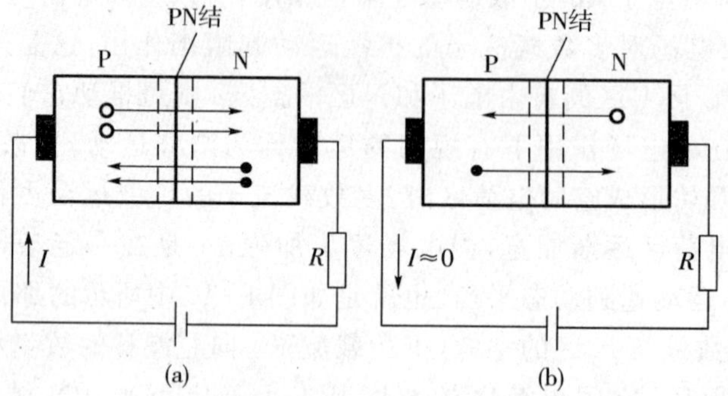

图1-11　PN结的单向导电性

(a) 加正向电压　(b) 加反向电压

由以上分析可知，PN结具有单向导电性，即在PN结上加正向电压时，PN结电阻很低，正向电流较大（PN结处于导通状态）；加反向电压时，PN结电阻很高，反向电流很小（PN结处于截止状态）。

1.3　二极管

1.3.1　基本结构

将PN结引出两个电极引线和管壳，就成为二极管。按管芯结构分，二极管可分为点接触型、面接触型和平面型三类。点接触型二极管如图1-12(a)所示。它的PN结结面积很小（结电容小），因此不能通过较大电流和承受高的反向电压，但其高频性能好，故一般适用于高频和小电流整流的工作，也可用作数字电路中的开关元件。面接触型二极管（一般为硅管）如图1-12(b)所示。它的PN结结面积大（结电容大），故可通过较大电流，但其工作频率较低，一般用作整流。平面型二极管如图1-12(c)所示，可用作大功率整流管和数字电路的开关管。图1-12(d)是二极管的表示符号。

图1-13是常见的二极管的外形图。

1.3.2　伏安特性

二极管既然是一个PN结，当然具有单向导电性，其伏安特性曲线如图1-14所示。由图可见，当外加正向电压很低时，外电场还不足以克服PN结的内电场，因而这时的正向电流几乎为零。当正向电压超过一定数值后，内电场被大大削弱，电流增加很快。这个一定数值的正向电压称为死区电压或开启电压，其大小与材料及环境温度有关。通常，硅管的死区电压约为 0.5V，锗管约为 0.1V。导通时的正向压降，硅管约为 0.6 ～ 0.8V，锗管约为 0.2 ～ 0.3V。

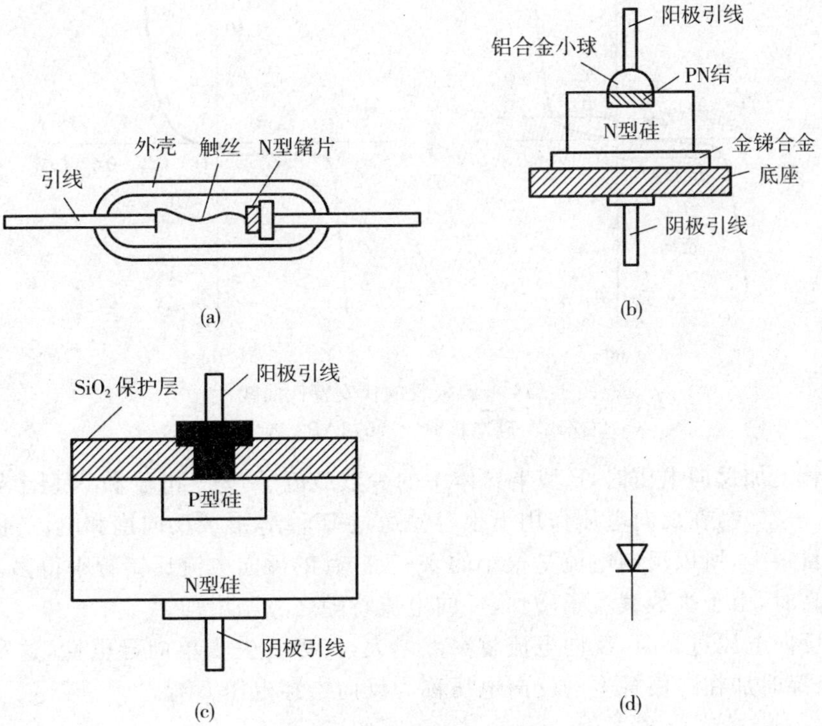

图 1－12　半导体二极管

(a) 点接触型二极管　(b) 面接触型二极管　(c) 平面型二极管　(d) 表示符号

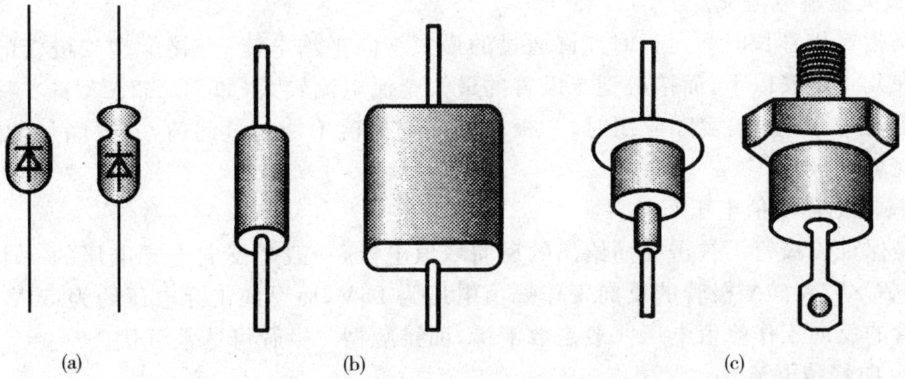

图 1－13　常见二极管外形图

(a) 玻璃封装二极管　(b) 塑料封装二极管　(c) 金属封装中、大功率二极管

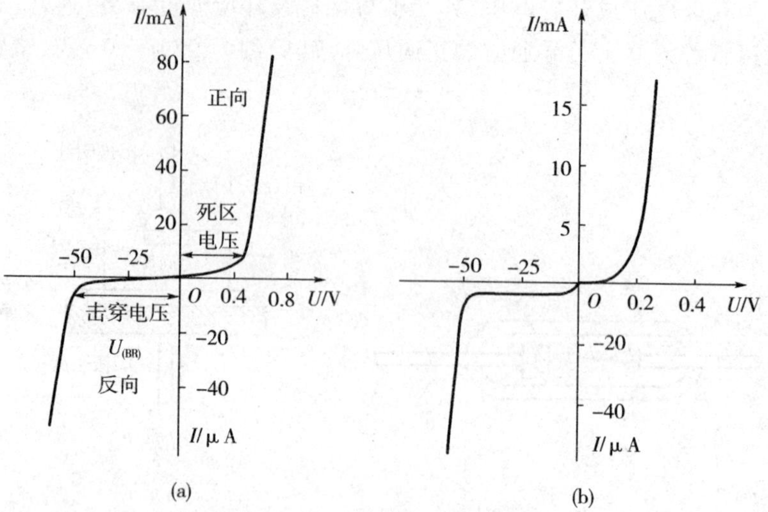

图 1-14 二极管的伏安特性曲线

(a)2CZ52A 硅二极管 (b)2AP2 锗二极管

在二极管上加反向电压时，P 型半导体中的少数载流子——电子和 N 型半导体中的少数载流子——空穴，在反向电压作用下很容易通过 PN 结，形成反向饱和电流。但由于少数载流子的数目很少，所以反向电流是很小的。一般硅管的反向电流比锗管小得多。

温度升高时，由于少数载流子增加，反向电流将随之急剧增加。

当外加反向电压过高时，反向电流将突然增大，二极管失去单向导电性，这种现象称为击穿。产生击穿时加在二极管上的反向电压称为反向击穿电压 $U_{(BR)}$。

1.3.3 主要参数

二极管的特性除用伏安特性曲线表示外，还可用一些数据来说明，这些数据就是二极管的参数。二极管的主要参数有下面几个。

1. 最大整流电流 I_{OM}

它是指二极管长时间运行时允许通过的最大正向平均电流。点接触型二极管的最大整流电流在几十毫安以下。面接触型二极管的最大整流电流较大，如 2CZ52A 型硅二极管的最大整流电流为 100mA。实际应用时，二极管的平均电流不能超过此值，并要满足散热条件，否则会烧坏二极管。

2. 反向工作峰值电压 U_{RWM}

它是保证二极管不被击穿而给出的反向峰值电压，一般是反向击穿电压的一半或三分之二。如 2CZ52A 硅二极管的反向工作峰值电压为 25V，而反向击穿电压约为 50V。点接触型二极管的反向工作峰值电压一般是数十伏，面接触型二极管可达数百伏。

3. 反向峰值电流 I_{RM}

它是指在二极管上加反向工作峰值电压时的反向电流值。此值越小，二极管的单向导电性越好，并且此值受温度的影响大，在高温运行时要特别注意。硅管的反向电流较小，一般在几个微安以下。锗管的反向电流较大，为硅管的几十到几百倍。

二极管的应用范围很广，主要都是利用它的单向导电性。它可用于整流、检波、限幅、元件保护以及在数字电路中作为开关元件等。

【例 1-1】 图 1-15(a) 中的 R 和 C 构成一微分电路。当输入电压 u_I 如图 1-15(b) 中所示时，试画出输出电压 u_o 的波形。设 $u_{c(0)}=0$。

【解】 在 $0\sim t_1$ 期间，电容器很快被充电，其上电压为 U，极性如图中所示。这时 u_o 为零，u_R 为一正尖脉冲。在 $t_1\sim t_2$ 期间，u_I 在 t_1 瞬间由 U 下降到零，在 t_2 瞬间又由零上升到 U。在 t_1 瞬间，电容器经 R 和 R_L 分两路放电，二极管 D 导通，u_R 和 u_o 均为负尖脉冲。

在 t_2 瞬间，u_I 只经过 R 对电容器充电，u_R 为一正尖脉冲；这时二极管截止，u_o 为零。输出电压 u_o 的波形如图 1-15(b) 所示。

在这里，二极管起检波作用，除去正尖脉冲。

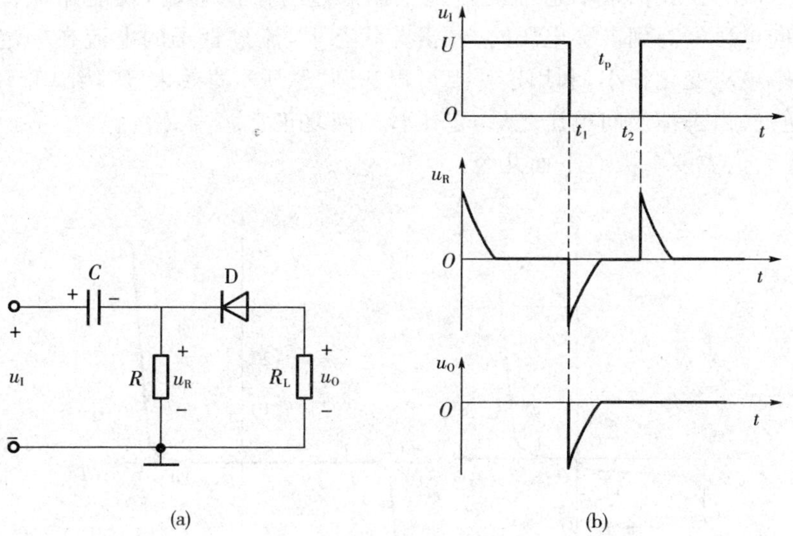

图 1-15　例 1-1 图

【例 1-2】 在图 1-16 中，输入端 A 的电位 $V_A=+3V$，B 的电位 $V_B=0V$，求输出端 Y 的电位 V_Y。电阻 R 接负电源 $-12V$。

【解】 因为 A 端电位比 B 端电位高，所以 D_A 优先导通。如果二极管的正向压降是 0.3V，则 $V_Y=+2.7V$。当 D_A 导通后，D_B 上加的是反向电压，因而截止。

在这里，D_A 起钳位作用，把 Y 端的电位钳住在 $+2.7V$；D_B 起隔离作用，把输入端 B 和输出端 Y 隔离开来。

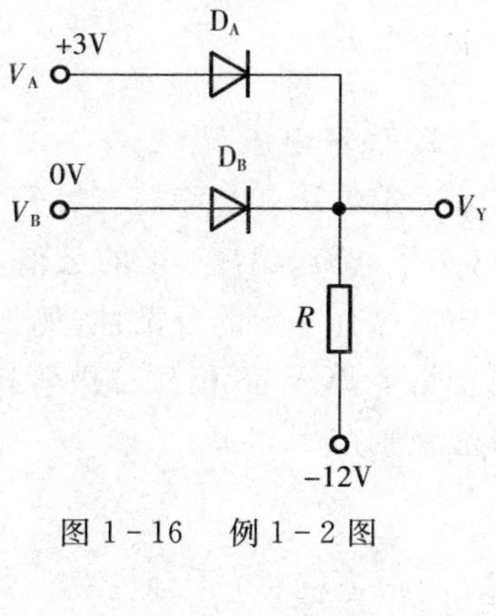

图 1-16　例 1-2 图

1.4　稳压二极管

稳压二极管是一种用特殊工艺制造的的面接触型半导体硅二极管。由于它在电路中与适当数值的电阻配合后能起稳定电压的作用，故称为稳压二极管。其表示符号如图 1－17 所示。

稳压二极管的伏安特性曲线与普通二极管的类似，如图 1－18 所示，其差异是稳压二极管的反向特性曲线比较陡。

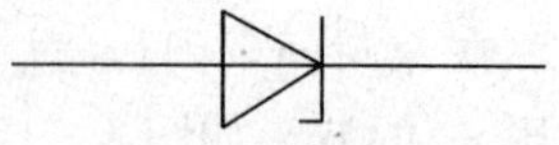

图 1－17　稳压二极管表示符号

稳压二极管工作于反向击穿区。但是击穿并不一定意味着管子的损坏，只要我们采取适当的措施限制通过管子的电流，就能保证管子不因过热而烧坏。当反向电压增高到击穿电压时，在击穿状态下，流过管子的电流在一定范围内变化时，管子的两端电压变化很小，利用这一点可以达到“稳压”的效果。PN 结（稳压二极管）的电击穿是可逆的。当去掉反向电压之后，稳压管又恢复正常。

稳压二极管的主要参数有下面几个：

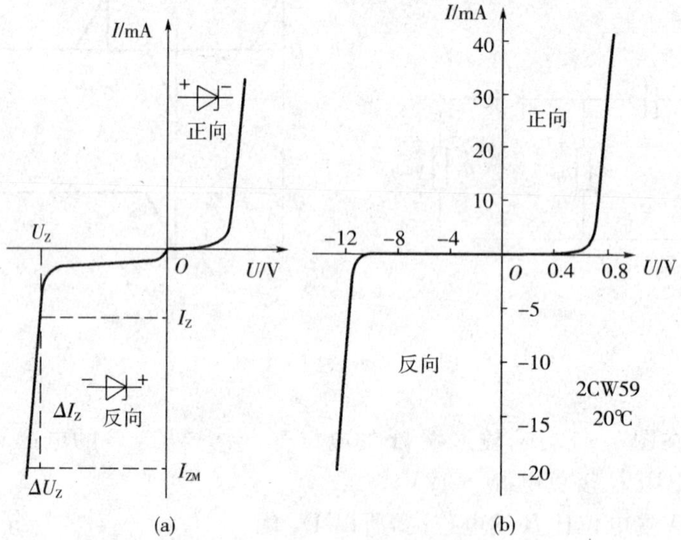

图 1－18　稳压二极管的伏安特性曲线

1. 稳定电压 U_Z

稳定电压就是稳压二极管在击穿状态下管子两端的电压。手册中所列的都是在一定条件（工作电流、温度）下的数值，即使是同一型号的稳压二极管，由于工艺方面和其他原因，稳压值也有一定的分散性。例如 2CW58 稳压二极管的稳压值为 9.2 ～ 10.5V。这就是说，如果把一个 2CW58 稳压二极管接到电路中，它可能稳压在 10V；再换一个 2CW58 稳压管，则可能稳压在 10.5V。

2. 电压温度系数 α_U

这个系数说明稳压值受温度变化影响的大小。其数值为温度每升高1℃时稳定电压值的相对变化量。例如2CW59稳压二极管的电压温度系数是0.095 %/℃，就是说温度每增加1℃，它的稳压值将升高0.095%，假如在20℃时的稳压值是11V，那么在50℃时的稳压值将是

$$[11+\frac{0.095}{100}(50-20)\times 11]\text{V}\approx 11.3\text{V}$$

一般来说，低于6V的稳压二极管，它的电压温度系数是负的；高于6V的稳压二极管，电压温度系数是正的；而在6V左右的管子，稳压值受温度的影响就比较小。因此，选用稳定电压为6V左右的稳压管，可得到较好的温度稳定性。

3. 动态电阻 r_Z

动态电阻是指稳压二极管两端电压和通过稳压二极管的电流两者的变化量的比值，即

$$R_Z=\frac{\Delta U_Z}{\Delta I_Z} \tag{1-1}$$

稳压二极管的反向伏安特性曲线愈陡，则动态电阻愈小，稳压性能愈好。

4. 稳定电流 I_Z

稳压二极管的稳定电流只是一个参考数值，设计选用时要根据具体情况（例如工作电流的变化范围）来考虑。但对每一种型号的稳压二极管，都规定有一个最大稳定电流 I_{ZM}。

5. 最大允许耗散功率 P_{ZM}

稳压二极管不致发生热击穿的最大功率损耗 $P_{ZM}=U_Z I_{ZM}$。

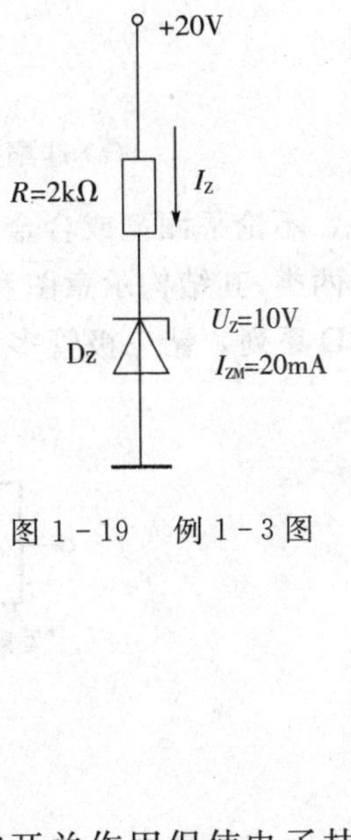

图1-19　例1-3图

【例1-3】　在图1-19中，通过稳压管的电流 I_Z 等于多少？R 是限流电阻，其值是否合适？

【解】　$I_Z=\frac{20-10}{2\times 10^3}\text{A}=5\times 10^{-3}\text{A}=5\text{mA}$

$I_Z<I_{ZM}$，电阻值合适。

1.5　三极管

半导体三极管，是最重要的一种半导体器件。它的放大作用和开关作用促使电子技术飞跃发展。三极管的特性是通过特性曲线和工作参数来分析研究的。但是为了更好地理解和熟悉管子的外部特性，首先要简单介绍管子内部的结构和载流子的运动规律。

1.5.1　基本结构

三极管的结构，目前最常见的有平面型和合金型两类（图1-20）。硅管主要是平面型，锗管都是合金型。常见三极管的外形如图1-21所示。

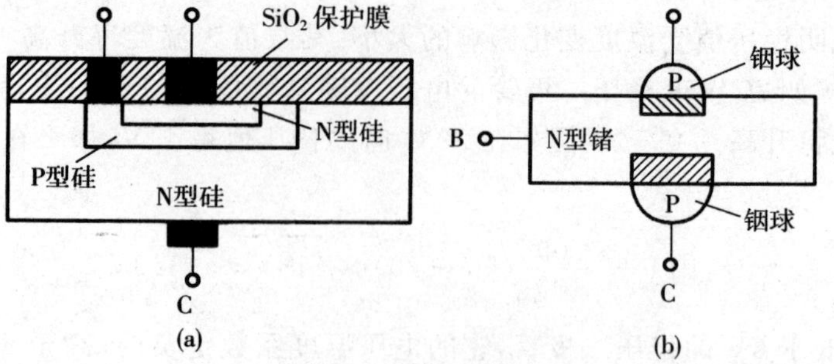

图 1-20　三极管的结构

(a) 平面型　(b) 合金型

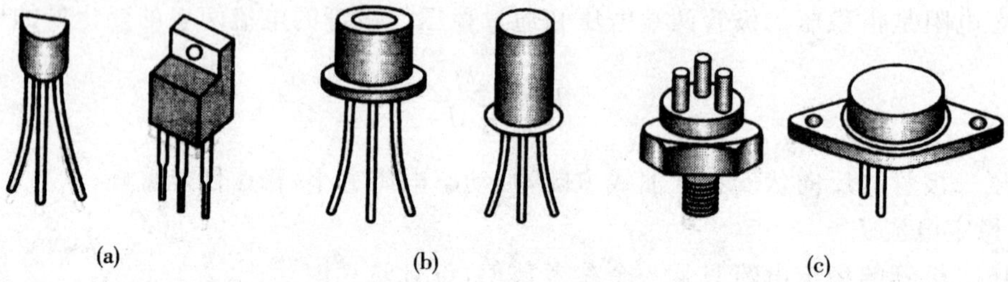

图 1-21　常见三极管的外形图

(a) 硅酮塑料封装　(b) 金属封装小功率管　(c) 金属封装大功率管

不论平面型或合金型，都分成 NPN 或 PNP 三层，因此又把三极管分为 NPN 型和 PNP 型两类，其结构示意图和表示符号如图 1-22 所示。当前国内生产的硅三极管多为 NPN 型(3D 系列)，锗三极管多为 PNP 型(3A 系列)。

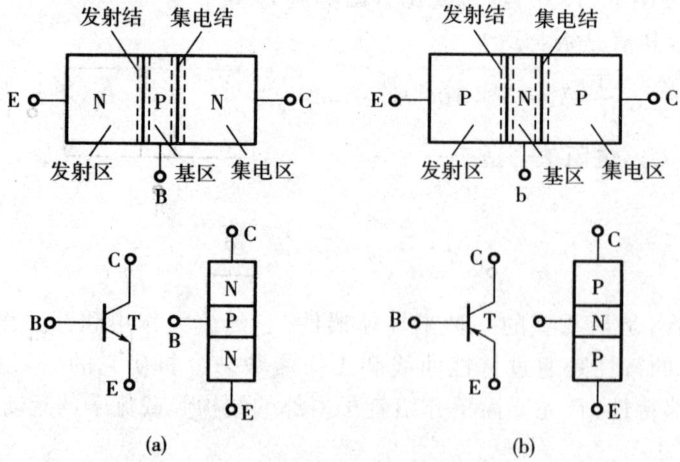

图 1-22　三极管的结构示意图和表示符号

(a)NPN 型三极管　(b)PNP 型三极管

每一类都分成基区、发射区和集电区，分别引出基极 B、发射极 E 和集电极 C。每一类都有两个 PN 结。基区和发射区之间的结称为发射结，基区和集电区之间的结称为集电结。三极管在制造工艺上的特点有：发射区是高浓度掺杂区，基区很薄且杂质浓度低，集电结面积大。这样能保证三极管具有电流放大作用。

NPN 型和 PNP 型三极管的工作原理类似，仅在使用时电源极性联接不同而已。下面以 NPN 型三极管为例来分析讨论。

1.5.2　电流分配和放大原理

为了了解三极管的放大原理和其中电流的分配，我们先做一个实验，实验电路如图 1－23 所示。把三极管接成两个电路：基极电路（称为输入回路）和集电极电路（称为输出回路）。由于输入和输出回路以发射极为公共端，所以称为共发射极电路（简称共射电路）。为了体现放大作用，首先必须保证有载流子运动，因此发射结要正向偏置，这一条由电源 E_B 的极性实现；其次，集电极电流必须是由发射区越过基区来的电子流所形成，而不是集电区本身的多子运动，这才能体现基极的控制作用。所以集电结要反向偏置，电源 E_C 的极性实现了这一要求。

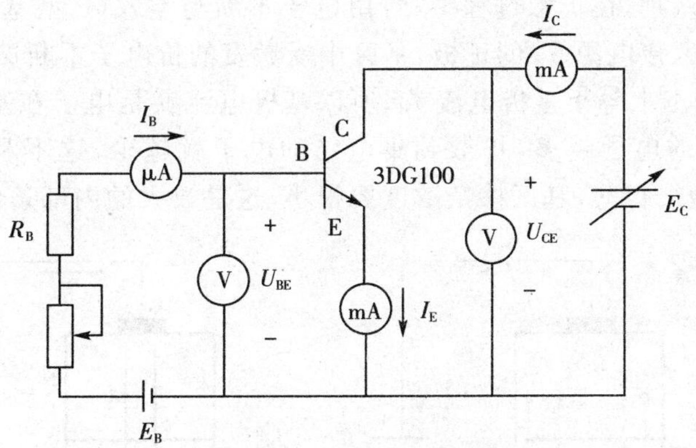

图 1－23　三极管电流及放大电路

设 $E_C = 6\text{V}$，改变可变电阻 R_B，则基极电流 I_B、集电极电流 I_C 和发射极电流 I_E 都发生变化。电流方向如图 1－23 所示。测量结果列于表 1－1 中。

表 1－1　三极管电流测量电路

I_B/mA	0	0.02	0.04	0.06	0.08	0.10
I_C/mA	<0.001	0.70	1.50	2.30	3.10	3.95
I_E/mA	<0.001	0.72	1.54	2.36	3.18	4.05

由此实验的测量结果可得出如下结论：

（1）三电极电流关系为：$I_E = I_C + I_B$

（2）I_C 和 I_E 比 I_B 大得多。从表中数据可知，I_C 与 I_B 的比值分别为

$$\bar{\beta} = \frac{I_C}{I_B} = \frac{1.50}{0.04} = 37.5, \qquad \bar{\beta} = \frac{I_C}{I_B} = \frac{2.30}{0.06} = 38.3$$

$$\beta = \frac{\Delta I_C}{\Delta I_B} = \frac{2.30 - 1.50}{0.06 - 0.04} = \frac{0.8}{0.02} = 40$$

$$\Delta I_C \gg \Delta I_B$$

(3) 当 $I_B = 0$(将基极开路)时,$I_C = I_{CEO}$,表中 $I_{CEO} < 0.001\text{mA} = 1\mu\text{A}$。

(4) 要使三极管起放大作用,发射结必须正向偏置,而集电结必须反向偏置。

下面用载流子在三极管内部的运动规律来解释上述结论。

1. 发射区向基区注入电子

对NPN型管而言,由于发射结处于正向偏置,发射区自由电子的扩散运动加强,不断扩散到基区,并不断从电源补充进电子,形成发射极电流 I_E。基区的多数载流子(空穴)也要向发射区扩散,但由于基区的空穴浓度比发射区的自由电子的浓度小得多,因此空穴电流很小,可以忽略不计(在图1-24中未画出)。

2. 电子在基区中的扩散与复合

从发射区扩散到基区的自由电子起初都聚集在发射结附近,靠近集电结的自由电子很少,形成了浓度上的差别。在扩散过程中,自由电子不断与空穴(P型基区中的多数载流子)相遇而复合。由于基区接电源 E_B 的正极,基区中受激发的价电子不断被电源拉走,形成电流 I_{BE}(图1-24),它基本上等于基极电流 I_B,所以基极电流就是电子在基区和空穴复合的电流。在中途被复合掉的电子越多,扩散到集电结的电子就越少,这不利于三极管的放大作用。为此,基区就要做得很薄,基区掺杂浓度要很小,这是放大的内部条件。

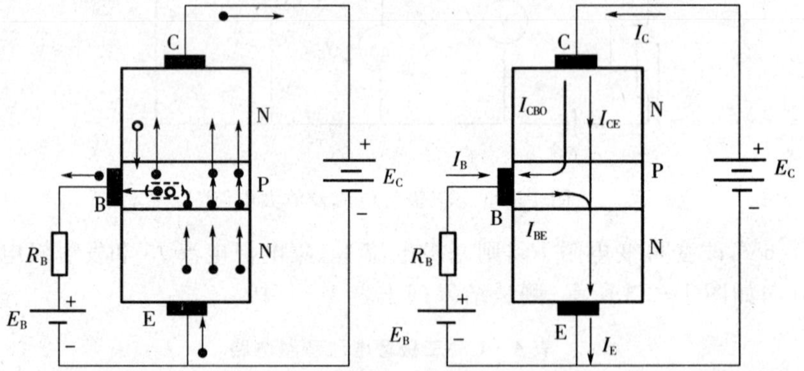

图1-24 三极管中的电流

3. 集电区收集扩散过来的电子

由于集电结反向偏置,集电结内电场增强,它对多数载流子的扩散运动起阻挡作用,阻挡集电区(N型)的自由电子向基区扩散,但可将从发射区扩散到基区并到达集电区边缘的自由电子拉入集电区,从而形成电流 I_{CE},它基本上等于集电极电流 I_C。

除此以外,由于集电结反向偏置,集电区的少子(空穴)和基区的少子(电子)将向对方运动,形成电流 I_{CBO}。这电流数值很小,它构成集电极电流 I_C 和基极电流 I_B 的一小部分,但受温度影响很大,并与外加电压的大小关系不大。

上述三极管中的载流子运动和电流分配描绘在图1-24中。

如上所述，从发射区扩散到基区的电子中只有很小一部分在基区复合，绝大部分到达集电区。也就是构成发射极电流 I_E 的两部分电流中，I_{BE} 很小，I_{CE} 较大。这个比值用 $\bar{\beta}$ 表示

$$\bar{\beta}=\frac{I_{CE}}{I_{BE}}=\frac{I_C-I_{CBO}}{I_B+I_{CBO}}\approx\frac{I_C}{I_B} \tag{1-2}$$

通过实测还可知道，在三极管中，不仅 I_C 比 I_B 大得多，而且当调节可变电阻 R_B 使 I_B 有一个微小的变化时，将会引起 I_C 大得多的变化。

图 1-25 所示的是起放大作用时，NPN 型三极管和 PNP 型三极管中电流实际方向和发射结与集电结的实际极性(图 1-23 中如换用 PNP 型管，则电源 E_C 和 E_B 要反接)。发射结上加的是正向电压，要使三极管起放大作用时，集电结上加的就是反向电压。此外还可看到：对 NPN 型管而言，U_{CE} 和 U_{BE} 都是正值；而对 PNP 型管而言，它们都是负值。

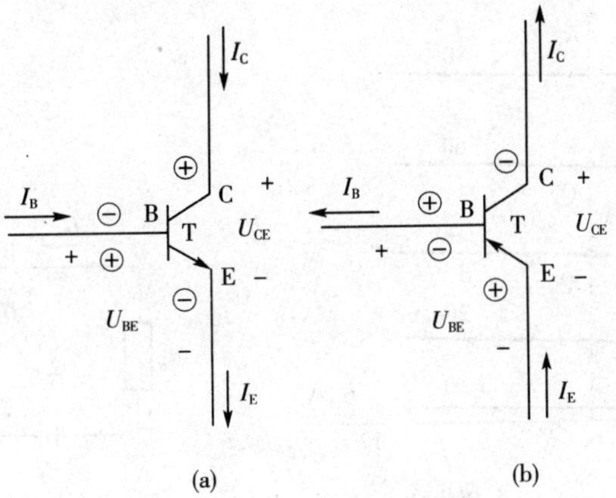

图 1-25　电流方向和发射结与集电结的极性
(a)NPN 型晶体管　(b)PNP 型晶体管

1.5.3　特性曲线

三极管的特性曲线是用来表示该三极管各极电压和电流之间相互关系的，它反映出三极管的性能，是分析放大电路的重要依据。最常用的是共发射极接法时的输入特性曲线和输出特性曲线。这些特性曲线可以通过如图 1-23 的实验电路进行测绘。

1. 输入特性曲线

输入特性曲线是指当集－射极电压 U_{CE} 为常数时，输入电路中基极电流 I_B 与基－射极电压 U_{BE} 之间的关系曲线 $I_B=f(U_{BE})$，如图 1-26 所示。对硅管而言，当 $U_{CE}\geqslant 1V$ 时，集电结已反向偏置，而基区又很薄，可以把从发射区扩散到基区的电子中的绝大部分拉入集电区。此后 U_{CE} 对 I_B 就不再有明显的影响。就是说，$U_{CE}>1V$ 后的输入特性曲线基本上是重合

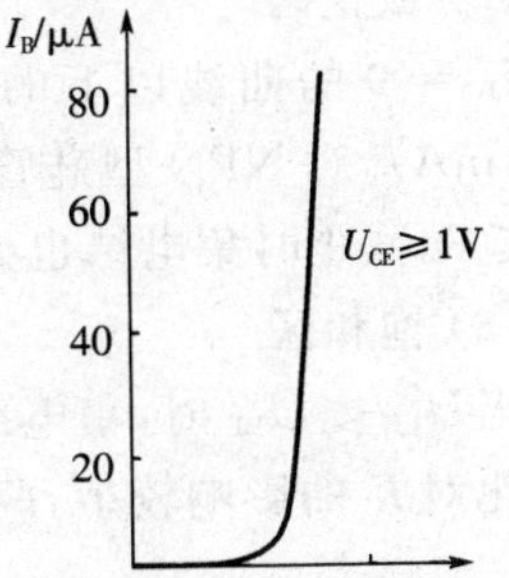

图 1-26　3DG100 三极管的输入特性曲线

的。所以，通常只画出 $U_{CE} \geqslant 1V$ 的一条输入特性曲线。由图1-26可见，和二极管的伏安特性一样，三极管输入特性也有一段死区。只有在发射结外加电压大于死区电压时，三极管才会出现 I_B。硅管的死区电压约为0.5V，锗管的死区电压约为0.1V。在正常工作情况下，NPN型硅管的发射结电压 $U_{BE} = (0.6 \sim 0.7)V$，PNP型锗管的发射结电压 $U_{BE} = (-0.2 \sim -0.3)V$。

2. 输出特性曲线

输出特性曲线是指当基极电流 I_B 一定的情况下，三极管的输出回路(集电极电路)中集电极电流 I_C 与集－射极电压 U_{CE} 之间的关系曲线 $I_C = f(U_{CE})$。在不同的 I_B 下，可得出不同的曲线，所以三极管的输出特性曲线是一组曲线，如图1－27所示。

通常把三极管的输出特性曲线分为三个工作区(图1－27)，也就是三极管有三种工作状态。今结合图1－28的电路来分析(集电极电路中接有电阻 R_C)。

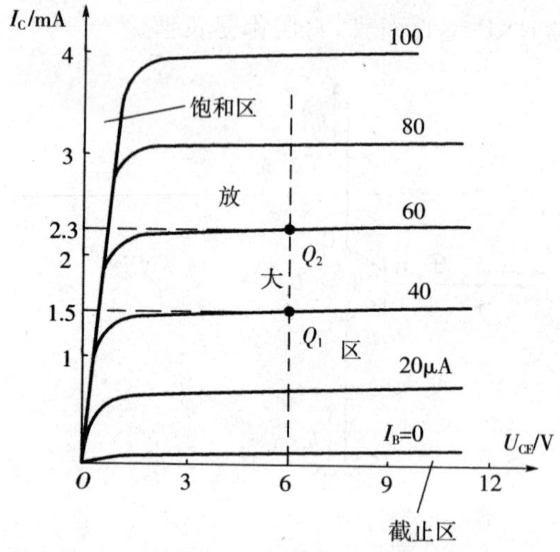

图1－27　3DG100三极管的输出特性曲线

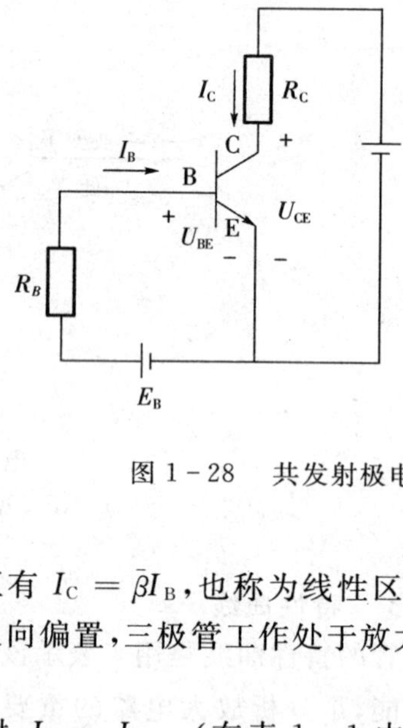

图1－28　共发射极电路

(1) 放大区

输出特性曲线的近于水平部分是放大区。在放大区有 $I_C = \bar{\beta} I_B$，也称为线性区，具有恒流特性。在放大区，发射结处于正向偏置，集电结处于反向偏置，三极管工作处于放大状态。

(2) 截止区

$I_B = 0$ 的曲线以下的区域称为截止区。$I_B = 0$ 时，$I_C = I_{CEO}$。(在表1－1中，$I_{CEO} < 0.001mA$)。对NPN型硅管而言，当 $U_{BE} < 0.5V$ 时即已开始截止，但是为了截止可靠，常使 $U_{BE} \leqslant 0$。截止时集电结也处于反向偏置($U_{BC} < 0$)。此时，$I_C \approx 0$，$U_{CE} \approx U_{CC}$。

(3) 饱和区

当 $U_{CE} < U_{BE}$ 时，集电结处于正向偏置($U_{BC} > 0$)，三极管工作于饱和状态。在饱和区，I_B 的变化对 I_C 的影响较小，两者不成正比，放大区的 $\bar{\beta}$ 不能适用于饱和区。饱和时，发射结也处于正向偏置。此时，$U_{CE} \approx 0V$，$I_C \approx \dfrac{U_{CC}}{R_C}$。

由此可知，当三极管饱和时，$U_{CE} \approx 0$，发射极与集电极之间如同一个开关的接通，其间电阻很小，当三极管截止时，$I_C \approx 0$，发射极与集电极之间如同一个开关的断开，其间电阻很大。可见，三极管除了有放大作用外，还有开关作用。

图 1－29 所示的就是三极管三种工作状态的电压和电流。

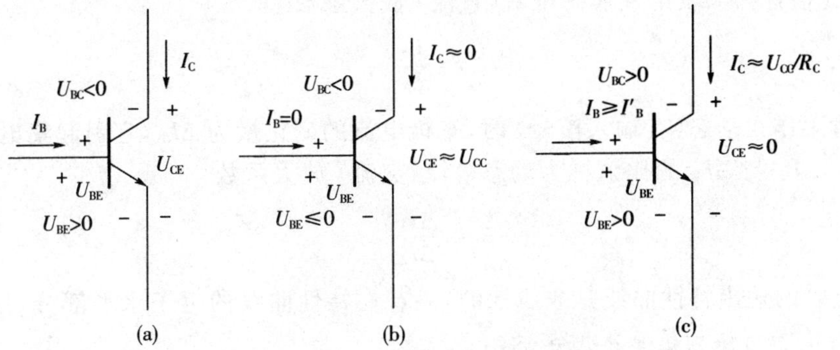

图 1－29　三极管三种工作状态的电压和电流

(a) 放大　(b) 截止　(c) 饱和

【例 1－4】　在图 1－30 的电路中，$U_{CC}=6V$，$R_C=3k\Omega$，$R_B=10k\Omega$，$\bar{\beta}=25$，当输入电压 U_I 分别为 3V、1V 和 －1V 时，三极管处于何种工作状态？

【解】　由图 1－29(c) 可知，三极管饱和时集电极电流近似为

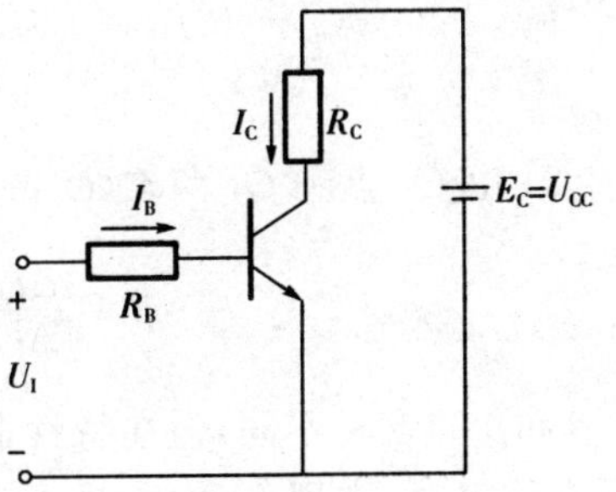

图 1－30　例 1－4 图

$$I_C\approx\frac{U_{CC}}{R_C}=\frac{6}{3\times10^3}A=2\times10^{-3}A=2mA$$

三极管刚饱和时的基极电流为

$$I'_B=\frac{I_C}{\bar{\beta}}=\frac{2}{25}mA=0.08mA=80\mu A$$

(1) 当 $U_I=3V$ 时，

$$I_B=\frac{U_I-U_{BE}}{R_B}=\frac{3-0.7}{10\times10^3}A=230\times10^{-6}A=230\mu A>I'_B$$

三极管已处于深度饱和状态。

(2) 当 $U_I=1V$ 时，

$$I_B=\frac{U_I-U_{BE}}{R_B}=\frac{1-0.7}{10\times10^3}A=30\times10^{-6}A=30\mu A<I'_B$$

三极管处于放大状态。

(3) 当 $U_I=-1V$ 时，三极管可靠截止。

1.5.4　主要参数

三极管的特性除用特性曲线表示外，还可用一些数据来说明，这些数据就是三极管的参数。三极管的参数也是设计电路、选用三极管的依据。主要参数有下面几个：

1. 电流放大系数 $\bar{\beta}$，β

如上所述，当三极管接成共发射极电路时，在静态(无输入信号)时集电极电流 I_C 与基极电流 I_B 的比值称为共发射极静态电流(直流)放大系数

$$\bar{\beta}=\frac{I_C}{I_B}$$

当三极管工作在动态(有输入信号)时，基极电流的变化量为 ΔI_B，它引起集电极电流的变化量为 ΔI_C。ΔI_C 与 ΔI_B 的比值称为动态电流(交流)放大系数

$$\beta=\frac{\Delta I_C}{\Delta I_B}$$

由于三极管的输出特性曲线是非线性的，只有在特性曲线的近于水平部分，I_C 随 I_B 成正比地变化，β 值才可认为是基本恒定的。

【例 1-5】 从图 1-27 所给出 3DG100 三极管的输出特性曲线上，

(1) 计算 Q_1 点处的 $\bar{\beta}$；

(2) 由 Q_1 和 Q_2 两点，计算 β。

【解】 (1) 在 Q_1 点处，$U_{CE}=6V$，$I_B=40\mu A=0.04mA$，$I_C=1.5mA$，故

$$\bar{\beta}=\frac{I_C}{I_B}=\frac{1.5}{0.04}=37.5$$

(2) 由 Q_1 点和 Q_2 两点($U_{CE}=6V$)，

$$\beta=\frac{\Delta I_C}{\Delta I_B}=\frac{2.3-1.5}{0.06-0.04}=\frac{0.8}{0.02}=40$$

$\bar{\beta}$ 和 β 的含义不同，但在特性曲线近于平行等距并且 I_{CEO} 较小的情况下，两者数值接近。今后在估算时，常用 $\bar{\beta}\approx\beta$* 这个近似关系。

由于制造工艺的分散性，即使同一型号的三极管，β 值也有很大差别。常用的三极管的 β 值在 20 ～ 200 之间。

2. 集－基极反向截止电流 I_{CBO}

I_{CBO} 是当发射极开路时由于集电结处于反向偏置，集电区和基区中的少数载流子的漂移运动所形成的电流。I_{CBO} 受温度的影响大。在室温下，小功率锗管的 I_{CBO} 约为几微安到几十微安，小功率硅管在 1μA 以下。I_{CBO} 越小越好。硅管在温度稳定性方面胜于锗管。因为 I_{CBO} 与发射结无关，所以通过图 1-31 的电路(将发射极开路)可以测量。

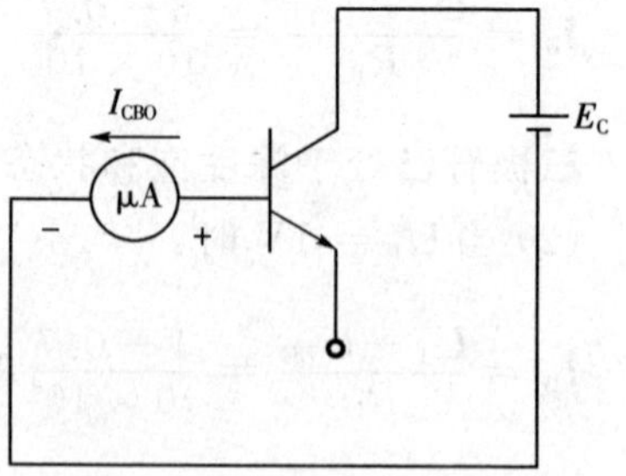

图 1-31 测量 I_{CBO} 的电路

3. 集－射极反向截止电流 I_{CEO}

I_{CEO} 也已在前面讲过，它是当 $I_B=0$(将基极开路)、集电结处于反向偏置和发射结处于

* 在手册中一般用 h_{FE} 代表 $\bar{\beta}$，用 h_{fe} 代表 β。

正向偏置时的集电极电流。又因为它好像是从集电极直接穿透三极管而到达发射极的，所以又称为穿透电流，如图1-32所示。硅管的I_{CEO}约为几微安，其值越小越好。

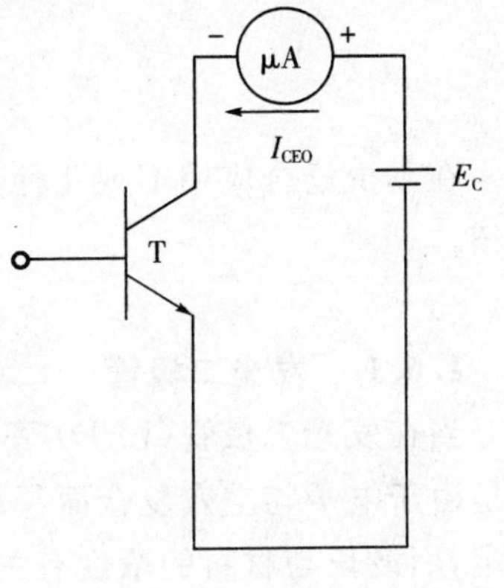

图1-32　测量I_{CEO}的电路

由式(1-2)可得

$$I_C=\bar{\beta}I_B+(1+\bar{\beta})I_{CBO}=\bar{\beta}I_B+I_{CEO}$$

式中

$$I_{CEO}=(1+\bar{\beta})I_{CBO}$$

在一般情况下，$\beta I_B\gg I_{CEO}$，故

$$I_C\approx\bar{\beta}I_B$$

$$I_E=I_C+I_B\approx(1+\bar{\beta})I_B$$

由于I_{CBO}受温度影响很大，当温度上升时，I_{CBO}增加很快，而I_{CEO}增加得也快，I_C也就相应增加。所以三极管的温度稳定性很差。这是它的一个主要缺点。I_{CBO}愈大、β愈高的管子，稳定性愈差。因此，在选管时，要求I_{CBO}尽可能小些，而β以不超过200为宜。

4. 集电极最大允许电流I_{CM}

集电极电流I_C超过一定值时，三极管的β值要下降。β值下降到正常数值的三分之二时的集电极电流，称为集电极最大允许电流I_{CM}。因此，在使用三极管时，I_C超过I_{CM}并不一定会使三极管损坏，但以降低β值为代价。

5. 集－射极反向击穿电压$U_{(BR)CEO}$

基极开路时，加在集电极和发射极之间的最大允许电压，称为集－射极反向击穿电压$U_{(BR)CEO}$。当三极管的集－射极电压U_{CE}大于$U_{(BR)CEO}$时，I_{CEO}突然大幅度上升，说明三极管已被击穿。手册中给出的$U_{(BR)CEO}$一般是常温(25℃)时的值，三极管在高温下，其$U_{(BR)CEO}$值将要降低，使用时应特别注意。

6. 集电极最大允许耗散功率P_{CM}

P_{CM}表示集电结上允许损耗功率的最大值。超过此值就会使管子性能变坏或烧毁。P_{CM}主要受结温T_j的限制，一般来说，锗管允许的结温约为70℃～90℃，硅管约为150℃。根据管子的P_{CM}值，由

$$P_{CM}=I_C\cdot U_{CE}$$

可在三极管的输出特性曲线上作出P_{CM}曲线，它是一条双曲线。

由I_{CM}，$U_{(BR)CEO}$，P_{CM}三者共同确定三极管的安全工作区，如图1-33所示。

以上所讨论的几个参数，其中β和$I_{CBO}(I_{CEO})$是表明三极管优劣的主要指标；I_{CM}、$U_{(BR)CEO}$和P_{CM}都是极限参数，用来说明三极管的使用限制。

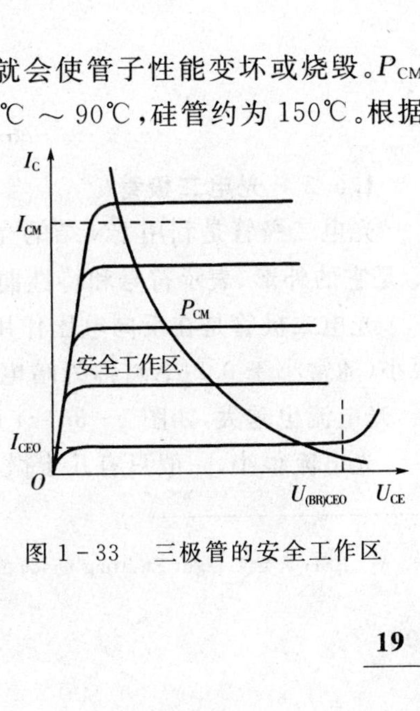

图1-33　三极管的安全工作区

*1.6 光电器件

在不少场合应用下列几种光电器件进行显示、报警、耦合和控制，本节仅对它们作简要介绍。

1.6.1 发光二极管

当在发光二极管（LED）* 上加正向电压并有足够大的正向电流时，就能发出清晰的光。这是由于电子与空穴复合而释放能量的结果。光的颜色视做成 PN 结的材料和发光的波长而定，而波长与材料的浓度有关。如采用磷砷化镓，则可发出红光或黄光；采用磷化镓，则发出绿光。

发光二极管的工作电压为 1.5 ～ 3V，工作电流为几毫安到十几毫安，寿命很长，一般作显示用。常用的有 2EF 等系列。图 1－34 是它的外形图和表示符号。

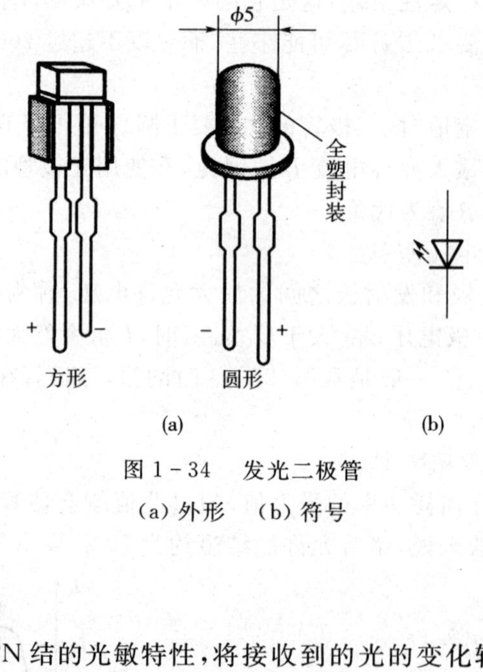

图 1－34 发光二极管

(a) 外形 (b) 符号

1.6.2 光电二极管

光电二极管是利用 PN 结的光敏特性，将接收到的光的变化转换为电流的变化。图 1－35 是它的外形、表示符号和特性曲线。

光电二极管是在反向电压作用下工作的。当无光照时，和普通二极管一样，其反向电流很小（通常小于 0.2μA），称为暗电流。当有光照时，产生的反向电流称为光电流。照度 E 越强，光电流也越大，如图 1－35(c) 所示。常用的光电二极管有 2AU、2CU 等系列。

光电流很小，一般只有几十微安，应用时须进行放大。

* LED 是英文 Light Emitting Diode 的缩写。

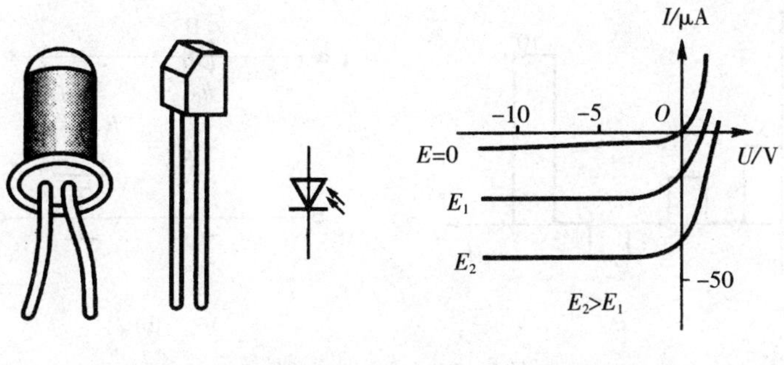

(a)　(b)　(c)

图 1-35　光电二极管

(a) 外形　(b) 符号　(c) 伏安特性曲线

1.6.3　光电晶体管

普通晶体三极管是用基极电流 I_B 的大小来控制集电极电流，而光电晶体管是用入射光照度 E 的强弱来控制集电极电流的。因此两者的输出特性曲线相似，只是用 E 来代替 I_B。当无光照时，集电极电流 I_{CEO} 很小，称为暗电流。有光照时的集电极电流称为光电流，一般约为零点几毫安到几个毫安。常用的光电晶体管有3AU、3DU等系列。图1-36是它的外形、符号和输出特性曲线。

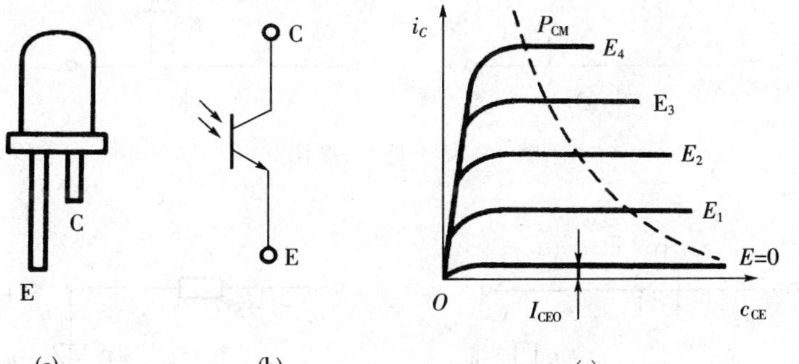

(a)　(b)　(c)

图 1-36　光电晶体管

(a) 外形　(b) 符号　(c) 输出特性曲线

习　题

1-1　图1-37 (a) 是输入电压 u_I 的波形。试画出对应于 u_I 的输出电压 u_O，电阻 R 上电压 u_R 和二极管D上电压 u_D 的波形，并用基尔霍夫电压定律检验各电压之间的关系。二极管的正向压降可忽略不计。

1-2　在图1-38的各电路图中，$E=5\text{V}$，$u_i=10\sin\omega t\text{V}$，二极管的正向压降可忽略不计，试分别画出输出电压 u_O 的波形。

1-3　在图1-39所示的两个电路中，已知 $u_i=30\sin\omega t\text{V}$，二极管的正向压降可忽略不计，试分别画出输出电压 u_0 的波形。

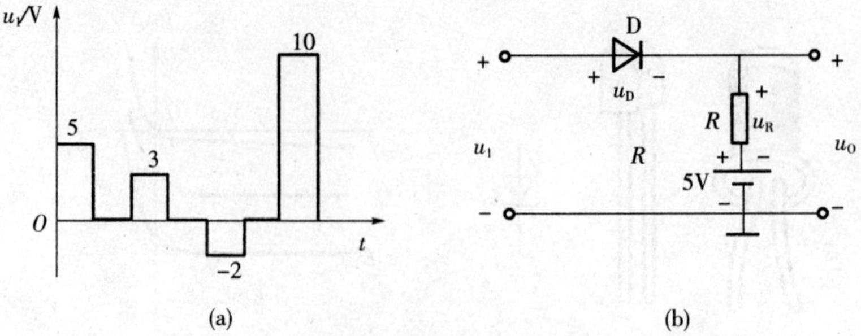

图 1－37　题 1－1 图

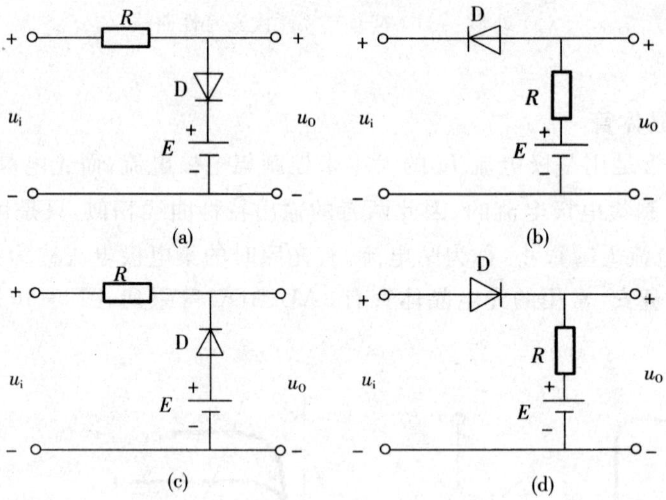

图 1－38　题 1－2 图

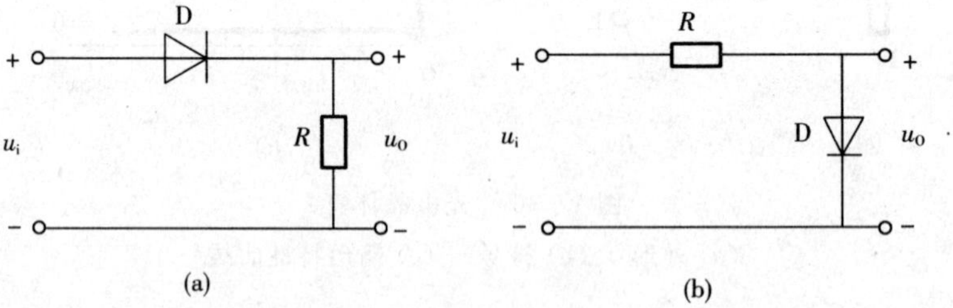

图 1－39　题 1－3 图

1－4　在图 1－40 中，试求下列几种情况下输出端 Y 的电位 V_Y 及各元件(R、D_A、D_B) 中通过的电流：(1)$V_A=V_B=0$V；(2)$V_A=+3$ V，$V_B=0$V；(3) $V_A=V_B=+3$V。二极管的正向压降可忽略不计。

1－5　在图 1－41 中，试求下列几种情况下输出端电位 V_Y 及各元件中通过的电流：(1) $V_A=+10$V，$V_B=0$V；(2) $V_A=+6$V，$V_B=+5.8$V；(3) $V_A=V_B=+5$V。设二极管的正向电阻为零，反向电阻为无穷大。

1－6　在图 1－42 中，$E=10$V，$e=30\sin\omega t$V。试用波形图表示二极管上电压 u_D。

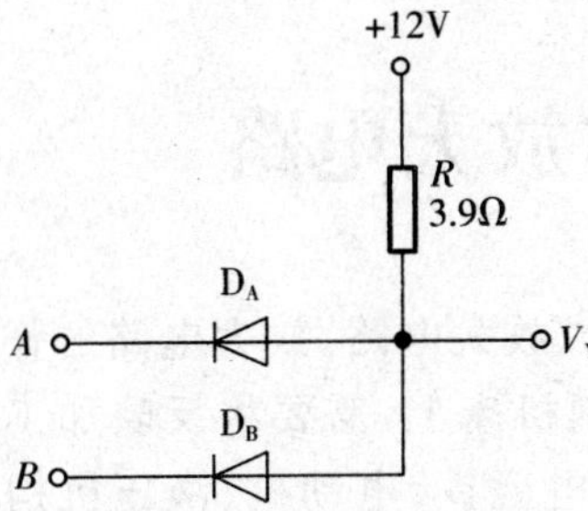

图 1 - 40　题 1 - 4 图

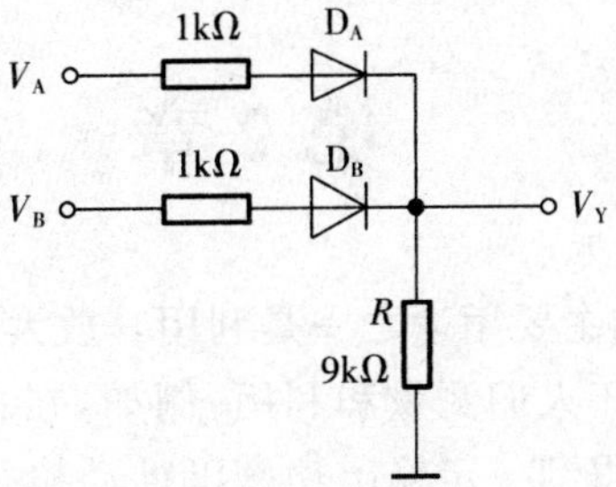

图 1 - 41　题 1 - 5 图

1 - 7　在图 1 - 43 中，$E = 20V$，$R_1 = 900\Omega$，$R_2 = 1\,100\Omega$。稳压二极管 D_Z 的稳定电压 $U_z = 10V$，最大稳定电流 $I_{ZM} = 8mA$。试求稳压二极管中通过的电流 I_Z，是否超过 I_{ZM}？如果超过，怎么办？

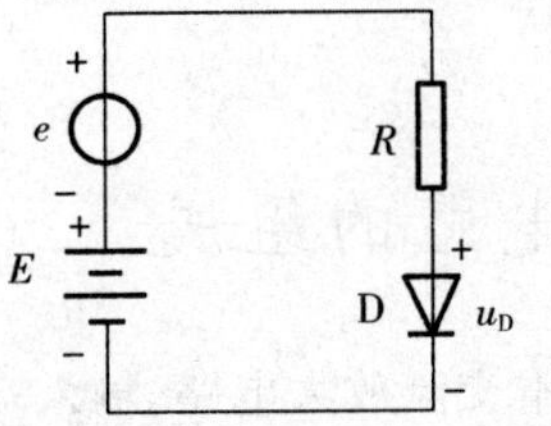

图 1 - 42　题 1 - 6 图

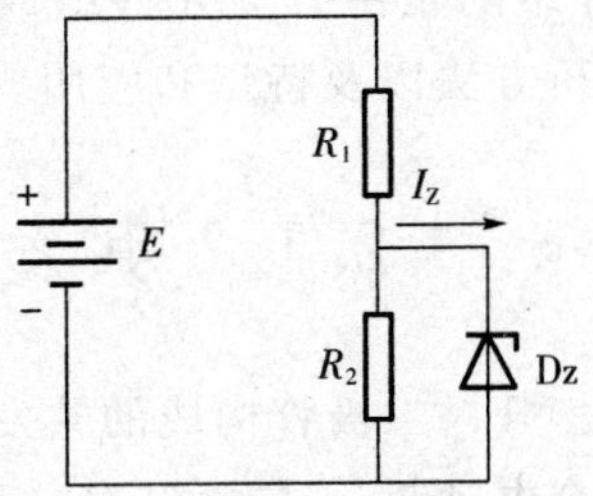

图 1 - 43　题 1 - 7 图

1 - 8　有两个稳压管 D_{Z1} 和 D_{Z2}，其稳定电压分别为 5.5V 和 8.5V，正向压降都是 0.5V。如果要得到 0.5V、3V、6V、9V 和 14V 几种稳定电压，这两个稳压二极管（还有限流电阻）应该如何连接？画出各个电路。

1 - 9　有两个三极管分别接在电路中，今测得它们管脚的电位（对“地”）分别如下表所列。

管脚	1	2	3
电位(V)	4	3.4	9

管脚	1	2	3
电位(V)	−6	−2.3	−2

试判别管子的三个管脚，并说明是硅管还是锗管，是 NPN 型还是 PNP 型。

1 - 10　某一三极管的 $P_{CM} = 100mW$，$I_{CM} = 20mA$，$U_{(BR)CEO} = 15V$，试问在下列几种情况下，哪种是正常工作？（1）$U_{CE} = 3V$，$I_C = 10mA$；（2）$U_{CE} = 2V$，$I_C = 40\ mA$；（3）$U_{CE} = 6V$，$I_C = 20mA$。

1 - 11　如何用万用电表判断出一个三极管是 NPN 型还是 PNP 型？如何判断出管子的三个管脚？又如何通过实验来区别是锗管还是硅管？

第2章　基本放大电路

晶体管的主要用途之一是利用其放大作用组成放大电路。放大电路的作用是将微弱的信号放大，便于人们测量和利用。例如，在自动控制机床上，需要将反映加工要求的控制信号加以放大，得到一定输出功率以推动执行元件(电磁铁、电动机、液压机构等)。又例如在电动单元组合仪表中，首先将温度、压力、流量等非电量通过传感器变换为微弱的电信号，经过放大以后，从显示仪表上读出非电量的大小，或者用来推动执行元件以实现自动调节。放大电路的应用十分广泛，是电子设备中最普遍的一种基本单元。

本章所介绍的是由分立元件组成的各种常用基本放大电路，将讨论它们的电路结构、工作原理、分析方法以及特点和应用。

2.1　共发射极放大电路的组成

图2-1是NPN三极管构成的共发射极接法的基本交流放大电路。输入端接交流信号源(通常可用一个电动势 e_s 与电阻 R_S 组成的电压源等效表示)，输入电压为 u_i；输出端接负载电阻 R_L，输出电压为 u_o。组成电压放大器的基本原则，电路中的晶体管应始终处于放大工作状态。外加直流电源 E_c、E_B 的作用使晶体管的发射结正向偏置，集电结反向偏置。同时要求电路在放大模拟信号的同时不能让输出信号出现失真。电路中各个元件分别起如下作用：

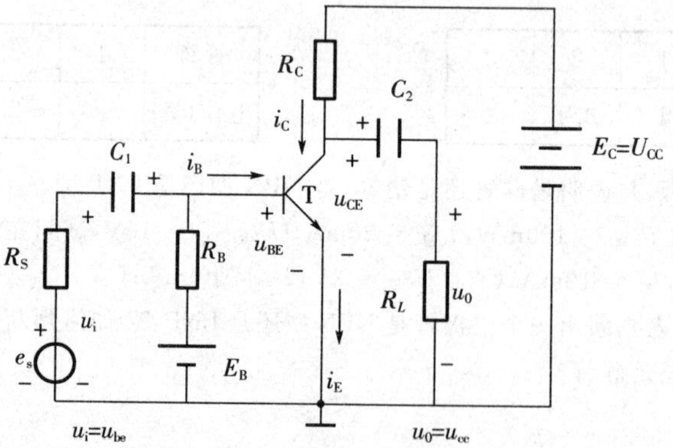

图2-1　共发射极基本交流放大电路

晶体管T　晶体管是放大电路中的放大元件，利用它的电流放大作用，在集电极获得放大了的电流，这电流受输入信号的控制。如果从能量观点来看，输入信号的能量是较小的，而输出的能量是较大的，但这不是说放大电路把输入的能量放大了。能量是守恒的，不能放大，输出的较大能量是来自直流电源 E_C。也就是能量较小的输入信号通过晶体管的控制作用，去控制电源 E_C 所供给的能量，以在输出端获得一个能量较大的信号。这就是放大作用的实质，而晶体管也可以说是一个控制元件。

集电极电源 E_C　电源 E_C 除为输出信号提供能量外，它还保证集电结处于反向偏置，以使晶体管起到放大作用。E_C 一般为几伏到几十伏。

集电极负载电阻 R_C　集电极负载电阻简称集电极电阻，它主要是将集电极电流的变化变换为电压的变化，以实现电压放大。R_C 的阻值一般为几千欧到几十千欧。

基极电源 E_B 和基极电阻 R_B　它们的作用是使发射结处于正向偏置，并提供大小适当的基极电流 I_B，以使放大电路获得合适的工作点。R_B 的阻值一般为几十千欧到几百千欧。

耦合电容 C_1 和 C_2　它们一方面起到隔直作用，C_1 用来隔断放大电路与信号源之间的直流通路，而 C_2 则用来隔断放大电路与负载之间的直流通路，使三者之间无直流联系，互不影响。另一方面又起到交流耦合作用，保证交流信号畅通无阻地经过放大电路，沟通信号源、放大电路和负载三者之间的交流通路。通常要求耦合电容上的交流压降小到可以忽略不计，即对交流信号可视作短路；因此电容值要取得较大，对交流信号频率其容抗近似为零。C_1 和 C_2 的电容值一般为几微法到几十微法，用的是有极性电容器，联接时需要注意其极性。

在图2-1的放大电路中，用了两个直流电源 E_C 和 E_B，使用不方便。实际上可将 R_B 的一端改接到 E_C 的正极上，这样 E_B 可以省去，只用 E_C 供电，由它来兼管 E_B 的任务。此外，在放大电路中，通常把公共端接“地”，设其电位为零，作为电路中其他各点电位的参考点。同时为了简化电路的画法，习惯上常不画电源的符号 E_C，而只在联接其正极的一端标出它对“地”的电压值 U_{CC} 和极性（“+”或“-”）。如忽略电源 E_C 的内阻，则 $U_{CC}=E_C$。因此，通常的画法如图2-2所示。

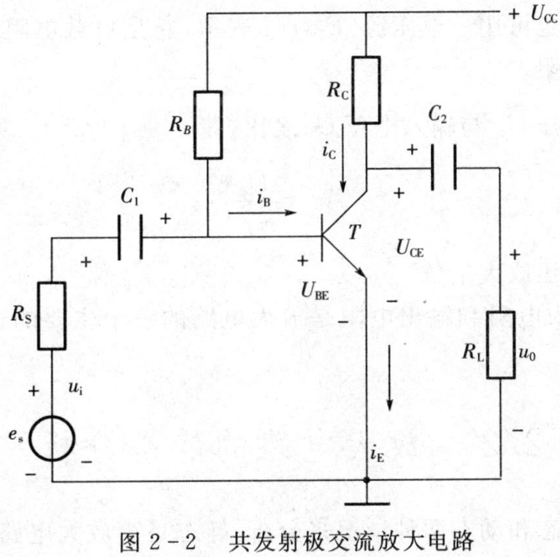

图2-2　共发射极交流放大电路

图2-3是扩音机示意图。话筒是信号源，它将语音转换为电信号，它可用一电压源($\dot{E}_S$，R_S)表示。扬声器是负载，它将电信号还原为语音，用等效电阻 R_L 表示。图2-4是放大电路示意图。

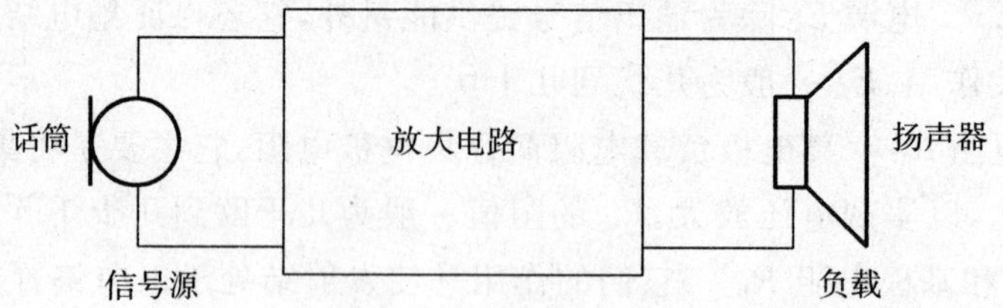

图 2－3　扩音机示意图

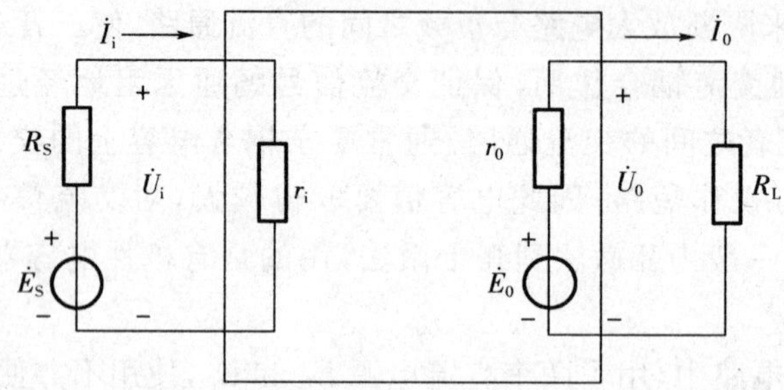

图 2－4　放大电路示意图

放大电路的输入端用一个等效电阻 r_i 表示，它称为放大电路的输入电阻，是信号源的负载，即

$$r_i = \frac{\dot{U}_i}{\dot{I}_i}$$

放大电路的输出端也可用一电压源（$\dot{E}_0$，r_0）表示，它是负载电阻 R_L 的电源，其内阻 r_0 称为放大电路的输出电阻。

放大电路的输出电压 $\dot{U}_0$ 与输入电压 $\dot{U}_i$ 之比，即

$$A_u = \frac{\dot{U}_0}{\dot{U}_i}$$

称为放大电路的电压放大倍数。

电压放大倍数、输入电阻和输出电阻是放大电路的三个主要的性能指标，它们将在后续内容中进行分析计算。

2.2　放大电路的静态分析

对放大电路可分静态和动态两种情况来分析。静态是当放大电路没有输入信号时的工作状态；动态则是有输入信号时的工作状态。静态分析是要确定放大电路的静态值（直流值）I_B，I_C，U 和 U_{CE}，放大电路的放大信号质量与其静态值的关系甚大。动态分析是要确定放大电路的电压放大倍数 A_u、输入电阻 r_i 和输出电阻 r_0 等。本节先讨论放大电路静态分析的基本方法。

由于放大电路中电压和电流的名称较多，符号不同，今列成表2-1，以便区别。

表2-1　放大电路中电压和电流的符号

名称	静态值	交流分量		总电压或总电流		直流电源	
		瞬时值	有效值	瞬时值	平均值	电动势	电压
基极电流	I_B	i_b	I_b	i_B	$I_{B(AV)}$		
集电极电流	I_C	i_c	I_c	i_C	$I_{C(AV)}$		
发射极电流	I_E	i_e	I_e	i_E	$I_{E(AV)}$		
集－射极电压	U_{CE}	u_{ce}	U_{ce}	u_{CE}	$U_{CE(AV)}$		
基－射极电压	U_{BE}	u_{be}	U_{be}	u_{BE}	$U_{BE(AV)}$		
集电极电源						E_C	U_{CC}
基极电源						E_B	U_{BB}
发射极电源						E_E	U_{EE}

2.2.1　用放大电路的直流通路确定静态值

静态值既然是直流，就可用交流放大电路的直流通路来分析计算。图2-5是图2-2所示放大电路的直流通路。画直流通路时，电容 C_1 和 C_2 可视作开路。

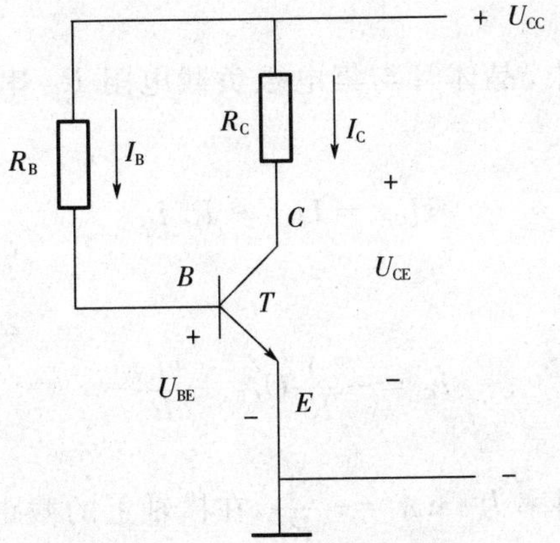

图2-5　图2-2放大电路的直流通道

由图2-5的直流通路，可得出静态时的基极电流

$$I_B = \frac{U_{CC} - U_{BE}}{R_B} \approx \frac{U_{CC}}{R_B} \tag{2-1}$$

由于 U_{BE}（硅管约为0.6～0.8V）比 U_{CC} 小得多，故可忽略不计。由 I_B 可得出静态时的集电极电流

$$I_C = \bar{\beta} I_B + I_{CEO} \approx \bar{\beta} I_B \approx \beta I_B \tag{2-2}$$

静态时的集－射极电压则为

$$U_{CE}=U_{CC}-R_C I_C \tag{2-3}$$

【例 2-1】 在图 2-2 中，已知 $U_{CC}=12V$，$R_C=4k\Omega$，$R_B=300k\Omega$，$\beta=37.5$，试求放大电路的静态值。

【解】 根据图 2-5 的直流通路可得出

$$I_B\approx\frac{U_{CC}}{R_B}=\frac{12}{300\times10^3}=0.04\times10^{-3}A=0.04mA=40\mu A$$

$$I_C\approx\bar{\beta}I_B=37.5\times0.04mA=1.5mA$$

$$U_{CE}=U_{CC}-R_C I_C=[12-(4\times10^3)\times(1.5\times10^{-3})]V=6V$$

2.2.2 用图解法确定静态值

通常分析放大电路有两种方法，即图解法与估算法。前面已介绍了用估算法求放大电路静态值。也可以用图解法来确定，并能直观地分析和了解静态值的变化对放大电路工作的影响。电路的工作情况由直流负载线与非线性元件的伏安特性曲线的交点确定。这个交点称为静态工作点，它既符合非线性元件上的电压与电流的关系，同时也符合电路中电压与电流的关系。

晶体管是一种非线性元件，即其集电极电流 I_C 与集一射极电压 U_{CE} 之间不是直线关系。

在图 2-5 的直流通路中，晶体管与集电极负载电阻 R_C 串联后接于电源 U_{CC}，我们可列出

$$U_{CE}=U_{CC}-R_C I_C$$

或

$$I_C=-\frac{1}{R_C}U_{CE}+\frac{U_{CC}}{R_C} \tag{2-4}$$

这是一个直线方程，其斜率为 $\tan\alpha=-\frac{1}{R_C}$，在横轴上的截距为 U_{CC}，在纵轴上的截距为 $\frac{U_{CC}}{R_C}$。这一直线很容易在图 2-6 上作出。因为它是由直流通路得出的，且与集电极负载电阻 R_C 有关，故称为直流负载线。负载线与晶体管的某条（由 I_B 确定）输出特性曲线的交点 Q，称为放大电路的静态工作点，由它确定放大电路的电压和电流的静态值。

由图 2-6 可见，基极电流 I_B 的大小不同，静态工作点在负载线上的位置也就不同。根据对晶体管工作状态的要求不同，要有一个相应不同的合适的工作点，这可通过改变 I_B 的大小来获得。因此，I_B 很重要，它确定晶体管的工作状态，通常称它为偏置电流，简称偏流。产生偏流的电路，称为偏置电路，在图 2-5 中，其路径为 $U_{CC}\rightarrow R_B\rightarrow$ 发射结 $\rightarrow$"地"。R_B 称为偏置电阻。通常是通过改变 R_B 的阻值来调整偏流 I_B 的大小。

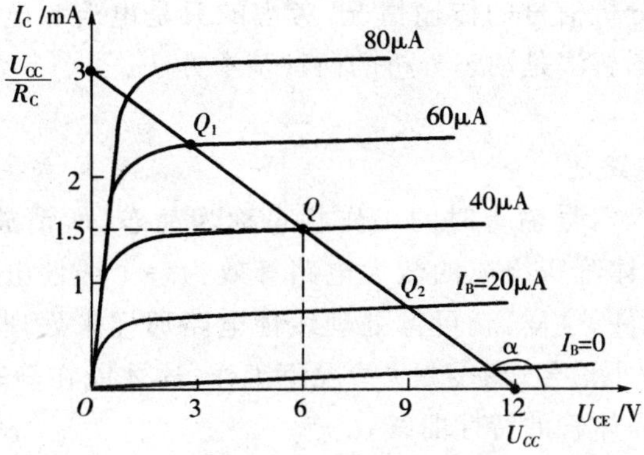

图 2-6　用图解法确定放大电路的静态工作点

【例 2-2】　在图 2-2 所示的放大电路中,已知 $U_{CC}=12V$,$R_C=4k\Omega$,$R_B=300k\Omega$。晶体管的输出特性曲线组已给出(图 2-6)。(1) 作直流负载线;(2) 求静态值。

【解】　(1) 根据图 2-5 的直流通路,有

$$U_{CE}=U_{CC}-R_C I_C$$

可得出

$$I_C=0 \text{ 时}\quad U_{CE}=U_{CC}=12V$$

$$U_{CE}=0 \text{ 时}\quad I_C=\frac{U_{CC}}{R_C}=\frac{12}{4\times10^{-3}}A=3mA$$

就可在图 2-6 的晶体管输出特性曲线组上作出直流负载线。

(2) 根据式(2-1)可算出

$$I_B\approx\frac{U_{CC}}{R_B}=\frac{12}{300\times10^3}A=0.04mA=40\mu A$$

由此得出静态工作点 Q(图 2-6),静态值为

$$I_B=40\mu A\qquad I_C=1.5mA\qquad U_{CE}=6V$$

所得结果与例 2-1 一致。

用图解法求静态值的一般步骤如下:给出晶体管的输出特性曲线组 → 作出直流负载线 → 由直流通路求出偏流 → 得出合适的静态工作点 → 找出静态值。

2.3　放大电路的动态分析

为了清楚地表示电流和电压的直流分量、交流分量和单向脉动量,常用字母的大写或小写以及下标字母符号来加以区别,以便于对电路的分析。在电子电路中,代表三极管各电量的文字符号规定如表 2-1 所示。当放大电路有输入信号时,晶体管的各个电流和电压都含有直流分量和交流分量。直流分量一般即为静态值,由上节所述的静态分析来确定。动态

分析是在静态值确定后分析信号的传输情况，考虑的只是电流和电压的交流分量（信号分量）。微变等效电路法和图解法是动态分析的两种基本方法。

2.3.1 微变等效电路法

放大电路有交流输入信号输入时的工作状态称为动态。所谓放大电路的微变等效电路，就是把非线性元件晶体管所组成的放大电路等效为一个线性电路，也就是把晶体管线性化，等效为一个线性元件。这样，就可像处理线性电路那样来处理晶体管放大电路。线性化的条件，就是晶体管在小信号（微变量）情况下工作。这才能在静态工作点附近的小范围内用直线段近似地代替晶体管的特性曲线。

1. 晶体管的微变等效电路

如何把晶体管线性化，用一个等效电路来代替，这是首先要讨论的。我们从共发射极接法晶体管的输入特性和输出特性两方面来分析讨论。

图 2-7(a)是晶体管的输入特性曲线，是非线性的。但当输入信号很小时，在静态工作点 Q 附近的工作段可认为是直线。当 U_{CE} 为常数时，ΔU_{BE} 与 ΔI_B 之比

$$r_{be}=\left.\frac{\Delta U_{BE}}{\Delta I_B}\right|_{U_{CE}}=\left.\frac{u_{be}}{i_b}\right|_{U_{CE}} \tag{2-5}$$

称为晶体管的输入电阻，它表示晶体管的输入特性。对于小信号微变量，可用电压和电流的交流分量来代替。在交流小信号的情况下，r_{be} 是一常数，由它确定 u_{be} 和 i_b 之间的关系。因此，晶体管的输入电路可用 r_{be} 等效代替，如图 2-8 所示。

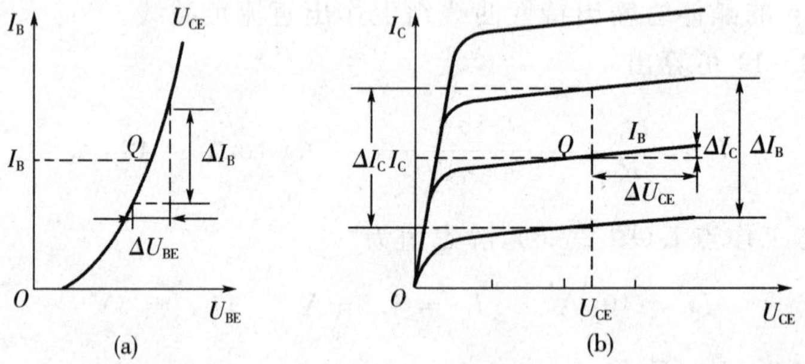

图 2-7 从晶体管的特性曲线求 r_{be}，β 和 r_{ce}

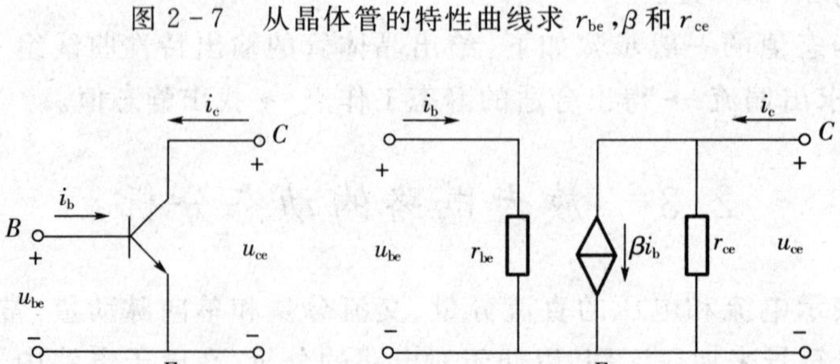

图 2-8 晶体管及其微变等效电路

低频小功率晶体管的输入电阻常用下式估算

$$r_{be} = r_{bb'} + (1+\beta)\frac{26(\text{mV})}{I_E(\text{mA})} \tag{2-6}$$

式中 I_E 是发射极电流的静态值，右边第一项常取 $r_{bb'}$ 为晶体管基区的体电阻，一般在 100～300(Ω)，本教材示例中取 200(Ω)。r_{be} 一般为几百欧到几千欧。它是对交流而言的一个动态电阻，在手册中常用 h_{ie} 代表。

图 2-7(b) 是晶体管的输出特性曲线组，在线性工作区是一组近似等距离的平行直线。当 U_{CE} 为常数时，ΔI_C 与 ΔI_B 之比

$$\beta = \frac{\Delta I_C}{\Delta I_B}\bigg|_{U_{CE}} = \frac{i_c}{i_B}\bigg|_{U_{CE}} \tag{2-7}$$

即为晶体管的电流放大系数。在小信号的条件下，β 是一常数，由它确定 i_c 受 i_b 控制的关系。因此，晶体管的输出电路可用一受控电流源 $i_c = \beta i_b$ 代替，以表示晶体管的电流控制作用。当 $i_b = 0$ 时，βi_b 不复存在，所以它不是一个独立电源，而是受输入电流 i_b 控制的受控电源。

此外，在图 2-7(b) 中还可见到，晶体管的输出特性曲线不完全与横轴平行。当 I_B 为常数时，ΔU_{CE} 与 ΔI_C 之比

$$r_{ce} = \frac{\Delta U_{CE}}{\Delta I_C}\bigg|_{I_B} = \frac{u_{ce}}{i_c}\bigg|_{I_B} \tag{2-8}$$

称为晶体管的输出电阻。在小信号的条件下，r_{ce} 也是一个常数。如果把晶体管输出电路看作电流源，r_{ce} 也就是电源的内阻，故在等效电路中与受控电流源 βi_b 并联。由于 r_{ce} 的阻值很高，约为几十千欧到几百千欧，所以在后面的微变等效电路中都把它忽略不计。

图 2-8(b) 就是我们得出的晶体管微变等效电路。

2. 放大电路的微变等效电路

由晶体管的微变等效电路和放大电路的交流通路可得出放大电路的微变等效电路，如上所述，静态值可由直流通路确定，而交流分量则由相应的交流通路来分析计算。图 2-9(a) 是图 2-2 所示交流放大电路的交流通路。对交流分量讲，电容 C_1 和 C_2 可视作短路；同时，一般直流电源的内阻很小，可以忽略不计，对交流讲直流电源也可以认为是短路的。据此就可画出交流通路。再把交流通路中的晶体管用它的微变等效电路代替，即为放大电路的微变等效电路，如图 2-9(b) 所示。电路中的电压和电流都是交流分量，标出的是参考方向。

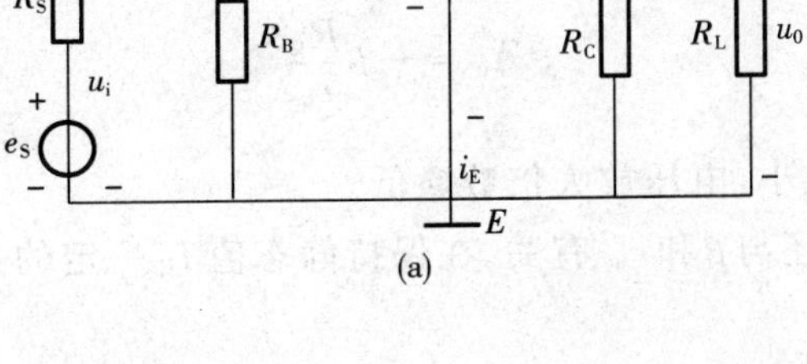

(a)

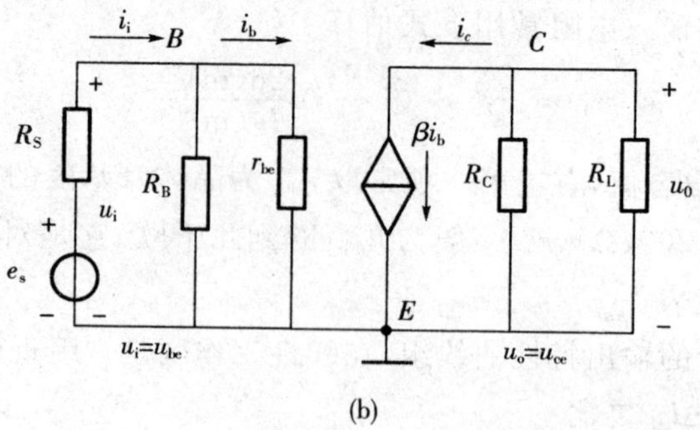

图 2－9　图 2－2 所示交流放大电路的交流通路(a) 及其微变等效电路(b)

3. 电压放大倍数的计算

下面以图 2－2 的交流放大电路为例用它的微变等效电路[图 2－9(b)]来计算电压放大倍数。设输入的是正弦信号，图 2－9(b) 中的电压和电流都可用相量表示，如图 2－10 所示。

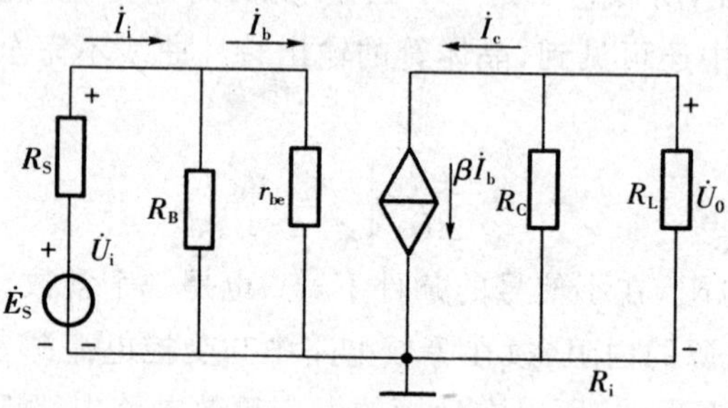

图 2－10　微变等效电路

根据图 2－10 可列出

$$\dot{U}_i = r_{be}\dot{I}_b$$

$$\dot{U}_0 = -R'_L\dot{I}_c = -\beta R'_L\dot{I}_b$$

式中

$$R'_L = R_C \mathbin{/\!/} R_L$$

故放大电路的电压放大倍数

$$A_u = \frac{\dot{U}_0}{\dot{U}_i} = -\beta\frac{R'_L}{r_{be}} \tag{2-9}$$

上式中的负号表示输出电压 $\dot{U}_0$ 与输入电压 $\dot{U}_i$ 的相位相反。当放大电路输出端开路(未接 R_L)时，

$$A_u = -\beta\frac{R_C}{r_{be}} \tag{2-10}$$

比接 R_L 时高。可见 R_L 愈小，电压放大倍数愈低。

A_u 除与 R_L 有关外，还与 β 和 r_{be} 有关。在保持静态值 I_E 一定的条件下，由式(2-6) 可见，

β 大的管子其 r_{be} 也大，但两者不是成正比地增大，而是随着 β 的增大 $\frac{\beta}{r_{be}}$ 值也在增大，但是增大得愈来愈少。也就是随着 β 的增大，电压放大倍数增大得愈来愈少。当 β 足够大时，电压放大倍数几乎与 β 无关。此外，在 β 一定时，只要稍把 I_E 增大一些，就能使电压放大倍数在一定范围内有明显的提高，而往往选用 β 值较高的管子反而达不到这个效果。但是 I_E 的增大是有限度的。

【例 2-3】 在图 2-2 中，$U_{CC} = 12V, R_C = 4k\Omega, R_B = 300k\Omega, \beta = 37.5, R_L = 4k\Omega$。试求电压放大倍数 A_u。

【解】 在例 2-1 中已求出

$$I_C = 1.5mA \approx I_E$$

由式(2-6)

$$r_{be} \approx 200\Omega + (1 + 37.5)\frac{26(mV)}{1.5(mV)} = 0.867k\Omega$$

故

$$A_u = -\beta\frac{R'_L}{r_{be}} = -37.5 \times \frac{2}{0.867} = -86.5$$

式中

$$R'_L = R_C \mathbin{/\!/} R_L = 2k\Omega$$

4. 放大电路输入电阻的计算

一个放大电路的输入端总是与信号源（或前级放大电路）相连的，其输出端总是与负载（或后级放大电路）相连的。因此放大电路与信号源和负载之间（或前级放大电路和后级放大电路之间），都是互相联系、互相影响的。

放大电路对信号源（或对前级放大电路）来说，是一个负载，可用一个电阻来等效代替。这个电阻是信号源的负载电阻，也就是放大电路的输入电阻 r_i，即

$$r_i = \frac{\dot{U}_i}{\dot{I}_i} \tag{2-11}$$

它是对交流信号而言的一个动态电阻。

如果放大电路的输入电阻较小，第一，将从信号源取用较大的电流，从而增加信号源的负担；第二，经过信号源内阻 R_S 和 r_i 的分压，使实际加到放大电路的输入电压 $\dot{U}_i$ 减小，从而减小输出电压；第三，后级放大电路的输入电阻，就是前级放大电路的负载电阻，从而将会降低前级放大电路的电压放大倍数。因此，通常希望放大电路的输入电阻能高一些。

以图 2-2 的放大电路为例，其输入电阻可从它的微变等效电路（图 2-10）计算：

$$r_i = R_B \mathbin{/\!/} r_{be} \approx r_{be} \tag{2-12}$$

实际上 R_B 的阻值比 r_{be} 大得多，因此，这一类放大电路的输入电阻基本上等于晶体管的

输入电阻，是不高的。注意：r_i 和 r_{be} 意义不同，不能混淆。在电压放大倍数 A_u 的式子中，是 r_{be} 不是 r_i。

5. 放大电路输出电阻的计算

放大电路对负载（或对后级放大电路）来说，是一个信号源，其内阻即为放大电路的输出电阻 r_0，它也是一个动态电阻。

如果放大电路的输出电阻较大（相当于信号源的内阻较大），当负载变化时，输出电压的变化较大，也就是放大电路带负载的能力较差。因此，通常希望放大电路输出级的输出电阻低一些。

放大电路的输出电阻可在信号源短路（$U_i = 0$）和输出端开路的条件下求得。现以图 2-2 的放大电路为例，从它的微变等效电路（图 2-10）看，当 $U_i = 0$，$I_b = 0$ 时，βI_b 和 I_C 也为零。共发射极放大电路的输出电阻是从放大电路的输出端看进去的一个电阻。因为晶体管的输出电阻 r_{ce}（也和受控电流源 $\beta\dot{I}_b$ 并联）很高，在图中已略去，故

$$r_0 \approx R_C \tag{2-13}$$

R_C 一般为几千欧，因此共发射极放大电路的输出电阻较高。

通常计算 r_0 时可将信号源短路（$U_i = 0$，但要保留信号源内阻），将 R_L 去除，在输入端加一交流电压 $\dot{U}_0$，以产生一个电流 $\dot{I}_0$。则放大电路的输出电阻为

$$r_0 = \frac{\dot{U}_0}{\dot{I}_0} \tag{2-14}$$

下例是计算 r_0 的另一种方法。

【例 2-4】 有一放大电路（图 2-2），测得其输出端的开路电压的有效值 $U_{oc} = 4\text{V}$，当接上负载电阻 $R_L = 6\text{k}\Omega$ 时，输出电压下降为 $U_{oL} = 3\text{V}$。试求该放大电路的输出电阻。

【解】 放大电路对负载来说，是一信号源，可用等效电动势 $\dot{E}_0$ 和内阻 r_o 表示，如图 2-11 所示。等效电源的内阻即为放大电路的输出电阻，也就是从放大电路的输出端看进去的一个等效电阻。

输出端开路时

$$\dot{U}_{oc} = \dot{E}_0$$

输出端接上负载电阻 R_L 时

$$\dot{U}_{oL} = \frac{\dot{E}_0 R_L}{r_0 + R_L}$$

由上列两式可得出

$$r_o = \left(\frac{\dot{U}_{oC}}{\dot{U}_{oL}} - 1\right) R_L$$

这表明通过实验（或计算），得出放大电路输出端开路时的输出电压 $\dot{U}_{oc}$ 和接上负载电阻 R_L 时的输出电压 $\dot{U}_{oL}$，而后利用上式也能算出放大电路的输出电阻。

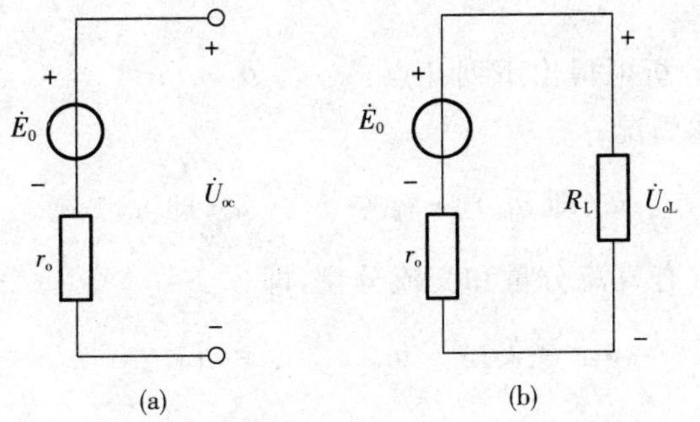

图 2-11

在本例中，

$$r_o = \left(\frac{4}{3} - 1\right) \times (6 \times 10^3)\Omega = 2 \times 10^3 \Omega = 2\text{k}\Omega$$

利用微变等效电路对放大电路进行动态分析和计算，非常简便，对较为复杂的电路也能适用，但它不能确定静态工作点。

2.3.2 图解法

对放大电路的动态分析也可以应用图解法，就是利用晶体管的特性曲线在静态分析的基础上，用作图的方法来分析各个电压和电流交流分量之间的传输情况和相互关系。

1. 交流负载线

直流负载线反映静态时电流 I_C 和电压 U_{CE} 的变化关系，由于耦合电容 C_2 的隔直作用，负载电阻 R_L 不加考虑，故其斜率 $\tan\alpha = -\frac{1}{R_C}$。交流负载线反映动态时电流 i_c 和电压 u_{CE} 的变化关系，由于对交流信号 C_2 可视作短路，R_L 与 R_C 并联，故其斜率为 $\tan\alpha' = -\frac{1}{R'_L}$。因为 $R'_L < R_C$，所以交流负载线比直流负载线要陡些。当输入信号为零时，放大电路仍应工作在静态工作点 Q，可见交流负载线也要通过 Q 点。根据上述两点，可作出例 2-3 的放大电路的交流负载线，如图 2-12 所示。

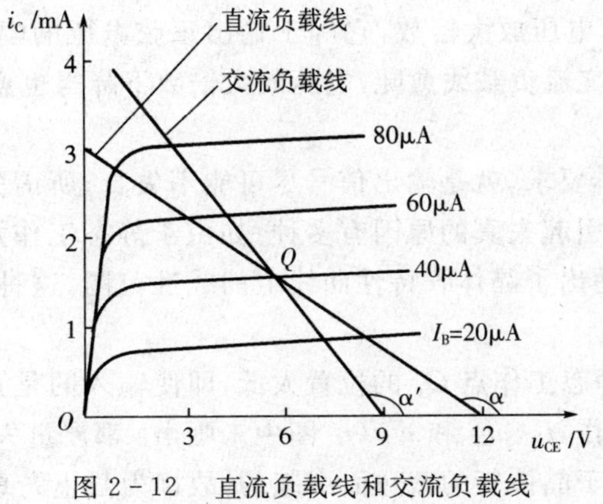

图 2-12 直流负载线和交流负载线

2. 图解分析

由图 2 - 13 的图解分析可得出下列几点：

(1) 交流信号的传输情况：

$$u_i(\text{即 } u_{be}) \rightarrow i_b \rightarrow i_c \rightarrow u_o(\text{即 } u_{ce})$$

(2) 电压和电流都含有直流分量和交流分量，即

$$u_{BE} = U_{BE} + u_{be} \qquad i_B = I_B + i_b$$

$$i_C = I_C + i_c \qquad u_{CE} = U_{CE} + u_{ce}$$

由于电容 C_2 的隔直作用，u_{CE} 的直流分量 U_{CE} 不能到达输出端，只有交流分量 u_{CE} 能通过 C_2 构成输出电压 u_o。

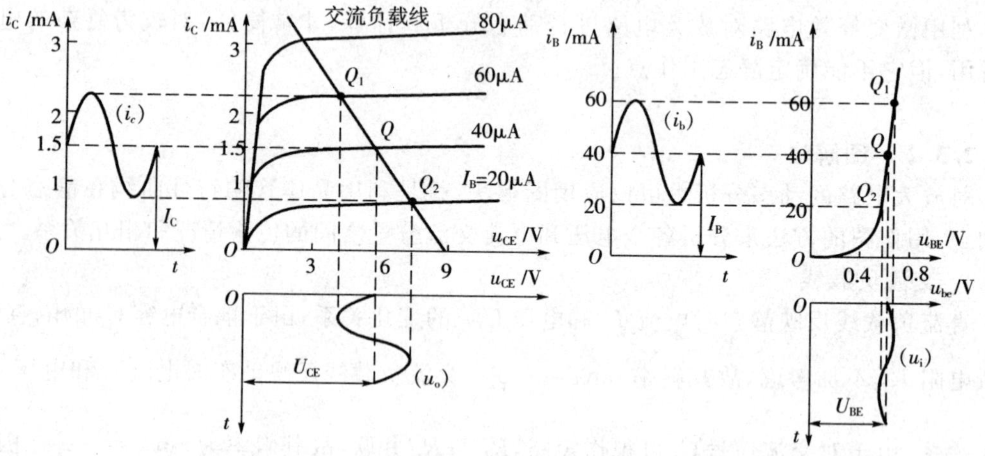

图 2 - 13　交流放大电路有输入信号时的图解分析

(3) 输入信号电压 u_i 和输出电压 u_o 相位相反。如设公共端发射极的电位为零，那么，基极的电位升高为正数值时，集电极的电位降低为负数值；基极的电位降低为负数值时，集电极的电位升高为正数值。一高一低，一正一负，两者变化相反。

(4) 从图上也可计算电压放大倍数，它等于输出正弦电压的幅值与输入正弦电压的幅值之比。R_L 的阻值愈小，交流负载线愈陡，电压放大倍数下降得也愈多。

3. 非线性失真

对放大电路有一基本要求，就是输出信号尽可能不失真。所谓失真，是指输出信号的波形不像输入信号的波形。引起失真的原因有多种，如由于静态工作点不合适或者信号太大，使放大电路的工作范围超出了晶体管特性曲线上的线性范围。这种失真通常称为非线性失真。

在图 2 - 14(a) 中，静态工作点 Q_1 的位置太低，即使输入的是正弦电压，但在它的负半周，晶体管进入截止区工作，i_B、u_{CE} 和 u_{CE}（i_C 图中未画出）都严重失真了，i_B 的负半周和 u_{CE} 的正半周被削平。这是由于晶体管的截止而引起的，故称为截止失真。

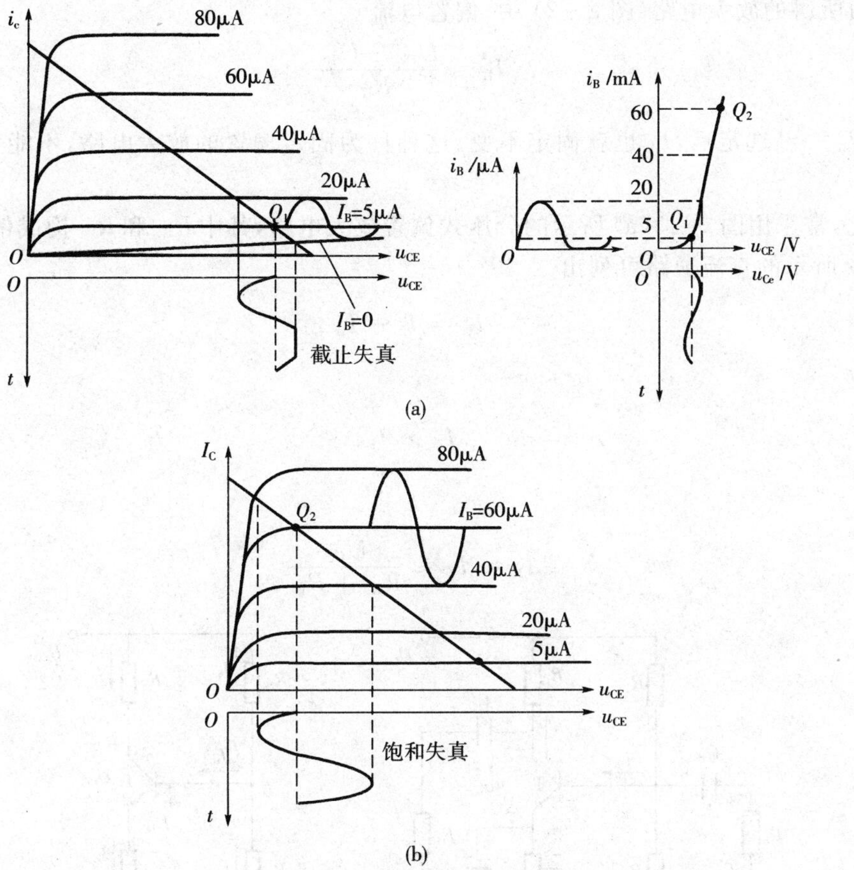

图 2－14　工作点不合适引起输出电压波形失真

在图 2－14(b) 中，静态工作点 Q_2 太高，在输入电压的正半周，晶体管进入饱和区工作，这时 i_B 可以不失真，但是 u_{CE} 和 i_C 都严重失真了。这是由于晶体管的饱和而引起的，故称为饱和失真。

因此，要放大电路不产生非线性失真，必须要有一个合适的静态工作点，工作点 Q 应大致选在交流负载线的中点。此外，输入信号 u_i 的幅值不能太大，以避免放大电路的工作范围超过特性曲线的线性范围。在小信号放大电路中，此条件一般都能满足。

图解法的主要优点是直观、形象，便于对放大电路工作原理的理解，但不适用于较为复杂的电路（如多级放大电路和带有反馈的放大电路），并且作图过程麻烦，容易产生误差。

2.4　静态工作点的稳定

前面说过，放大电路应有合适的静态工作点，以保证有较好的放大效果，并且不引起非线性失真。但由于某些原因，例如温度的变化，将使集电极电流的静态值 I_C 发生变化，从而影响静态工作点的稳定性。如果当温度升高后偏置电流 I_B 能自动减小以限制 I_C 的增大，静态工作点就基本稳定。

上面所讲的放大电路(图 2-2) 中,偏置电流

$$I_B = \frac{U_{CC} - U_{BE}}{R_B}$$

当 R_B 一经选定后,I_B 也就固定不变。这种称为固定偏置的放大电路,不能稳定静态工作点。

为此,常采用图 2-15(a) 所示的分压式偏置放大电路,其中 R_{B1} 和 R_{B2} 构成偏置电路。由 2-15(b) 所示的直流通路可列出

$$I_1 = I_2 + I_B$$

若使

$$I_2 \gg I_B \tag{2-15}$$

则

$$I_1 \approx I_2 \approx \frac{U_{CC}}{R_{B1} + R_{B2}}$$

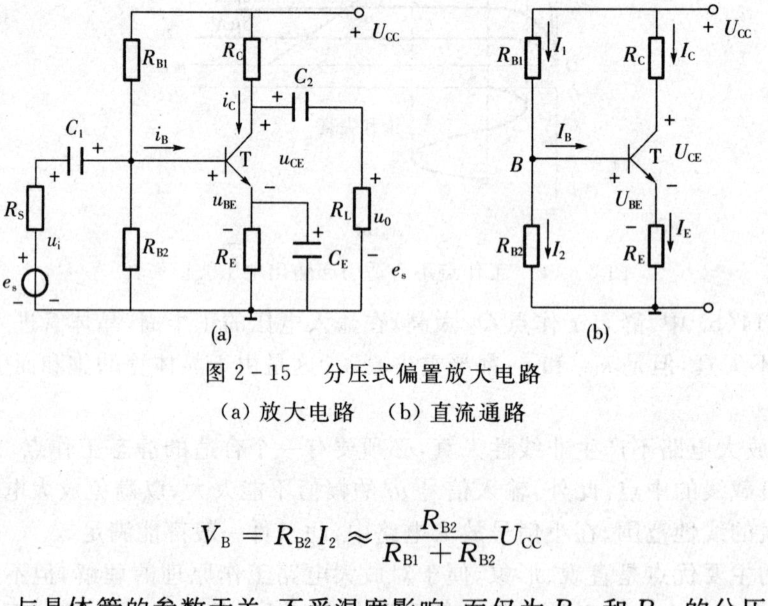

图 2-15　分压式偏置放大电路

(a) 放大电路　(b) 直流通路

基极电位

$$V_B = R_{B2} I_2 \approx \frac{R_{B2}}{R_{B1} + R_{B2}} U_{CC} \tag{2-16}$$

可认为 V_B 与晶体管的参数无关,不受温度影响,而仅为 R_{B1} 和 R_{B2} 的分压电路所固定。引入发射极电阻 R_E 后,由图 2-15(b) 可列出

$$U_{BE} = V_B - V_E = V_B - R_E I_E \tag{2-17}$$

若使

$$V_B \gg U_{BE} \tag{2-18}$$

则

$$I_C \approx I_E = \frac{V_B - U_{BE}}{R_E} \approx \frac{V_B}{R_E} \tag{2-19}$$

也可认为 I_C 不受温度影响。

因此，只要满足式(2-15)和式(2-18)两个条件，V_B 和 I_E 或 I_C 就与晶体管的参数几乎无关，不受温度变化的影响，从而静态工作点能得以基本稳定。

根据上述两个条件，似乎 I_2 和 V_B 愈大愈好。其实不然，还要考虑到其他影响。I_2 不能太大，否则，R_{B1} 和 R_{B2} 就要取得较小，这不但要增加功率损耗，而且从信号源取用较大的电流，使信号源的内阻压降增加，加在放大电路输入端的电压 u_i 减小。一般 R_{B1} 和 R_{B2} 为几十千欧，基极电位 V_B 也不能太高。否则，由于发射极电位 $V_E(\approx V_B)$ 增高而使 u_{CE} 相对地减小(U_{CC} 一定)，因而缩小了放大电路输出电压的变化范围。因此，对硅管而言，在估算时一般可选取 $I_2 = (5 \sim 10)I_B$ 和 $V_B = (5 \sim 10)U_{BE}$。

这种电路能稳定工作点的实质是：由式(2-17)可知，例如因温度增高而引起 I_C 增大时，发射极电阻 R_E 上的电压就会使 U_{BE} 减小，从而使 I_B 自动减小以限制 I_C 的增大，工作点得以稳定。R_E 愈大，稳定性能愈好。但不能太大，否则将使发射极电位 V_E 升高，因而减小输出电压的幅值。R_E 在小电流情况下为几百欧到几千欧，在大电流情况下为几欧到几十欧。

此外当发射极电流的交流分量 i_C 流过 R_E 时，也会产生交流压降，使 u_{be} 减小，从而降低电压放大倍数。为此可在 R_E 两端并联一个电容值较大的电容 C_E 使交流旁路。C_E 称为交流旁路电容，其值一般为几十微法到几百微法。

【例 2-5】 在图 2-15(a)的分压式偏置放大电路中，已知 $U_{CC} = 12V$，$R_C = 2k\Omega$，$R_E = 2k\Omega$，$R_{B1} = 20k\Omega$，$R_{B2} = 10k\Omega$，$R_L = 6k\Omega$，晶体管的 $\bar{\beta} = 37.5$。(1) 试求静态值；(2) 画出微变等效电路；(3) 计算该电路的 A_u、r_i 和 r_o。

【解】 (1) $V_B \approx \dfrac{R_{B2}}{R_{B1} + R_{B2}} U_{CC} = \dfrac{10}{20 + 10} \times 12V = 4V$

$$I_C \approx I_E = \frac{V_B - U_{BE}}{R_E} = \frac{4 - 0.6}{2 \times 10^3} A = 1.7mA$$

$$I_B \approx \frac{I_C}{\bar{\beta}} = \frac{1.7}{37.5} mA = 0.045mA$$

$$U_{CE} \approx U_{CC} - (R_C + R_E) I_C = [12 - (2 + 2) \times 10^3 \times 1.7 \times 10^{-3}] V = 5.2V$$

(2) 微变等效电路如图 2-16 所示。

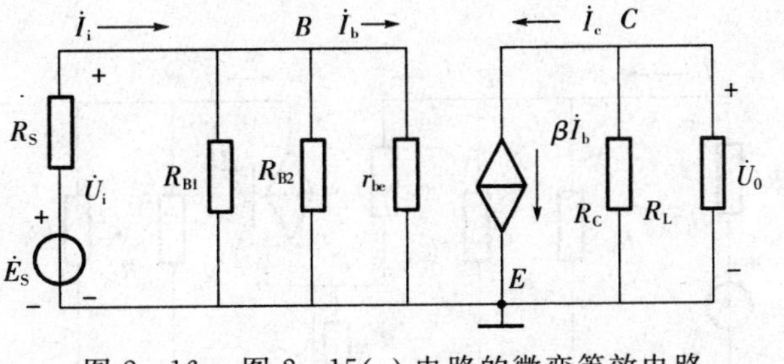

图 2-16　图 2-15(a)电路的微变等效电路

(3) $r_{be} \approx 200 + (1 + \bar{\beta}) \dfrac{26}{I_E} = [200 + (1 + 37.5) \times \dfrac{26}{1.7}]\Omega = 0.79k\Omega$

$$A_u = -\beta \frac{R'_L}{r_{be}} = -37.5 \times \frac{1.5}{0.79} = -71.2$$

式中

$$R'_L = \frac{R_C R_L}{R_C + R_L} = \frac{2 \times 6}{2+6} \text{k}\Omega = 1.5\text{k}\Omega$$

$$r_i = R_{B1} \mathbin{//} R_{B2} \mathbin{//} r_{be} \approx r_{be} = 0.79\text{k}\Omega$$

$$r_o \approx R_C = 2\text{k}\Omega$$

【例 2-6】 在上例中，如图 2-15(a) 中的 R_E 未全被 C_E 旁路，而尚留一段 R''_E，$R''_E = 0.2\text{k}\Omega$（图 2-17）。(1) 试求静态值；(2) 画出微变等效电路；(3) 计算该电路的 A_u，r_i 和 r_o，并与上例比较。

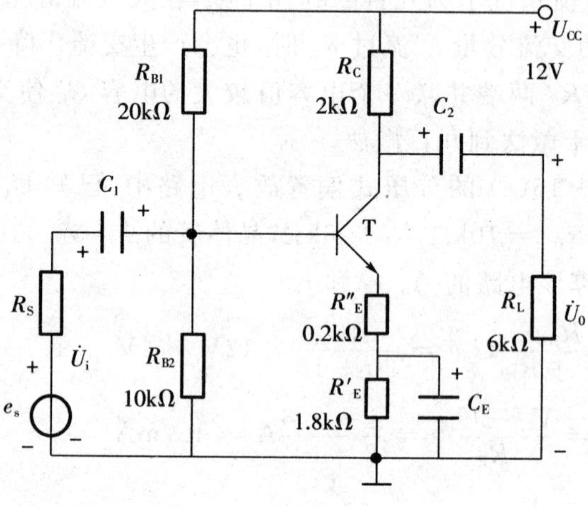

图 2-17　例 2-6 的图

【解】 (1) 静态值和 r_{be} 与例 2-5 相同。

(2) 微变等效电路如图 2-18 所示。

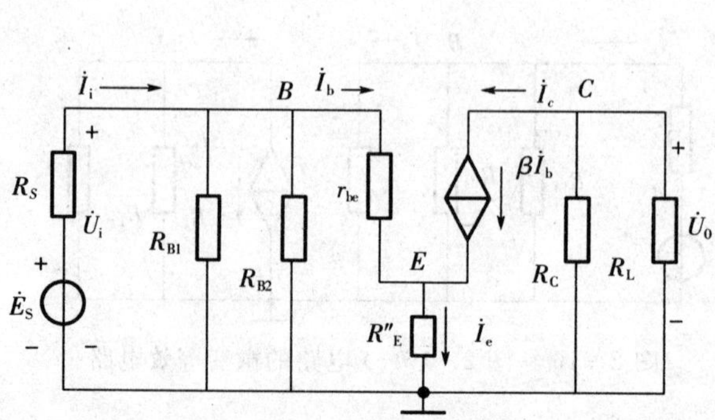

图 2-18　例 2-6 的微变等效电路

(3) 由图 2 - 18 可写出

$$\dot{U}_i = r_{be}\dot{I}_b + R''_E\dot{I}_e = r_{be}\dot{I}_b + (1+\beta)R''_E\dot{I}_b$$

$$= [r_{be}\dot{I}_b + (1+\beta)R''_E]\dot{I}_b$$

$$\dot{U}_0 = -R'_L\dot{I}_C = -\beta R'_L\dot{I}_b$$

故电压放大倍数为

$$A_u = \frac{\dot{U}_0}{\dot{U}_i} = \frac{\beta R'_L}{r_{be} + (1+\beta)R''_E} \tag{2-20}$$

将所给数据代入，则得

$$A_u = -37.5 \times \frac{1.5}{0.79 + (1+37.5)\times 0.2} = -6.63$$

$$r_i = R_{B1} \mathbin{/\!/} R_{B2} \mathbin{/\!/} [r_{be} + (1+\beta)R''_E] = 3.74\text{k}\Omega$$

$$r_o \approx R_C = 2\text{k}\Omega$$

留有一段发射极电阻而未被 C_E 旁路，此即在放大电路中引入了串联电流负反馈(负反馈将在第 4 章中讨论)，虽然电压放大倍数降低了，但改善了放大电路的工作性能，其中包括提高了放大电路的输入电阻。

2.5　放大电路的频率特性

前面讲到交流放大电路时，为了分析简便起见，设输入信号是单一频率的正弦信号。实际上放大电路的输入信号往往是非正弦量。例如广播的语言和音乐信号、电视的图像和伴音信号以及非电量通过传感器变换所得的信号等都含有基波和各种频率的谐波分量。由于在放大电路中一般都有电容元件，如耦合电容、发射极电阻交流旁路电容以及晶体管的极间电容和联线分布电容等。它们对不同频率的信号所呈现的容抗值是不相同的。因而，放大电路对不同频率的信号在幅度上和相位上放大的效果不完全一样，输出信号不能重现输入信号的波形，这就产生了幅度失真和相位失真，统称频率失真。因此，我们要讨论放大电路的频率特性。

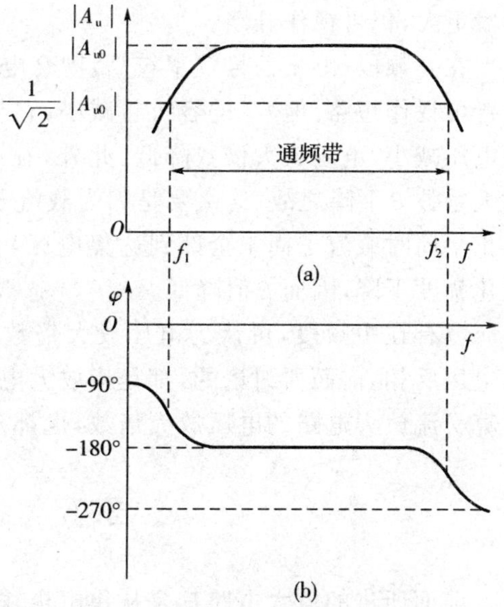

图 2 - 19　放大电路的频率特性
(a) 幅频特性　(b) 相频特性

频率特性又分为幅频特性和相频特性。前

者表示电压放大倍数的模 $|A_u|$ 与频率 f 的关系；后者表示输出电压相对于输入电压的相位移 φ 与频率 f 的关系。图 2-19 是共发射极放大电路(图 2-15)的频率特性。它说明，在放大电路的某一段频率范围内，电压放大倍数 $|A_u|=|A_{u0}|$，它与频率无关，输出电压相对于输入电压的相位移为 180°。随着频率的升高或降低，电压放大倍数都要减少，相位移也要发生变化。当放大倍数下降为 $\frac{|A_{u0}|}{\sqrt{2}}$ 时所对应的两个频率，分别为下限频率 f_1 和上限频率 f_2。在这两个频率之间的频率范围，称为放大电路的通频带，它是表明放大电路频率特性的一个重要指标。对放大电路而言，希望通频带宽一些，让非正弦信号中幅值较大的各次谐波频率都在通频带的范围内，尽量减小频率失真。另外，有些测量仪器(如晶体管电压表)测量不同频率的信号，电压放大倍数应该尽量做到一样，以免引起误差，这也希望放大电路有较宽的通频带。下面对幅频特性做一简单说明。

在工业电子技术中，最常用的是低频放大电路，其频率范围约为 20～10 000 Hz。在分析放大电路的频率特性时，将频率范围分为低、中、高三个频段。

在中频段，由于耦合电容和发射极电阻旁路电容的容量较大，故对中频段信号来讲其容抗很小，可视作短路。此外，尚有晶体管的极间电容和联线分布电容等，这些电容都很小，约为几皮法到几百皮法，可认为它们的等效电容 C_0 并联在输出端上(在图 2-15 中未标出)。由于 C_0 的容量很小，它对中频段信号的容抗很大，可视作开路。所以，在中频段，可认为电容不影响交流信号的传送，放大电路的放大倍数与信号频率无关。

在低频段，由于信号频率较低，耦合电容的容抗较大，其分压作用不能忽略，以致实际送到晶体管输入端的电压 U_{be} 比输入信号 U_i 要小，故放大倍数要降低。同样，发射极电阻旁路电容的容抗不能忽略，其上有交流压降，这也使放大倍数降低。在低频段，C_0 的容抗比中频段更大，仍可视作开路。

在高频段，由于信号频率较高，耦合电容和发射极电阻旁路电容的容抗比中频段更小，故皆可视作短路。但 C_0 的容抗将减小，它与输出端的电阻并联后，使总阻抗减小，因而使输出电压减小，电压放大倍数降低。此外，在高频段电压放大倍数的降低，还由于高频时电流放大系数 β 下降之故。这主要是因为载流子从发射区到集电区需要一定时间。如果频率高，在正半周时载流子尚未全部到达集电区，而输入信号就已改变极性，这就使集电极电流的变化幅度下降，因而 β 值降低。

只有在中频段，可认为电压放大倍数与频率无关，并且单级放大电路的输出电压与输入电压反相。前面所讨论的，都是指放大电路工作在中频段的情况。在本书的习题和例题中计算交流放大电路的电压放大倍数，也都是指中频段的电压放大倍数。

2.6 射极输出器

前面所讲的放大电路都是从集电极输出，共发射极接法。本节将讲的射极输出器，如图 2-20 所示，是从发射极输出。在接法上是一个共集电极电路；因为电源 U_{CC} 对交流信号相当于短路，故集电极成为输入与输出电路的公共端。对射极输出器，要注意其特点和用途。

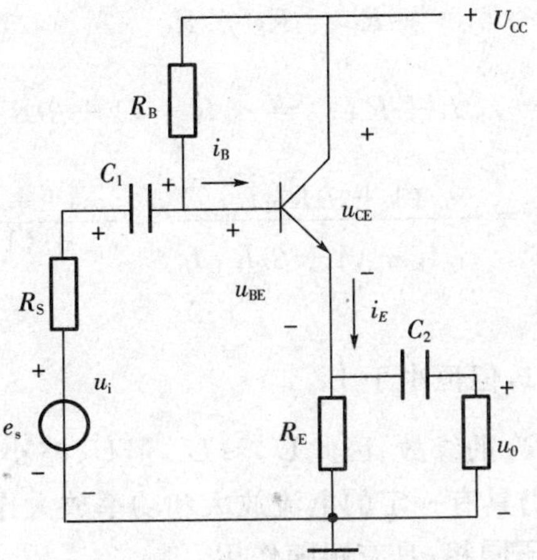

图 2－20　射极输出器

2.6.1　静态分析

由图 2－21 所示的射极输出器的直流通路可确定静态值。

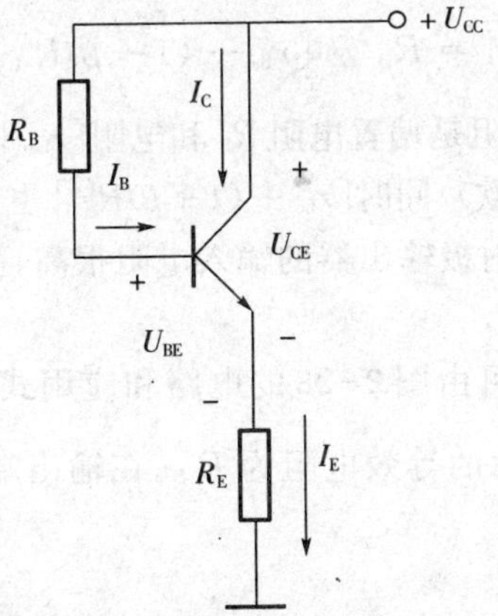

图 2－21　射极输出器的直流通路

$$I_E = I_B + I_C = I_B + \beta I_B = (1+\beta) I_B \tag{2-21}$$

$$I_B = \frac{U_{CC} - U_{BE}}{B_B + (1+\beta) R_E} \tag{2-22}$$

$$U_{CE} = U_{CC} - R_E I_E \tag{2-23}$$

2.6.2　动态分析

1. 电压放大倍数

由图 2－22 所示的射极输出器的微变等效电路可得出

$$U_o = R'_L \dot{I}_e = (1+\beta) R'_L \dot{I}_b$$

式中
$$R'_L = R_E \mathbin{/\!/} R_L$$

$$\dot{U}_i = r_{be}\dot{I}_b + R'_L\dot{I}_e = r_{be}\dot{I}_b + (1+\beta)R'_L\dot{I}_b$$

$$A_u = \frac{\dot{U}_o}{\dot{U}_i} = \frac{(1+\beta)R'_L\dot{I}_b}{r_{be}\dot{I}_b + (1+\beta)R'_L\dot{I}_b} = \frac{(1+\beta)R'_L}{r_{be} + (1+\beta)R'_L} \tag{2-24}$$

由上式可知：

(1) 电压放大倍数接近 1，但恒小于 1。

这是因为 $r_{be} \ll (1+\beta)R'_L$ 的缘故。因此 $\dot{U}_o \approx \dot{U}_i$，但 U_o 略小于 U_i。虽然没有电压放大作用，但因 $I_e = (1+\beta)I_b$，故仍具有一定的电流放大和功率放大作用。

(2) 输出电压与输入电压同相，具有跟随作用。

由 $\dot{U}_o \approx \dot{U}_i$ 可知，两者同相，且大小基本相等，因而输出端电位跟随着输入端电位的变化而变化，这是射极输出器的跟随作用，故它又称为射极跟随器。

2. 输入电阻

射极输出器的输入电阻 r_i 也可从图 2-22 所示的微变等效电路经过计算得出，即

$$r_i = R_B \mathbin{/\!/} [r_{be} + (1+\beta)R'_L] \tag{2-25}$$

可见，射极输出器的输入电阻是偏置电阻 R_B 和电阻 $[r_{be} + (1+\beta)R'_L]$ 并联而得的。通常 R_B 的阻值很大（几十千欧至几百千欧），同时 $[r_{be} + (1+\beta)R'_L]$ 也比上述的共发射极放大电路的输入电阻（$r_i \approx r_{be}$）大得多。因此，射极输出器的输入电阻很高，可达几十千欧至几百千欧。

3. 输出电阻

射极输出器的输出电阻 r_o 可由图 2-23 的电路和应用式(2-14)来求得。将信号源短路，保留其内阻 R_S，R_S 与 R_B 并联后的等效电阻为 R'_S。在输出端将 R_L 取去，加一交流电压 $\dot{U}_o$，产生电流 $\dot{I}_o$。

$$\dot{I}_o = \dot{I}_b + \beta\dot{I}_b + \dot{I}_e = \frac{\dot{U}_o}{r_{be} + R'_S} + \beta\frac{\dot{U}_o}{r_{be} + R'_S} + \frac{\dot{U}_o}{R_E}$$

$$r_o = \frac{\dot{U}_o}{\dot{I}_o} = \frac{1}{\dfrac{1+\beta}{r_{be} + R'_S} + \dfrac{1}{R_E}} = \frac{R_E(r_{be} + R'_S)}{(1+\beta)R_E + (r_{be} + R'_S)}$$

通常
$$(1+\beta)R_E \gg (r_{be} + R'_S),\ \beta \gg 1$$

故
$$r_o \approx \frac{r_{be} + R'_S}{\beta} \tag{2-26}$$

例如，$\beta = 40$，$r_{be} = 0.8\text{k}\Omega$，$R_S = 50\Omega$，$R_B = 120\text{k}\Omega$。由此得

$$R'_S = R_S \mathbin{/\!/} R_B = [50 \mathbin{/\!/} (120 \times 10^3)]\Omega \approx 50\Omega$$

$$r_o \approx \frac{800 + 50}{40}\Omega = 21.25\Omega$$

可见射极输出器的输出电阻是很低的(比共发射极放大电路的输出电阻低得多),由此也说明它具有恒压输出特性。

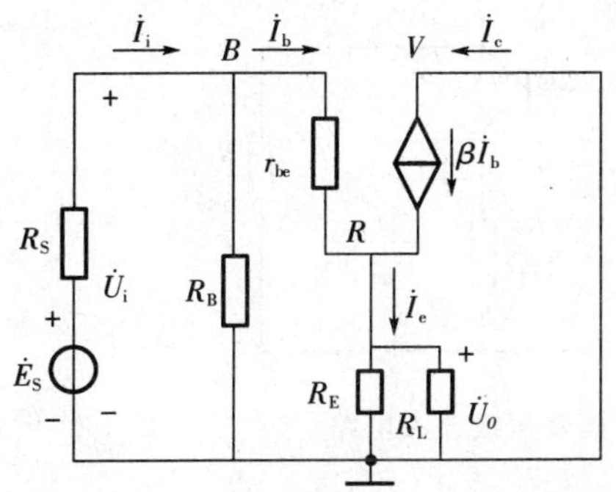

图 2-22　射极输出器的微变等效电路图

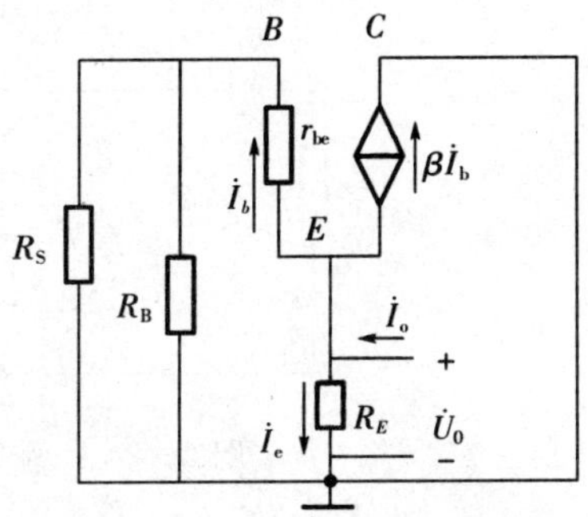

图 2-23　计算 r_0 的等效电路

综上所述,射极输出器的主要特点是:电压放大倍数接近 1;输入电阻高;输出电阻低。

射极输出器的应用十分广泛,主要由于它具有高输入电阻和低输出电阻的特点。因为输入电阻高,它常被用作多级放大电路的输入级,这对高内阻的信号源更为有意义。如果信号源的内阻较高,而它接一个低输入电阻的共发射极放大电路,那么,信号电压主要降在信号源本身的内阻上,分到放大电路输入端的电压就很小。又如测量仪器里的放大电路要求有高的输入电阻,以减小仪器接入时对被测电路产生的影响,也常用射极输出器作为输入级。另外,如果放大电路的输出电阻较低,则当负载接入后或当负载增大时,输出电压的下降就较小,或者说它带负载的能力较强。所以射极输出器也常用作多级放大电路的输出级,在后面要讲的运算放大器中就是这样。有时还将射极输出器接在两级共发射极放大电路之间,则对前级放大电路而言,它的高输入电阻对前级的影响甚小(前级提供的信号电流小);而对后级放大电路而言,由于它的输出电阻低,正好与输入电阻低的共发射极电路配合。这就是射极输出器的阻抗变换作用。这一级射极输出器称为缓冲级输出器或中间隔离级输出器。

放大器的输入信号一般都很微弱,因此常采用多级放大,才可在输出端获得必要的电压幅度或足够的功率,以推动负载工作。此外,多级放大的输入级或输出级也常采用射极输出器以获得高输入电阻 r_i 或低输出电阻 r_o,从而改善工作性能。下例即为一多级放大电路。

【例 2-7】　今将图 2-20 的射极输出器与图 2-15(a)的共发射极放大电路组成两级放大电路,如图 2-24 所示。已知:$U_{CC}=12V$,$\beta_1=60$,$R_{B1}=200k\Omega$,$R_{E1}=2k\Omega$,$R_S=100\Omega$ 后级的数据同例 2-5,即 $R_{C2}=2k\Omega$,$R_{E2}=2k\Omega$,$R'_{B2}=10k\Omega$,$R_L=6k\Omega$,$\beta_2=37.5$。试求:(1) 前后级放大电路的静态值;(2) 放大电路的输入电阻 r_i 和输出电阻 r_o;(3) 各级电压放大倍数 A_{u1},A_{u2} 及两级电压放大倍数 A_u。

【解】在图 2-24 的两级放大电路中,前后级之间是通过耦合电容 C_2 及下级输入电阻连接的,故称为阻容耦合。由于电容有隔直作用,它可使前后级的直流工作状态相互之间无影响,故各级放大电路的静态工作点可以单独考虑。耦合电容对交流信号的容抗必须很小,其交流分压作用可以忽略不计,以使前级输出信号电压差不多无损失地传送到后级输入端。

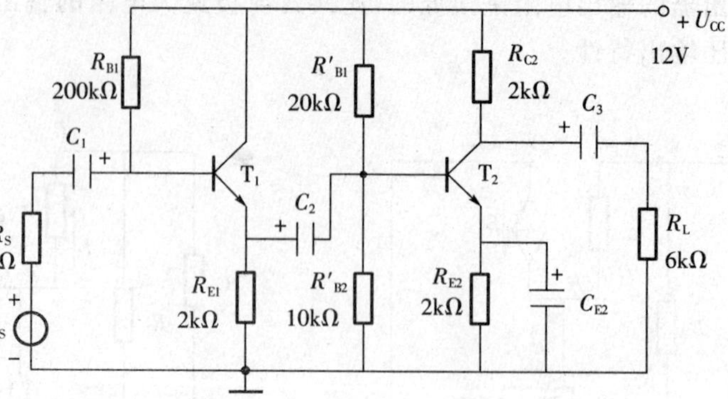

图 2-24　例 2-7 的阻容耦合两级放大电路

本例计算如下：

(1) 前级静态值为

$$I_{B1}=\frac{U_{CC}-U_{BE1}}{R_{B1}+(1+\beta)R_{E1}}=\frac{12-0.6}{200\times10^{3}+(1+60)\times2\times10^{3}}\text{A}=0.035\text{mA}$$

$$I_{C1}\approx I_{E1}=(1+\beta_1)I_{B1}=(1+60)\times0.03\text{mA}=2.14\text{mA}$$

$$U_{CE1}=U_{CC}-R_{E1}I_{E1}=(12-2\times10^{3}\times2.14\times10^{-3})\text{V}=7.27\text{V}$$

后级静态值同例 2-5，即

$$I_{C2}\approx I_{E2}=1.7\text{mA}$$

$$I_{B2}=0.045\text{mA}$$

$$U_{CE2}=5.2\text{V}$$

(2) 放大电路的输入电阻

$$r_i=r_{i1}=R_{B1}\,/\!/\,[r_{be1}+(1+\beta_1)R'_{L1}]$$

式中

$$R'_{L1}=R_{E1}\,/\!/\,r_{i2}$$

为前级的负载电阻，其中 r_{i2} 为后级的输入电阻，已在例 2-5 中求得，$r_{i2}=0.79\text{k}\Omega$。于是

$$R'_{L1}=\frac{2\times0.79}{2+0.78}\text{k}\Omega=0.57\text{k}\Omega$$

$$r_{be1}\approx200+(1+\beta_1)\frac{26}{I_{E1}}=\left[200+(1+60)\times\frac{26}{2.14}\right]\Omega=0.94\text{k}\Omega$$

于是得出

$$r_i=r_{i1}=R_{B1}\,/\!/\,[r_{be1}+(1+\beta_1)R'_{L1}]=30.3\text{k}\Omega$$

输出电阻

$$r_o=r_{o2}\approx R_{C2}=2\text{k}\Omega$$

(3) 计算电压放大倍数

前级

$$A_{u1}=\frac{(1+\beta_1)R'_{L1}}{r_{be1}+(1+\beta_1)R'_{L1}}=\frac{(1+60)\times 0.57}{0.94+(1+60)\times 0.57}=0.98$$

后级(见例 2 - 5)

$$A_{u2}=-71.2$$

两级电压放大倍数

$$A_u=A_{u1}\cdot A_{u2}=0.98\times(-71.2)=-69.8$$

可见,输入级采用射极输出器后,放大电路的输入电阻(30.3kΩ)比例 2 - 5 中的输入电阻(0.79kΩ)高出很多。

如果将本例中前后级放大电路交换联接,试求例题中所列各项。

2.7　差分放大电路

例 2 - 7 中的阻容耦合放大电路只能用于放大交流信号。在工业控制中还常遇到另外一些信号,例如用热电偶测量炉温,由于炉温变化很慢,所以热电偶给出的就是一个缓慢变化的电压信号。这种缓慢变化的信号不能采用阻容耦合,只能用直接耦合的多级放大电路来放大,即把前级的输出端直接接到后级的输出端,图 2 - 25 所示的电路就是其中一种。发射极电阻 R_{E2} 用来确定两级合适的工作点,即

$$R_{E2}=\frac{U_{CE1}-U_{BE2}}{I_{E2}} \tag{2-27}$$

直接耦合放大电路的最大问题是零点漂移。

一个理想的直接耦合放大电路,当输入信号为零时,其输出电压应保持不变(不一定是零)。但实际上,把一个多级直接耦合放大电路的输入端短接($u_i=0$),测其输出端电压时,却如图 2 - 26 中记录仪所显示的那样,它并不保持恒值,而在缓慢地、无规则地变化着,这种现象就称为零点漂移。

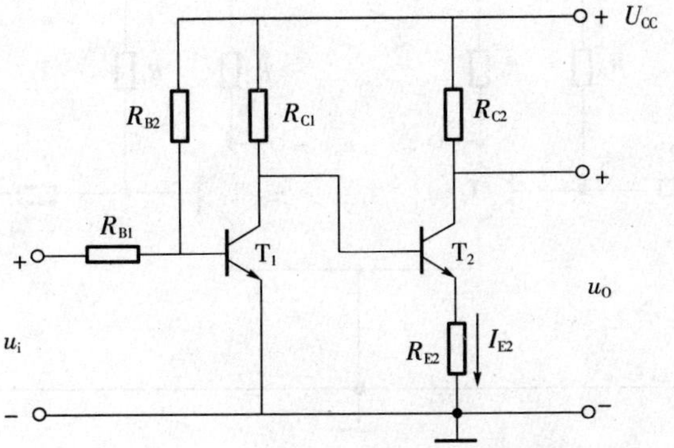

图 2 - 25　两级直接耦合放大电路

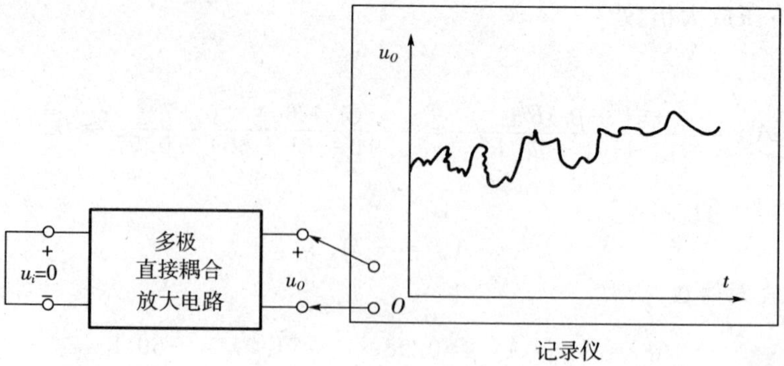

图 2－26　零点漂移现象

当放大电路输入信号后，这种漂移就伴随着信号共存于放大电路中，两者都在缓慢地变动着，一真一假，互相纠缠在一起，难于分辨。如果当漂移量大到足以和信号量相比时，放大电路就更难工作了。因此，必须查明产生漂移的原因，并采取相应的抑制漂移的措施。

引起零点漂移的原因很多，如晶体管参数（I_{CBO}，U_{BE}，β）随温度的变化，电源电压的波动，电路元件参数的变化等，其中温度的影响是最严重的。因而零点漂移也称为温度漂移（温漂）。在多级放大电路的各级的漂移当中，又以第一级的漂移影响最为严重。由于直接耦合，第一级的漂移被逐级放大，以致影响到整个放大电路的工作。所以，抑制漂移要着重于第一级。

在直接耦合放大电路中抑制零点漂移最有效的电路结构是差分放大电路。因此要求较高的多级直接耦合放大电路（如集成运算放大器）的第一级广泛采用这种电路。

2.7.1　差分放大电路的工作原理

图 2－27 是用两个晶体管组成的差分放大原理电路。信号电压 u_{i1} 和 u_{i2} 由两管基极输入，输出电压 u_o 则取自两管的集电极之间。电路结构对称，在理想的情况下，两管的特性及对应电阻元件的参数值都相同，因而它们的静态工作点也必然相同。通常采用集成差分对管，如 BG319 等。

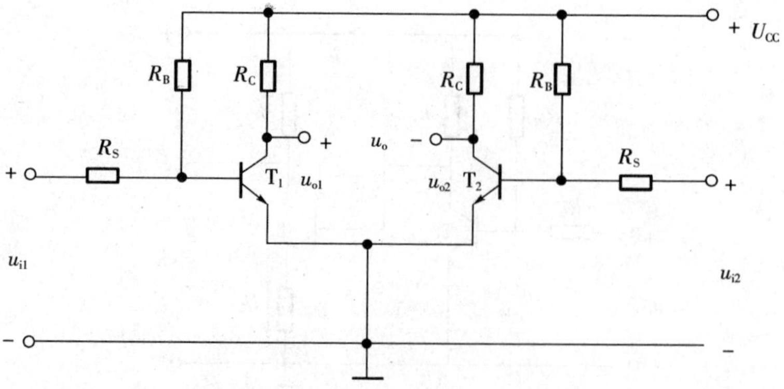

图 2－27　基本差动放大原理电路

若从信号的输入输出进行分类，可以把差放电路分为双入双出，双入单出，单入双出，单入单出四种方式。实际应用中，可以根据需要灵活选择输入和输出方式。这里将主要分析双入双出差动放大电路的工作原理。

1. 零点漂移的抑制

在静态时，$u_{i1}=u_{i2}=0$，即在图 2-27 中将两边输入端短路，由于电路的对称性，两边的集电极电流相等，集电极电位也相等，即

$$I_{C1}=I_{C2},\quad V_{C1}=V_{C2}$$

故输出电压

$$u_o=V_{C1}-V_{C2}=0$$

当温度升高时，两管的集电极电流都增大了，集电极电位都下降了，并且两边的变化量相等，即

$$\Delta I_{C1}=\Delta I_{C2},\quad \Delta V_{C1}=\Delta V_{C2}$$

虽然每个管都产生了零点漂移，但是，由于两集电极电位的变化是相同的，所以输出电压依然为零，即

$$u_o=V_{C1}+\Delta V_{C1}-(V_{C2}+\Delta V_{C2})=\Delta V_{C1}-\Delta V_{C2}=0$$

零点漂移完全被抑制了。对称差分放大电路对两管所产生的同向漂移(不管是什么原因引起的)都具有抑制作用，这是它的突出优点。

2. 信号输入

当有信号输入时，对称差分放大电路(图 2-27)的工作情况可以分为下列几种输入方式来分析。

(1) 共模输入

两个输入信号电压的大小相等，极性相同，即 $u_{i1}=u_{i2}$，这样的输入称为共模输入。在共模输入信号的作用下，对于完全对称的差分放大电路来说，显然两管的集电极电位变化相同($\Delta V_{C1}=\Delta V_{C2}$)，因而输出电压等于零，所以它对共模信号没有放大能力，亦即放大倍数为零。实际上，前面讲到的差分放大电路对零点漂移的抑制就是该电路抑制共模信号的一个特例。因为折合到两个输入端的等效漂移电压如果相同，就相当于给放大电路加了一对共模信号①。所以，差分电路抑制共模信号能力的大小，也反映出它对零点漂移的抑制水平。这一作用是很有实际意义的。

(2) 差模输入

两个输入电压的大小相等，而极性相反，即 $u_{i1}=-u_{i2}$，这样的输入称为差模输入。设 $u_{i1}>0$，$u_{i2}<0$，则 u_{i1} 使 T_1 的集电极电流增大了 Δi_{c1}，T_1 的集电极电位(即其输出电压)因

① 设 u_{od} 为输出端漂移电压，$|A_u|$ 为电压放大倍数，则折合到输入端的等效漂移电压为 $u_{id}=\frac{u_{od}}{|A_u|}$

而减低了 Δv_{c1}（负值）；而 u_{i2} 却使 T_2 的集电极电流减小了 Δi_{c2}，T_2 的集电极电位因而增高了 Δv_{c2}（正值）。这样，两个集电极电位一增一减，呈现异向变化，其差值即为输出电压

$$u_o = V_{C1} - V_{C2}$$

例如，$\Delta v_{c1} = -1\text{V}$，$\Delta v_{c2} = 1\text{V}$，则

$$u_o = -1 - 1 = -2(\text{V})$$

可见，在差模输入信号的作用下，差分放大电路的输出电压为两管各自输出电压变化量的两倍。

(3) 比较输入

两个输入信号电压既非共模，又非差模，它们的大小和相对极性是任意的，这种输入常作为比较放大（或称差分放大）来运用，在自动控制系统中是常见的。

例如 u_{i1} 是给定信号电压（或称基准电压），u_{i2} 是一个缓慢变化的信号（如反映炉温的变化）或是一个反馈信号，两者在放大电路的输入端进行比较后，得出偏差值（$u_{i1} - u_{i2}$），差值电压经放大后，输出电压为

$$u_o = A_u(u_{i1} - u_{i2}) \tag{2-28}$$

其值仅与偏差值有关，而不需要反映两个信号本身的大小。不仅输出电压的大小与偏差值有关，而且它的极性与偏差值也有关系。在图 2-27 中，如果 u_{i2} 和 u_{i1} 极性相同，并设 u_o 的参考方向如图中所示，当 $u_{i2} > u_{i1}$ 时，则 $u_o > 0$；当 $u_{i2} = u_{i1}$（共模）时，则 $u_o = 0$；而当 $u_{i2} < u_{i1}$ 时，则 $u_o < 0$，即其极性改变，而极性的改变反映了某个物理量向相反方面变化的情况，例如在炉温控制中反映炉温的升高和降低。由式(2-28) 看来，式中 A_u 应为负值。

此外，有时为了便于分析和处理，可以将这种既非共模、又非差模的信号分解为共模分量和差模分量。例如 u_{i1} 和 u_{i2} 是两个极性相同的输入信号，设 $u_{i1} = 10\text{mV}$，$u_{i2} = 6\text{mV}$。可以将 u_{i1} 和 u_{i2} 分解为 8mV 与 2mV 之和，即 $u_{i1} = 8\text{mV} + 2\text{mV}$，而把 u_{i2} 分解为 8mV 与 2mV 之差，即 $u_{i2} = 8\text{mV} - 2\text{mV}$。这样，就可认为 8mV 是输入信号中的共模分量，即 $u_{i1} = u_{i2} = 8\text{mV}$；而 $+2\text{mV}$ 和 -2mV 则为差模分量，即 $u_{id1} = 2\text{mV}$，$u_{id2} = -2\text{mV}$。于是可得出

$$u_{i1} = u_{ic1} + u_{id1}$$

$$u_{i2} = u_{ic2} + u_{id2}$$

并由此可求出输入信号的共模分量和差模分量。

2.7.2 典型差分放大电路

上面讲到，差分放大电路所以能抑制零点漂移，是由于电路的对称性。实际完全对称的理想情况并不存在；所以单靠提高电路的对称性来抑制零点漂移是有限度的。另外，上述差分电路的每个管的集电极电位的漂移并未受到抑制，如果采用单端输出（输出电压从一个管的集电极与"地"之间取出），漂移根本无法抑制。为此常采用的是图 2-28 所示的电路，在这个电路中多加了电位器 R_P、发射极电阻 R_E 和负电源 $-U_{EE}$。

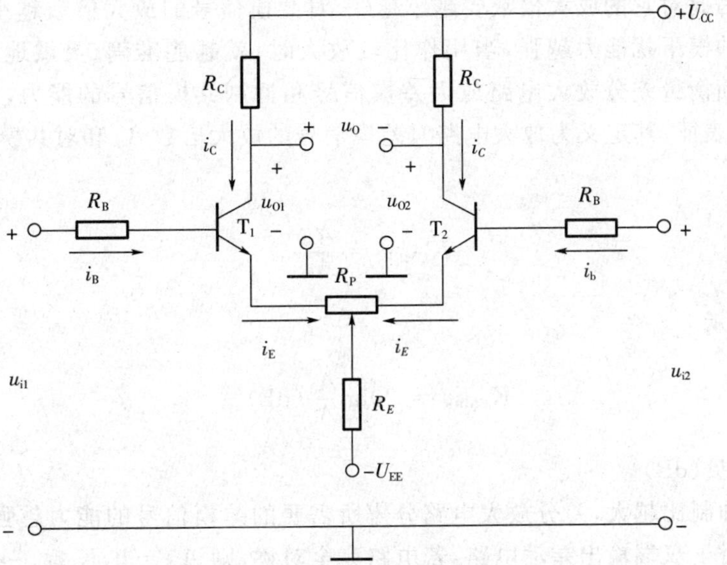

图 2-28　典型差动放大电路

R_E 的主要作用是限制每个管子的漂移范围，进一步减小零点漂移，稳定电路的静态工作点。例如当温度升高使 I_{C1} 和 I_{C2} 均增加时，则有如下的抑制漂移的过程：

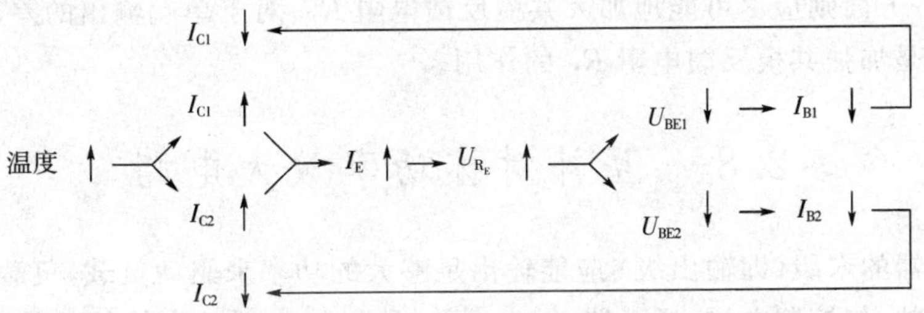

可见，由于 R_E 上电压 U_{R_E} 的增高，使每个管子的漂移得到抑制（这是一种电流负反馈，将在第 4 章讨论）。对零点漂移的抑制，也反映了对共模信号的抑制能力。当差分电路输入共模信号时，对它的抑制过程与上述相似。因此 R_E 也称为共模抑制电阻。

那么 R_E 对要放大的差模信号有没有影响呢？由于差模信号使两管的集电极电流产生异向变化，只要电路的对称性足够好，两管电流一增一减，其变化量相等，通过 R_E 中的电流就近似不变，它对差模信号不起作用。因此，R_E 基本上不影响差模信号的放大效果。

R_E 能区别对待共模信号和差模信号，这正是我们所期望的。差分放大电路就是要放大差模信号和抑制共模信号。虽然，R_E 愈大，抑制共模信号的作用愈显著；但是，在 $+U_{CC}$ 一定时，过大的 R_E 会使集电极电流过小，要影响静态工作点和电压放大倍数。为此，接入负电源 $-U_{EE}$ 来抵消 R_E 两端的直流压降，从而获得合适的静态工作点。电位器 R_P 是调零用的，在静态时用它来将输出电压调为零。R_P 值在几十欧姆到几百欧姆之间。

2.7.3　共模抑制比

对差分放大电路来说，差模信号是有用信号，要求对它有较大的放大倍数；而共模信号是需要抑制的，因此对它的放大倍数要越小越好。对共模信号的放大倍数越小，就意味着零点漂移越小，抗共模干扰能力越强，当用作比较放大时，就越能准确、灵敏地反映出信号的偏差值。为了全面衡量差分放大电路放大差模信号和抑制共模信号的能力，通常引用共模抑制比 K_{CMRR} 来表征。其定义为放大电路对差模信号的放大倍数 A_d 和对共模信号的放大倍数 A_c 之比，即

$$K_{CMRR} = \frac{A_d}{A_c} \tag{2-29}$$

或用对数形式表示

$$K_{CMRR} = 20\lg\frac{A_d}{A_c}(\mathrm{dB})$$

其表示单位为分贝(dB)。

显然，共模抑制比越大，差分放大电路分辨所需要的差模信号的能力越强，而受共模信号的影响越小。对于双端输出差动电路，若电路完全对称，则 $A_c = 0$，$K_{CMRR} \to \infty$，这是理想情况。而实际情况是，电路完全对称并不存在，共模抑制比也不可能趋于无穷大。如理想运算放大器理想差模电压放大倍数 $A_d = \infty$，实际上 $A_d \geqslant 80\mathrm{dB}$ 即可。

从原则上看，提高双端输出差动放大电路共模抑制比的途径是：一方面要使电路参数尽量对称，另一方面则应尽可能地加大共模反馈电阻 R_E。对于单端输出的差动电路来说，主要的手段只能是加强共模反馈电阻 R_E 的作用。

2.8 互补对称功率放大电路

一般放大器的末级(即输出级)应能输出足够大的功率来驱动负载，负载可以是电与机械型或电磁型的，如控制电机、扬声器、继电器等。所以放大器的末级往往是功率放大电路。在许多情况下，末级功率放大级之前还需用一个驱动级来提供末级所需的输入电信号，以获得最佳的性能，这两级的组合通常称为功率放大器。与小信号的电压放大电路不同，功率放大电路的信号电压和电流的变化幅度很大，几乎一直伸展到三极管特性曲线的整个放大区。电压放大电路和功率放大电路都是利用晶体管的放大作用将信号放大，所不同的是，前者的目的是输出足够大的电压，而后者主要是要求输出最大的功率；前者是工作在小信号状态，而后者工作在大信号状态。两者对放大电路的考虑有各自的侧重面。

2.8.1 对功率放大电路的基本要求

对功率放大电路的基本要求有下面两个：

1. 在不失真的情况下能输出尽可能大的功率。为了获得较大的输出功率，往往让它工作在极限状态，但要考虑到晶体管的极限参数 P_{CM}，I_{CM} 和 $U_{(BR)CEO}$。由于信号大，功率放大电路工作的动态范围大，这就要考虑到失真问题。

2. 由于功率较大，就要求提高效率。所谓效率，就是负载得到的交流信号功率与电源供

给的直流功率之比值。

效率、失真和输出功率这三者之间互有影响，首先讨论提高效率的问题。

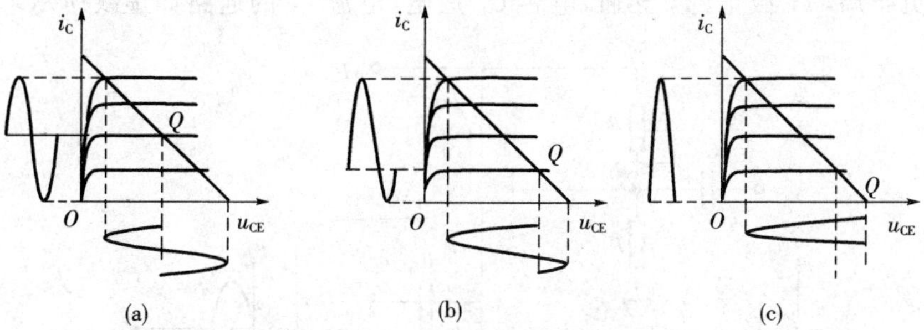

图 2-29　放大电路的工作状态

(a) 甲类　(b) 甲乙类　(c) 乙类

放大电路有三种工作状态，如图 2-29 所示。在图 2-29(a) 中，静态工作点 Q 大致在交流负载线的中点，这种称为甲类工作状态。上面所讲的电压放大电路就是工作在这种状态。在甲类工作状态，不论有无输入信号，电源供给的功率 $P_E = E_{CC}I_C$ 总是不变的。当无信号输入时，电源功率全部消耗在管子和电阻上，以管子的集电极损耗为主。当有信号输入时，其中一部分转换为有用的输出功率 P_O，信号愈大，输出功率也愈大。可以证明，在理想的情况下，甲类功率放大电路的最高效率也只能达到 50%。

欲提高效率，需从两方面着手：一是用增加放大电路的动态工作范围来增加输出功率；一是减小电源供给的功率。而后者要在 U_{CC} 一定的条件下使静态电流 I_C 减小，即将静态工作点 Q 沿负载线下移，如图 2-29(b) 所示，这种称为甲乙类工作状态。若将静态工作点下移到 $I_C \approx 0$ 处，则管耗更小，这种称为乙类工作状态，如图 2-29(c) 所示。在甲乙类和乙类状态下工作时，电源供给的功率应为 $P_E = U_{CC}I_{C(AV)}$，式中 $I_{C(AV)}$ 为集电极电流 i_c 的平均值，而在甲类状态下工作时，集电极电流的静态值即为其平均值。

由图 2-29 可见，在甲乙类和乙类状态下工作时，虽然提高了效率，但产生了严重的失真。为此，下面介绍工作于甲乙类或乙类状态的互补对称放大电路。它既能提高效率，又能减小信号波形的失真。

2.8.2　互补对称放大电路

1. 无输出变压器(OTL)* 的互补对称放大电路

图 2-30(a) 是无输出变压器互补对称放大电路的原理图 T_1(NPN 型) 和 T_2(PNP 型) 是两个不同类型的晶体管，两管特性基本上相同。

在静态时，调节 R_3，使 A 点的电位为 $\frac{1}{2}U_{CC}$，输出耦合电容 C_L 上的电压即为 A 点和“地”之间的电位差，也等于 $\frac{1}{2}U_{CC}$；并获得合适的直流电压 U_{B1B2}（即 R_1 和 D_1D_2 串联电路上的电

* OTL 是英文 Output Transformerless 的缩写。

压），使 T_1、T_2 两管工作在甲乙类状态。

当输入交流信号 u_i 时，在它的正半周，T_1 导通，T_2 截止，电流 i_{c1} 的通路如图中实线所示；在 u_i 的负半周，T_1 截止，T_2 导通，电容 C_L 放电，电流 i_{c2} 的通路如虚线所示。

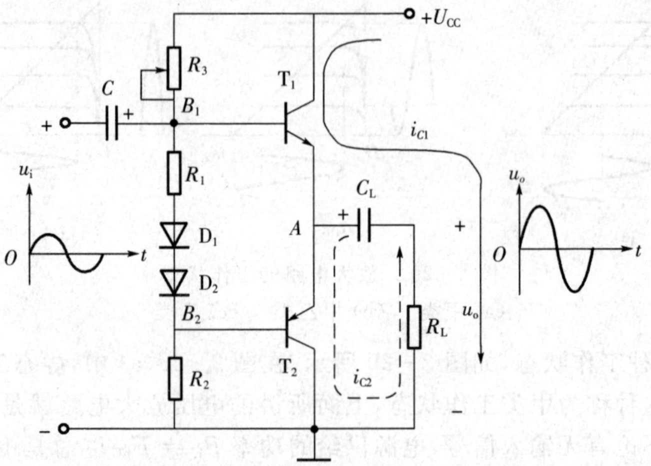

图 2-30　OTL 互补对称放大电路

由此可见，在输入信号 u_i 的一个周期内，电流 i_{c1} 和 i_{c2} 以正反方向交替流过负载电阻 R_L，在 R_L 上合成而得出一个输出信号电压 u_o。为了使输出波形对称，在 C_L 放电过程中，其上电压不能下降过多，因此 C_L 的容量必须足够大。

此外，由于二极管的动态电阻很小，R_1 的阻值也不大，所以 T_1 和 T_2 的基极交流电位基本上相等，否则将会造成输出波形正、负半周不对称的现象。由于静态电流很小，功率损耗也很小，因而提高了效率。可以证明，在理论上效率可达 78.5%。

上述互补对称放大电路要求有一对特性相同的 NPN 型和 PNP 型功率输出管，在输出功率较小时，可以选配这对晶体管，但在要求输出功率较大时，就难于配对。因此采用复合管。在图 2-31 中列举了两类型的复合管。

首先讨论复合管的电流放大系数。今以图 2-31(a) 的复合管为例。

$$
\begin{aligned}
i_c &= i_{c1} + i_{c2} = \beta_1 i_{b1} + \beta_2 i_{b2} = \beta_1 i_{b1} + \beta_2 i_{e1} \\
&= \beta_1 i_{b1} + \beta_2(1+\beta_1) i_{b1} = (\beta_1 + \beta_2 + \beta_1\beta_2) i_{b1} \approx \beta_1\beta_2 i_{b1}
\end{aligned}
$$

可见复合管的电流放大系数近似为两管电流放大系数的乘积，即

$$\beta = \frac{i_c}{i_b} \approx \beta_1\beta_2 \tag{2-30}$$

其次，从图 2-31 可以看出，复合管的类型与第一个晶体管（即 T_1）相同，而与后接晶体管（即 T_2）无关。图 2-31(a) 的复合管可等效为一个 NPN 型管；图 2-31(b) 的复合管可等效为一个 PNP 型管。因此，图 2-30 中的 T_1 管和 T_2 管可以分别用图 2-31 中的两个复合管替代。

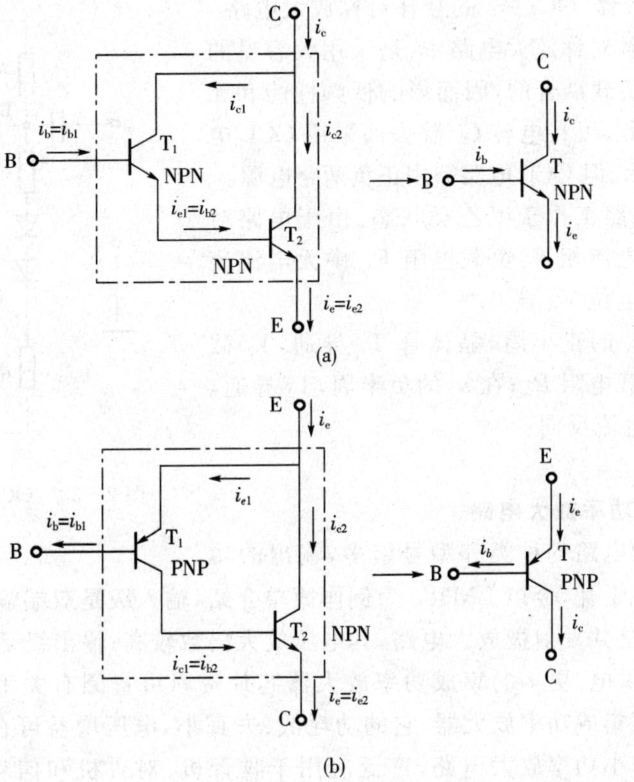

图 2-31　复合管

由复合管组成的互补对成功率放大电路如图 2-32 所示。图中 T_4、T_6 等效为 NPN 型复合管，T_5、T_7 等效为 PNP 型复合管。由于 T_6 和 T_7 为同一类型管子，比较容易做到特性一致。

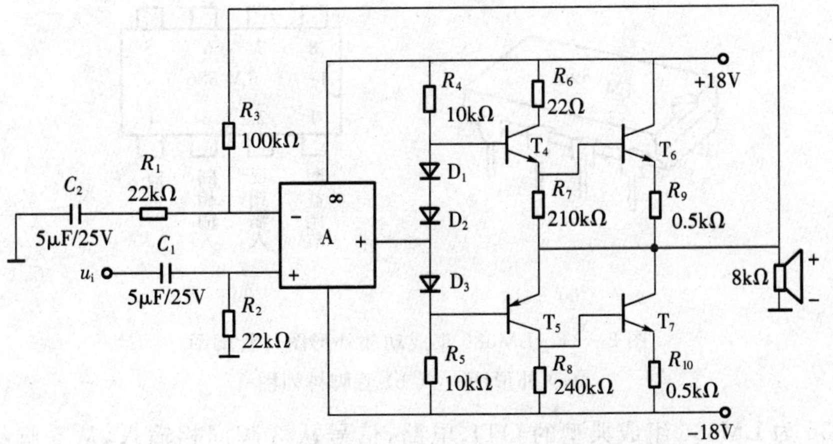

图 2-32　复合管组成的互补对称功率放大电路

2. 无输出电容器(OCL)* 的互补对称放大电路

上述 OTL 互补对称放大电路中,是采用大容量的极性电容器 C_L 与负载耦合的,因而影响低频性能和无法实现集成化。为此,可将电容 C_L 除去而采用 OCL 电路,如图 2-33 所示。但 OCL 电路需用正负两路电源。

图 2-33 的电路工作于甲乙类状态。由于电路对称,静态时两管的电流相等,负载电阻 R_L 中无电流流过,两管的发射极电位 $V_A=0$。

在输入电压 u_i 的正半周,晶体管 T_1 导通,T_2 截止,有电流流过负载电阻 R_L;在 u_i 的负半周,T_2 导通,T_1 截止,R_L 上的电流反向。

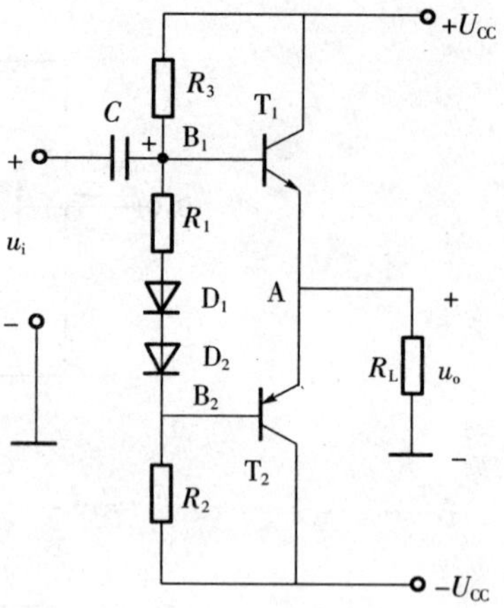

图 2-33 OCL 互补对称放大电路

2.8.3 集成功率放大电路

集成功率放大电路的种类和型号繁多,输出的功率由几百毫瓦到几十瓦。今以 LM386 为例作简单介绍,输入级是双端输入—单端输出差分放大电路;中间级是共发射极放大电路,其电压放大倍数较高;输出级是 OTL 互补对称放大电路,故为单电源供电。更多的集成功率放大器芯片资料可查阅有关手册。LM386 是一种低电压通用型音频集成功率放大器,它的功耗低、失真小,电压增益可在 20～200 内调整,适用于电池供电的小功率放大电路,广泛应用于收音机、对讲机和信号发生器中。LM386 为 8 脚双列直插式,其外形与管脚图如图 2-34 所示。

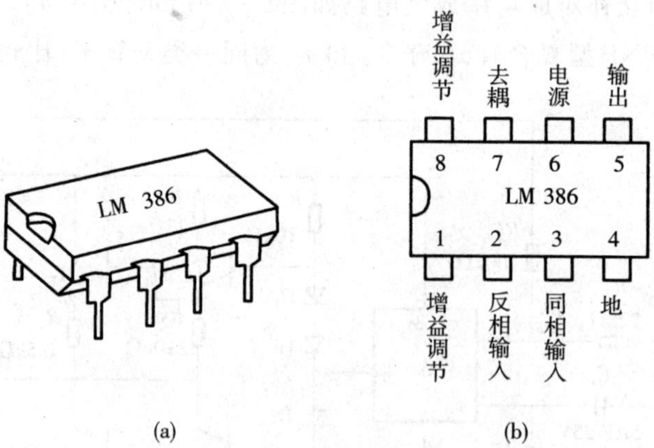

图 2-34 LM386 集成功放外形图与管脚图

(a) 外形图 (b) 管脚排列图

图 2-35 为 LM386 组成典型的 OTL 电路,信号从 3 脚同相输入,从 5 脚经耦合电容 220μF 输出,7 脚所接的 20μF 电容为去耦滤波电容。8 脚与 1 脚所接 10μF 电容和可调电阻用

* OCL 是英文 Output capacitorless 的缩写。

于调节电路的闭环电压增益，改变电阻值，可使集成功放的电压放大倍数在 20 ～ 200 之间变化，R 值越小，电压增益越大。输出端 5 脚所接 10Ω 电阻和 0.1μF 电容组成阻抗校正网络，抵消负载中的感抗分量，防止电路自激，有时也可省去不用。

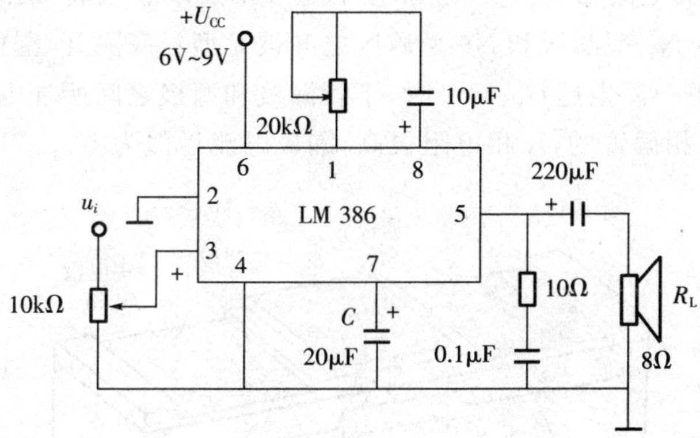

图 2－35　LM386 功率放大电路的应用

在选择功率放大器时，首先应注意电路对功率级的要求，所选芯片的主要性能指标应满足电路的要求，并应注意手册中推荐的工作条件。此外，使用中应合理安置元器件及布线，尤其是合理选用和安置散热器。

2.9　场效应晶体管及其放大电路

场效晶体管是一种较新型的半导体器件，其外形与普通晶体管相似，但两者的控制特性却截然不同。普通晶体管是电流控制元件，通过控制基极电流达到控制集电极电流或发射极电流的目的，即信号源必须提供一定的电流才能工作。因此它的输入电阻较低，仅有 10^2 ～ 10^4 Ω。场效应管则是电压控制元件，它的输出电流决定于输入端电压的大小，基本上不需要信号源提供电流，所以它的输入电阻很高，可高达 10^9 ～ 10^{14} Ω。当要求放大电路输入电阻更大的情况下，往往采用场效应管构成的放大电路。和晶体管组成的放大电路一样，场效应管也可构成共源、共漏和共栅三种组态的放大电路。此外，场效应管还具有其他优点，所以现在已被广泛应用于放大电路和数字电路中。

场效晶体管按其结构的不同可分为结型场效应管和绝缘栅场效应管两种类型。在本书中只简单介绍后一种场效晶体管。

2.9.1　绝缘栅场效晶体管

绝缘栅场效晶体管按其工作状态可以分为增强型与耗尽型两类，每类又有 N 沟道和 P 沟道之分。下面简单说明它们的工作原理。

增强型绝缘栅场效晶体管

图 2－36 是 N 沟道增强型绝缘栅场效晶体管的结构示意图。用一块杂质浓度较低的 P 型薄硅片作为衬底，其上扩散两个相距很近的高掺杂 N^+ 型区，并在硅片表面生成一层薄薄的二氧

化硅绝缘层。再在两个 N^+ 型区之间的二氧化硅的表面及两个 N^+ 型区的表面分别安置三个电极：栅极 G(g)、源极 S(s) 和漏极 D(d)。由图可见，栅极和其他电极及硅片之间是绝缘的，所以称为绝缘栅场效晶体管，或称为金属 — 氧化物 — 半导体场效晶体管，简称 MOS* 场效晶体管。由于栅极是绝缘的，电流几乎为零，栅源电阻(输入电阻)R_{GS} 很高，最高可达 10^{14}。

从图 2-36 可见，N^+ 型漏区和 N^+ 型源区之间被 P 型衬底隔开，漏极和源极之间是两个背靠背的 PN 结，当栅－源电压 $U_{GS}=0$ 时，不管漏极和源极之间所加电压的极性如何，其中总有一个 PN 结是反相偏置的，反相电阻很高，漏极电流近似为零。

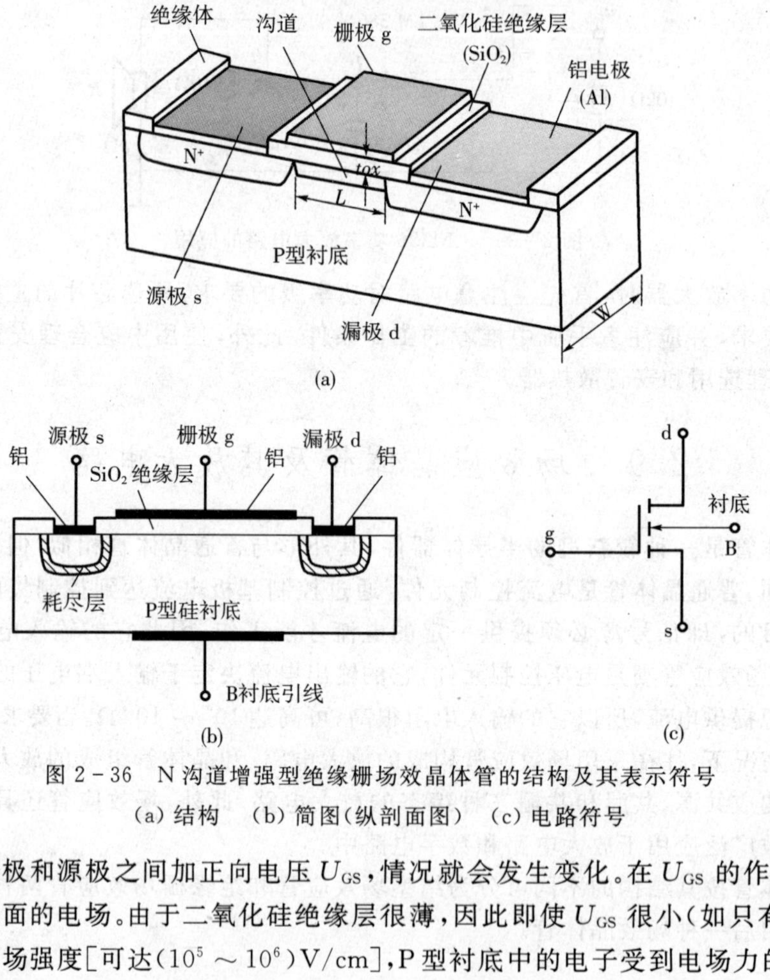

图 2-36　N 沟道增强型绝缘栅场效晶体管的结构及其表示符号

(a) 结构　(b) 简图(纵剖面图)　(c) 电路符号

如果在栅极和源极之间加正向电压 U_{GS}，情况就会发生变化。在 U_{GS} 的作用下，产生了垂直于衬底表面的电场。由于二氧化硅绝缘层很薄，因此即使 U_{GS} 很小(如只有几伏)，也能产生很强的电场强度[可达$(10^5\sim10^6)$V/cm]，P 型衬底中的电子受到电场力的吸引到达表层，填补空穴形成负离子的耗尽层；当 U_{GS} 大于一定值时，还在表面形成一个 N 型层(图 2-37)，通常称它为反型层。它就是沟通源区和漏区的 N 型导电沟道(与 P 型衬底间被耗尽层绝缘)。U_{GS} 正值愈高，导电沟道愈宽。形成导电沟道后，在漏－源电压 U_{DS} 的作用下，将产生漏极电流 I_D，管子导通(图 2-38)。

* MOS 是英文 Metal Oxide Semiconductor 的缩写。

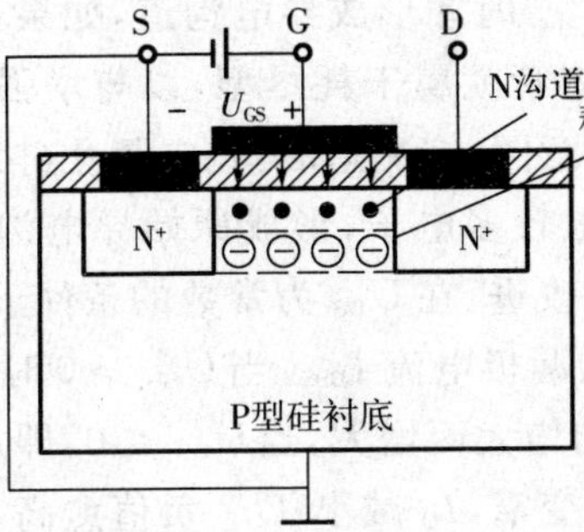

图 2-37　N 沟道增强型绝缘栅场效晶体管导电沟道的形成

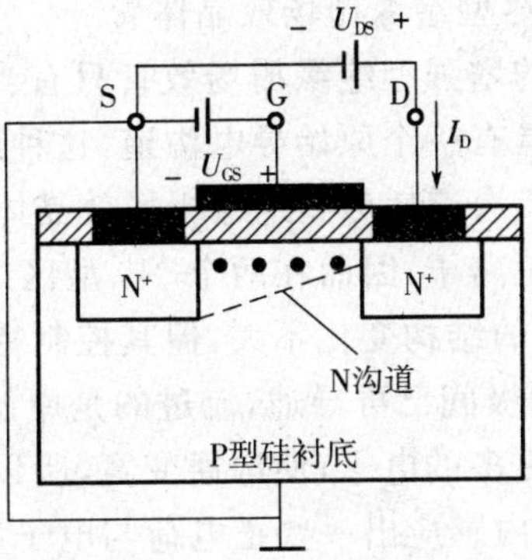

图 2-38　N 沟道增强型绝缘栅场效晶体管的导通

在一定的漏—源电压 U_{DS} 下，使管子由不导通变为导通的临界栅——源电压称为开启电压，用 $U_{GS(th)}$ 表示。很明显，在 $0<U_{GS}<U_{GS(th)}$ 的范围内，漏、源极间沟道尚未联通，$I_D\approx 0$。只有当 $U_{GS}>U_{GS(th)}$ 时，随栅极电位的变化 I_D 亦随之变化，这就是 N 沟道增强型绝缘场效晶体管的栅极控制作用。图 2-39 和图 2-40 分别称为管子的转移特性曲线和输出特性曲线。所谓转移特性，就是栅—源电压对漏极电流的控制特性。

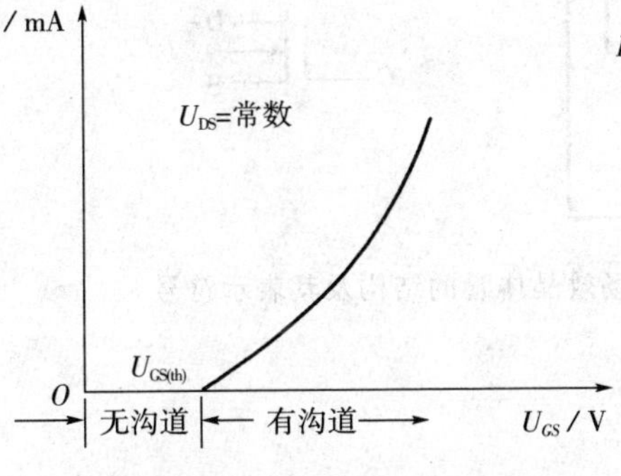

图 2-39　N 沟道增强型管的转移特性曲线

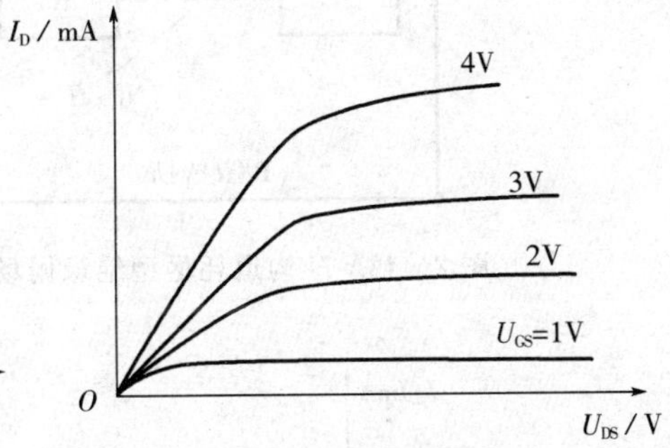

图 2-40　N 沟道增强型管的输出特性曲线

图 2-41 为 P 沟通增强型绝缘栅场效晶体管的结构示意图。它的工作原理与前一种相似，只是要调换电源的极性，电流的方向也相反。

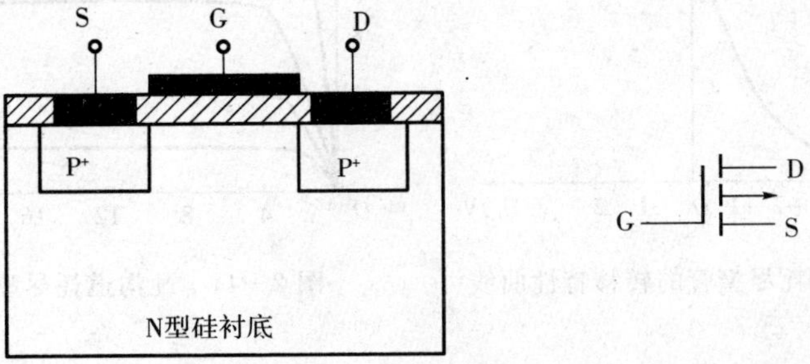

图 2-41　P 沟通增强型绝缘栅场效晶体管的结构及其表示符号

2. 耗尽型绝缘栅场效晶体管

上述的增强型绝缘栅场效管只有当 $U_{GS} > U_{GS(th)}$ 时才形成导电沟道，如果在制造管子时就使它具有一个原始导电沟道，这种绝缘栅场效应管就属于耗尽型，以与增强型区别。图 2－42 是 N 沟道耗尽型绝缘栅场效晶体管的结构示意图。在制造时，在二氧化硅绝缘层中渗入大量的正离子，因而在两个 N^+ 型区之间便感应出较多电子，形成原始导电沟通。与增强型相比，它的结构变化不大，但其控制特性却有明显改进。在 U_{DS} 为常数的条件下，当 $U_{GS} = 0$ 时，漏、源极间已可导通，流过的是原始导电沟道的漏极电流 I_{DSS}。当 $U_{GS} > 0$ 时，在 N 沟道内感应出更多的电子，使沟通变宽，所以 I_D 随 U_{GS} 的增大而增大。当 $U_{GS} < 0$，即加反向电压时，在沟道内感应出一些正电荷与电子复合，使沟道变窄，I_D 减小；U_{GS} 负值愈高，沟道愈窄，I_D 也就愈小。当 U_{GS} 达到一定负值时，导电构道内的载流子（电子）因复合而耗尽，沟道被夹断，$I_D \approx 0$，这时的 U_{GS} 称为夹断电压，用 $U_{GS(off)}$ 表示。图 2－43 和图 2－44 所示的分别为 N 沟道耗尽型管的转移特性曲线和输出特性曲线。可见，耗尽型绝缘栅场效晶体管不论栅—源电压 U_{GS} 是正是负或零，都能控制漏极电流 i_D，这个特点使它的应用具有较大的灵活性。一般情况下，这类管子还是工作在负栅—源电压的状态。

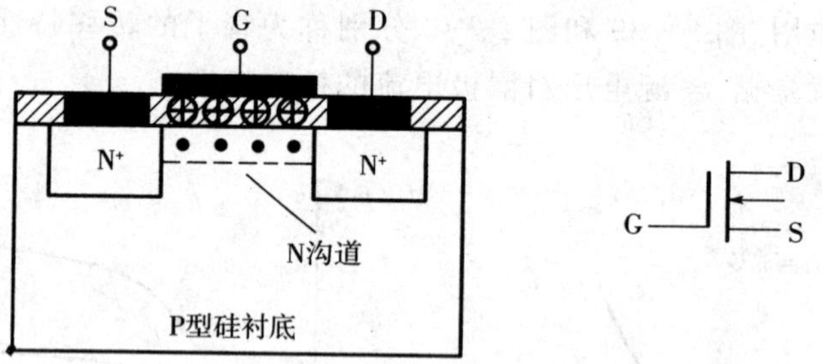

图 2－42　N 沟道耗尽型绝缘栅场效晶体管的结构及其表示符号

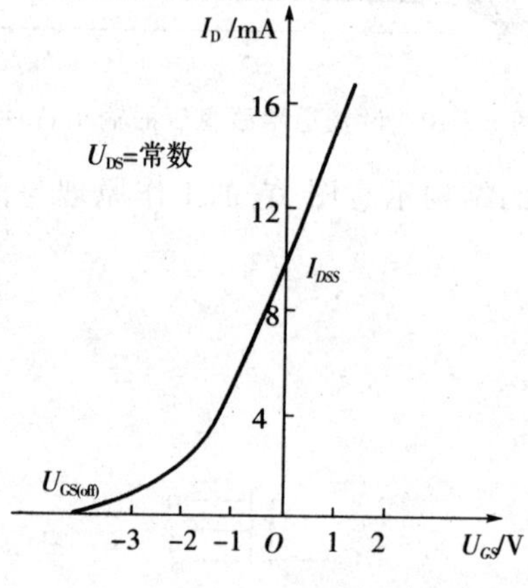

图 2－43　N 沟道耗尽型管的转移特性曲线

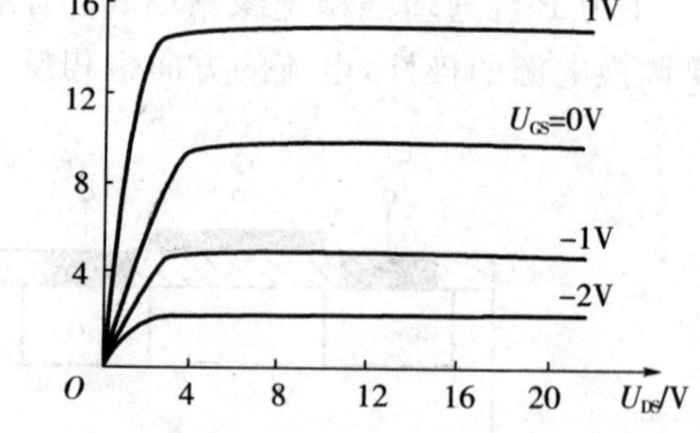

图 2－44　N 沟道耗尽型管的输出特性曲线

实验表明，在 $U_{GS(off)} \leqslant U_{GS} \leqslant 0$ 范围内，耗尽型场效晶体管的转移特性可近似用下式表示：

$$I_D = I_{DSS}\left(1 - \frac{U_{GSS}}{U_{GS(OFF)}}\right)^2 \tag{2-31}$$

以上分别介绍了 N 沟道增强型和耗尽型绝缘栅场效晶体管，它们的主要区别就在于是否有原始导电沟道。所以，如果要判别一个没有型号的绝缘栅场效晶体管是增强型还是耗尽型，只要检查它在 $U_{GS} = 0$ 时，在漏、源极间加电压是否能导通，就可作出判别。

实际上，不但 N 沟道绝缘栅场效晶体管有增强型与耗尽型之分；同样，P 沟道绝缘栅场效应管也有增强型和耗尽型之分。所以绝缘栅场效晶体管可分为下列四种：

- 绝缘栅场效晶体管
  - N 沟道
    - 增强型（如 3DO6）
    - 耗尽型（如 3DO1，3DO4）
  - P 沟道
    - 增强型（如 3CO6）
    - 耗尽型（如 CS1）

对于不同类型的绝缘栅场效晶体管必须注意所加电压的极性。

绝缘栅场效晶体管的主要参数列在附录中，除上述的 I_{DSS}，$U_{GS(th)}$，$U_{GS(off)}$，R_{GS} 等外，还有一个表示场效晶体管放大能力的参数，它是跨导，用符号 g_m 表示。跨导是当漏 — 源电压 U_{DS} 为常数时，漏极电流的增量 ΔI_D 对引起这一变化的栅 — 源电压的增量 ΔU_{GS} 的比值即

$$g_m = \left.\frac{\Delta I_D}{\Delta U_{GS}}\right|_{U_{DS}} \tag{2-32}$$

跨导是衡量场效晶体管栅 — 源电压对漏极电流控制能力的一个重要参数，它的单位是微安每伏或毫安每伏。手册中所列的跨导值多是在低频（1000Hz）小信号（电压幅度不超过 100mv）情况下测得的，并且管子作共源极连接，故称为共源小信号低频跨导。从转移特性曲线上看，跨导就是这特性曲线上工作点处切线的斜率。

至于场效晶体管与前述的普通晶体管（即双极型晶体管）的区别，今列表 2 - 2 以资比较。

表 2 - 2　场效晶体管与双极型晶体管的比较

项目 \ 器件名称	双极性晶体管	场效晶体管
载流子	两种不同极性的载流子（电子与空穴）同时参与导电，故称为双极型晶体管	只有一种极性的载流子（电子或空穴）参与导电，故称为单极型晶体管
控制方式	电流控制	电压控制
类型	NPN 型和 PNP 型两种	N 沟道和 P 沟道两种
放大倍数	$\beta = 20 \sim 200$	$g_m = 1 \sim 5$mA/V

（续表）

项目 \ 器件名称	双极性晶体管	场效晶体管
输入电阻	$10^2 \sim 10^4\,\Omega$	$10^9 \sim 10^{14}\,\Omega$
输出电阻	r_{ce} 很高	r_{ds} 很高
热稳定性	差	好
制造工艺	较复杂	简单，成本低
对应极	基极 — 栅极，发射极 — 源极，集电极 — 漏极	

2.9.2 场效晶体管放大电路

由于场效晶体管具有高输入电阻的特点，它适用于作为多级放大电路的输入级，尤其对高内阻信号源，采用场效应管才能有效地放大。

和双极型晶体管比较，场效应管的源极、漏极、栅极相当于它的发射极、集电极、基极。两者的放大电路也类似，场效晶体管有共源极放大电路和源极输出器等。在双极型晶体管放大电路中必须设置合适的静态工作点，否则将造成输出信号的失真。同理，场效晶体管放大电路也必须设置合适的工作点。

场效晶体管的共源极放大电路和普通晶体管的共发射极放大电路在电路结构上类似（图 2-45、图 2-46）。首先对放大电路进行静态分析，就是分析它的静态工作点。

如前所述，当 U_{CC} 和 R_C 选定后，晶体管放大电路的静态工作点由基极电流 I_B（偏流）确定。而场效晶体管是电压控制元件，当 U_{DD} 和 R_D 选定后，静态工作点是由栅 —— 源电压 U_{GS}（偏压）确定的。常用的偏置电路有下面两种。

1. 自给偏压偏置电路

图 2-45 是 N 沟道耗尽型绝缘栅场效晶体管的自给偏压偏置电路。源极电流 I_S（等于 I_D）流经源极电阻 R_S，在 R_S 上产生电压降 R_SI_S，显然 $U_{GS}=-R_SI_S=-R_SI_D$ 是自给偏压。

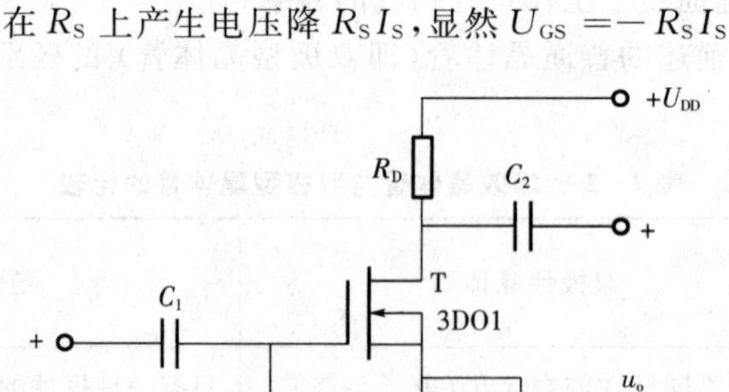

图 2-45 耗尽型绝缘栅场效晶体管的自给偏压偏置电路

电路中各元件的作用如下：

R_S 为源极电阻，静态工作点受它控制，其阻值约为几个千欧；

C_S 为源极电阻上的交流旁路电容，其容量约为几十微法；

R_G 为栅极电阻用以构成栅、源极间的直流通路，R_G 不能太小，否则影响放大电路的输入电阻，其阻值约为 200kΩ ～ 10MΩ；

R_D 为漏极电阻，它使放大电路具有电压放大功能，其阻值约为几十千欧；

C_1，C_2 分别为输入电路和输出电路的耦合电容，其容量约为 0.01 ～ 0.047μF。

应该指出，由 N 沟道增强型绝缘栅场效晶体管组成的放大电路，工作时 U_{GS} 为正，所以无法采用自给偏压偏置电路。

2. 分压式偏置电路

图 2-46 采用分压式偏置电路，R_{G1} 和 R_{G2} 为分压电阻。这样栅—源电压为(电阻 R_G 中并无电流通过)

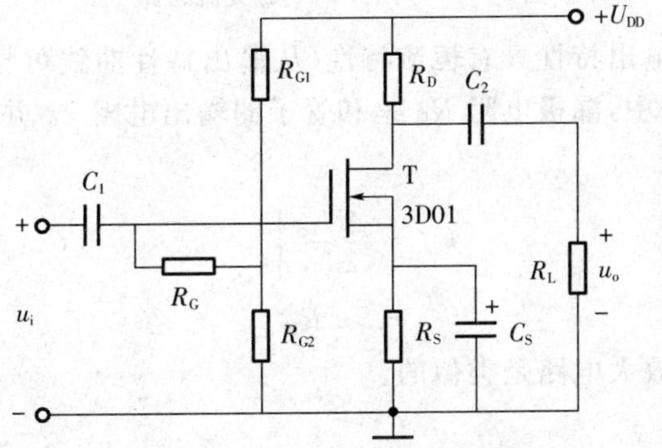

图 2-46　分压式偏置电路

$$U_{GS} = \frac{R_{G2}}{R_{G1} + R_{G2}} U_{DD} - R_S I_D = V_G - R_S I_D \tag{2-33}$$

式中 V_G 为栅极电位。对 N 沟道耗尽型管，U_{GS} 为负值，所以 $R_S I_D > V_G$；对 N 沟道增强型管，U_{GS} 为正值，所以 $R_S I_D < V_G$。

当有信号输入时，我们对放大电路进行动态分析，主要是分析它的电压放大倍数和输入电阻与输出电阻。图 2-47 是图 2-46 所示分压式偏置放大电路的交流通路，设输入信号为正弦量。

在图 2-46 的分压式偏置电路中，为什么多出个电阻 R_G？如果 $R_G = 0$，则放大电路的输入电阻为 $r_i = R_{G1} // R_{G2} // r_{gs} \approx R_{G1} // R_{G2}$。

因为场效晶体管的输入电阻 r_{gs} 是很高的，比 R_{G1} 或 R_{G2} 都高得多，三者并联后可将 r_{gs} 略去。显然，由于 R_{G1} 和 R_{G2} 的接入使放大电路的输入电阻降低了。因此，通常在分压点和栅极之间接入一阻值较高的电阻 R_G，这样

$$r_i = R_G + (R_{G2} // R_{G2}) \tag{2-34}$$

就大大提高了放大电路的输入电阻。R_G 的接入对电压放大倍数并无影响；在静态时 R_G 中无电流通过，因此也不影响静态工作点。

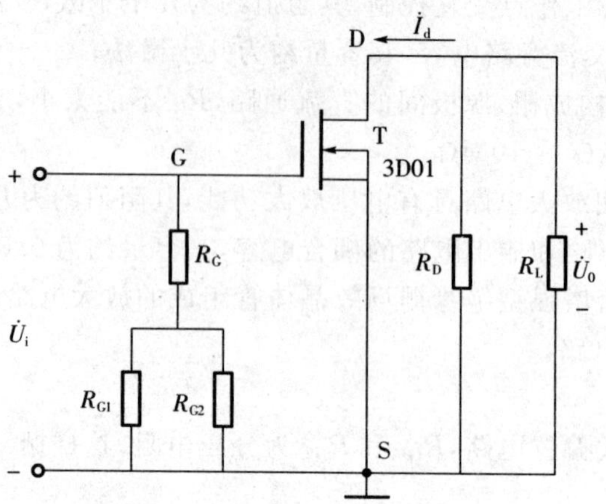

图 2-47　图 2-46 的交流通路

由于场效晶体管的输出特性具有恒流特性(从输出特性曲线可见),故其输出电阻是很高的。在共源极放大电路中,漏极电阻 R_D 是和管子的输出电阻 r_{ds} 并联的,所以当 $r_{ds} \gg R_D$ 时,放大电路的输出电阻

$$r_{ds} = \frac{\Delta U_{DS}}{\Delta I_D}\bigg|_{U_{GS}}$$

$$r_o \approx R_D \tag{2-35}$$

这点和晶体管共发射极放大电路是类似的。

输出电压为

$$\dot{U}_0 = -R'_L \dot{I}_d = -g_m R'_L \dot{U}_{gs} \tag{2-36}$$

式中 $\dot{I}_d = g_m \dot{U}_{gs}$,$R'_L = R_D \mathbin{/\!/} R_L$

电压放大倍数为

$$A_u = \frac{\dot{U}_0}{\dot{U}_i} = \frac{\dot{U}_0}{\dot{U}_{gs}} = -g_m R'_L \tag{2-37}$$

式中的负号表示输出电压和输入电压反相。

【例 2-8】 在图 2-46 所示的放大电路中,已知 $U_{DD} = 20V$,$R_D = 10k\Omega$,$R_S = 10k\Omega$,$R_{G1} = 200k\Omega$,$R_{G2} = 51k\Omega$,$R_G = 1M\Omega$,并将其输出端接一负载电阻 $R_L = 10k\Omega$。所用的场效应管为 N 沟道、耗尽型,其参数 $I_{DSS} = 0.9mA$,$U_{GS(off)} = -4V$,$g_m = 1.5mA/V$。试求:(1) 静态值;(2) 电压放大倍数。

【解】 (1) 由电路图可知,

$$V_G = \frac{R_{G2}}{R_{G1} + R_{G2}} U_{DD} = \frac{51 \times 10^3}{(200 + 51) \times 10^3} \times 20V = 4V$$

并可列出

$$U_{GS} = V_G - R_S I_D = 4 - 10 \times 10^3 I_D$$

在 $U_{GS(off)} \leqslant U_{GS} \leqslant 0$ 范围内，耗尽型场效晶体管的转移特性近似用下式表示：

$$I_D = I_{DSS}\left(1 - \frac{U_{GS}}{U_{GS(off)}}\right)^2$$

联立上列两式

$$\begin{cases} U_{GS} = 1 - 10 \times 10^3 I_D \\ I_D = \left(1 + \frac{U_{GS}}{4}\right)^2 \times 0.9 \times 10^{-3} \end{cases}$$

解之得　$I_D = 0.5\text{mA}$，　$U_{GS} = -1\text{V}$

并由此得

$$U_{DS} = U_{DD} - (R_D + R_S)I_D = [20 - (10 + 10) \times 10^3 \times 0.5 \times 10^{-3}]\ \text{V} = 10\text{V}$$

(2) 电压放大倍数为

$$A_u = -g_m R'_L = -1.5 \times \frac{10 \times 10}{10 + 10} = -7.5$$

式中 $R'_L = R_D \parallel R_L$

【例 2-9】　将上例中的源极电阻留出 1kΩ 的电阻 R'_S 未被电容旁路，试求 A_u。

【解】　先画出交流通路，如图 2-48 所示

$$\dot{U}_0 = -R'_L \dot{I}_D = -g_m R'_L \dot{u}_{gs}$$

$$\dot{U}_i = \dot{U}_{gs} + \dot{R}_S \dot{I}_D = \dot{U}_{gs} + g_m R'_S \dot{U}_{gs} = (1 + g_m R'_S)\dot{U}_{gs}$$

故电压放大倍数

$$A_u = \frac{\dot{U}_0}{\dot{U}_i} = -\frac{g_m R'_L}{1 + g_m R'_S} = -\frac{1.5 \times 5}{1 + 1.5 \times 1} = -3$$

图 2-49 是源极输出器的放大电路，它和晶体管的射极输出器一样，具有电压放大倍数小于但近于 1，输入电阻高和输出电阻低等特点。

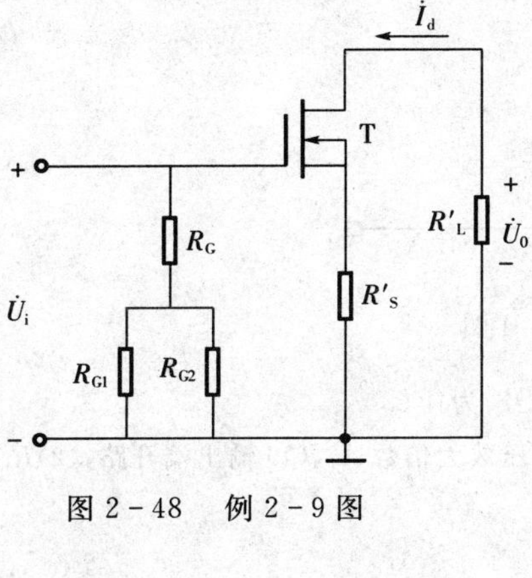

图 2-48　例 2-9 图

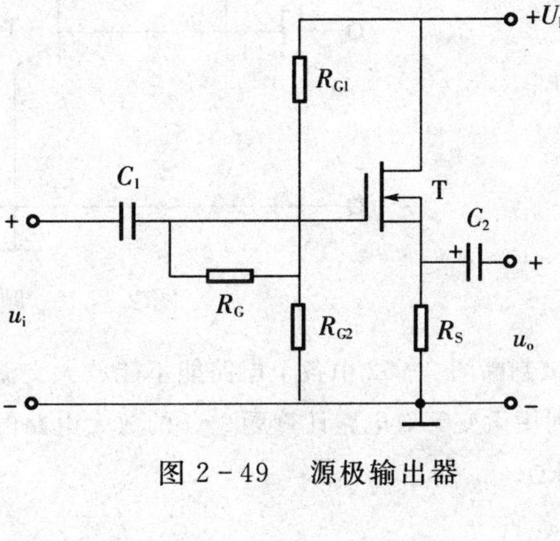

图 2-49　源极输出器

习 题

2-1　晶体管放大电路如图2-50(a)所示，已知$U_{CC}=12V$，$R_C=3k\Omega$，$R_B=240k\Omega$，晶体管的$\beta=40$。(1)试用直流通路估算各静态值I_B，I_C，U_{CE}；(2)如晶体管的输出特性如图2-50(b)所示，试用图解法作放大电路的路静态工作点；(3)在静态时($u_i=0$)C_1和C_2上的电压各为多少？并标出极性。

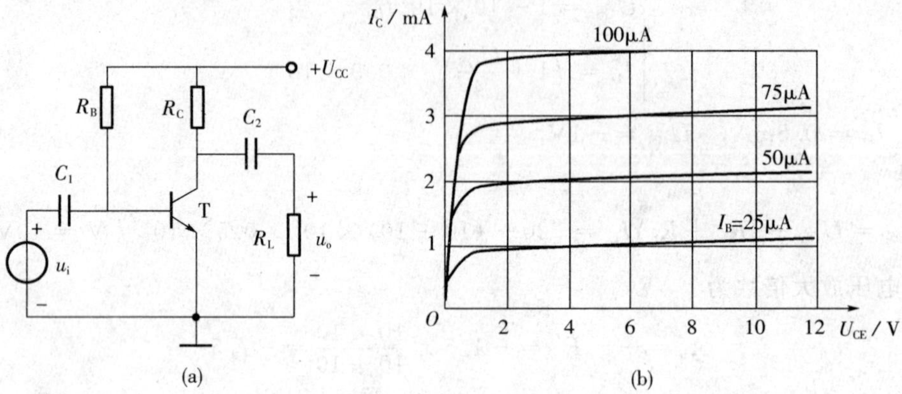

图2-50　题2-1图

2-2　在上题中，如改变R_B，使$U_{CE}=3V$，试用直流通路求R_B的大小；如改变R_B，使$I_C=1.5mA$，R_B等于多少？并分别用图解法作出静态工作点。

2-3　在图2-50(a)中，若$U_{CC}=10V$，今要求$U_{CE}=5V$，$I_C=2mA$，试求R_C和R_B阻值。设晶体管的$\beta=40$。

2-4　在图2-51中，晶体管是PNP型锗管。(1)U_{CC}和C_1、U_C的极性如何考虑？请在图上标出；(2)设$U_{CC}=-12V$，$R_C=3k\Omega$，如果要将静态值I_C调到1.5mA，问R_B应调到多大？(3)在调整静态工作点时，如不慎将R_B调到零，对晶体管有无影响？为什么？通常采取何种措施来防止发生这种情况？

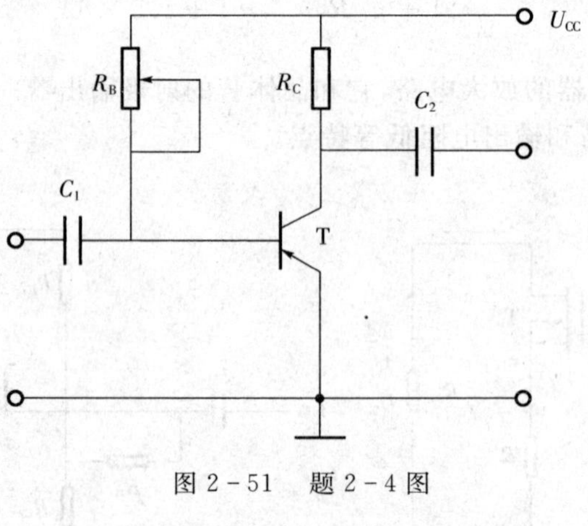

图2-51　题2-4图

2-5　试判断图2-52中各个电路能不能放大交流信号？为什么？

2-6　利用微变等效电路计算题2-1的放大电路的电压放大倍数A_u。(1)输出端开路；(2)$R_L=6k\Omega$。设$r_{be}=0.8k\Omega$。

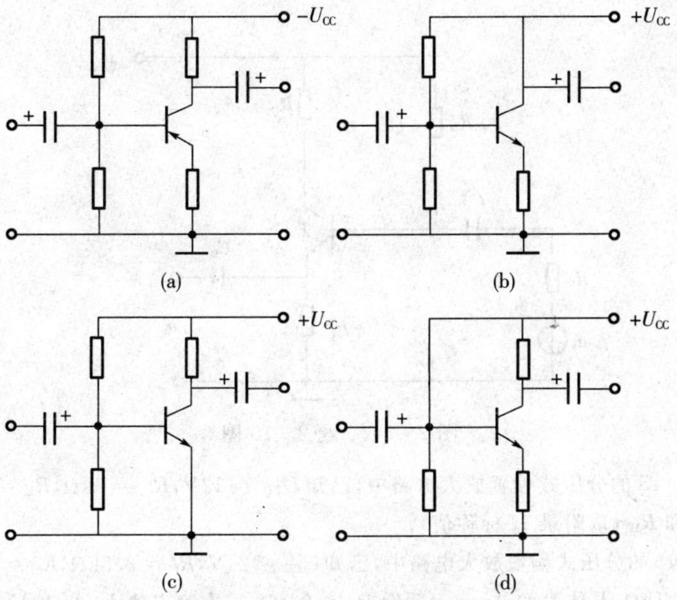

图 2-52 题 2-5 图

2-7 在图 2-50(a) 所示的固定偏置放大电路中，$U_{CC}=9V$，晶体管的 $\beta=20$，$I_C=1mA$。今要求 $|A_u|\leqslant 100$，试计算 R_C，R_B 及 U_{CE}。

2-8 有一放大电路如图 2-53(a) 所示，其晶体管的输出特性以及放大电路的交、直流负载线如图 2-53(b) 所示。试问：(1) R_C，R_B，R_L 各为多少？(2) 不产生失真的最大输入电压 U_{iM} 为多少？(3) 若不断加大输入电压的幅值，该电路首先出现何种性质的失真？调节电路中哪个电阻能消除失真？将阻值调大还是调小？(4) 将 R_L 电阻调大，对交、直流负载线会产生什么影响？(5) 若电路中其他参数不变，只将晶体管换一个 β 值小一半的管子，这时 I_B，I_C，U_{CE} 及 $|A_u|$ 将如何变化？

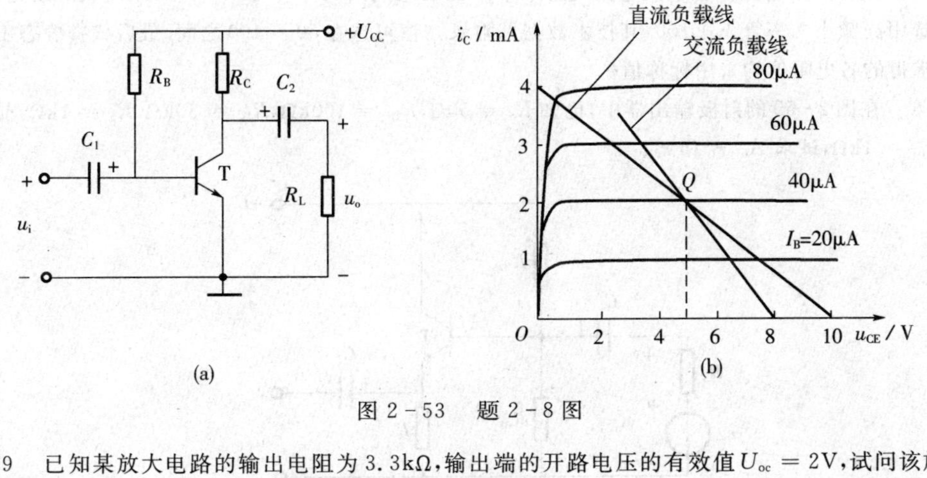

图 2-53 题 2-8 图

2-9 已知某放大电路的输出电阻为 3.3kΩ，输出端的开路电压的有效值 $U_{oc}=2V$，试问该放大电路接有负载电阻 $R_L=5k\Omega$ 时，输出电压将下降到多少？

2-10 在图 2-54 所示电路中，已知 $U_{CC}=12V$，$R_C=2k\Omega$，$R_E=2k\Omega$，$R_B=280k\Omega$，$R_S=0.4k\Omega$，$\beta=50$。试求电压放大倍数 $\dot{A}_u=\dot{U}_o/\dot{U}_i$、$\dot{A}_{us}=\dot{U}_o/\dot{U}_s$ 和输出电阻 R_o，并说明信号源内阻对放大倍数的

影响。

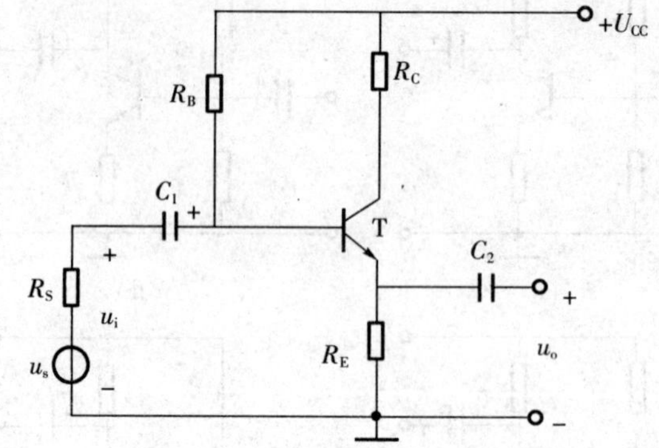

图 2-54　题 2-10 图

2-11　在图 2-15 的分压式偏置放大电路中，已知 $U_{CC}=12V$，$R_C=3k\Omega$，$R_E=2k\Omega$，$I_C=1.5mA$，$\beta=50$，试估算 R_{B1} 和 R_{B2}（取附录 H 标称值）。

2-12　在图 2-15 的分压式偏置放大电路中，已知 $U_{CC}=24V$，$R_C=3.3k\Omega$，$R_E=1.5k\Omega$，$R_{B1}=33k\Omega$，$R_{B2}=10k\Omega$，$R_L=5.1k\Omega$，晶体管的 $\beta=66$，并设 $R_S\approx 0$。(1) 试求静态值 I_B，I_C 和 U_{CE}；(2) 画出微变等效电路；(3) 计算晶体管的输入电阻 r_{be}；(4) 计算电压放大倍数 A_u；(5) 计算放大电路输出端开路时的电压放大倍数，并说明负载电阻 R_L 对电压放大倍数的影响；(6) 估算放大电路的输入电阻和输出电阻。

2-13　在上题中，设 $R_S=1k\Omega$，试计算输出端接有负载时的电压放大倍数 $A_u=\dot{U}_o/\dot{U}_i$ 和 $A_{us}=\dot{U}_o/\dot{U}_S$，并说明信号源内阻 R_S 电压放大倍数的影响。

2-14　在题 12 中，如将图 2-15(a) 中的发射极交流旁路电容 C_E 除去，(1) 试问静态值有无变化？(2) 画出微变等效电路；(3) 计算电压放大倍数 A_u，并说明发射极电阻 R_E 对电压放大倍数的影响；(4) 计算放大电路的输入电阻和输出电阻。

2-15　设计一单管晶体管放大电路，已知 $R_L=3k\Omega$。要求 $|A_u|\geqslant 60$，$r_i\geqslant 1k\Omega$，$r_o<3k\Omega$，工作点稳定。建议选用高频小功率管 3GD100，其技术数据见附录，β 值可选在 50～100 之间。最后核查静态工作电是否合适。求得的各电阻值均采用标称值。

2-16　在图 2-55 的射极输出器中，已知 $R_S=50\Omega$，$R_{B1}=100k\Omega$，$R_{B2}=30k\Omega$，$R_E=1k\Omega$，晶体管的 $\beta=50$，$r_{be}=1k\Omega$，试求 A_u、r_I 和 r_o。

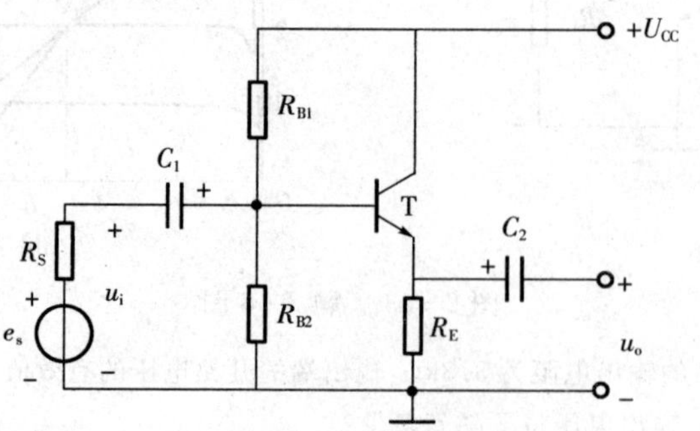

图 2-55　题 2-16 图

2-17　两级放大电路如图 2-56 所示，晶体管的 $\beta_1=\beta_2=40$，$r_{be1}=1.37k\Omega$，$r_{be2}=0.89k\Omega$。(1) 画

出直流通路，并估算各级电路的静态值（计算 U_{CE1} 时忽略 I_{B2}）；(2) 画出微变等效电路，并计算 A_{u1} 和 A_{u2}；(3) 计算 r_i 和 r_o。

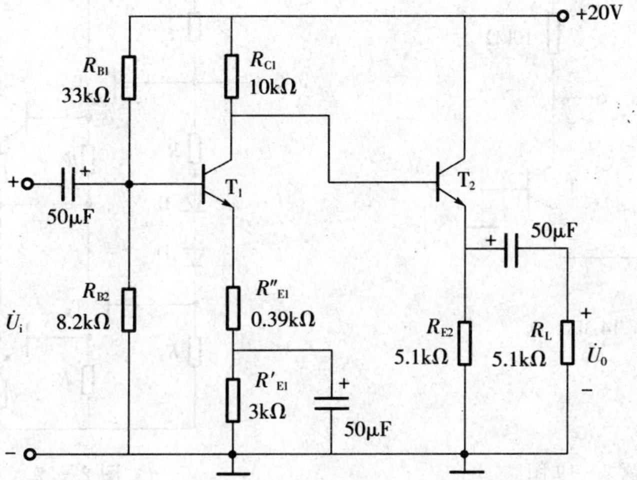

图 2-56　题 2-17 图

2-18　在图 2-57 中，已知晶体管的电流放大系数 $\beta = 50$，$U_{BE} = 0.7V$，输入电压 $u_{i1} = 7mV$，$u_{i2} = 3mV$。(1) 计算放大电路的静态值 I_B、I_C 及各电极的电位 V_E，V_C 和 V_B；(2) 把输入电压 u_{i1}，u_{i2} 分解为共模分量 u_{ic1}，u_{ic2} 和差模分量 u_{id1}，u_{id2}；(3) 求单端共模输出 u_{oc1}，u_{oc2}；(4) 求单端差模输出 u_{od1}，u_{od2}；(5) 求单端总输出 u_{o1}，u_{o2}；(6) 求双端共模输出 u_{oc}、双端差模输出 u_{od} 和双端总输出 u_o。

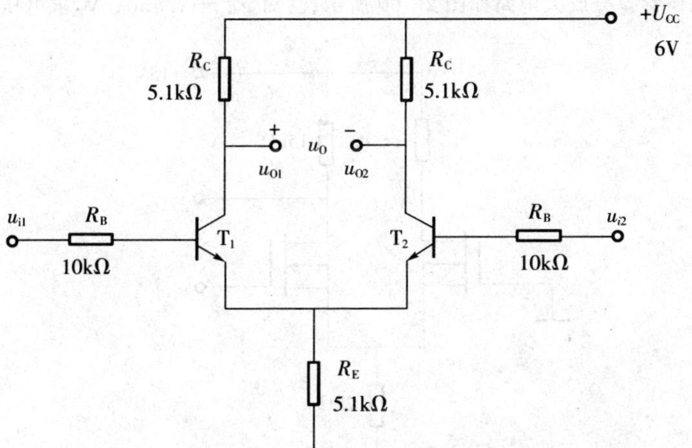

图 2-57　题 2-18 图

2-19　图 2-58 所示的是单端输入—双端输出差分放大电路，已知 $\beta = 50$，$U_{BE} = 0.7V$。试计算电压放大倍数 $A_d = \dfrac{u_o}{u_i}$。

2-20　电路如图 2-59 所示，试问：(1) 该电路是什么电路？(2) T_1、T_2 和 T_3、T_4 分别组成什么复合管，复合管是如何连接的，该电路属于哪种互补推挽？(3) 它的工作状态属于哪一类？(4) 如果输出信号出现交越失真，可调整哪个元件？

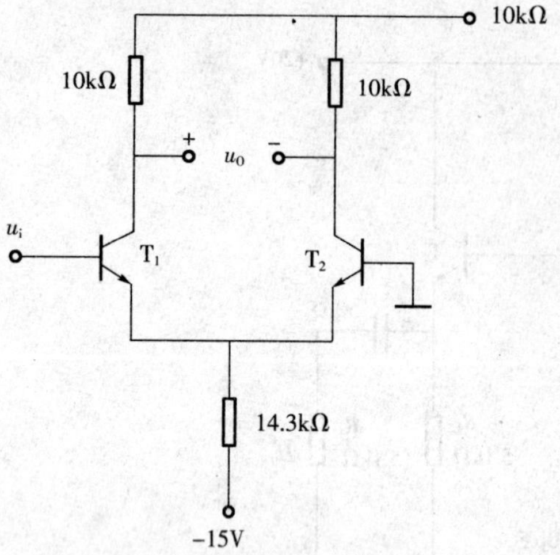

图 2-58　题 2-19 图

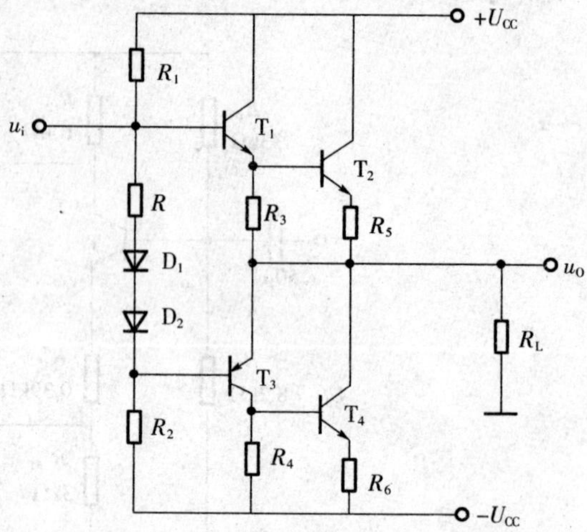

图 2-59　题 2-20 图

2-21　在图 2-46 所示的场效晶体管放大电路中，已知 $R_L = 30\text{k}\Omega, R_{G1} = 2\text{M}\Omega, R_{G2} = 47\text{k}\Omega, R_D = 30\text{k}\Omega, R_S = 2\text{k}\Omega, U_{DD} = +18\text{V}, C_1 = C_2 = 0.01\mu\text{F}, C_S = 10\mu\text{F}, R_G = 10\text{M}\Omega$。试计算：(1) 静态值 I_D 和 U_{DS}；(2) r_i，r_o 和 A_u；(3) 如将旁路电容 C_s 除去，计算 A_{uf}。设静态值 $U_{GS} = -0.2\text{V}, g_m = 1.2\text{mA/V}, r_{ds} \gg R_D$。

2-22　在图 2-49 的源极输出器中，已知 $U_{DD} = 12\text{V}, R_S = 12\text{k}\Omega, R_{G1} = 1\text{M}\Omega, R_{G2} = 500\text{k}\Omega, R_G = 1\text{M}\Omega$。试求静态值、电压放大倍数、输入电阻和输出电阻。设 $V_S \approx V_G, g_m = 0.9\text{mA/V}$。

2-23　场效晶体管差分放大电路如图 2-60 所示。已知 $g_m = 1.5\text{mA/V}$，求电压放大倍数 $A_u = \frac{u_o}{u_i}$

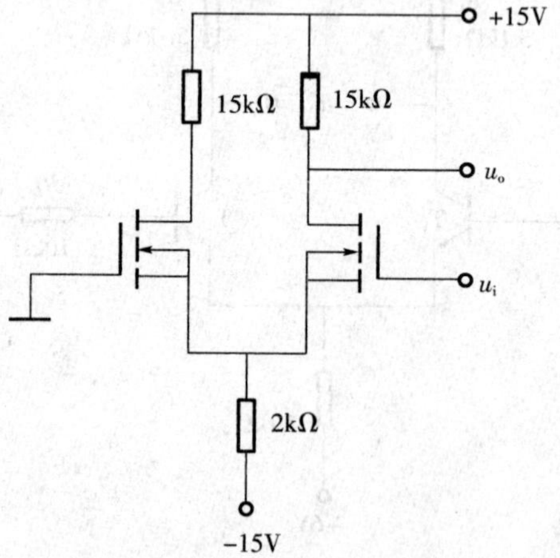

图 2-60　题 2-23 图

第 3 章　集成运算放大器

3.1　集成运算放大器的简介

运算放大器是一种具有高开环放大倍数的直接耦合多级放大器，最早应用于模拟电子计算机上，作为基本运算单元，可以完成加、减、积分、微分和乘除等数学运算。随着半导体集成工艺的发展，集成运算放大器作为一种通用的放大器，目前已广泛应用于自动控制、信号处理、信号测量及波形产生等电子技术应用的各个领域。

3.1.1　集成运算放大器的特点

集成运算放大器的一些特点与其制造工艺密切相关，主要有如下几个方面：

在集成电路工艺中还难于制造电感元件；制造容量大于 200pF 的电容也比较困难，而且性能不稳定，因此集成电路内部电路设计时要尽量避免使用电容器，必须使用电容器的场合，大多也采用外接的方法。而运算放大器各级之间都采用直接耦合，基本上不采用电容元件，因此也适合于集成化的要求。

运算放大器的输入级都采用差分放大电路，它要求两管的性能应该相同。而集成电路中各个晶体管是通过同一工艺过程制作在同一硅片上的，容易获得特性相近的差动对管。又由于各管在同一硅片上，温度特性基本一致，因此，容易制成温度漂移很小的运算放大器。

在集成电路中，比较合适的电阻阻值大致为 $10\Omega \sim 30k\Omega$。制作高阻值的电阻成本高，占用面积大，且阻值偏差大（$10\% \sim 20\%$）。因此，在集成运算放大器中往往用晶体管恒流源代替高阻值电阻。必须用直流高阻值电阻时，也常采用外接方式。

集成电路中的二极管都采用晶体管构成，把发射极、基极、集电极三者适当组配使用。

3.1.2　集成运算放大器的组成

集成运算放大器的电路常由输入级、中间级、输出级以及为各级提供合适工作点的偏置电路四个部分组成，如图 3-1 所示。

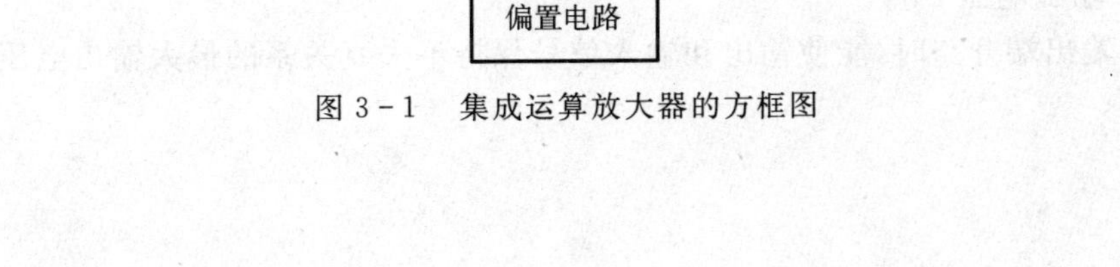

图 3-1　集成运算放大器的方框图

输入级由差分放大电路构成，它有同相和反相两个输入端，具有输入电阻高、共模抑制比高的特点，能减小零点漂移和抑制干扰信号，是提高运算放大器质量的关键部分。

中间级主要进行电压放大，一般由共发射极放大电路构成，使之具有高电压放大倍数。

输出级与负载相连，应该提供足够的输出功率和较强的带负载能力，它通常由互补对称电路或射级输出器组成。

偏置电路的作用是为各级电路提供稳定和合适的偏置电流，决定各级的静态工作点，一般由各种恒流源电路构成。

集成运算放大器不论其内部线路如何，它只是一个电路元件，在应用集成运算放大器时，只需知道其各个引脚的用途及其主要参数。在电路图中，集成运算放大器常用图 3-2(a) 所示的图形符号表示。图 3-2(b) 所示的是 F007 集成运放的外形管脚顶视图。

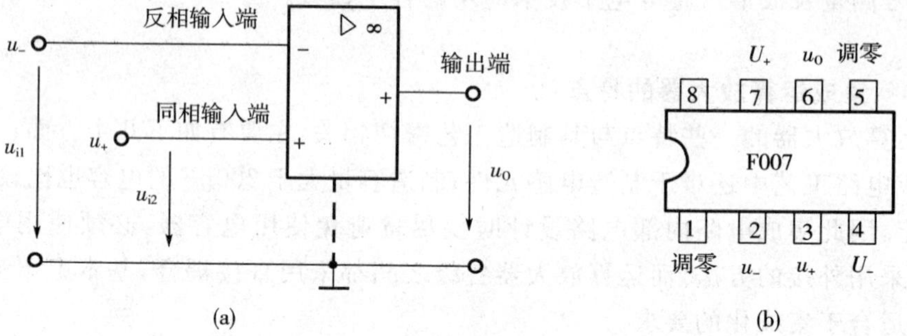

图 3-2　集成运算放大器的电路符号、管脚排列图

这种集成运放需要与外电路相接是通过 7 个管脚引出的，各管脚的功能分别如下：

2 为反相输入端。当信号电压由此输入时，输出信号与输入信号是反相的(或者两者极性相反)。

3 为同相输入端。当信号电压由此输入时，输出信号与输入信号是同相的(或者两者极性相同)。

4 为负电源端，接 −15V 直流电源。

7 为正电源端，接 +15V 直流电源。

6 为输出端。

1 和 5 为外接调零电位器的两个端子。

8 为空脚。

不同的集成运放其管脚有不同的功能，必须查阅产品说明书。

3.1.3　集成运算放大器的主要参数

集成运算放大器的性能可以用一些参数来表示。为了合理选用和正确使用集成运放，必须了解其参数的意义。集成运算放大器的主要参数如下：

1. 最大输出电压 U_{OM}

它是指输出端开路时，能使输出和输入信号保持不失真关系的最大输出电压。

2. 开环电压放大倍数 A_{uo}

它是指放大器无外接反馈电路且输出端开路，在输入端加入电压信号时测得的差模电压放大倍数，即 $A_{uo}=u_o/(u_+-u_-)$，一般为 $10^4\sim10^7$。

3. 输入失调电压 U_{io}

理想的集成运放，当输入电压为零时，输出电压也应为零。但由于制造工艺等多方面的原因，它的差动输入级很难完全对称，故当输入电压为零时，输出电压 $u_o\neq0$。这一输出电压折合到输入端的值就称为输入失调电压。换句话说，要使输出电压为零，必须在输入端加一个很小的补偿电压，称之为输入失调电压。显然 $U_{io}=u_o/A_{uo}$。其值越小越好，一般 U_{io} 在 mV 数量级。

4. 输入失调电流 I_{io}

它是指输入电压为零时，两输入端静态基极电流之差。一般 I_{io} 在零点几微安数量级，其值越小越好。

5. 输入偏置电流 I_{ib}

它是指输入电压为零时，两输入端静态基极电流的平均值，一般为 μA 数量级。

3.1.4　理想运算放大器及其分析依据

在分析运算放大器时，一般可将它看成一个理想运算放大器。理想化的条件主要是：

开环电压放大倍数 $A_{uo}\to\infty$；

差模输入电阻 $r_{id}\to\infty$；

开环输出电阻 $r_o\to0$；

共模抑制比 $K_{CMRR}\to\infty$。

由于实际运算放大器的上述技术指标接近理想化的条件，因此，在分析时用理想运算放大器代替实际放大器所引起的误差并不严重，在工程上是允许的，但这样就使分析过程大大简化。后面对运算放大器都是根据它的理想化条件来分析的。

图 3－2 中(a) 是理想运算放大器的图形符号。它有两个输入端和一个输出端。反相输入端标上“－”号，同相输入端和输出端标上“＋”号。它们对“地”的电压(即各端的电位) 分别用 u_-、u_+、u_o 表示。“∞”表示开环电压放大倍数的理想化条件。

表示输出电压与输入电压之间关系的特性曲线称为传输特性，从运算放大器的传输特性(图 3－3) 看，可分为线性区和饱和区，运算放大器可工作在线性区，也可工作在饱和区，但分析方法不一样。

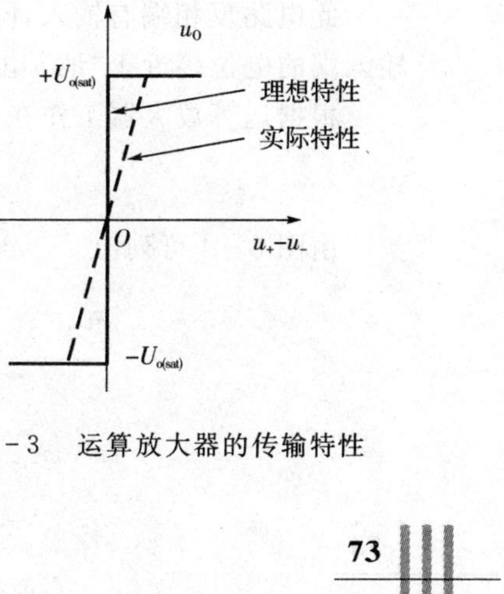

图 3－3　运算放大器的传输特性

(1) 工作在线性区

当运算放大器工作在线性区时，u_o 和 (u_+-u_-) 是线性关系，即

$$u_o=A_{uo}\cdot(u_+-u_-)\qquad(3-1)$$

运算放大器是一个线性放大元件。由于运算放大器的

开环电压放大倍数 A_{uo} 很高，即使输入毫伏级以下的信号，也足以使输出电压饱和，其饱和值 $+U_{o(sat)}$ 或 $-U_{o(sat)}$ 达到或接近正电源电压/负电源电压值；另外，由于干扰，使工作难于稳定。所以，要使运算放大器工作在线性区，通常引入深度负反馈。

运算放大器工作在线性区时，分析依据有两条：

由于运算放大器的差模输入电阻 $r_{id}\to\infty$，故可认为两个输入端的输入电流为零。

由于运算放大器的开环电压放大倍数 $A_{uo}\to\infty$，而输出电压是一个有限的数值，故从式(3-1)可知，

$$u_{+}-u_{-}=\frac{u_o}{A_{uo}}\approx 0$$

总之，运算放大器工作在线性区时的两条分析依据是：

$$i_{+}=i_{-}=0,\quad u_{+}\approx u_{-} \tag{3-2}$$

(2) 工作在饱和区

运算放大器工作在饱和区时，式(3-1)不能满足，这时输出电压 u_o 只有两种可能，或等于 $+U_{o(sat)}$，或等于 $-U_{o(sat)}$，而 u_+ 与 u_- 不一定相等。

当 $u_{+}>u_{-}$ 时，$u_o=+U_{o(sat)}$；

当 $u_{+}<u_{-}$ 时，$u_o=-U_{o(sat)}$。

此外，运算放大器工作在饱和区时，两个输入端的输入电流也认为等于零。

运算放大器的应用很广，下面几节将介绍它在几个方面的应用。

3.2 运算放大器的基本运算电路

集成运算放大器能完成比例、加法、减法、积分与微分等多种数学运算。

3.2.1 比例运算电路

1. 反相比例运算电路

图3-4为反相比例运算电路。输入信号 u_i 经输入端电阻 R_1 加至反相输入端，而同相输入端经电阻 R_2 接地，反相输入端经反馈电阻 R_f 与输出端相连。

此电路反相端有输入，同相端接"地"，即 $u_+=0$，由 $u_+\approx u_-$ 可见，$u_-\approx 0$。这就是说反相输入端的电位接近于"地"电位，它是一个不接"地"的"地"电位端，通常称为"虚地"。

根据运算放大器工作在线性区时的两条分析依据可知

$$i_1=i_f,\quad u_{-}\approx u_{+}=0$$

由图3-4可列出

$$i_1=\frac{u_i-u_-}{R_1}=\frac{u_i}{R_i}$$

$$i_f=\frac{(u_{-}-u_o)}{R_f}=-\frac{u_o}{R_f}$$

由此得出

$$u_0 = -\frac{R_f}{R_1}u_i$$

闭环电压放大倍数则为

$$A_{uf} = \frac{u_o}{u_i} = -\frac{R_f}{R_1} \tag{3-3}$$

式(3-3)表明，输出电压与输入电压是一种比例运算关系。如果 R_1 和 R_f 的阻值足够精确，而且运算放大器的开环电压放大倍数很高，就可以认为 u_o 与 u_i 之间的关系只取决于 R_f 与 R_1 的比值，而与运算放大器本身的参数无关。这就保证了比例运算的精度和稳定性。式中的负号表示 u_o 与 u_i 反相。

当 $R_1 = R_f$ 时，则 $u_o = -u_i$，该电路就成了反相器或反号器。

图中 R_2 为平衡电阻，通常取 $R_2 = R_1//R_f$，以保证其输入端的电阻平衡，从而提高差动电路的对称性。

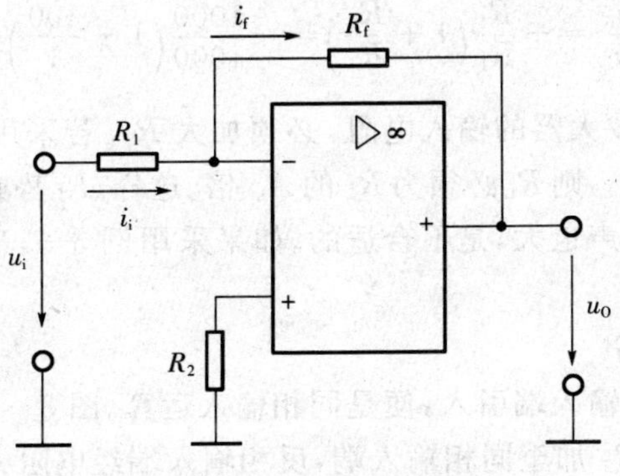

图 3-4　反相比运算电路

【例 3-1】　图 3-5 为一高输入阻抗的反相比例运算电路，已知电路各元件参数如图所示，试求 A_{uf}。

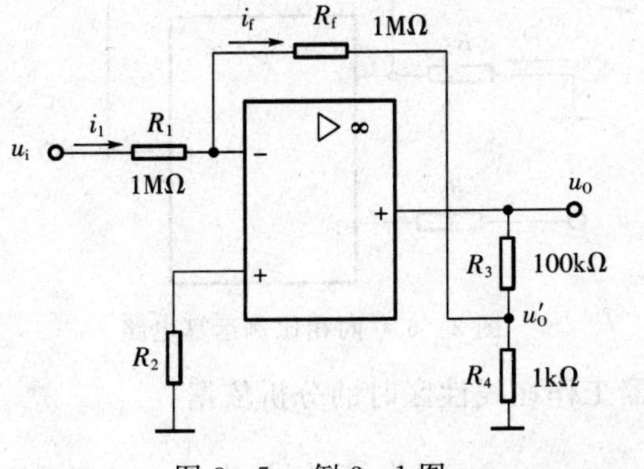

图 3-5　例 3-1 图

【解】 因为

$$i_1 = \frac{u_i}{R_1}$$

$$i_f = -\frac{u'_o}{R_f}$$

而反相输入端为“虚地”,又 $R_4 \ll R_f$

所以

$$u'_o \approx -\frac{R_4}{R_3 + R_4} u_o$$

而 $$i_1 = i_f$$

则有

$$\frac{u_i}{R_1} = -\frac{\frac{R_4}{R_3 + R_4} u_o}{R_f}$$

$$A_{uf} = \frac{u_o}{u_i} = -\frac{R_f}{R_1}\left(1 + \frac{R_3}{R_4}\right) = -\frac{1000}{1000}\left(1 + \frac{100}{1}\right) = -101$$

上例说明,为了提高放大器的输入电阻,必须加大 R_1。若采用一般反相比例放大器,要想得到高电压放大倍数 A_{uf},则 R_f 必须为 R_1 的 A_{uf} 倍。这样,R_f 势必相当大,而太大的电阻不仅精度差,稳定性不好,噪声也大,是不合适的。如果采用例 3－1 中的电路则可解决这个问题。

2. 同相比例运算电路

如果输入信号从同相输入端引入,便是同相输入运算。图 3－6 是同相比例运算电路。输入信号 u_i 经输入端电阻 R_2 加至同相输入端,反相输入端经电阻 R_1 接地,反馈电阻 R_f 仍接至输出端与反相输入端之间。

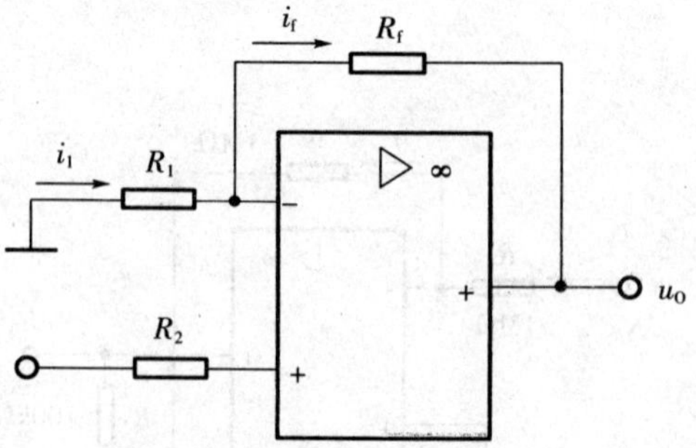

图 3－6　同相比例运算电路

根据理想运算放大器工作在线性区时的分析依据:

$$u_- \approx u_+ = u_i$$

$$i_1 \approx i_f$$

由图 3-6 可列出

$$i_1 = \frac{-u_-}{R_1} = -\frac{u_i}{R_1}$$

$$i_f = \frac{u_- - u_o}{R_f} = \frac{u_i - u_o}{R_f}$$

由此可得

$$u_o = \left(1 + \frac{R_f}{R_1}\right)u_i \tag{3-4}$$

闭环电压放大倍数则为

$$A_{uf} = \frac{u_o}{u_i} = \left(1 + \frac{R_f}{R_1}\right) \tag{3-5}$$

式(3-5)表明,输出电压与输入电压是一种比例关系。式中 A_{uf} 为正值,这表示 u_o 与 u_i 同相,并且 A_{uf} 总是大于或等于 1,其值取决于 R_1、R_f 阻值的大小。平衡电阻 $R_2 = R_1 // R_f$。

当 $R_1 = \infty$(断开)或 $R_f = 0$(短路),则

$$A_{uf} = \frac{u_o}{u_i} = 1 \tag{3-6}$$

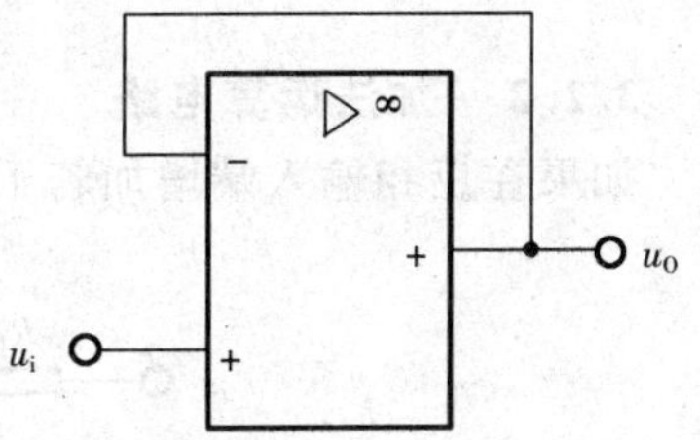

图 3-7　电压跟随器电路图

显然,输出电压跟随输入电压作相同的变化,故称其为电压跟随器或同号器,如图 3-7 所示。

【例 3-2】　电路如图 3-8 所示,求 u_o。

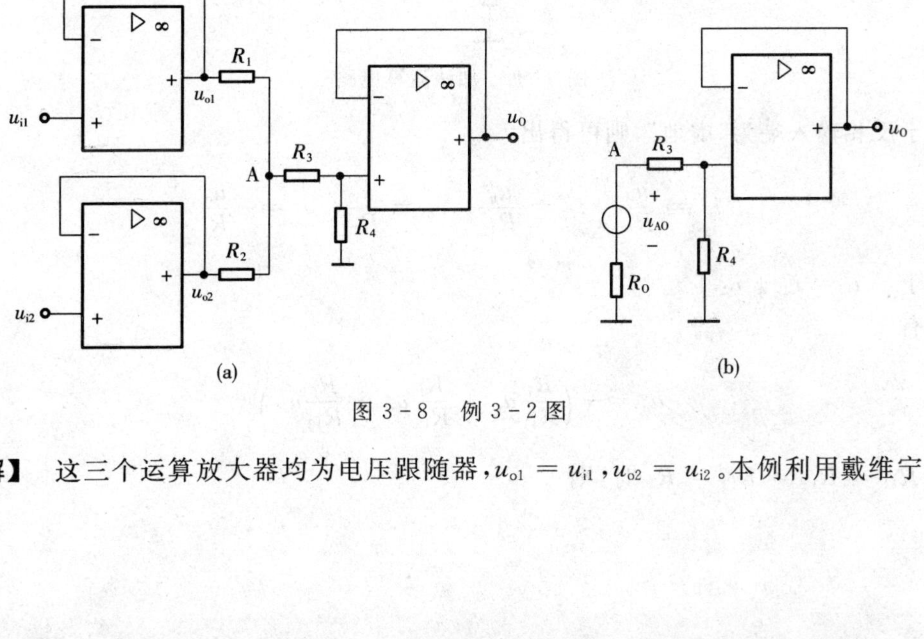

图 3-8　例 3-2 图

【解】　这三个运算放大器均为电压跟随器,$u_{o1} = u_{i1}$,$u_{o2} = u_{i2}$。本例利用戴维宁定理计

算，可将 A 处断开，左边部分作为等效电源，其开路电压（即电动势）为 u_{Ao}，内阻为 R_o，如图 3-8(b) 所示。

u_{Ao} 可用结点电压法计算，即

$$u_{Ao}=\frac{\frac{u_{o1}}{R_1}+\frac{u_{o2}}{R_2}}{\frac{1}{R_1}+\frac{1}{R_2}}=\frac{\frac{u_{i1}}{R_1}+\frac{u_{i2}}{R_2}}{\frac{1}{R_1}+\frac{1}{R_2}}$$

R_o 可将 u_{o1} 和 u_{o2} 对地短路后求得

$$R_o=R_1 /\!/ R_2$$

于是由图 3-8(b) 得出

$$u_o=u_+=\frac{u_{Ao}}{R_o+R_3+R_4}\cdot R_4$$

3.2.2 加法运算电路

如果在反相输入端增加若干输入支路，则构成反相加法运算电路，如图 3-9 所示。

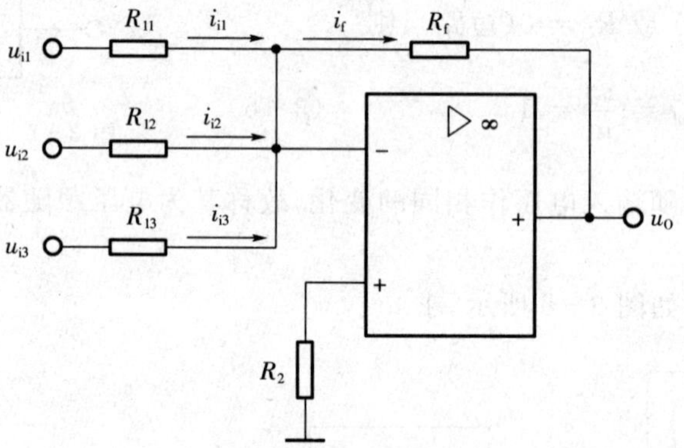

图 3-9 加法运算电路

由于反相输入端为“虚地”，则可得出

$$i_{i1}=\frac{u_{i1}}{R_{11}}\quad i_{i2}=\frac{u_{i2}}{R_{12}}\quad i_{i3}=\frac{u_{i3}}{R_{13}}\quad i_f=-\frac{u_o}{R_f}$$

由于 $i_f=i_{i1}+i_{i2}+i_{i3}$

故有

$$u_o=-\left(\frac{R_f}{R_{11}}u_{i1}+\frac{R_f}{R_{12}}u_{i2}+\frac{R_f}{R_{13}}u_{i3}\right) \tag{3-7}$$

当 $R_{11}=R_{12}=R_{13}=R_1$ 时，则

$$u_o = -\frac{R_f}{R_1}(u_{i1} + u_{i2} + u_{i3}) \tag{3-8}$$

当 $R_1 = R_f$ 时，则

$$u_o = -(u_{i1} + u_{i2} + u_{i3}) \tag{3-9}$$

由式(3-7)、(3-8)、(3-9) 可见，输出电压与输入电压之间是一种反相加法运算关系。只要在输出端再接一级反相器，则可以消除负号的影响。

平衡电阻　　$R_2 = R_{11} // R_{12} // R_{13} // R_f$

【例 3-3】　一个测量系统的输出电压和某些非电量(经传感器变换为电量)的关系为 $u_o = -(4u_{i1} + 2u_{i2} + 0.5u_{i3})$，试选图 3-9 中各输入电路的电阻和平衡电阻 R_2。设 $R_f = 100\text{k}\Omega$。

【解】　由式(3.2.5) 可得

$$R_{11} = \frac{R_f}{4} = \frac{100 \times 10^3}{4}\Omega = 25 \times 10^3\Omega = 25\text{k}\Omega$$

$$R_{12} = \frac{R_f}{2} = \frac{100 \times 10^3}{2}\Omega = 50 \times 10^3\Omega = 50\text{k}\Omega$$

$$R_{13} = \frac{R_f}{0.5} = \frac{100 \times 10^3}{4}\Omega = 200 \times 10^3\Omega = 25\text{k}\Omega$$

$$R_2 = R_{11} // R_{12} // R_{13} // R_f \approx 13.3\text{k}\Omega$$

3.2.3　减法运算电路

如果两个输入端都有信号输入，则为差动输入，如图 3-10 所示。差动输入运算电路可以看成是反相比例运算与同相比例运算电路的组合，在线性工作条件下，可以用叠加原理来分析该电路的运算关系。

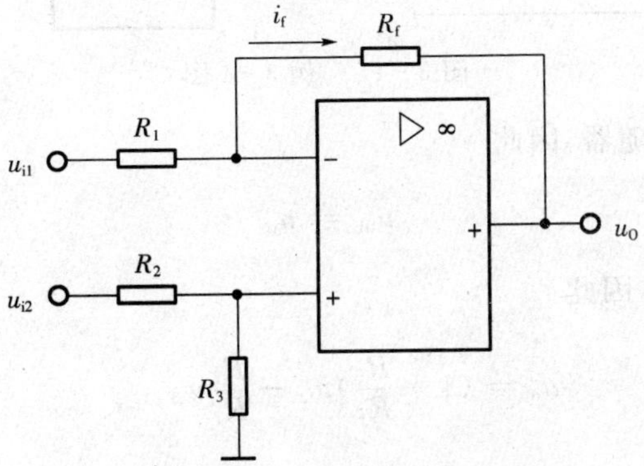

图 3-10　差动减法运算电路

当 u_{i1} 单独作用时($u_{i2} = 0$) 为反相输入运算电路，其输出

$$u'_o = -\frac{R_f}{R_1}u_{i1}$$

当 u_{i2} 单独作用时($u_{i1}=0$)为同相输入运算电路，其输出

$$u''_{o}=\left(1+\frac{R_f}{R_1}\right)\frac{R_3}{R_2+R_3}u_{i2}$$

当 u_{i1} 和 u_{i2} 共同作用时，有

$$u_o=u'_{o}+u''_{o}$$

$$u_o=\left(1+\frac{R_f}{R_1}\right)\frac{R_3}{R_2+R_3}u_{i2}-\frac{R_f}{R_1}u_{i1} \tag{3-10}$$

当 $R_1=R_2$ 和 $R_f=R_3$ 时，则式(3-10)为

$$u_o=-\frac{R_f}{R_1}(u_{i2}-u_{i1}) \tag{3-11}$$

当 $R_1=R_f$ 时，则得

$$u_o=u_{i2}-u_{i1} \tag{3-12}$$

由式(3-11)、(3-12)可见，输出电压 u_o 与两个输入电压的差值成正比，因此实现了减法运算。

【例 3-4】 图 3-11 是运算放大器的串级应用，试求输出电压 u_o。

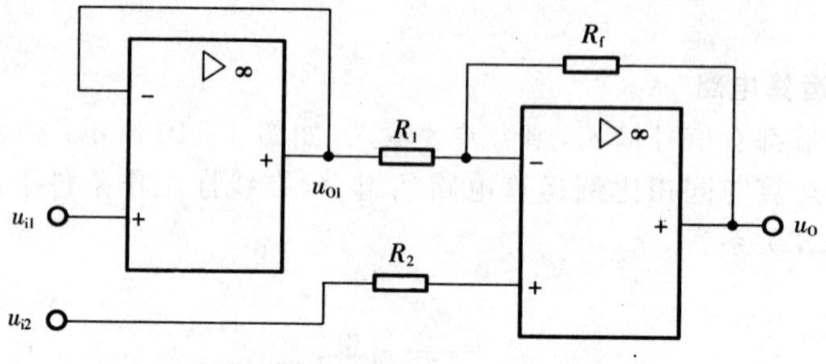

图 3-11 例 3-4 图

【解】 A_1 是电压跟随器，因此

$$u_{o1}=u_{i1}$$

A_2 是差分运算电路，因此

$$u_o=(1+\frac{R_f}{R_1})u_{i2}-\frac{R_f}{R_1}u_{o1}$$

$$=(1+\frac{R_f}{R_1})u_{i2}-\frac{R_f}{R_1}u_{i1}$$

在图 3-11 的电路中，u_{i1} 输入 A_1 的同相端，而不是直接输入 A_2 的反相端，这样可以提高输入阻抗。

3.2.4　积分运算电路

如果把反相比例运算电路中的反馈电阻 R_f 用电容 C 替换，则成为积分运算电路，如图 3-12 所示。

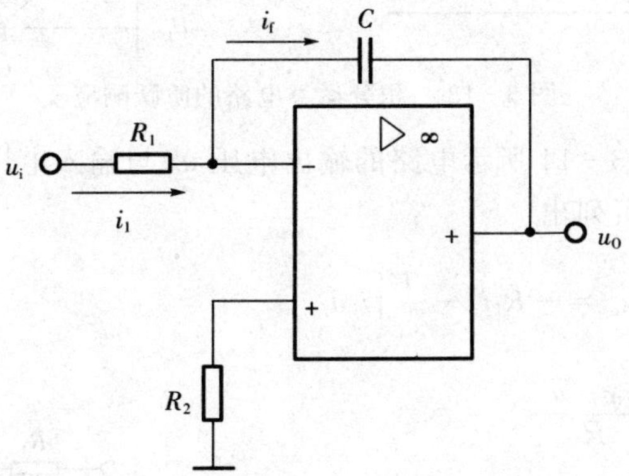

图 3-12　积分运算电路

设电容的初始电压为零，根据"虚断"的概念，由于反相输入，$u_- = 0$，故

$$i_1 = i_f$$

而

$$i_1 = \frac{u_i}{R_1} \quad i_f = C\frac{du_c}{dt} = -C\frac{du_o}{dt}$$

所以

$$u_o = -\frac{1}{C}\int i_f dt = -\frac{1}{R_1 C}\int u_i dt = -\frac{1}{\tau}\int u_i dt \tag{3-13}$$

式(3-13)表明，u_o 与 u_i 的积分成比例，式中的负号表示两者反相。$\tau = R_1 C$ 称为积分时间常数。

当信号电压 u_i 为阶跃电压 U_i 时，则输出电压 u_o 与时间成线性关系，即

$$u_o = -\frac{U_i}{R_1 C}t$$

由于运算放大器的输出电压是有限值，积分器的最大输出电压不能超过运算放大器的最大输出电压 $\pm U_{OM}$，故其有效积分时间 t_m 为

$$t_m = \left|\frac{U_{OM}}{U_i}\right| \cdot R_1 C$$

超过 t_m 后，积分不能继续进行而处于保持状态，调节积分常数，可以改变有效积分时间，如图 3-13 所示。

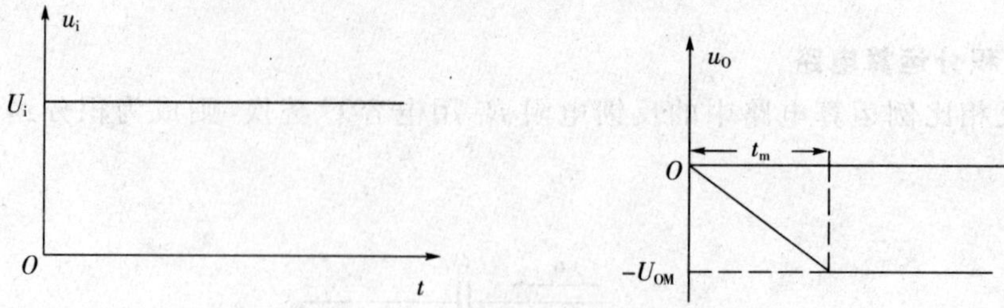

图 3-13　积分运算电路的阶跃响应

【例 3-5】　试求图 3-14 所示电路的输出电压 u_o 与输入电压 u_i 的关系式。

【解】　由图 3-14 可列出

$$u_o - u_- = -R_f i_f - u_e = -R_f i_f - \frac{1}{c_f}\int i_f \mathrm{d}_f$$

$$i_i = \frac{u_i - u_-}{R_1}$$

因 $u_- \approx u_+ = 0, i_f = i_i$，故得

$$u_o = -\left(\frac{R_f}{R_1}u_i + \frac{1}{R_1 C_f}\int u_i \mathrm{d}_t\right)$$

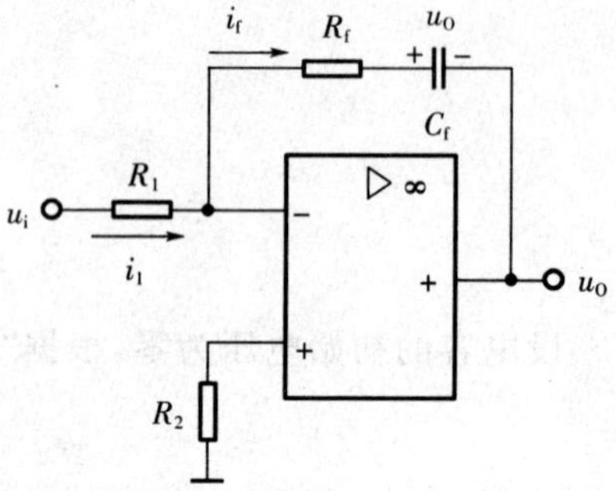

图 3-14　例 3-5 图

可见图 3-14 的电路是反相比例运算和积分运算两者组合起来的，所以称它为比例 — 积分调节器（简称 PI 调节器）。在自动控制系统中需要有调节器（或称校正电路），以保证系统的稳定性和控制的精度。

3.2.5　微分运算电路

微分是积分的逆运算，只要将积分运算电路的电容与电阻互换位置，就成为微分运算电路，如图 3-15 所示。

根据运算放大器工作在线性区的两个分析依据可得

$$i_c = C\frac{\mathrm{d}u_c}{\mathrm{d}t} = C\frac{\mathrm{d}u_i}{\mathrm{d}t}$$

$$u_o = -i_f R_f = -i_c R_f$$

故

$$u_o = -R_f C\frac{\mathrm{d}u_i}{\mathrm{d}t} = -\tau\frac{\mathrm{d}u_i}{\mathrm{d}t} \qquad (3-14)$$

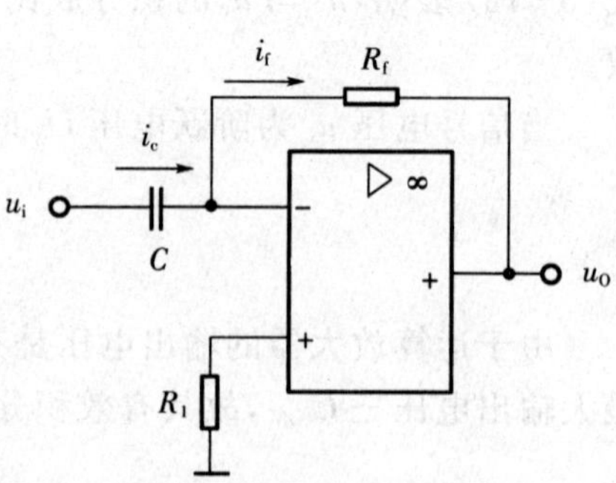

图 3-15　微分运算电路

式(3-14)表明，输出电压 u_o 与输入电压 u_i 对时间的一次微分成正比。式中 $\tau = R_f C$ 为微分时间常数。

当输入信号 u_i 为阶跃电压时，输出电压 u_o 为尖脉冲电压，如图 3－16 所示。

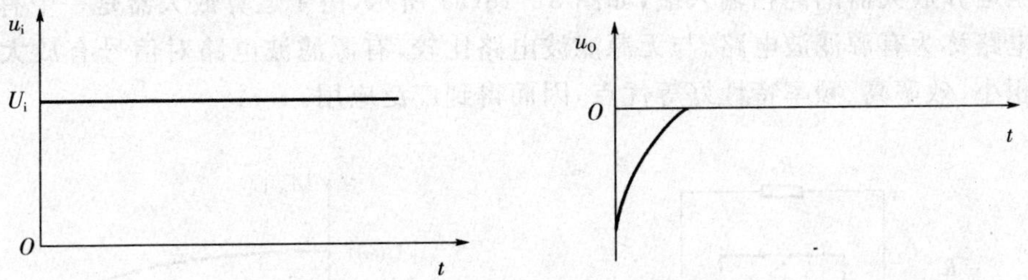

图 3－16　微分运算电路的阶跃响应

【例 3－6】　试求图 3－17 所示电路的输出电压 u_o 与输入电压 u_i 的关系式。

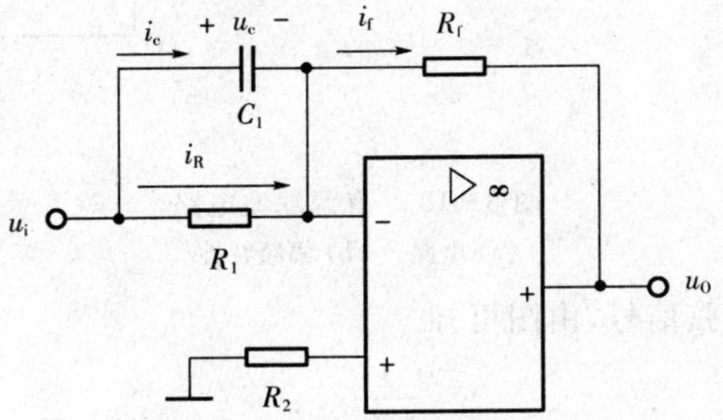

图 3－17　例 3－6 图

【解】　由图 3－17 可列出

$$u_o = -R_f i_f$$

$$i_f = i_R + i_C = \frac{u_i}{R_1} + C_1 \frac{du_i}{dt}$$

故得

$$u_o = -\left(\frac{R_f}{R_1}u_i + R_f C_1 \frac{du_i}{dt}\right)$$

3.3　运算放大器组成的信号处理电路

常见的信号处理有信号滤波及信号比较等。

3.3.1　有源滤波电路

滤波电路就是一种选频电路，它能使一定频率范围内所需的信号顺利通过且衰减很小；而在此频率范围以外的信号则不易通过，衰减很大，因而能从大量的、不同频率的信号中选出所需要的信号。

按允许通过的信号频率范围不同，滤波电路可分为低通滤波器、高通滤波器、带通滤波器。在《电工技术》中曾经介绍过滤波器，它只是由无源 *RC* 电路组成的，称为无源滤波电路。

无源滤波器的缺点是对信号无放大能力，带负载能力差。如果将无源滤波器 RC 电路的输出端再接至运算放大器的同相输入端，如图 3-18(a) 所示，由于运算放大器是一个有源元件，故这种电路称为有源滤波电路。与无源滤波电路比较，有源滤波电路对信号有放大能力，且具有体积小、效率高、频率特性好等优点，因而得到广泛应用。

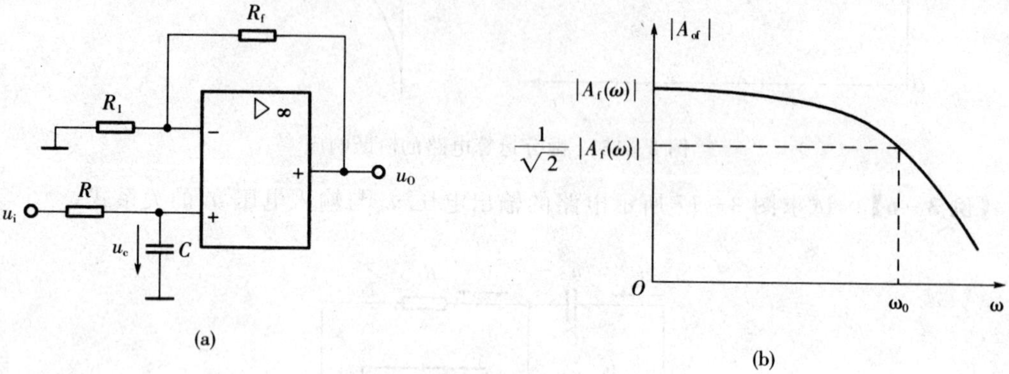

图 3-18 有源滤波电路
(a) 电路 (b) 幅频特性

设输入电压 u_i 为正弦信号，由图可知

$$\dot{U}_+ = \dot{U}_C = \frac{\frac{1}{j\omega C}}{R + \frac{1}{j\omega C}}\dot{U}_i = \frac{\dot{U}_i}{1 + j\omega RC}$$

而根据同相比例运算电路的概念可得

$$\dot{A}_f = \frac{\dot{U}_o}{\dot{U}_i} = \left(1 + \frac{R_f}{R_1}\right)\dot{U}_+ = \left(1 + \frac{R_f}{R_1}\right)\frac{\dot{U}_i}{1 + j\omega RC}$$

故电路的电压传递函数

$$\dot{A}_f = \frac{\dot{U}_o}{\dot{U}_i} = \left(1 + \frac{R_f}{R_1}\right)\frac{\dot{U}_i}{1 + j\omega RC} = \left(1 + \frac{R_f}{R_1}\right)\frac{1}{1 + j\,\frac{\omega}{\omega_0}}$$

式中，$\omega_0 = \frac{1}{RC}$， $f_0 = \frac{1}{2\pi RC}$。

电压放大倍数的幅频特性为

$$\dot{A}_f(\omega) = \left(1 + \frac{R_f}{R_1}\right)\frac{1}{\sqrt{1 + \left(\frac{\omega}{\omega_0}\right)^2}}$$

当 $\omega = 0$ 时，$\dot{A}_f(\omega) = 1 + \frac{R_f}{R_1}$

当 $\omega = \omega_0$ 时，$\dot{A}_f(\omega) = \frac{1 + \left(\frac{R_f}{R_1}\right)}{\sqrt{2}}$

故 ω_0 称为截止频率。幅频特性如图 3－18（b）所示。

由此可见，图 3－18 所示是一阶有源低通滤波电路。为了改善滤波效果，使 $\omega > \omega_0$ 时信号衰减得快些，常将两节 RC 电路串接起来，如图 3－19（a）所示，称为二阶有源低通滤波电路。其幅频特性如图 3－19（b）所示。

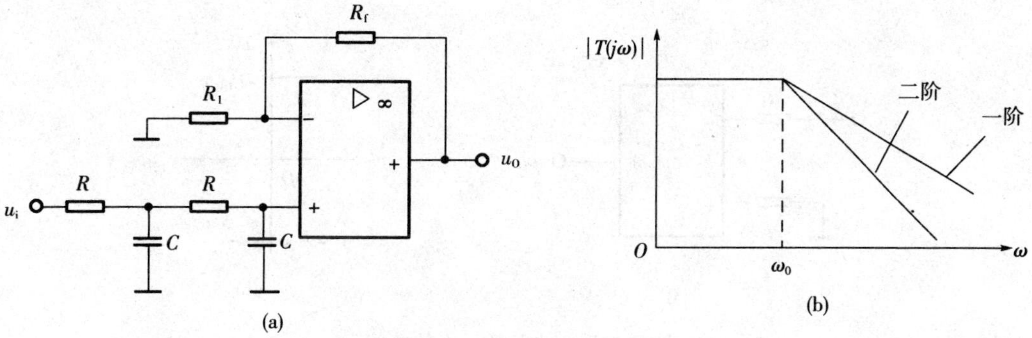

图 3－19　二阶有源低通滤波器
（a）电路　（b）幅频特性

与电工技术所述一样，如果将上述有源低通滤波器中 RC 电路的 R 和 C 对调，则可构成有源高通滤波电路，不再详述。

3.3.2　电压比较电路

前面所介绍的运放电路都引入了负反馈，使之工作在线性区，属于运放的线性应用。但运放还可以工作在饱和区，也有许多重要的非线性应用，其中最简单的例子是工作于开环方式下的电压比较电路。

电压比较电路的基本功能是用来比较输入电压和参考电压的大小。

1. 基准比较电路

如图 3－20（a）所示。图中 U_R 是参考电压，加在同相输入端，输入电压 u_i 加在反相输入端。由于运算放大器工作于开环状态，且开环电压放大倍很高，即使输入端只有一个非常微小的差值信号，也会使输出电压饱和。当 $u_i < U_R$ 时，$u_o = +U_{OM}$；当 $u_i > U_R$ 时，$u_o = -U_{OM}$。参考电压 $U_R \neq 0$ 的比较电路称为基准比较电路，图 3－20(b) 是基准比较电路的传输特性。

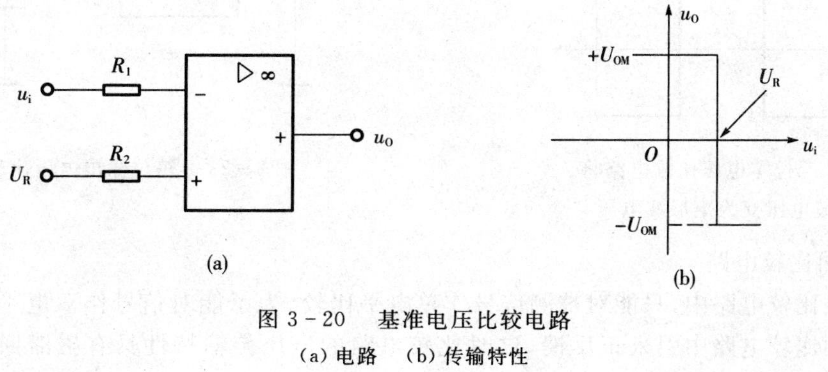

图 3－20　基准电压比较电路
（a）电路　（b）传输特性

可见，在比较器的输入端进行模拟信号大小的比较，在输出端则以高电平或低电平（即为数字信号）来反映比较结果。比较电路常用来比较两个信号的相对大小。

2. 过零比较电路

当上述基准比较电路的参考电压 $U_R = 0$ 时，即输入电压与零电平比较，称为过零比较电路，如图 3-21 所示。

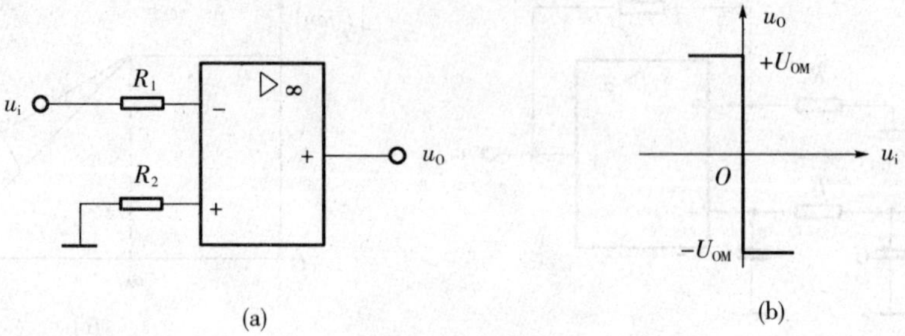

图 3-21　过零电压比较电路

（a）电路　（b）传输特性

利用过零比较电路可以实现波形的转换。当 u_i 为正弦波电压时，则 u_o 为矩形波电压，如图 3-22 所示。

有时为了将输出电压的幅值限制在某一特定值，以与接在输出端的数字电路达到电平配合，可以在比较电路的输出端接入一个稳压电路，组成箝位输出电压比较电路，如图 3-23 所示。其电压传输特性请读者自行分析。

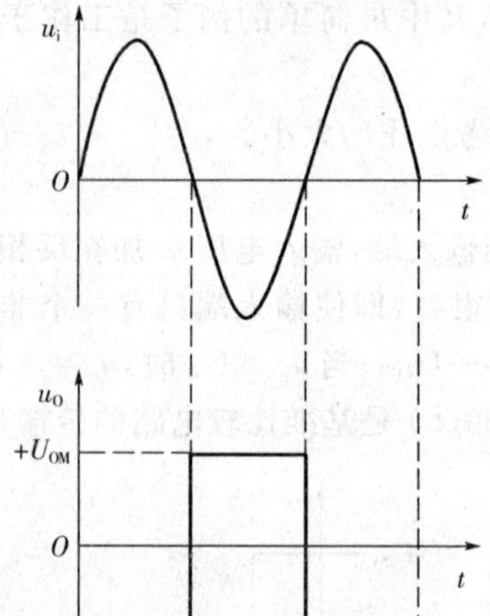

图 3-22　过零电压比较电路将正弦波电压变为矩形波电压

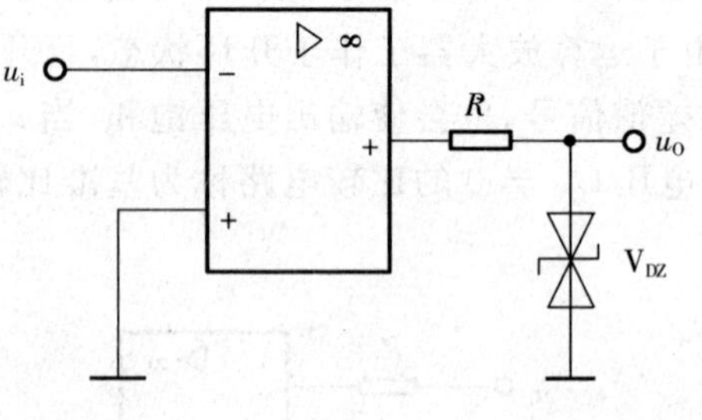

图 3-23　箝位输出电压比较电路

3. 滞回比较电路

在上述比较电路中，只能对被测信号作单电平比较。为了能对信号作双电平比较，通常在上述两种比较电路中引入正反馈，这时比较电路的电压传输特性具有磁滞回线形状，故称为滞回比较电路。图3-24（a）为滞回比较器电路图。输入信号 u_i 通过电阻 R_1 从反相端输入，同相端通过电阻 R_2 接地，R_f 跨接在同相端与输出之间，电路引入了正反馈。

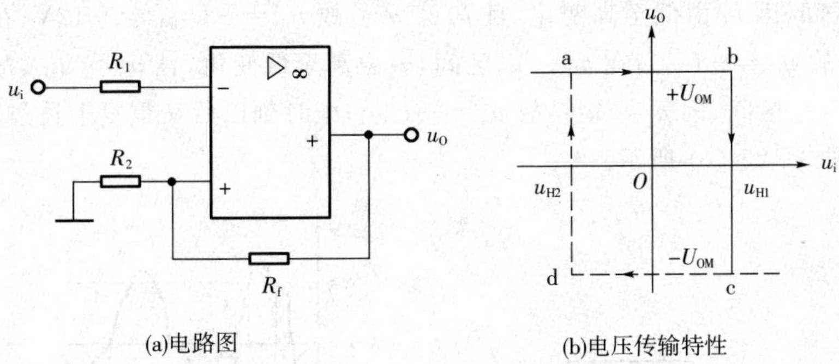

图3-24　滞回比较电路

其电路工作原理如下：

设比较电路的初始状态 $u_o=+U_{OM}$，此时，同相端的基准电压 u_{H1} 为

$$u_{H1}=\frac{R_2}{R_2+R_f}U_{OM}$$

当 u_i 由低向高变化直至 $u_i>u_{H1}$ 时，比较电路的输出电压 u_o 由 $+U_{OM}$ 跃变至 $-U_{OM}$，其转换过程如图3-24（b）中传输特性的实线abc所示。此时，同相端的基准电压 u_{H2} 为

$$u_{H2}=\frac{R_2}{R_2+R_f}u_o=-\frac{R_2}{R_2+R_f}U_{OM}$$

当 u_i 由高向低变化直至 $u_i<u_{H2}$ 时，比较电路的输出电压 u_o 由 $-U_{OM}$ 跃变至 $u_o=+U_{OM}$，其转换过程如图3-24（b）中传输特性的虚线cda所示。此时，同相端的基准电压又变为 u_{H1}。u_{H1} 称为“上门限电压”，u_{H2} 称为“下门限电压”。两者的差值称为“回差电压”，用 u_H 表示。

$$u_H=u_{H1}-u_{H2}=2\frac{R_2}{R_2+R_f}U_{OM}$$

由此可见，只有当输入信号 u_i 超过上下门限电压时，输出电压 u_o 才会改变极性。

【例3-7】　已知滞回比较器电路如图3-25(a)所示，输入信号小波形如图3-25（b）所示。设运放最大输出电压为+12V，$U_R=9V$，$R_2=30k\Omega$，$R_f=150k\Omega$，试画出 u_o 波形。

【解】　用叠加原理求出上、下门限电压。

当 U_R 单独作用时，$u'_+=U_RR_f/(R_f+R_2)$

当 u_o 单独作用时，$u''_+=U_oR_2/(R_f+R_2)$

当 U_R、u_o 共同作用时，$u_+=u'_++u''_+=U_R\frac{R_f}{R_f+R_2}+U_o\frac{R_2}{R_f+R_2}$

当 u_o 为 $+U_{OM}$，得上门限电压为

$$u_{H1}=U_R\frac{R_f}{R_f+R_2}+U_{OM}\frac{R_2}{R_f+R_2}=\frac{150}{150+30}\times9+\frac{30}{150+30}\times12=9.5(V)$$

当 u_o 为 $-U_{OM}$，得下门限电压为

$$u_{H2}=U_R\frac{R_f}{R_f+R_2}-U_{OM}\frac{R_2}{R_f+R_2}=\frac{150}{150+30}\times 9-\frac{30}{150+30}\times 12=5.5(\text{V})$$

在 $0\sim t_1$ 区间，因 u_i 由低至高变化，且 $u_i<u_{H1}$，故 $u_o=+U_{OM}=+12\text{V}$；在 $t_1\sim t_2$ 区间，因 $u_i>u_{H1}$，故 $u_o=-U_{OM}$；在 $t_2\sim t_3$ 区间，u_i 由高至低变化，且 $u_i>u_{H2}$，故 u_o 仍为 $-U_{OM}$；只有在 $t_3\sim t_4$ 区间，因 $u_i<u_{H2}$，故 $u_o=+U_{OM}$；t_4 时刻以后又重复上述过程。由此，画出 u_o 的波形如图 3-25 (c) 所示。

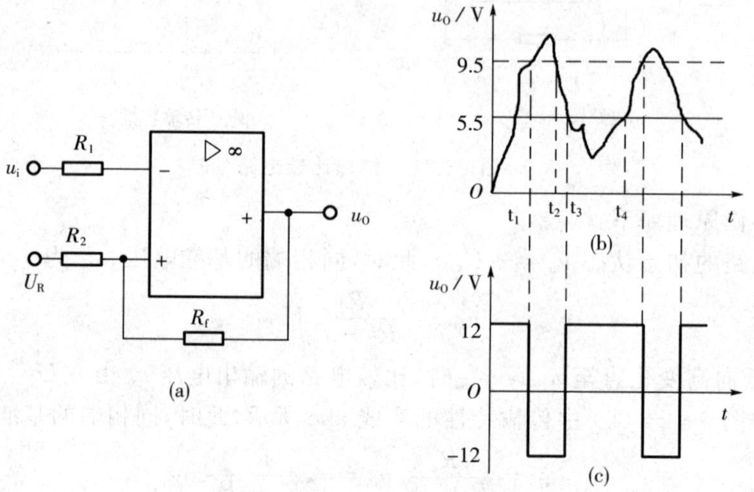

图 3-25　例 3-7 图

上例说明，滞回比较电路可以作为双电平比较器，常用于自动控制中作检测电路。如在温度控制电路中，利用此电路可将温度控制在 u_{H1}、u_{H2} 所对应的指定范围内。若温度超过上限值（$u_i>u_{H1}$），u_o 从 $+U_{OM}$ 跃变至 $-U_{OM}$，发出超高警告信号；若温度低于下限值（$u_i<u_{H2}$），u_o 从 $-U_{OM}$ 跃变至 $+U_{OM}$，发出超低警告信号。调节 U_R 的大小，可改变温控范围。

3.4　运算放大器组成的波形产生电路

3.4.1　矩形波发生器

矩形波电压常用于数字电路中作为信号源。图 3-26 (a) 是一种矩形波发生器电路。图中：运算放大器作滞回比较器用；D_Z 是双向稳压二极管，使输出电压的幅度被限制在 $+U_Z$ 或 $-U_Z$；R_1 和 R_2 构成正反馈电路，R_2 上的反馈电压 U_R 是输出电压幅度的一部分，即

$$U_R=\pm\frac{R_2}{R_1+R_2}\cdot U_Z$$

加在同相输入端，作为参考电压；R_F 和 C 构成负反馈电路。u_C 加在反相输入端，u_C 和 U_R 相比较而决定 u_o 的极性；R_3 是限流电阻。

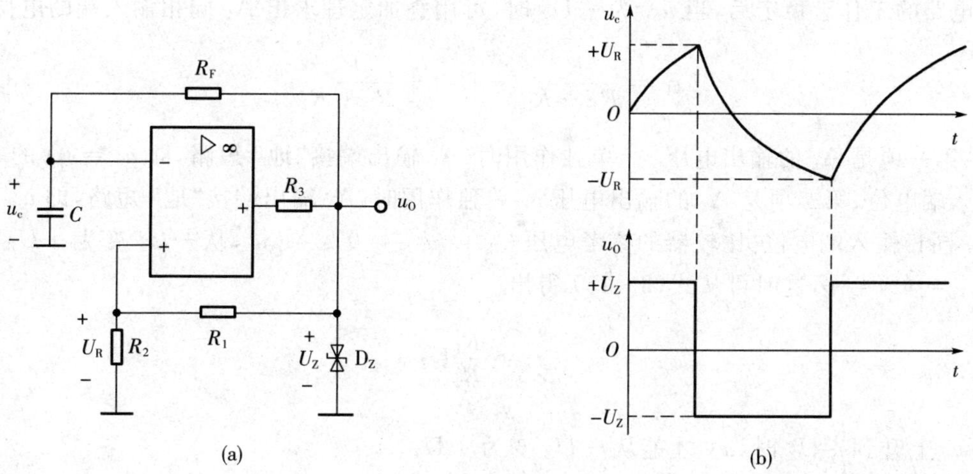

图 3－26　矩形波发生器
(a) 电路图　(b) 波形图

电路的工作已稳定后，当 u_o 为 $+U_Z$ 时，U_R 也为正值；这时 $u_C < U_R$，u_o 通过 R_F 对 C 充电，u_c 按指数规律增长。当 u_c 增长到等于 U_R 时，即由 $+U_Z$ 变为 $-U_Z$，U_R 也变为负值。电容 C 开始通过 R_F 放电，而后反向充电，当充电 u_C 到等于 $-U_R$ 时，u_o 即由 $-U_Z$ 又变为 $+U_Z$。如此周期性地变化，在输出端得到的是矩形波电压，如图 3－26(b) 所示。

从图 3－26 可见，电路中无外加输入电压，而在输出端也有一定频率和幅度的信号输出，这种现象就是电路的自激振荡。关于自激振荡问题将在下一章讨论。

3.4.2　三角波发生器

如果在矩形波发生器的输出端接一个积分电路，以代替图 3－26(a) 中的 R_FC 电路，并将 R_2 的一端改接到后者的输出端，就构成三角波发生器，其电路和波形如图 3－27 所示。运算放大器 A_1 所组成的电路就成为比较器，A_2 组成积分电路。

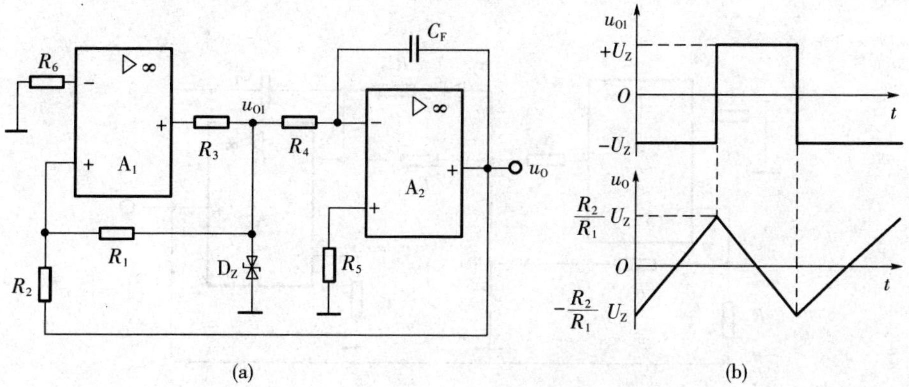

图 3－27　三角波发生器

电路的工作已稳定后，当 u_{o1} 为 $-U_Z$ 时，可用叠加定理求出 A_1 同相输入端的电位

$$u_{+1}=\frac{R_2}{R_1+R_2}(-U_Z)+\frac{R_1}{R_1+R_2}u_o \tag{3-15}$$

式中：第一项是 A_1 的输出电压 u_{o1} 单独作用时（A_2 输出端接“地”短路，即 $u_o=0$）的 A_1 同相输入端电位；第二项是 A_2 的输出电压 u_o 单独作用时（A_1 输出端接“地”短路，即 $u_{o1}=0$）的 A_1 同相输入端电位。比较器的参考电压 $U_R=u_{-1}=0$。要使 u_{o1} 从 $-U_Z$ 变为 $+U_Z$，必须使 $u_{+1}=u_{-1}=0$，这时可从式（3-15）得出

$$u_o=\frac{R_2}{R_1}U_Z$$

即当 u_o 上升到 $\frac{R_2}{R_1}U_Z$ 时，u_{o1} 才能从 $-U_Z$ 变为 $+U_Z$。

同理，当 u_{o1} 为 $+U_Z$ 时，A_1 同相输入端电位为

$$u_{+1}=\frac{R_2}{R_1+R_2}U_Z+\frac{R_1}{R_1+R_2}u_o \tag{3-16}$$

要使 u_{o1} 从 $+U_Z$ 变为 $-U_Z$，也必须在 $u_{+1}=u_{-1}=0$ 时，这时

$$u_o=-\frac{R_2}{R_1}U_Z$$

如此周期性地变化，A_1 输出的是矩形波电压 u_{o1}，A_2 输出的是三角波电压 u_o。所以图 3-27（a）所示的也称为矩形波－三角波发生器电路。

3.4.3 锯齿波发生器

锯齿波发生器在示波器、数字仪表等电子设备中作为扫描之用。锯齿波发生器的电路与上述的三角波发生器的电路基本相同，只是积分电路反相输入端的电阻 R_4 分为两路，使正、负向积分的时间常数大小不等，故两者积分速率明显不等。图 3-28 是锯齿波发生器的电路和波形。

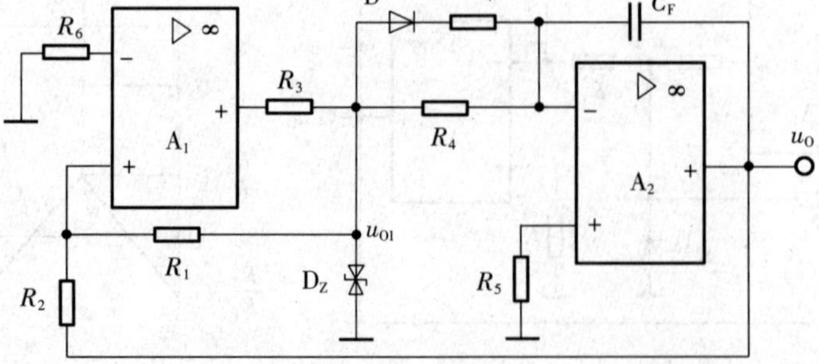

(a)

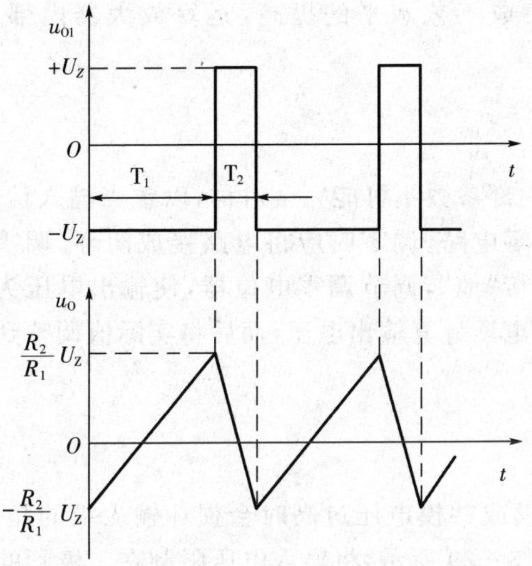

(b)

图 3-28　锯齿波发生器

(a) 电路图　(b) 波形图

当 u_{o1} 为 $+U_Z$ 时，二极管D导通，故积分时间常数为 $(R_4//R_4')C_F$，远小于 u_{o1} 为 $-U_Z$ 时的积分时间常数 R_4C_F。可见，正、负向积分的速率相差很大，$T_2 << T_1$，从而形成锯齿波电压。

此外，采用运算放大器也可组成正弦波发生器。

3.5　使用运算放大器应注意的几个问题

3.5.1　选用元件

集成运算放大器按其技术指标可分为通用型、高速型、高阻型、低功耗型、大功率型、高精度型等，按其内部电路可分为双极型（由晶体管组成）和单极型（由场效应管组成），按每一集成片中运算放大器的数目可分为单运放、双运放和四运放。

通常根据实际要求选用运算放大器。如果测量放大器的输入信号微弱，它的第一级应选用高输入电阻、高共模抑制比、高开环电压放大倍数、低失调电压及低温度漂移的运算放大器。选好后，根据管脚图和符号图连接外部电路，包括电源、外接偏置电阻、消振电路及调零电路等。

3.5.2　消振

由于运算放大器内部晶体管的极间电容和其他寄生参数的影响，很容易产生自激振荡，破坏正常工作。为此，在使用时要注意消振。通常是外接 RC 消振电路或消振电容，用它来破坏产生自激振荡的条件。判断是否已消振，可将输入端接“地”，用示波器观察输出端有无自激振荡。目前由于集成工艺水平的提高，运算放大器内部已有消振元件，无需外部消振。

3.5.3　调零

由于运算放大器的内部参数不可能完全对称，以致当输入信号为零时，仍有输出信号。为此，在使用时要外接调零电路。调零时应将电路接成闭环。调零分两种：一种是在无输入时调零，即将两个输入端接"地"，调节调零电位器，使输出电压为零；另一种是在有输入时调零，即按已知输入信号电压计算输出电压，而后将实际值调整到计算值。

3.5.4　保护

1. 输入端保护

当输入端所加的差模或共模电压过高时会损坏输入级的晶体管。为此，在输入端接入反向并联的二极管，如图 3-29 所示，将输入电压限制在二极管的正向压降以下。

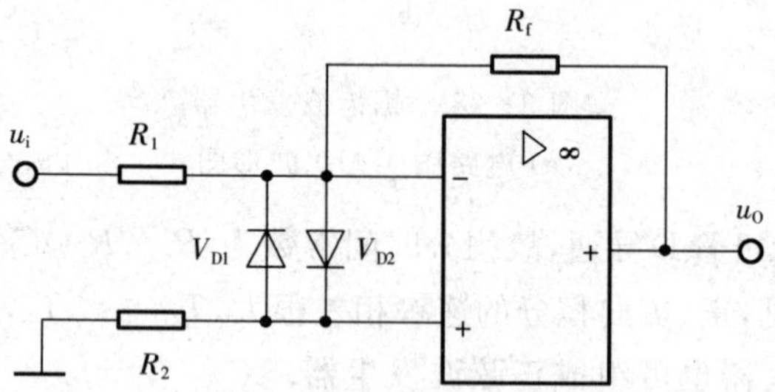

图 3-29　输入端保护

2. 输出端保护

为了防止输出电压过大，可利用稳压管来保护。如图 3-30 所示，将两个稳压管反向串联，将输出电压限制在(U_Z+U_D) 的范围内。U_Z 是稳压管的稳定电压，U_D 是它的正向压降。

3. 电源保护

为了防止正、负电源接反，可用二极管来保护，如图 3-31 所示。

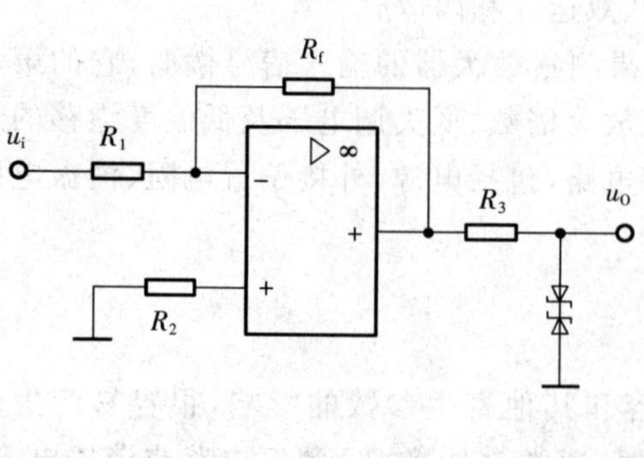

图 3-30　输出端保护

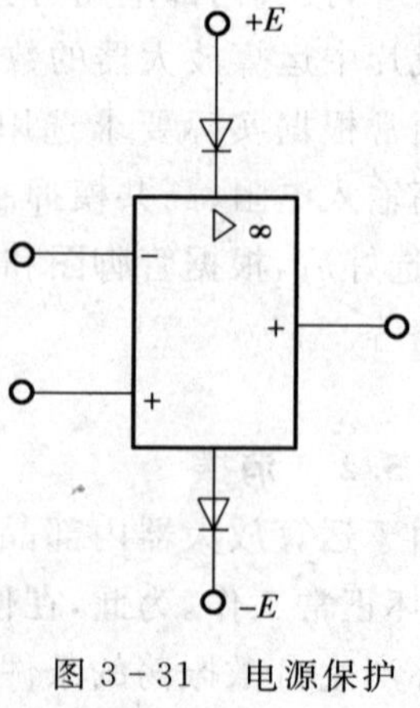

图 3-31　电源保护

3.5.5　扩大输出电流

由于运算放大器输出电流一般不大，如果负载需要的电流较大时，可在输出端加接一级互补对称电路，如图 3-32 所示。

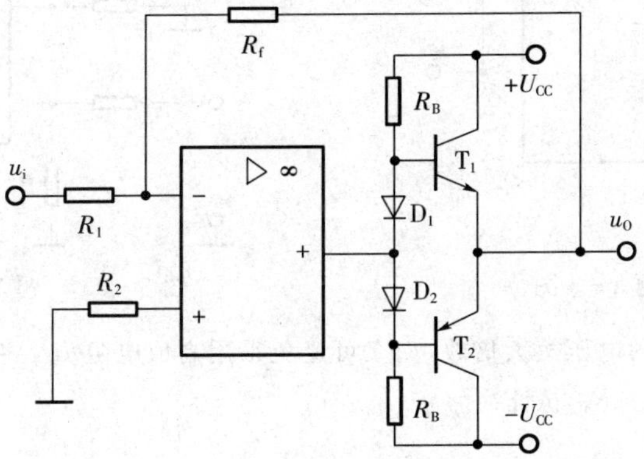

图 3-32　扩大输出电流

习　题

3-1　已知 F007 运算放大器的开环电压放大倍数 $A_{uo}=100\text{dB}$，差模输入电阻 $r_{id}=2\text{M}\Omega$，最大输出电压 $U_{opp}=\pm 13\text{V}$。为了保证工作在线性区，试求：(1)　u_+ 和 u_- 的最大允许差值；(2) 输入端电流的最大允许值。

3-2　在图 3-33 中，正常情况下四个桥臂电阻均为 R。当某个电阻因受温度或应变等非电量的影响而变化 ΔR 时，电桥平衡即遭破坏，输出电压 u_o 反映此非电量的大小。试证明

$$u_o=-\frac{A_{uo}\cdot U}{4}\cdot\frac{\frac{\Delta R}{R}}{1+\frac{\Delta R}{2R}}$$

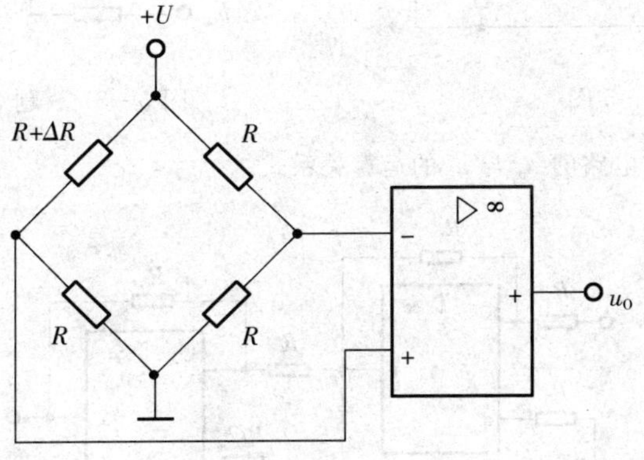

图 3-33　题 3-2 图

3-3　在图 3-34 的反相比例运算电路中，设 $R_1=10\text{k}\Omega$，$R_f=500\text{k}\Omega$。试求闭环电压放大倍数 A_{uf} 和平衡电阻 R_2。若 $u_i=10\text{mV}$，则 u_o 为多少？

3-4　在图 3-35 的同相比例运算电路中，已知 $R_1 = 2\text{k}\Omega$，$R_f = 10\text{k}\Omega$，$R_2 = 2\text{k}\Omega$，$R_3 = 18\text{k}\Omega$，$u_i = 1\text{V}$，求 u_o。

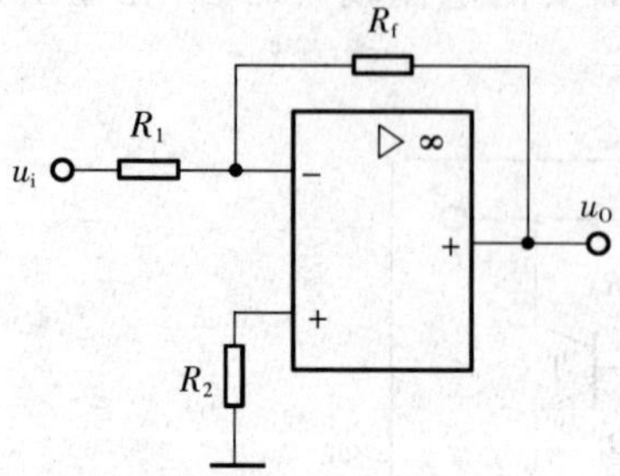

图 3-34　题 3-3 图

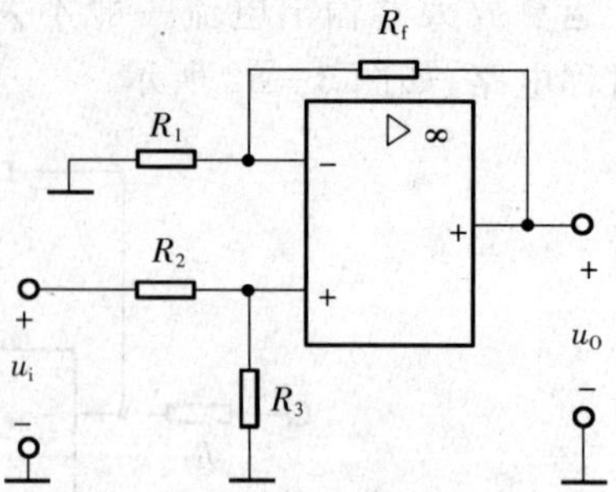

图 3-35　题 3-4 图

3-5　为了获得较高的电压放大倍数，而又可避免采用高值电阻 R_f，将反相比例运算电路改为图 3-36 所示的电路，并设 $R_f \gg R_4$，试证：

$$A_{uf} = \frac{u_o}{u_i} = -\frac{R_f}{R_1}\left(1 + \frac{R_3}{R_4}\right)$$

3-6　在上题图 3-36 中：(1) 已知 $R_1 = 50\text{k}\Omega$，$R_2 = 33\text{k}\Omega$，$R_3 = 3\text{k}\Omega$，$R_4 = 2\text{k}\Omega$，$R_f = 100\text{k}\Omega$，求电压放大倍数 A_{uf}；(2) 如果 $R_3 = 0$，要得到同样大的电压放大倍数，R_f 的阻值应增大到多少？

3-7　电路如图 3-37 所示，已知 $u_{i1} = 1\text{V}$，$u_{i2} = 2\text{V}$，$u_{i3} = 3\text{V}$，$u_{i4} = 4\text{V}$，$R_1 = R_2 = 2\text{k}\Omega$，$R_3 = R_4 = R_f = 1\text{k}\Omega$，试计算输出电压 u_o。

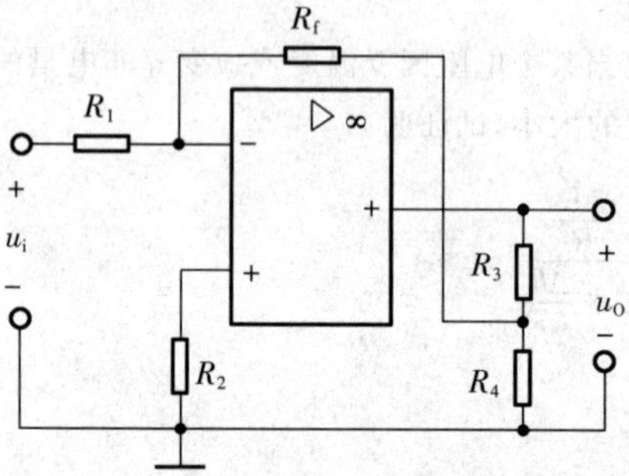

图 3-36　题 3-5 图

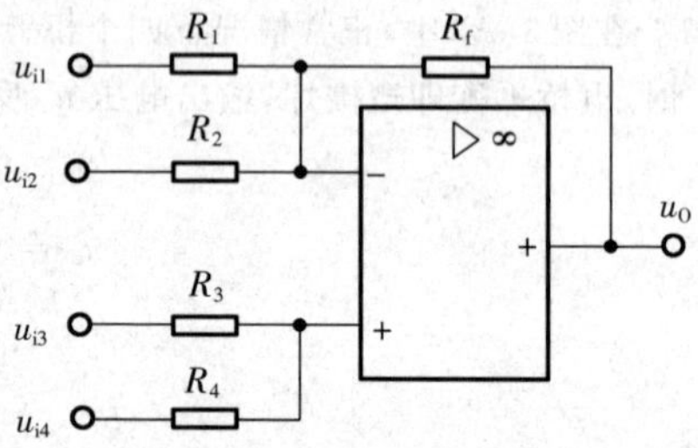

图 3-37　题 3-7 图

3-8　求图 3-38 所示电路的 u_o 与 u_i 的运算关系式。

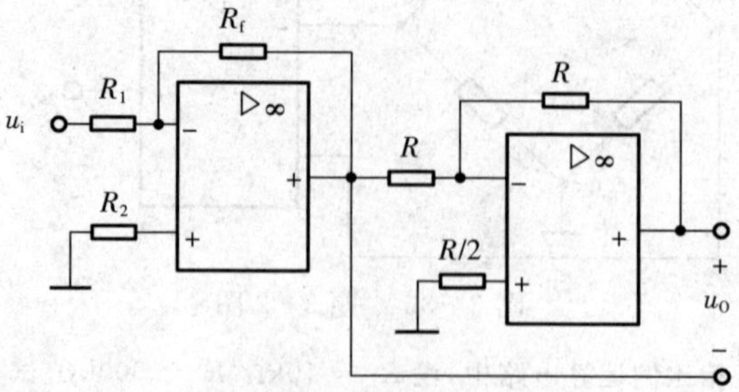

图 3-38　题 3-8 图

3－9　求图 3－39 所示的电路中 u_o 与各输入电压的运算关系式。

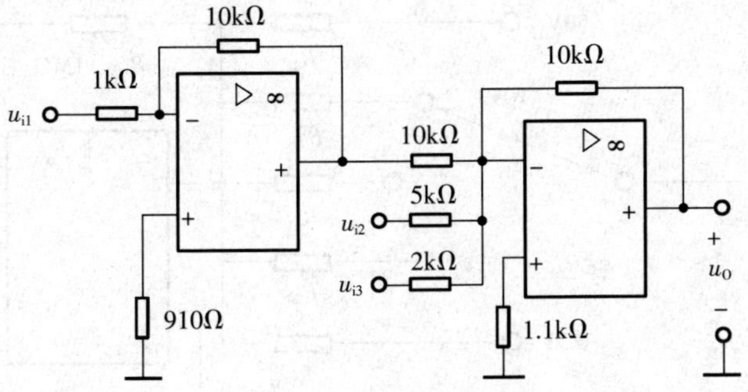

图 3－39　题 3－9 图

3－10　为了用低值电阻实现高放大倍数的比例运算，常用一 T 形网络来代替 R_f，如图 3－40 所示。试证明：

$$u_o = -\frac{R_2 + R_3 + R_2R_3/R_4}{R_1}u_i$$

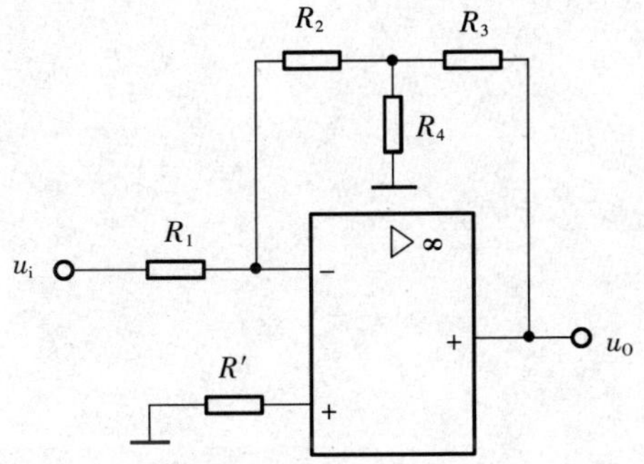

图 3－40　题 3－10 图

3－11　在图 3－41 的电路中，电源电压为 ±15V，$u_{i1} = 1.1V$，$u_{i2} = 1V$。试问接入输入电压后，输出电压 u_o 由 0 上升到 10V 所需时间。

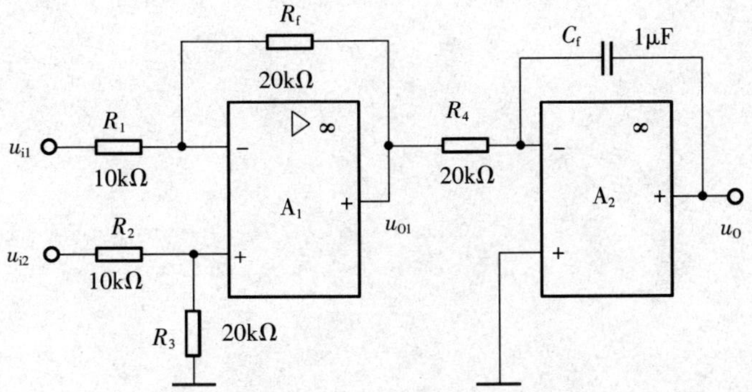

图 3－41　题 3－11 图

3－12　图 3－42 是应用运算放大器测量电压的原理电路，共有 0.5V、1V、5V、10V、50V 五种量程，试

计算电阻 $R_{11}\sim R_{15}$ 的阻值。输出端接有满量程 5V，500μA 的电压表。

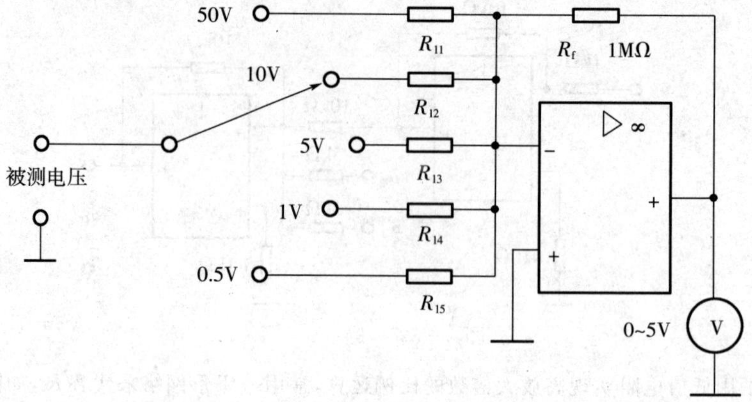

图 3-42　题 3-12 图

第 4 章　电子电路中的反馈

在放大电路中，信号的传输从输入端到输出端，这个方向称为正向传输。电路中的反馈就是将输出信号取出一部分或全部送回到放大电路的输入端，与原输入信号进行混合叠加（相加或相减）后，再作用到放大电路的输入端。

放大电路中加入反馈后会改变电路某些方面的性能。反馈有多种不同类型，在电路中加入的反馈种类不同，对电路产生的影响也不同。

4.1　反馈的基本概念与分类

4.1.1　负反馈与正反馈

图 4－1(a) 是不带反馈的放大电路方框图，其信号只存在正向传输。图 4－1(b) 是带有反馈的放大电路的方框图，它含有两个部分：一个是实现正向传输的与图 4－1(a) 相同的基本放大电路 A，它可以是单级或多级的；另一个是实现反向传输的反馈电路（或称为反馈网络）F，它是联系放大电路的输出电路和输入电路的环节，多数是由电阻、电容等元件组成。

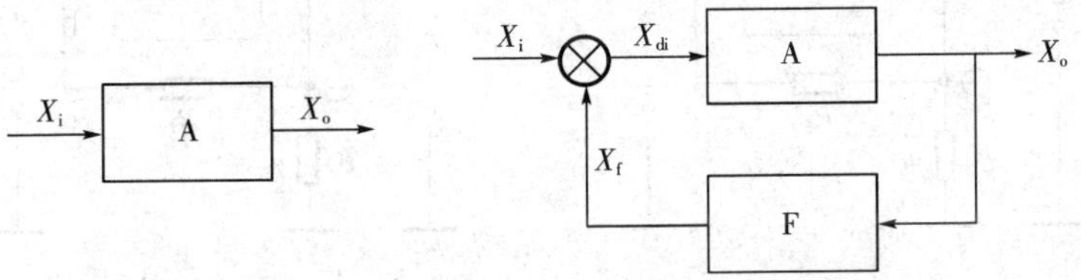

(a)　(b)

图 4－1　电子电路方框图

(a) 不带反馈　(b) 带有反馈

图中，用 X 表示信号，它既可以表示电压，也可以表示电流。信号的传递方向如图中箭头所示，X_i、X_o 和 X_f 分别为输入、输出和反馈信号。X_i 和 X_f 在输入端进行比较（⊗是比较环节的符号，实际上就是进行加减混合），得出净输入信号 X_{di}。

图 4－1(a) 是不带反馈的电路，X_i 直接加到放大电路的输入端，是开环的；而图 4－1(b) 则是闭环的。

若引回的反馈信号与输入信号比较后，使净输入信号 X_{di} 减小，因而输出信号也是减小的，则称这种反馈为负反馈。若反馈信号的引入使净输入信号 X_{di} 增大，因而输出信号也增大，则称这种反馈为正反馈。可见电路中引入负反馈后，等效放大倍数要降低；反之，电路中引入正反馈后，等效放大倍数会升高。

例如，$u_i = 2\text{mV}$，基本放大器 $\text{A} = 100$ 倍，引入反馈信号 $u_f = 1\text{mV}$；若在比较叠加时因

u_i 与 u_f 相位相同而相加，则 $u_{di}=3\text{mV}$，$u_o=300\text{mV}$，这样从整体来看，闭环放大器的等效放大倍数 $A_{uf}=\dfrac{u_o}{u_i}=150$ 倍，与开环时相比增大了，因此，是正反馈。若比较叠加时因 u_i 与 u_f 相位相反而抵消了一部分，则 $u_{di}=1\text{mV}$，$u_o=100\text{mV}$，闭环放大器的等效放大倍数为 50 倍，因此，是负反馈。

4.1.2　负反馈与正反馈的判别方法

瞬时极性法是判别电路中负反馈与正反馈的基本方法。设接“地”参考点的电位为零，电路中某点在某瞬时的电位高于零电位者，则该点电位的瞬时极性为正(用 ⊕ 表示)；反之为负(用 ⊖ 表示)。

图 4-2(a) 是同相比例运算电路，R_2 与 R_f 构成反馈网络，反馈电压 u_f 为 u_o 在 R_2 上的分压。设某一瞬时输入电压 u_i 为正，则同相输入端电位的瞬时极性为 ⊕，输出端电位的瞬时极性为 ⊕，输出电压 u_o 经 R_f 和 R_2 分压，在 R_2 上得出的反馈电压 u_f 的极性也为 ⊕，图 4-2(c) 是图 4-2(a) 的输入回路等效电路，可以看出净输入电压(差值电压)$u_{di}=u_i-u_f$，故为负反馈。或者说，输出端电位的瞬时极性为正，通过反馈提高了反相输入端的电位，从而减小了净输入电压。

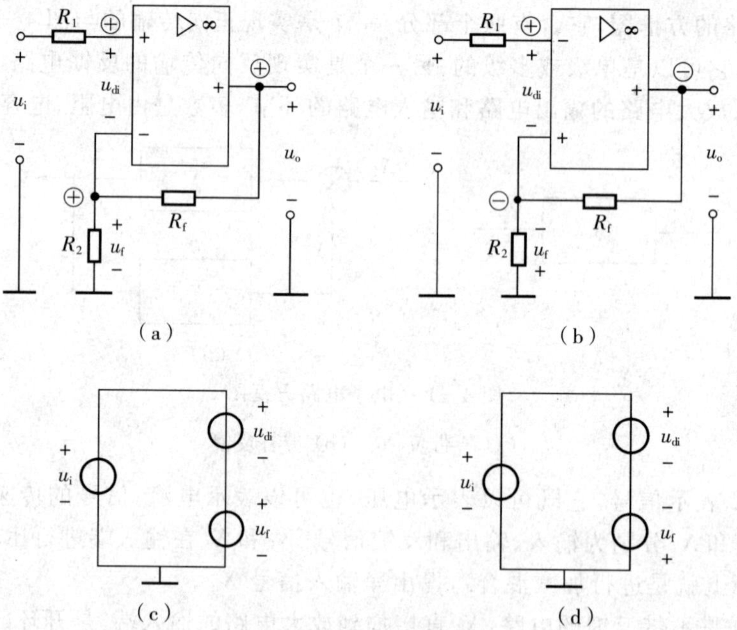

图 4-2　负反馈与正反馈的判别示意图

(a) 负反馈电路　(b) 正反馈电路

(c) 负反馈输入回路等效电路　(d) 正反馈输入回路等效电路

顺便提一下，对于理想运算放大器，由于 $A_{uo}\to\infty$，即使在两个输入端之间加一微小电压，输出电压就达到正或负的饱和值。因此必须引入负反馈，使 $u_+-u_-\approx 0$，才能使运算放大器工作在线性区。

图 4-2(b) 是滞回比较器的基本电路。设 u_i 为正时，反相输入端电位的瞬时极性为 ⊕，输出端电位的瞬时极性为 ⊖，输出电压 u_o 经 R_f 和 R_2 分压后在 R_2 上得出的反馈电压 u_f 为 ⊖，输入回路的等效电路见图 4-2(d)。显然，$u_{di}=u_i+u_f$，使净输入电压 u_{di} 增大了，故为正反馈。或者说，通过反馈降低了同相输入端的电位，从而增大了净输入电压。滞回比较器工作在运算放大器的饱和区。

在分立元件的电子电路中，正、负反馈也可用瞬时极性法来判别。图 4-3(a) 是分压式偏置放大电路，发射极电阻 R_e 上无交流旁路电容；图 4-3(b) 是其交流通路，图中 $R'_L=R_C /\!/ R_L$，$R_b=R_{b1} /\!/ R_{b2}$。R_e 是反馈电阻，它联系输出电路和输入电路。设在正弦输入电压 u_i 的正半周，基极交流电位的瞬时极性为 ⊕（这时 u_{be} 也在正半周），则集电极交流电位的瞬时极性为 ⊖（两者有反相关系）；因此输出电压 u_o 的参考方向与其实际方向相反，它在负半周。此时电流 $i_c(\approx i_e)$ 的实际方向与图中的参考方向相同，流过 R_e 时，R_e 上端（发射极）交流电位的瞬时极性为 ⊕，$u_e=R_e\cdot i_e$，即为反馈电压 u_f，也在正半周。根据图上的参考方向可列出

$$u_{be}=u_i-u_f=u_{di}$$

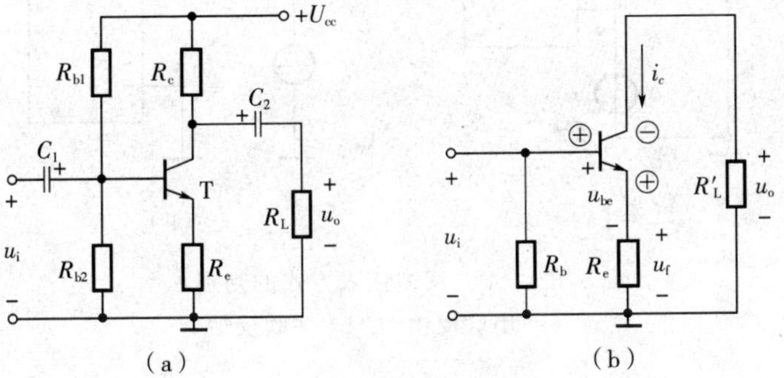

图 4-3　带反馈的分立元件放大电路

(a) 电路图　(b) 交流通路

由于三者同相，可见净输入电压 u_{be} 减小了，故为负反馈。或者说，反馈提高了发射极的交流电位，使净输入电压 u_{be} 减小了。

这里讨论的是发射极电流的交流分量 i_e 流过电阻 R_e 而产生的负反馈，称为交流负反馈。其实，直流分量 I_e 流过 R_e 也要产生负反馈，则称为直流负反馈。在静态时，相应的直流分量为 I_e、U_e 和 U_{be}，负反馈过程可表示如下：

$$温度升高\longrightarrow I_C\uparrow\longrightarrow U_E(R_E\cdot I_E)\uparrow\longrightarrow U_{BE}\downarrow\longrightarrow I_B\downarrow\longrightarrow I_C\downarrow$$

即当温度升高使 I_c 和 I_e 增大时，通过 U_e 的增大反映出来，而后反馈到输入电路与基极电位 V_B（为 R_{b1} 和 R_{b2} 的分压电路所固定）比较，使净输入电压 U_{BE} 减小，从而 I_B 和 I_C 随着减小，并趋于基本不变。这种直流负反馈的作用是稳定静态工作点。至于交流负反馈的作用将在下节讨论。

如果发射极电阻 R_e 上接有交流旁路电容，由于旁路电容的电容量较大，对交流信号频率的容抗很小，对交流分量可视作短路，因此就不存在交流负反馈，只有上述的直流负反馈。直流反馈和交流反馈有的电路中同时存在，有的只存在一种。

4.1.3 串联反馈与并联反馈

从输入端反馈信号接入的方式不同，可分为串联反馈与并联反馈，见图 4-4。

串联／并联反馈只从放大电路的输入端考虑，与输出端无关。图 4-4(a) 中，输入信号 u_i、反馈信号 u_f 以及净输入信号 u_{di} 形成一个串联回路，因此，称为串联反馈。串联反馈电路中，为了比较环节叠加运算方便，输入端信号均采用电压量表示。

串联反馈的辨别特征是：输入信号 u_i 和反馈信号 u_f 均以“地”作参考点，则这两个信号分别接入放大器的（两个）不同输入端。

图 4-4(b) 中，输入信号 i_i、反馈信号 i_f 并联后接入放大器，因此，称为并联反馈。并联反馈电路中，为了比较环节叠加运算方便，输入端信号均采用电流量表示。

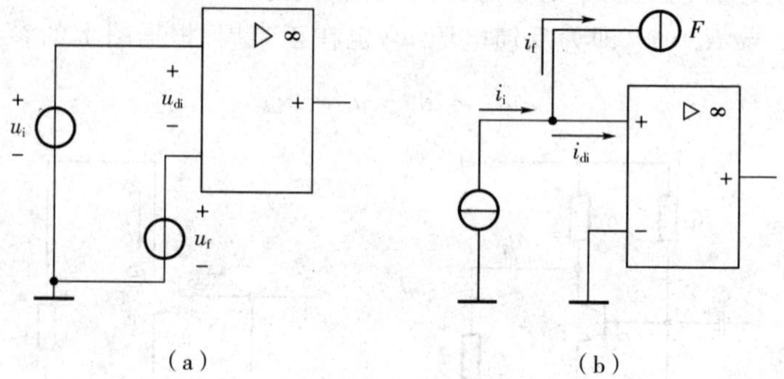

图 4-4 反馈接入方式的判别
(a) 串联反馈 (b) 并联反馈

并联反馈的辨别特征是：输入信号 i_i 和反馈信号 i_f 接入放大器的同一输入端（放大器的另一输入端一般接地）。

4.1.4 电压反馈和电流反馈

电压／电流反馈是由反馈网络与放大电路在输出端的连接方式决定的，与输入端的连接方式无关。

电压反馈：反馈信号的大小与输出电压成比例的反馈称为电压反馈；

电流反馈：反馈信号的大小与输出电流成比例的反馈称为电流反馈。

电压反馈与电流反馈的判断：将输出电压（负载）“短路”，若反馈信号为零，则为电压反馈；若反馈信号仍然存在，则为电流反馈。

另一种简易判断方法是：一般来说，反馈元件（网络）直接接在放大器输出端的为电压反馈，反馈元件没有直接接到输出端则为电流反馈。采用这种方法判断时要特别注意：负载 R_L 不是放大电路的一部分，因此，不能算作反馈元件。

4.2　放大电路中的负反馈

4.2.1　负反馈的类型

根据反馈网络 F 与基本放大电路 A 在输入端和输出端联接方式的不同，负反馈电路共有四种类型。

1. 串联电压负反馈

图 4-5(a) 即为图 4-2(a)，是同相比例运算电路。如前所述，$u_{di}=u_i-u_f$，电路中引入负反馈。

反馈网络由 R_f 和 R_2 构成，且 R_f 直接接在输出端，反馈电压

$$u_f=\frac{R_2}{R_f+R_2}u_o$$

与输出电压成比例，故为电压反馈。

反馈信号 u_f 接反相输入端，而输入信号 u_i 接同相输入端，属于串联反馈。

因此，图 4-5(a) 是引入串联电压负反馈的电路，图 4-5(b) 是其方框图。

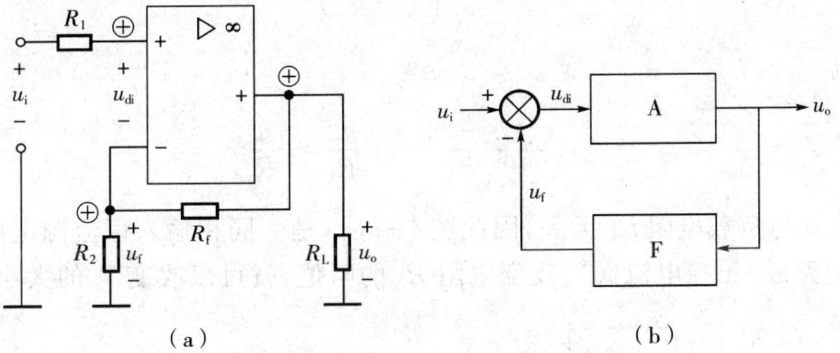

图 4-5　串联电压负反馈电路

(a) 电路图　(b) 方框图

2. 并联电压负反馈

图 4-6(a) 是反相比例运算电路。设某一瞬时输入电压 u_i 为正，则反相输入端电位的瞬时极性为正，输出端电位的瞬时极性为负。此时反相输入端的电位高于输出端的电位，输入电流 i_i 和反馈电流 i_f 的实际方向如图中所示。净输入电流（差值电流）$i_{di}=i_i-i_f$，即 i_f 的存在削弱了净输入电流，故为负反馈。

反馈信号与输入信号在输入端以电流的形式作比较，i_i 和 i_f“并联”后均接反相输入端（同相端接地），故为并联反馈。

反馈电流

$$i_f=\frac{u_+-u_o}{R_f}\approx-\frac{u_o}{R_f}$$

反馈电阻 R_f 直接接电路输出端，i_f 与 u_o 成正比，故为电压反馈。

因此，图 4 - 6(a) 是引入并联电压负反馈的电路，图 4 - 6(b) 是其方框图。

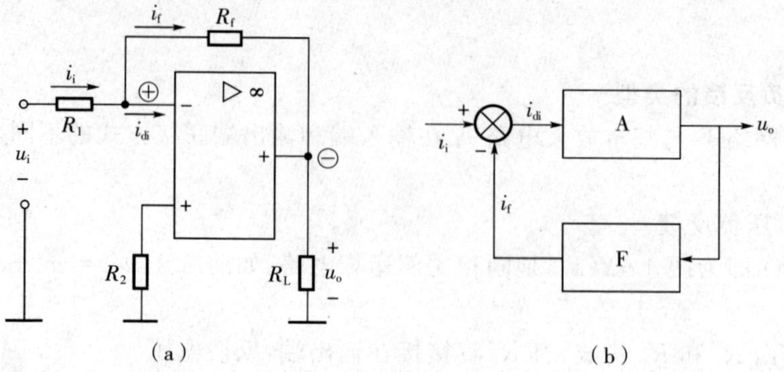

图 4 - 6　并联电压负反馈电路

(a) 电路图　(b) 方框图

3. 串联电流负反馈

首先分析图 4 - 7(a) 所示电路的功能。从电路结构看，它和图 4 - 5(a) 相同，也是同相比例运算电路，故输出端对“地” 的电压为(注意：输出电压 u_o 是负载 R_L 两端的电压)

$$u'_o = \left(1 + \frac{R_L}{R_f}\right) u_i$$

输出电流

$$i_o = \frac{u_o - u_-}{R_L} = \frac{u_-}{R_f} \approx \frac{u_i}{R_f}$$

可见输出电流 i_o 与负载电阻 R_L 无关，因此图 4 - 7(a) 是一同相输入恒流源电路，或称为电压 — 电流变换电路或“压控电流源”。改变电阻 R_f 的阻值，就可以改变 i_o 的大小。

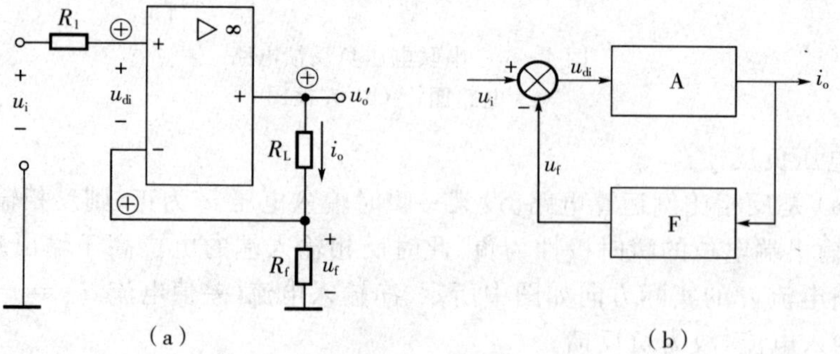

图 4 - 7　电流串联负反馈电路

(a) 电路图　(b) 方框图

其次分析反馈类型。参照上述的同相比例运算电路可知：$u_{di} = u_i - u_f$，电路中也引入负反馈。

反馈电压：

$$u_f = R_f \cdot i_o$$

可见，反馈电压 u_f 与输出电流（即负载电流）i_o 成正比，故为电流反馈。在这个电路中，反馈网络只有 R_f 一个元件。很明显，反馈网络没有直接接到输出端。

反馈信号 u_f 与输入信号 u_i 分别接在不同的输入端，以电压的形式作比较，两者串联，故为串联反馈。图中 R_f 又称为负载电流取样电阻。

因此，图 4－7(a) 是引入串联电流负反馈的电路，图 4－7(b) 是其方框图。

4. 并联电流负反馈

首先分析图 4－8(a) 所示电路的功能。由图可得出（注意虚地）

$$i_i = \frac{u_i}{R_2}, \quad i_f = \frac{u_- - u_{R3}}{R_f} \approx \frac{u_{R3}}{R_f}$$

又有 $i_i \approx i_f$，则得

$$u_{R3} = -\frac{R_f}{R_2} u_i$$

输出电流

$$i_o = i_{R3} - i_f = \frac{u_{R3}}{R_3} - \frac{u_i}{R_2} = -\left(\frac{R_f}{R_2 R_3} + \frac{1}{R_2}\right) u_i = -\frac{1}{R_2}\left(\frac{R_f}{R_3} + 1\right) u_i$$

可见输出电流 i_o 与负载电阻 R_L 无关，因此图 4-8(a) 是一反相输入恒流源电路或称“电流控制电流源”。改变电阻 R_f 或 R_3 的阻值，就可以改变 i_o 的大小。图中 R_3 称为负载电流取样电阻。

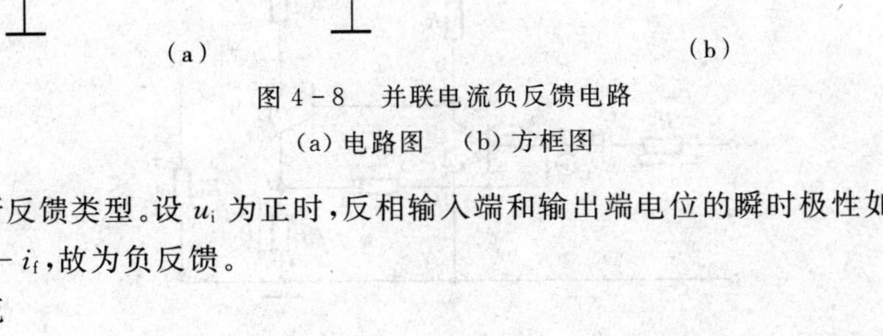

图 4－8　并联电流负反馈电路

(a) 电路图　(b) 方框图

其次分析反馈类型。设 u_i 为正时，反相输入端和输出端电位的瞬时极性如图所示，差值电流 $i_{di} = i_i - i_f$，故为负反馈。

反馈电流

$$i_f \approx i_i = \frac{u_i}{R_2} = -\frac{1}{\left(\frac{R_f}{R_3} + 1\right)} i_o = -\left(\frac{R_3}{R_f + R_3}\right) i_o$$

可见，i_f 与 i_o 成正比，为电流反馈。图中反馈网络由 R_3、R_f 组成，反馈网络没有直接接到运放的输出端。

反馈信号 i_f 与输入信号 i_i 在输入端并联后共同接反相端（同相端接地），以电流的形式作比较，故为并联反馈。

因此，图 4-8(a) 是引入并联电流负反馈的电路，图 4-8(b) 是其方框图。

总之，从上述四个放大电路可以看出：

(1) 反馈电路直接从输出端引出的，是电压反馈；从负载电阻 R_L 的靠近"地"端引出的，是电流反馈；

(2) 输入信号和反馈信号分别加在两个输入端（同相和反相）上的，是串联反馈；加在同一个输入端上的（另一输入端一般接地），是并联反馈；

(3) 反馈信号使净输入信号减小的，是负反馈。

(4) 在明确串联/并联反馈后，正反馈和负反馈可用下列规则来判断：对于并联反馈，x_i 与 x_f 瞬时极性相同的为正反馈，瞬时极性相反的是负反馈；对于串联反馈，x_i 与 x_f 瞬时极性相同的为负反馈，瞬时极性相反的是正反馈。

【例 4-1】 试判别图 4-9(a) 和(b) 两个电路各有何种类型的反馈存在。

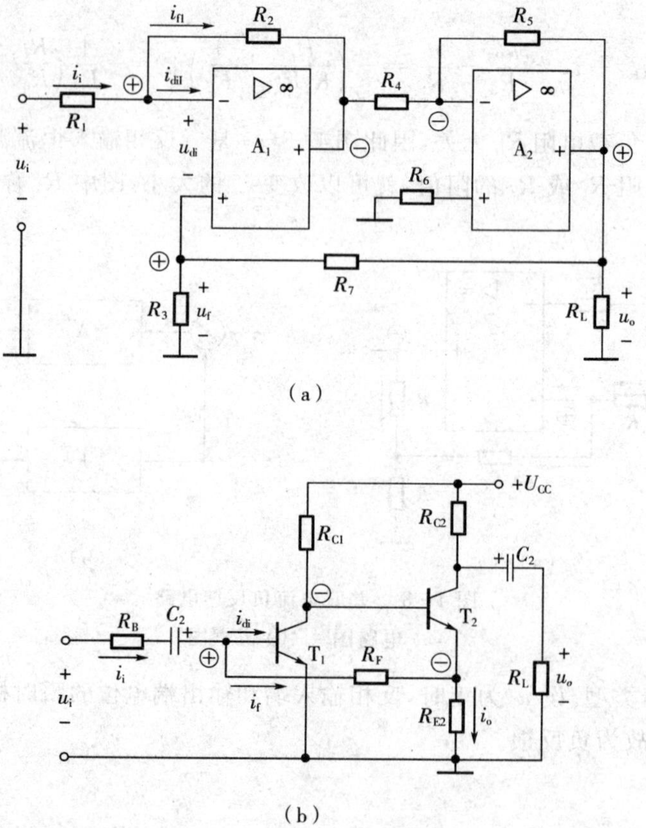

图 4-9　例 4-1 电路图

【解】 (1) 在图 4-9(a) 中，从运算放大器 A_2 输出端引至 A_1 同相输入端的反馈网络由

R_3、R_7 构成，具有如下特征：

a. 反馈电路从 A_2 的输出端引出，故为电压反馈；

b. 反馈电压 u_f 和输入电压 u_i 分别加在 A_1 的同相和反相两个输入端，故为串联反馈；

c. 设 u_i 为正，则 u_{o1} 为负，u_o 为正。反馈电压 u_f 使净输入电压：

$$u_{di} = u_i - u_f$$

减小，故为负反馈。因此，是串联电压负反馈电路。

R_7、R_3 是从整个电路的输出端反馈到输入端，这种反馈称为整体反馈，俗称"大闭环"；除此之外，运放 A_1、A_2 都另有各自的反馈。例如，R_2 对 A_1 构成并联电压负反馈，这种反馈只对电路的局部（A_1 部分）产生影响，称为局部反馈。一般情况下，只考虑电路的整体反馈。

(2) 在图 4－9(b) 中，反馈网络由 R_F、R_{E2} 构成，从非输出端（因为输出端是 T_2 集电极）反馈回到输入端（基极），电路具有如下特征：

a. 反馈网络未直接接输出端，故为电流反馈；

b. 反馈电流 i_f 和输入电流 i_i 同加在基极，而三极管的另一输入端发射极接地，故为并联反馈；

c. 设 u_i 为正，则 u_{e2} 为负，反馈电流 i_f 的实际方向如图中所示，它使净输入电流

$$i_{di} = i_i - i_f$$

减小，故为负反馈。因此，电路为并联电流负反馈。

【例 4－2】　在图 4－10 所示的两级放大电路中，(1) 哪些是直流负反馈？(2) 哪些是交流负反馈？并说明其类型；(3) 如果 R_f 不接在 T_2 的集电极，而是接在 C_2 与 R_L 之间，两者有何不同？(4) 如果 R_f 的另一端不是接在 T_1 的发射极，而是接在 T_1 的基极，有何不同，是否会变为正反馈？

【解】　(1) 在图 4－10 中，R_{e1} 上有两种直流负反馈：一是由本级电流 I_{e1} 产生的（局部反馈）；二是由后级集电极直流电压 U_{C2} 经 R_f 和 R_{e1} 分压（即 u_f）而产生的（整体反馈）。此外，R_{e2} 上有本级电流 I_{e2} 产生的直流负反馈；因 R_{e2} 被 C_3 旁路，故 R_{e2} 无交流负反馈。

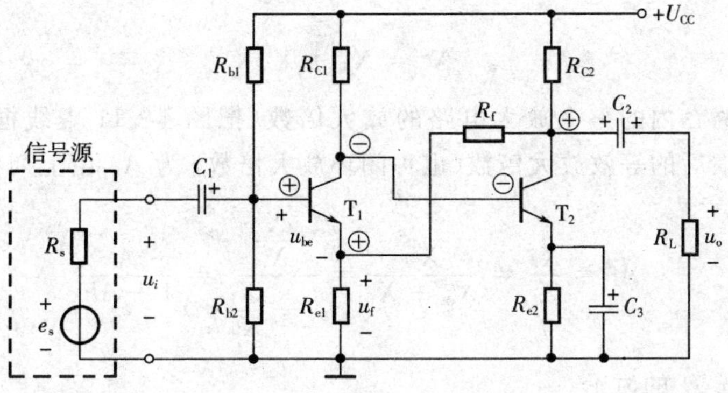

图 4－10　例 4－2 电路图

(2)R_{e1} 上有两种交流负反馈：一是由本级交流分量 i_{e1} 产生的串联电流负反馈；二是由

后级集电极交流电压(即输出电压 u_o)经 R_f 和 R_{e1} 分压而产生的串联电压负反馈。关于第二种负反馈,今分析如下:

设在输入电压 u_i 的正半周,晶体管 T_1 和 T_2 各极交流电位的瞬时极性如图中所示,即

$$B_1(\oplus) \longrightarrow C_1(\ominus) \longrightarrow B_2(\ominus) \longrightarrow C_2(\oplus) \longrightarrow E_1(\oplus)$$

可见反馈提高了 T_1 发射极 E_1 的电位,使 u_{be1} 减小,故为负反馈。

反馈电压 $u_f = \dfrac{R_{e1}}{R_f + R_{e1}} u_o$,取自输出电压,故为电压反馈($R_f$ 直接接输出端);u_f 与 u_i 在输入端以电压的形式作比较 $u_{be1} = u_i - u_f$,故为串联反馈(u_f 与 u_i 接在不同的输入端)。

(3) 如果将 R_f 的一端改接在电容器 C_2 与负载电阻 R_L 之间,则因 u_o 中无直流分量,R_{e1} 上就不存在由 R_f、R_{e1} 反馈电路产生的整体直流负反馈。

(4) 如果将 R_f 的另一端改接在 T_1 的基极 B_1,则反馈提高了 B_1 的电位,使 U_{be1} 增大,就变成并联正反馈了。

4.2.2 负反馈放大电路的一般表达式

由图 4-11(即图 4-1(b))所示带有负反馈的放大电路方框图可知,基本放大电路的放大倍数,即未引入负反馈时的放大倍数(也称开环放大倍数)为

$$A = \frac{X_o}{X_{di}} \tag{4-1}$$

反馈信号与输出信号之比称为反馈系数 F,即

$$F = \frac{X_f}{X_o} \tag{4-2}$$

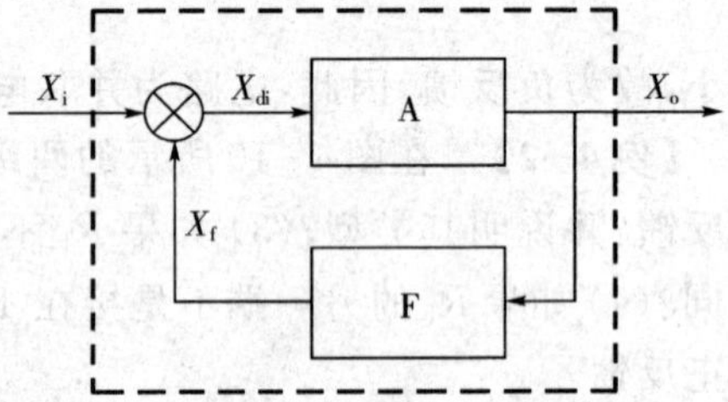

图 4-11 负反馈方框图

所以 $X_f = F \cdot X_o = F \cdot A \cdot X_{di} = AF \cdot X_{di}$,引入负反馈后的净输入信号为:

$$X_{di} = X_i - X_f \tag{4-3}$$

故

$$X_i = X_{di} + X_f \tag{4-4}$$

包括反馈电路在内的整个放大电路的放大倍数(把图 4-11 虚线框内部看成一个整体),即引入负反馈后的等效放大倍数(也称闭环放大倍数)为 A_f,由上列各式推导可得

$$A_f = \frac{X_o}{X_i} = \frac{X_o}{X_{di} + X_f} = \frac{\dfrac{X_o}{X_{di}}}{1 + \dfrac{X_f}{X_{di}}} = \frac{A}{1 + AF} \tag{4-5}$$

关于公式(4-5)的讨论

1. $AF > 0$ 时,电路存在负反馈,$|A_f| < |A|$,电路加入负反馈后增益降低。

2. $AF = 0$ 时,由于 $A \neq 0$,则 $F = 0$,电路中无反馈。

3. $AF < 0$ 时，电路中存在正反馈，$|A_f| > |A|$，电路整体增益提高；当 $AF = -1$ 时，$A_f \to \infty$，意味着电路在没有输入信号的情况下仍可能有输出存在，电路的这种状态称为自激振荡，这种情况将在 4.3.1 节讨论。

4. 在负反馈电路中，$(1+AF)$ 称为反馈深度，其值愈大，负反馈作用愈强，A_f 也就愈小。射极跟随器和同相比例运算跟随器的输出信号全部反馈到输入端，即 $u_f = u_o$，反馈系数 $F = 1$，反馈极深，故 $A_{uf} \approx 1$，电路无电压放大作用。

5. 当 $AF \gg 1$ 时，有

$$A_f = \frac{A}{1+AF} \approx \frac{1}{F} \tag{4-6}$$

这意味着计算深度负反馈放大电路的增益简化为计算该反馈电路的反馈系数 F。

值得注意的是，由于 x_i、x_f 和 x_o 在不同的负反馈类型中使用不同的信号类型（电压或电流），因此，A_f 的量纲及电压放大倍数 A_{uf} 的计算也与反馈类型有关，见表 4-1。

表 4-1　负反馈放大电路参数类型汇总表

反馈类型	x_i	x_o	x_f	F	A_f	电压放大倍数：$A_{uf} = \frac{u_o}{u_i}$
串联电压	u_i	u_o	u_f	$F = \frac{u_f}{u_o}$	$A_f = \frac{u_o}{u_i}$	$A_{uf} = \frac{u_o}{u_i} = A_f$
并联电压	i_i	u_o	i_f	$F = \frac{i_f}{u_o}$	$A_f = \frac{u_o}{i_i}$	$A_{uf} = \frac{u_o}{u_i} = \frac{u_o}{i_i \cdot R_s} = \frac{A_f}{R_s}$
串联电流	u_i	i_o	u_f	$F = \frac{u_f}{i_o}$	$A_f = \frac{i_o}{u_i}$	$A_{uf} = \frac{u_o}{u_i} = \frac{i_o \cdot R_L}{u_i} = A_f \cdot R_L$
并联电流	i_i	i_o	i_f	$F = \frac{i_f}{i_o}$	$A_f = \frac{i_o}{i_i}$	$A_{uf} = \frac{u_o}{u_i} = \frac{i_o \cdot R_L}{i_i \cdot R_S} = A_f \cdot \frac{R_L}{R_S}$

注：对于并联负反馈，输入端的信号源用电流源与内阻并联的形式（诺顿等效电路）表示，表 4-1 中的 R_S 就是输入端信号源诺顿等效电路的等效内阻，参考例 4-4。

【例 4-3】　由集成电路 LM1875 构成的音频功率放大电路如图 4-12 所示，分析电路中存在的各种反馈类型，并按深度负反馈估算电路的电压放大倍数 A_{uf}。

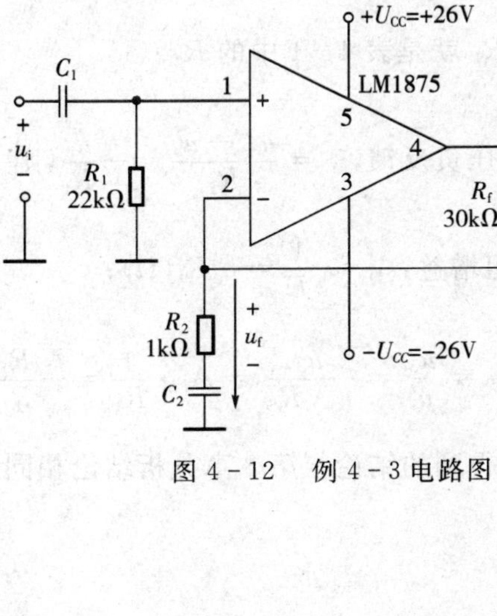

图 4-12　例 4-3 电路图

【解】 LM1875 是专用音频功率放大集成电路，性能与普通运放类似，开环增益 90dB，但具有高达 4A 的输出电流驱动能力，适用于 4 ～ 16Ω 负载阻抗，额定输出功率大于 30W。

电路中的反馈网络由 R_2、R_f、C_2 构成串联电压负反馈。反馈系数

$$F=\frac{u_f}{u_o}=\frac{R_2+\frac{1}{j\omega c_2}}{R_2+\frac{1}{j\omega c_2}+R_f}$$

静态时，由于电容器 C_2 相当于开路，$\frac{1}{j\omega c_2}\rightarrow\infty$，$F\rightarrow 1$，属于直流电压全反馈，对稳定静态工作点有利。

动态时，对于被放大信号 C_2 相当于短路，$F=\frac{R_2}{R_2+R_f}$，负反馈电路的电压放大倍数

$$A_{uf}=A_f\approx\frac{1}{F}=1+\frac{R_f}{R_2}=31(\text{倍})$$

【例 4 - 4】 用深度负反馈理论估算图 4 - 6(a) 反相比例放大电路的电压放大倍数 A_{uf}。

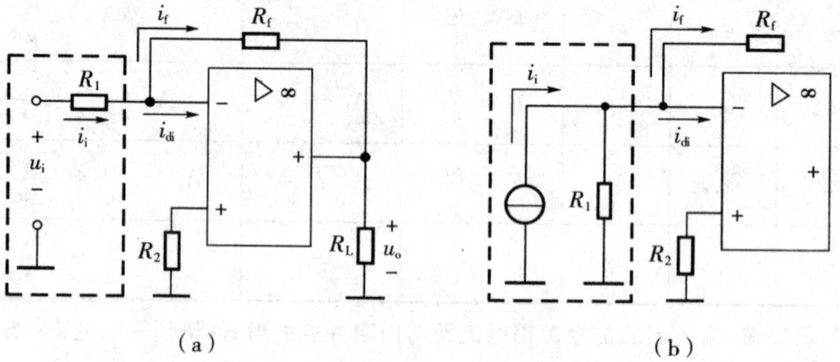

图 4 - 13　例 4 - 13 的图

(a) 电路图　(b) 输入等效电路

【解】 原图重画于图 4 - 13(a)。输入端信号源等效电路，见图 4 - 13(b)，虚线框中就是输入端的诺顿等效电路，$i_i=\frac{u_i}{R_1}$，R_1 就是表 4 - 1 中的 R_S。

按前面的分析，电路为并联电压负反馈，$i_f=\frac{u_--u_o}{R_f}=-\frac{u_o}{R_f}$，则 $F=\frac{i_f}{u_o}=-\frac{1}{R_f}$；

按深度负反馈估算电路的电阻增益：$A_f\approx\frac{1}{F}=-R_f(\Omega)$；

放大电路的电压放大倍数：$A_{uf}=\frac{u_o}{u_i}=\frac{u_o}{i_i\cdot R_S}=A_f\cdot\frac{1}{R_1}=-\frac{R_f}{R_1}$(倍)。

很明显，采用深度负反馈估算得到的结论与第 3 章分析结论相同。

4.2.3　负反馈对放大电路工作性能的影响

引入负反馈后，虽然放大倍数降低了，但在很多方面改善了放大电路的工作性能。

1. 提高放大倍数的稳定性

当外界条件变化时（例如环境温度变化、管子老化、元件参数变化、电源电压波动等），即使输入信号一定，仍将引起输出信号的变化，也就是引起放大倍数的变化。如果这种相对变化较小，则说明放大电路的稳定性较高。

对式(4-5)求导数，则得

$$\frac{dA_f}{dA}=\frac{(1+AF)-AF}{(1+AF)^2}=\frac{1}{(1+AF)^2}$$

或

$$dA_f=\frac{dA}{(1+AF)^2}$$

所以

$$\frac{dA_f}{A_f}=\frac{1}{1+AF}\cdot\frac{dA}{A} \tag{4-7}$$

式(4-7)中，$\frac{dA}{A}$是开环放大倍数的相对变化量，$\frac{dA_f}{A_f}$是闭环放大倍数的相对变化量，它只是前者的$\frac{1}{1+AF}$倍。可见，引入负反馈后，放大倍数降低了，而放大倍数的稳定性却提高了。

【例 4-5】　图 4-5(a)同相比例运算电路，$R_2=10k\Omega$，$R_f=300k\Omega$，开环电压放大倍数 $A_{uo}=10^4$。(1)求闭环电压放大倍数 A_{uf}；(2)如$\frac{dA}{A}=10\%$，求$\frac{dA_f}{A_f}$。

【解】　(1)

$$F=\frac{u_f}{u_o}=\frac{R_2}{R_2+R_f}=\frac{10}{10+300}\approx 0.03$$

$$A_{uf}=\frac{1}{1+AF}=\frac{10\,000}{1+10\,000\times 0.03}=33.2(倍)$$

(2)

$$\frac{dA_f}{A_f}=\frac{1}{1+AF}\cdot\frac{dA}{A}=\frac{1}{301}\times 10\%=0.033\%$$

负反馈深度愈深，放大电路愈稳定。如果 $AF\gg 1$，则根据式(4-6)得出：在深度负反馈的情况下，闭环放大倍数仅与反馈电路的参数有关。尽管基本放大电路中半导体器件的稳定性易受温度等因素的影响，但一般情况下，反馈网络都是由电阻、电容等无源元件组成，它们基本上不受外界因素变化的影响，所以，负反馈放大电路的工作可以做到非常稳定。

2. 减小非线性失真

前面说过，由于工作点选择不合适或者输入信号过大，都将引起放大电路输出波形的失真，如图4-14(a)所示，基本放大电路正半周放大倍数高，输出波形明显大一些。但引入负反馈之后，可将输出端的失真信号反送到输入端，使净输入信号发生某种程度的预失真，经过放大之后，即可使输出信号的失真得到一定程度的补偿。从本质上说，负反馈是利用失真了的波形来改善波形的失真，因此，只能减小失真，不能完全消除失真，见图4-14(b)。

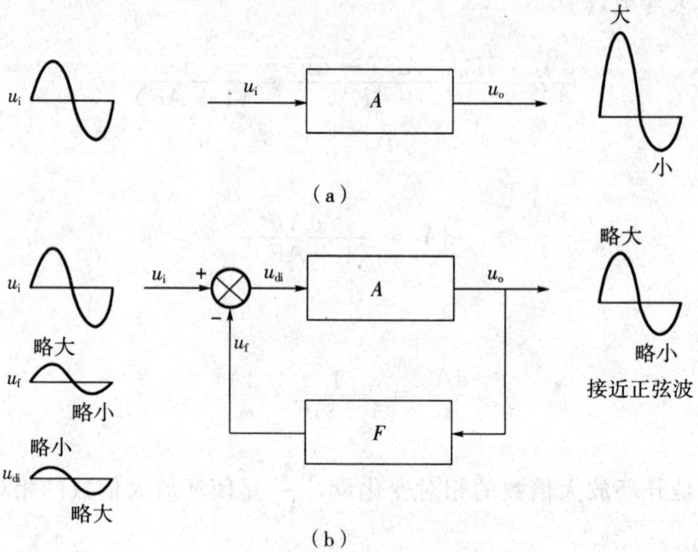

图4-14　利用负反馈改善波形失真

由于反馈电路通常由电阻、电容等线性元件组成，故 u_f 和 u_o 是一样的失真波形。

另外，如图所示的失真可以看作是放大电路对于不同的输入电压幅度具有不同的放大倍数，即放大倍数不稳定，从负反馈能使电路的放大倍数更稳定这一特点也不难理解其减小失真的原因。

3. 展宽通频带

集成运算放大器电路都采用直接耦合，无耦合电容，故其低频特性良好；引入负反馈后，在高频段通频带又能得到展宽，如图4-15所示。为什么负反馈能展宽通频带，可以这样来理解：在中频段开环放大倍数 $|A|$ 较高，反馈信号也较高，因而使闭环放大倍数 $|A_f|$ 降低得较多；而在高频段，$|A|$ 较低，反馈信号也较低，因而使 $|A_f|$ 降低得较少；这样，就将放大电路的通频带展宽了。

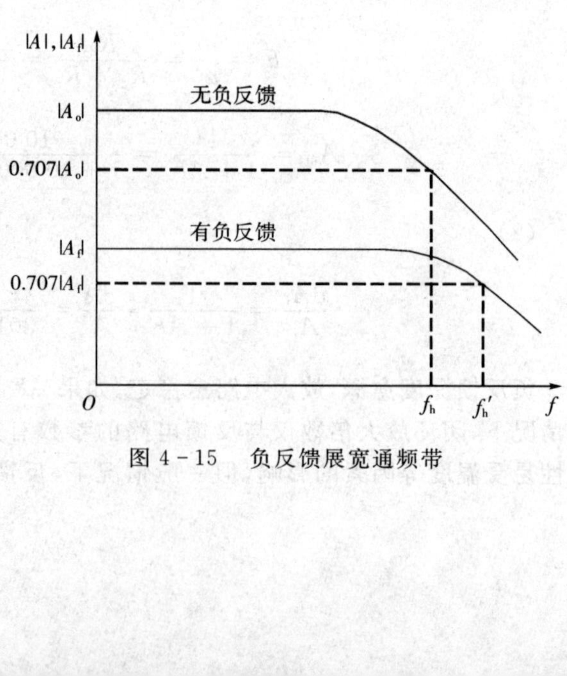

图4-15　负反馈展宽通频带

4. 对放大电路输入电阻的影响

放大电路中引入负反馈后能使负反馈电路的等效输入电阻 r_{if} 增高还是降低，与电路是串联负反馈还是并联负反馈有关。

在图 4－5 和图 4－7 的串联负反馈运算放大电路中，由于 u_f 与 u_i 反相串联，使输入信号电压的一部分被反馈电压抵消，所以信号源 u_i 供给的输入电流 i_i 减小了，这意味着负反馈放大电路的等效输入电阻 r_{if} 增高了。而在图 4－6 和图 4－8 的并联负反馈运算放大电路中，信号源除供给 i_{di} 外，还要增加一个分量 i_f，因此 i_i 增大了，这意味着电路的等效输入电阻 r_{if} 降低了。

5. 对放大电路输出电阻的影响

放大电路中引入负反馈后能使电路的等效输出电阻 r_{of} 减低还是增高，与电压负反馈还是电流负反馈有关。

电压负反馈的放大电路具有稳定输出电压 u_o 的作用，即有恒压输出的特性。如以图 4－5 的电压负反馈运算放大电路为例：当输入电压 u_i 为一定值，如果输出电压 u_o 由于负载电阻 R_L 的减小而减小时，则反馈电压 u_f 也随之减小，其结果使净输入电压 u_{di} 增大，于是输出电压就回升到接近原值。上述过程可表示如下：

$$R_L \downarrow \longrightarrow i_o \uparrow \longrightarrow u_o \downarrow \longrightarrow u_f \downarrow \longrightarrow u_{di} \uparrow \longrightarrow u_o \uparrow$$

具有恒压输出特性的放大电路的输出电阻很低。因此，电压负反馈电路能起到稳定输出电压、降低输出电阻、增强负载能力的作用。

电流负反馈的放大电路具有稳定输出电流 i_o 的作用，即有恒流源特性。毫无疑问，输出电阻越大，恒流特性越好，因此，电流负反馈增大了放大电路的输出电阻。

如以图 4－7 的电流反馈电路为例。当输入电压 u_i 为一定值，如果输出电流 i_o 由于温度升高而增大时，则反馈电压 u_f 也随之增大，其结果使净输入电压 u_{di} 减小，于是输出电流就回落到接近原值。上述过程可表示如下：

$$\text{温度} \uparrow \longrightarrow i_o \uparrow \longrightarrow u_f \uparrow \longrightarrow u_{di} \downarrow \longrightarrow i_o \downarrow$$

放大电路中引入负反馈后，输入电阻和输出电阻将发生变化。根据反馈类型的不同，对它们的影响也不同。上述四种负反馈类型对输入电阻 r_i 和输出电阻 r_o 的影响见表 4－2。

表 4－2　四种负反馈类型对 r_i、r_o 的影响

	串联电压	串联电流	并联电压	并联电流
r_i	增大	增大	减小	减小
r_o	减小	增大	减小	增大

4.3 振荡电路中的正反馈

4.3.1 自激振荡

在放大电路中，输入端接有信号源后，输出端才有信号输出。在振荡电路中，它的输入端不外接信号，而输出端仍有一定频率和幅度的信号输出，这种现象就是电子电路的自激振荡。在 4.2.2 节曾经提到负反馈放大电路产生自激振荡的条件：$AF=-1$。

将负反馈电路框图——图 4-1(b) 中的负反馈改为正反馈(比较环节中负号改为正号)，将输入端对地短路，就变成图 4-16。图中 A 是基本放大电路，F 是反馈电路；输入信号 u_i 被取消，所以，$u_{di}=u_i+u_f=u_f$。但是，不管是振荡电路还是放大电路，它们的输出信号总是由输入信号引起的。那么，振荡电路既然不外接信号源，它的输出信号从何而来？而且还能得出特定频率的正弦输出信号。下面我们就来讨论这个问题。

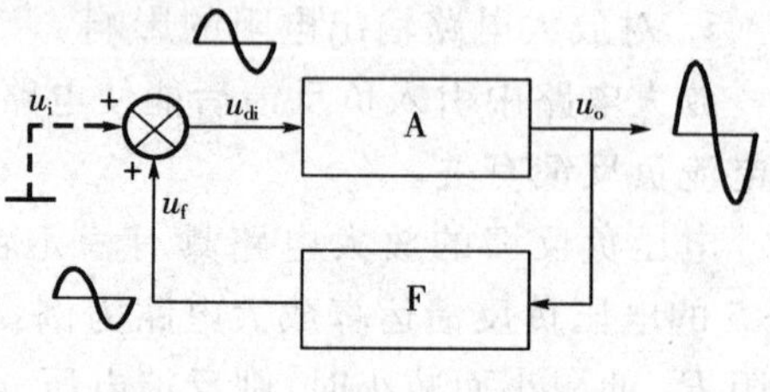

图 4-16 正弦波振荡电路的框图

当将振荡电路与电源接通时，在电路中激起一个微小的扰动信号(或其他干扰信号)，这就是原始启动信号。它是个非正弦信号，含有一系列频率不同的正弦分量。为了让它发展增长，振荡电路中必须有放大和正反馈环节；为了得到单一频率的正弦输出信号，电路中必须有选频环节；为了不让它无限增长而逐渐趋于稳定，电路中还必须有稳幅环节。因此，放大、正反馈、选频和稳幅这四个部分是正弦波振荡电路所必须具备的。首先讨论前两个环节，后两个待结合具体电路时再分析。

在图 4-16 中，放大电路的电压放大倍数为

$$A=\frac{u_o}{u_{di}}$$

反馈电路的反馈系数为

$$F=\frac{u_f}{u_o}$$

当 $A\cdot F=\frac{u_f}{u_I}=1$ 时，有 $u_f=u_{di}$，即原始启动信号经放大电路和反馈电路一个循环后，反馈回来的信号与原启动信号相同，这样就可以替代原始启动(扰动或干扰)信号而使电路中的信号维持下去。因此，振荡电路维持振荡的条件是：

(1) 反馈电压 u_f 与输入端电压 u_i 要同相，也就是必须是正反馈；

(2) 要有足够的反馈量，使 $u_f=F\cdot u_o=A\cdot Fu_{di}=u_{di}$，即 $A\cdot F=1$，反馈回来的电压大小正好等于原输入电压。

电路中微小的起始扰动信号经选频后，通过正反馈电路反馈到输入端，在满足上述两个条

件的情况下，就可以维持特定频率的等幅振荡。但是，这种依靠偶然的扰动或随机干扰信号启动的方式由于启动信号幅度的随机性无法使电路稳定工作。为了使电路工作稳定、可靠，必须在没有振荡或振荡幅度很小的情况下让 $A \cdot F > 1$，信号在电路中经放大、反馈环节循环一周后，反馈回来的电压就大于其(原始) 输入电压，输出电压就会越来越大。这样，经过反馈 → 放大 → 再反馈 → 再放大的多次循环过程，电路呈现增幅振荡。当振荡幅度达到一定值时，利用非线性元件的非线性，使 AF 减小到 1，输出电压的幅度也就自动稳定下来了。

4.3.2　正弦波振荡电路

正弦波振荡电路是用来产生一定频率和幅度的交流正弦信号的。它的频率范围很广，可以从一赫以下到几百兆赫以上；输出的功率可以从几毫瓦到几十千瓦；输出的交流电能是从电源的直流电能转换而来的。

常用的正弦波振荡电路有 LC 振荡电路和 RC 振荡电路两种，后者输出功率小，频率较低；而前者可以输出较大功率，频率也较高。工业上的高频感应炉、超声波发生器、正弦波信号发生器、无线电发射设备、半导体接近开关等，都是振荡电路的应用。

1. RC 正弦波振荡电路

文氏电桥 RC 振荡电路如图 4－17(a) 所示。其中，放大电路部分是由运算放大器、R_1、R_{f1}、R_{f2}、D_1、D_2 构成的同相比例运算电路(虚线框内部)。RC 串并联反馈电路既是正反馈电路 F，又是选频电路，如图 4－17(b) 所示。输出电压 u_o 经 RC 串并联电路分压后在 RC 并联电路上得出反馈电压 u_f，加在运算放大器的同相输入端，作为它的输入电压 u_i。

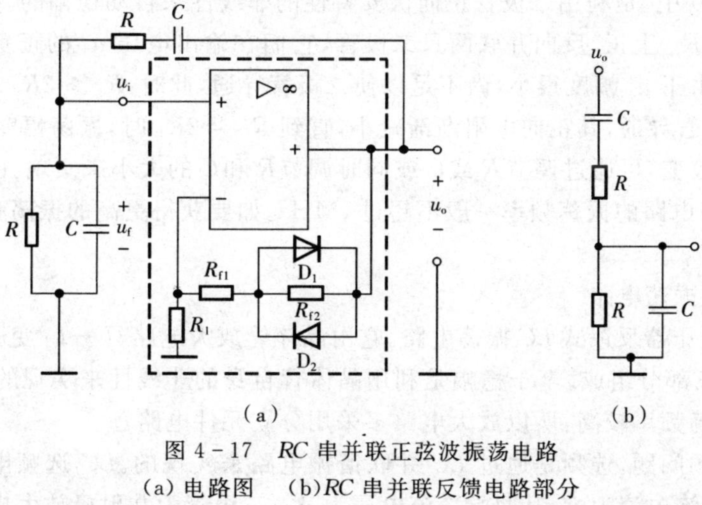

图 4－17　RC 串并联正弦波振荡电路
(a) 电路图　(b)RC 串并联反馈电路部分

A 是同相放大器，根据振荡条件，反馈电路必须也是同相传输网络才能形成正反馈。RC 串并联电路的反馈系数

$$F = \frac{u_f}{u_o} = \frac{\dfrac{-jRX_C}{R - jX_C}}{R - jX_C + \dfrac{-jRX_C}{R - jX_C}} = \frac{1}{3 + j(\dfrac{R^2 - X_C^2}{RX_C})} \qquad (4-8)$$

欲使 u_f 与 u_o 同相，则上式分母的虚部必须为零，即

$$R^2 - X_C^2 = 0$$

$$R = X_C = \frac{1}{2\pi fC}$$

$$f = f_o = \frac{1}{2\pi RC} \tag{4-9}$$

这时 $F = \frac{u_f}{u_o} = \frac{1}{3}$，而同相比例运算电路的电压放大倍数则为

$$A = \frac{u_o}{u_i} = 1 + \frac{R_f}{R_1} \tag{4-10}$$

可见，当 $R_f = 2R_1$ 时，$A = 3$，$A \cdot F = 1$。

只有在特定频率 $f_o = \frac{1}{2\pi RC}$ 时，u_o 和 u_f（$u_i = u_f$）同相，其他频率 u_o 和 u_f 都不满足完全同相的条件，也就是说，RC 串并联电路具有正反馈和选频两个作用。u_o 和 u_i 都是频率符合式(4-9) 的正弦波电压。

在起振时，应使 $A \cdot F > 1$，即 $A > 3$。随着振荡幅度的增大，A 能自动减小，直到满足 $A = 3$ 或 $A \cdot F = 1$ 时，振荡振幅达到稳定，以后并能自动稳幅。

从 $A \cdot F > 1$ 到 $A \cdot F = 1$，这是自激振荡的建立过程。

在图 4-17(a) 中，是利用二极管正向伏安特性的非线性来自动稳幅的。图中 R_f 分为 R_{f1} 和 R_{f2} 两部分。在 R_{f2} 上正、反向并联两只二极管，它们在输出电压 u_o 的正负半周内分别导通。在起振之初，由于 u_o 幅度很小，尚不足以使二极管导通，此时：$R_f > 2R_1$。而后，随着振荡幅度的增大，二极管导通，其正向电阻渐渐减小，直到 $R_f = 2R_1$ 时，振荡幅度稳定下来。

振荡频率的改变，可通过调节 R 或 C 或同时调节 R 和 C 的大小来实现。由集成运算放大器构成的 RC 振荡电路的振荡频率一般不超过 1MHz。如要获得更高的振荡频率，可采用 LC 振荡电路。

2. LC 正弦波振荡电路

图 4-18 是变压器反馈式 LC 振荡电路。它由晶体管放大电路、L—L_f 变压器正反馈电路和 LC 选频电路三部分组成。至于稳幅是利用晶体管自身的非线性来实现的。由于 LC 正弦波振荡电路的振荡频率较高，所以放大电路多采用分立元件电路。

首先讨论选频问题。选频是通过 LC 并联谐振电路来实现的。LC 选频电路接在集电极电路中，通过的交流电流为 i_c，其两端交流电压为 u_{ce}；三极管为共射极放大电路，LC 并联谐振电路的等效阻抗就是三极管集电极电阻 R_C。当发生并联谐振时，谐振频率

$$f_o \approx \frac{1}{2\pi\sqrt{LC}} \tag{4-11}$$

当将振荡电路与电源接通时，在扰动信号中只有频率为 f_o 的正弦分量才发生并联谐振。在并联谐振时，LC 并联电路的等效阻抗最大，并且是纯电阻性的。因此，对于这个频率来

说，电压放大倍数最高，当满足自激振荡的条件时，就产生自激振荡。对于其他频率分量，不能发生并联谐振，这就达到了选频的目的。在输出端得到的只是频率为 f_o 的正弦信号。当改变 LC 电路的参数 L 或 C 时，输出信号的振荡频率也就随着改变。

其次讨论振荡的建立和稳定问题。第一，要有正反馈，这可用电路中各点交流电位的瞬时极性来判别。在图 4－18 中，设某瞬时基极电位为正，则有

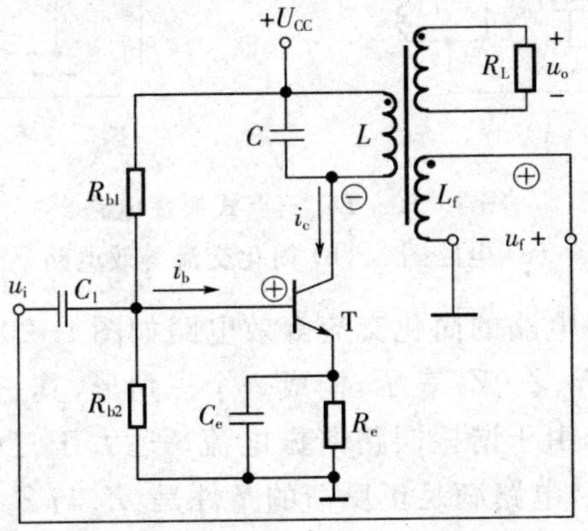

图 4－18　变压器反馈式 LC 振荡电路

$$B(\oplus) \longrightarrow C(\ominus) \longrightarrow L_f \text{ 上端}(\oplus) \longrightarrow B(\oplus)$$

反馈提高了基极电位，使 u_{be} 增大，故为正反馈。第二，在 $A \cdot F > 1$ 的情况下产生自激振荡，输出电压 u_o 的幅值将不断增大，当增大到一定程度时，晶体管就进入非线性（饱和或截止）区工作，它的电流放大系数 β 将逐渐减小，电路的电压放大倍数 A 也随着降低，最后达到 $A \cdot F = 1$ 时，振荡电路便稳定在某一振荡幅度下，即使由于任何因素（例如温度或电源电压的变化）使振荡幅度变化时，也能自动稳幅。从 $A \cdot F > 1$ 到 $A \cdot F = 1$，这是自激振荡的建立过程。

RC 振荡电路都工作在运算放大器的线性区，而 LC 振荡器一般工作在晶体管的非线件区。虽然集电极电流 i_c 的波形可能严重失真，但是，由于 LC 并联谐振电路具有良好的选频特性，可以有效滤除其高次谐波，因此，输出电压 u_o 的波形一般失真不大，基本上还是正弦波。

最后要指出：在负反馈放大电路中，由于晶体管内部的极间电容和其他寄生参数的影响，也会产生自激振荡（寄生正反馈）。这并非好事，它将使放大电路不能正常工作。为此，通常是外接 RC 消振电路或消振电容来破坏产生自激振荡的条件。

3. LC 三点式振荡器*

所谓 LC 三点式振荡电路，是指由两个电感和一个电容（电感三点式）或者两个电容和一个电感（电容三点式）构成选频反馈回路的 LC 振荡电路。

图 4－19(a) 是电感三点式 LC 振荡电路，L_1 和 L_2 是具有互感的两个线圈。设某瞬间基极信号极性为正，则集电极为负，电感电压的极性如图 4－19(b) 所示，反馈回来的信号 u_f 的极性对地为正，因此是正反馈；只要电感 L_1、L_2 的比例合适，就可以产生正弦波振荡。实际

上，即使两个电感没有互感也同样满足正弦波振荡的相位条件（正反馈）。

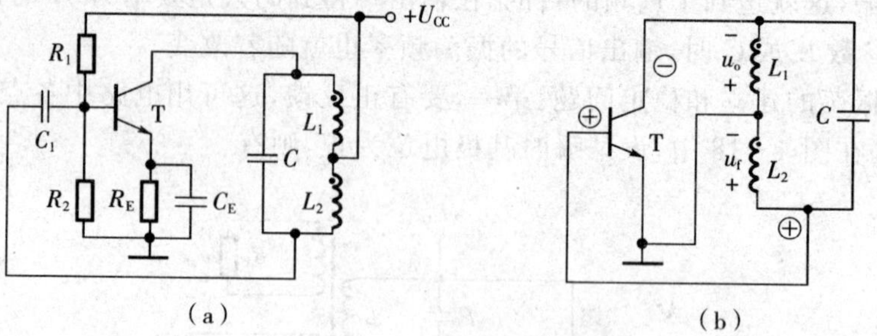

图 4-19　*LC* 三点式振荡电路

(a) 电路图　(b) 简化交流等效电路

一般的，*LC* 三点式振荡电路的简化交流等效电路如图 4-20 所示，图中组成选频谐振回路的三个电抗元件分别用 Z_1、Z_2、Z_3 表示，构成一个三角形，其三个顶点 A、B、C 分别接三极管的三个电极。电路谐振时，由于谐振回路谐振电流 i 远大于三极管各个引脚的电流，可以近似认为 $i_{Z1} \approx i_{Z2} \approx i$。因此，电路满足正反馈的条件是：$Z_1$ 与 Z_2 为同一类型的电抗元件（同为电容或电感，注意图 4-20 中 u_f 与 u_o 的极性），而 Z_3 为另一类型的电抗元件。简单说：在 *LC* 三点式振荡电路中，只要三极管发射极接同类元件节点，基极和集电极分别接异类元件节点就符合正反馈的相位条件。

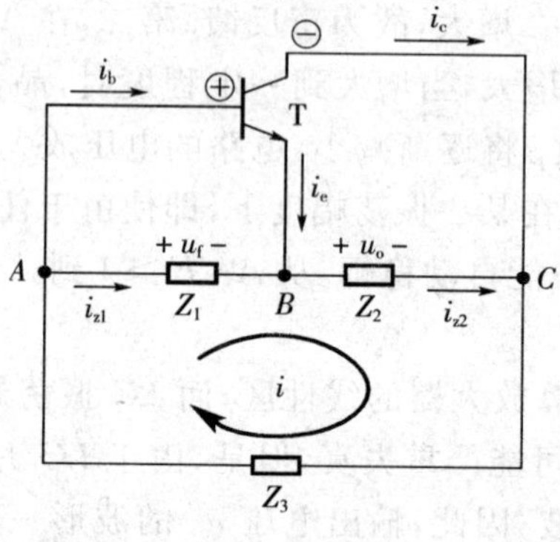

图 4-20　三点式振荡器一般等效电路

【例 4-6】　设图 4-19(a) 电路中，$L_1 = 20\mu\text{H}$、$L_2 = 12\mu\text{H}$、$M = 10\mu\text{H}$、$C = 330\text{pF}$，计算电路的振荡频率 f_o。

【解】　*LC* 振荡电路的振荡频率为

$$f_o \approx \frac{1}{2\pi\sqrt{L \cdot C}} = \frac{1}{2\pi\sqrt{(L_1 + L_2 + 2M) \cdot C}} \approx 1.2\text{MHz}$$

习　题

4-1　在图 4-21 所示的各电路中是否引入了反馈，是直流反馈还是交流反馈，是正反馈还是负反馈？

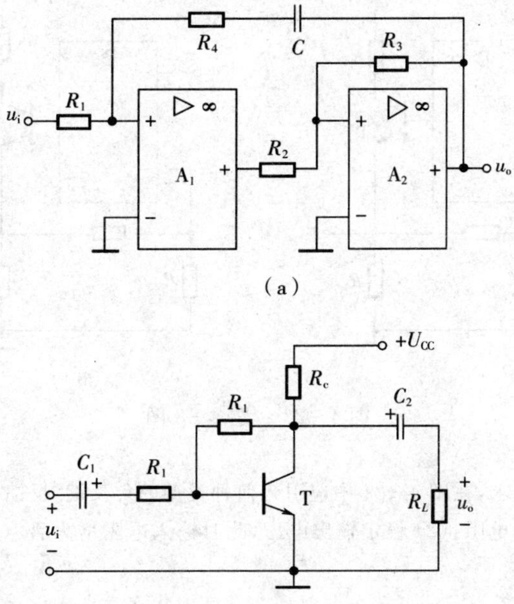

(b)

图 4-21　题 4-1 图

4-2　判断图 4-22 各电路的反馈类型并指出电路中的反馈元件。

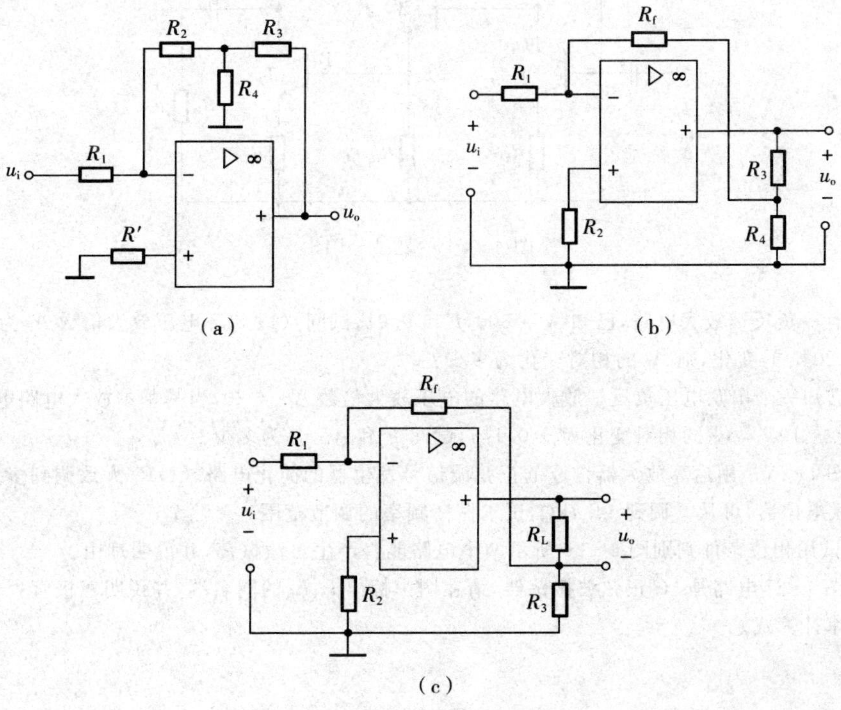

(c)

图 4-22　题 4-2 图

4－3　试判别图 4－23(a) 和(b) 两个放大电路中引入了何种类型的交流反馈。

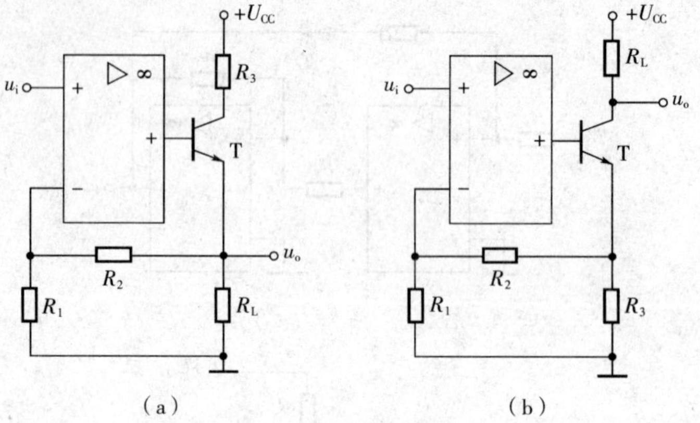

图 4－23　题 4－3 图

4－4　为了实现下述要求，在图 4－24 中应引入何种类型的负反馈？反馈电阻 R_F 应从何处引至何处？(1) 减小输入电阻，增大输出电阻；(2) 稳定输出电压，此时输入电阻增大否？(3) 稳定输出电流，并减小输入电阻。

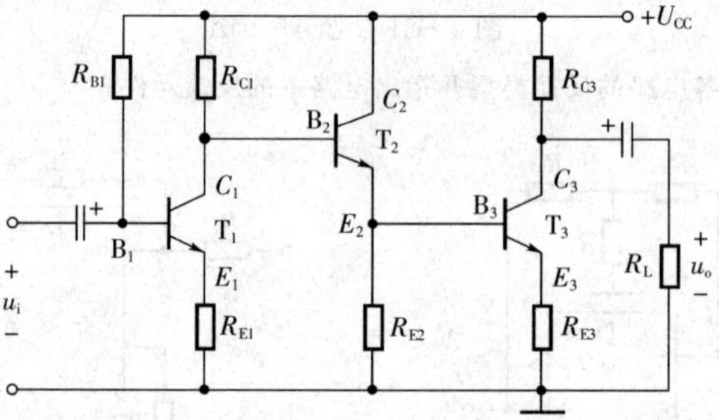

图 4－24　题 4－4 图

4－5　有一负反馈放大电路，已知 $A=300$，$F=0.01$。试问：(1) 闭环电压放大倍数 A_f 为多少？(2) 如果 A 发生 $\pm 20\%$ 的变化，则 A_f 的相对变化为多少？

4－6　已知一个串联电压负反馈放大电路的电压放大倍数 $A_{uf}=20$，当其基本放大电路电压放大倍数 A_{uo} 相对变化 $\pm 10\%$，A_{uf} 的相对变化为 $\pm 0.1\%$，试问 F 和 A_{uo} 各为多少？

4－7　图 4－25 是用运算放大器构成的正弦波信号发生器的简化电路。(1) R_1 大致调到多大才能起振？(2) R_p 为双联电位器，可从 0 调到 14.4kΩ，试求振荡频率的调节范围。

4－8　试用相位条件判别图 4－26 所示两个电路能否产生自激振荡，并说明理由。

4－9　图 4－27 电路是 LC 正弦波振荡器，请在图中标出 L、L_f 的同名端，并说明三极管处于何种组态，写出振荡频率计算式。

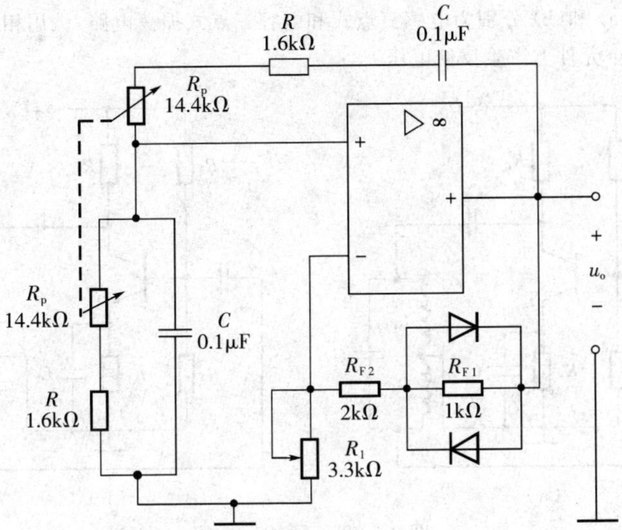

图 4－25　题 4－7 图

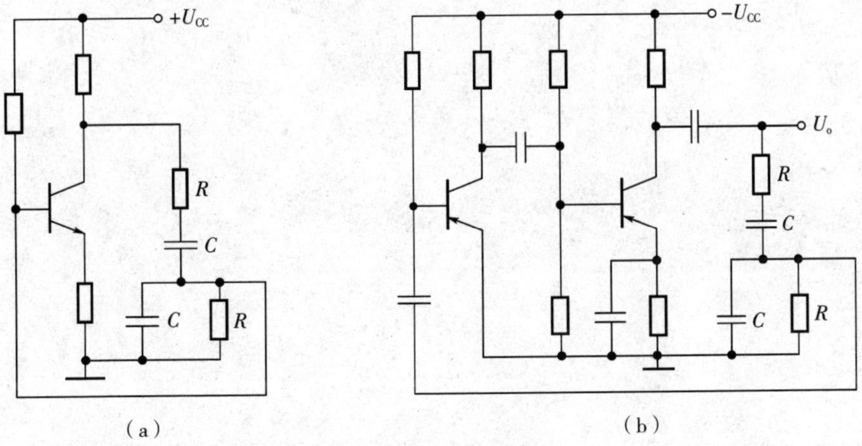

图 4－26　题 4－8 图

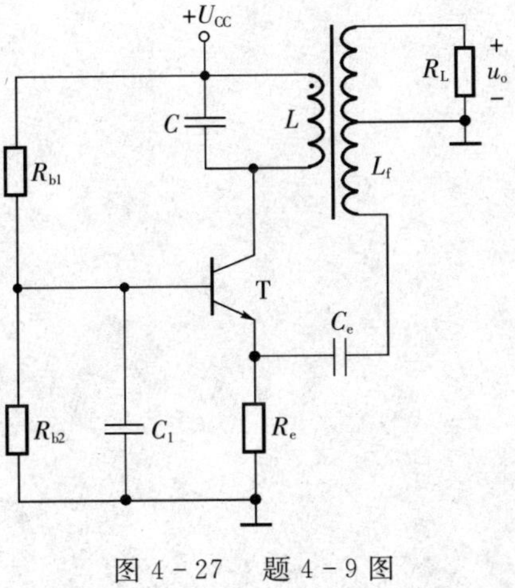

图 4－27　题 4－9 图

4－10　图 4－28(a) 和(b) 分别为电感三点式和电容三点式振荡电路，试用相位条件判别它们能否产生自激振荡，并说明哪个元件上产生反馈电压。

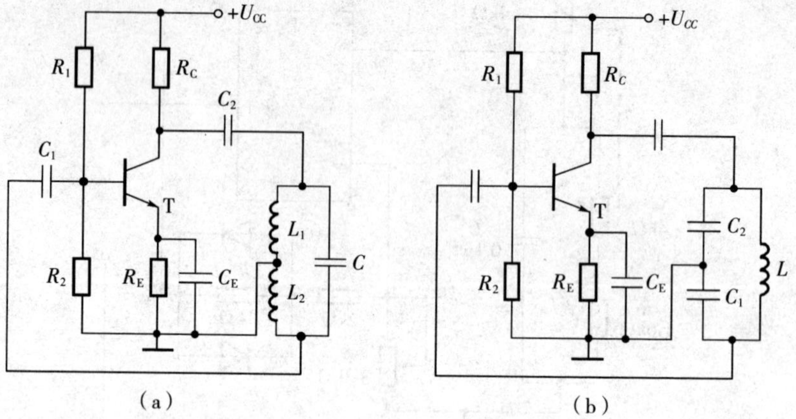

图 4－28　题 4－10 图

第 5 章　直流稳压电源

在工农业生产和科学实验中，主要采用交流电，但是在某些场合，例如电解、电镀、蓄电池的充电、直流电动机等，都需要用直流电源供电。此外，在电子线路和自动控制装置中还需要用电压非常稳定的直流电源。为了得到直流电，除了用直流发电机和干电池供电外，目前广泛采用各种半导体直流电源（简称静止变流器）。

图 5-1 是小功率半导体直流电源的原理方框图，它表示把交流电能变换为直流电能的主要过程。图中各环节的功能说明如下：

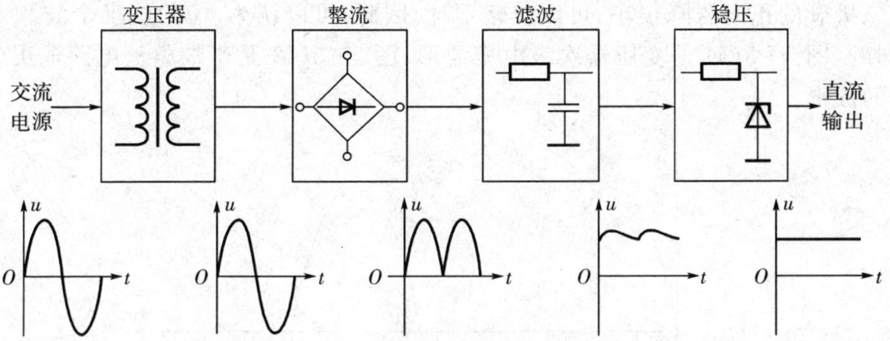

图 5-1　半导体直流电源结构框图

1. 整流变压器：将交流电源电压变换为符合整流需要的电压，同时还可以起到与电网隔离的作用。

2. 整流电路：将交流电压变换为单向脉动电压。其中的整流元件（晶体二极管、电子二极管或晶闸管）之所以能整流，是因为它们都具有单向导电的共同特性。

3. 滤波器：减小整流输出电压的脉动程度，以适合负载的需要。整流电路输出的单向脉动电压中包含有交流成分和直流成分，滤波器就是将交流成分滤除，保留直流成分。

4. 稳压环节：在交流电源电压波动或负载变动时，使直流输出电压稳定。在对直流电压稳定程度要求较低的电路中，稳压环节也可以不要。

下面将分别介绍半导体直流电源的各部分电路。

5.1　整流电路

整流电路的任务是将交流电变成直流电。完成这一任务主要是靠二极管的单向导电作用，因此二极管是构成整流电路的关键元件。常见的整流电路小功率一般采用单相半波、全波或桥式整流电路；大功率一般采用三相半波或桥式整流电路。

5.1.1　单相半波整流电路

图 5-2 是单相半波整流电路。它是最简单的整流电路，由整流变压器 Tr、整流二极管 D

及负载 R_L 组成。在分析中，设二极管的正向压降可忽略不计。

由于二极管 D 具有单向导电性，只有当它的阳极电位高于阴极电位时才能导通。在变压器二次侧电压 u_i 的正半周时，其极性为上正下负（见图 5-2），即 a 点的电位高于 b 点，二极管因承受正向电压而导通。这时负载电阻 R_L 上的电压为 $u_o(\approx u_i)$，通过的电流为 i_o。在电压 u_i 的负半周时，a 点的电位低于 b 点，二极管因承受反向电压而截止，负载电阻 R_L 上没有电压。因此，在负载电阻 R_L 上得到的是半波整流电压 u_o（在一个正弦周期内只有半个正弦波）。在导通时，二极管的正向压降很小，可以忽略不计。因此，可以认为 u_o 的这半个波和 u_i 的正半波是相同的。图 5-3(a) 是变压器次级电压波形，图 5-3(b) 是半波整流电路输出（负载）电压、电流的波形。

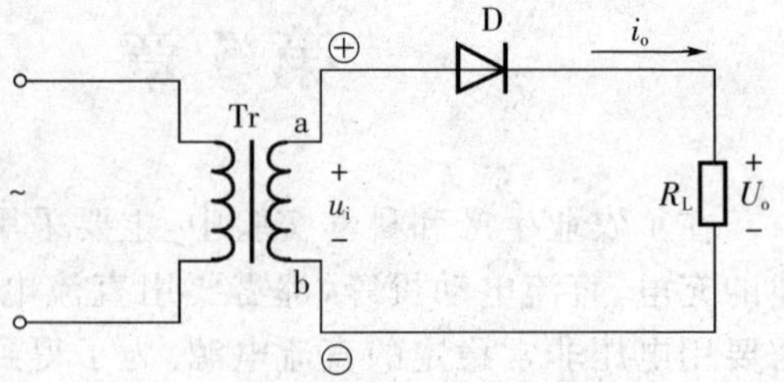

图 5-2　单相半波整流电路

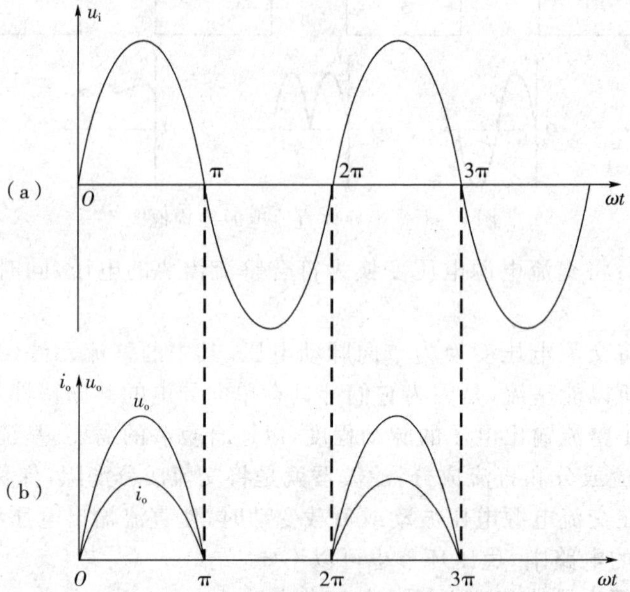

图 5-3　半波整流电路输入输出波形

(a) 输入电压波形　(b) 输出电压 / 电流波形

负载上得到的整流电压虽然是单方向的（极性一定），但其大小是变化的。这种所谓的单向脉动电压，常用一个周期的平均值（直流分量）来说明它的大小。单相半波整流输出电压的平均值为

$$U_o = \frac{1}{2\pi}\int_0^{\pi}\sqrt{2}U\sin\omega t\,d(\omega t) = \frac{\sqrt{2}}{\pi}U = 0.45U \qquad (5-1)$$

式(5-1) 表示单相半波整流输出电压直流平均值与输入交流电压有效值 U 之间的关系。由此得出整流电流的平均值

$$I_o = \frac{U_o}{R_L} = 0.45\frac{U}{R_L} \tag{5-2}$$

除根据负载所需要的直流电压（即整流电压 U_o）和直流电流（即 I_o）选择整流元件外，还要考虑整流元件截止时所承受的最高反向电压 U_{RM}。显然，在单相半波整流电路中，二极管不导通时承受的最高反向电压就是变压器二次侧交流电压 u_i 的最大值 U_m，即

$$U_{RM} = U_m = \sqrt{2} \cdot U \tag{5-3}$$

这样，根据 U_o，I_o 和 U_{RM} 就可以选择合适的整流元件。

【例 5-1】 有一单相半波整流电路，如图 5-2 所示。已知负载电阻 $R_L = 20\Omega$，变压器二次侧电压有效值 $U = 20V$，试求 U_o，I_o 及 U_{RM}，并选用二极管。

【解】

$$U_o = 0.45U = 0.45 \times 20V = 9V$$

$$I_o = \frac{U_o}{R_L} = \frac{9}{20} = 0.45A$$

$$U_{RM} = \sqrt{2}U = \sqrt{2} \times 20V = 28.2V$$

查附录半导体器件参数表，二极管选用 2CZ55B(1A，50V)。为了使用安全，二极管的反向工作峰值电压和正向平均电流（标称值）都应该比实际的计算值大一些（一般富余量 40%～100%），以保证电路长期工作的可靠性。

5.1.2　单相桥式整流电路

单相半波整流的缺点是只利用了电源的半个周期，同时整流电压的脉动较大；另外变压器绕组中存在直流电流成分可能造成变压器铁芯饱和。为了克服这些缺点，常采用全波整流电路或桥式整流电路。

单相桥式整流电路是由四个二极管接成电桥的形式构成的，如图 5-4(a) 所示，图 5-4(b) 是其简化画法。现在有将四个二极管封装在一起的单相整流桥（共四个引脚）出售。

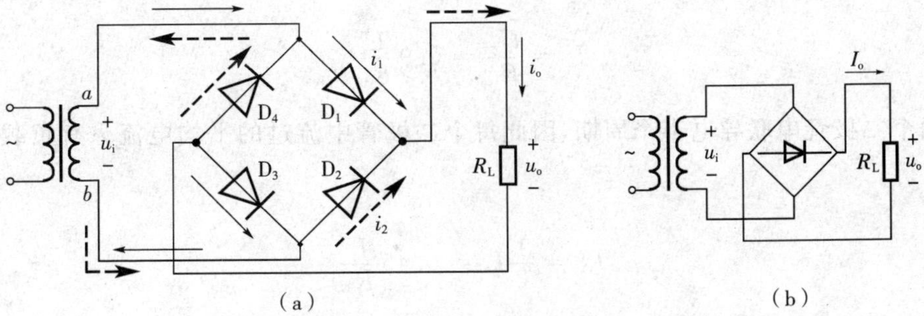

图 5-4　单相桥式整流电路

(a) 电路图　(b) 简化画法

在变压器二次侧电压 u_i 的正半周时，设其极性为上正下负，如图 5-4(a)，即 a 点的电位高于 b 点，二极管 D_1 和 D_3 导通，D_2 和 D_4 截止，电流 i_1 的通路是 $a \to D_1 \to R_L \to D_3 \to b$，见图 5-4(a) 中实线箭头路径。这时，负载电阻 R_L 上得到一个上正下负的半波电压，如图 5-5(b) 中的 $0 \sim \pi$ 段所示。

在电压 u_i 的负半周时，变压器二次侧的极性为上负下正，即 b 点的电位高于 a 点。因此，D_1 和 D_3 截止，D_2 和 D_4 导通，电流 i_2 的通路是 $b \to D_2 \to R_L \to D_4 \to a$（见虚线箭头路径）。同样，在负载电阻上得到一个上正下负的半波电压，如图 5-5(b) 中的 $\pi \sim 2\pi$ 段所示。

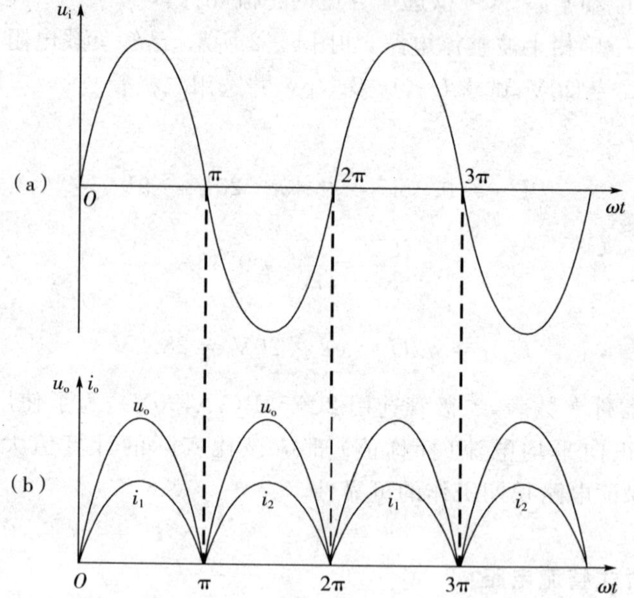

图 5-5　单相桥式整流电路的电压与电流波形图

(a) 输入电压波形　(b) 输出电压／电流波形

显然，桥式整流电路的输出电压直流平均值 U_o 比半波整流时增加了一倍，即

$$U_o = 2 \times 0.45U = 0.9U \tag{5-4}$$

负载电阻中的直流电流当然也增加了一倍，即

$$I_o = \frac{U_o}{R_L} = 0.9\frac{U}{R_L} \tag{5-5}$$

每两个二极管串联导电半个周期，因此每个二极管中流过的平均电流只有负载电流的一半，即

$$I_D = \frac{1}{2}I_o = 0.45\frac{U}{R_L} \tag{5-6}$$

至于二极管截止时所承受的最高反向电压，从图 5-4(a) 可以看出。当 D_1 和 D_3 导通时，如果忽略二极管的正向压降，截止管 D_2 和 D_4 的阴极电位就等于 a 点的电位，阳极电位就等

于 b 点的电位。所以，截止二极管所承受的最高反向电压就是电源电压的最大值，即

$$U_{RM} = U_m = \sqrt{2}U \tag{5-7}$$

这一点与半波整流电路相同。

【例 5-2】 已知负载电阻 $R_L = 80\Omega$，负载电压 $U_O = 110V$。今采用单相桥式整流电路，交流电源电压为 380V。(1) 如何选用二极管？(2) 求整流变压器的变比及容量。

【解】 (1) 负载电流

$$I_o = \frac{U_o}{R_L} = \frac{110}{80}A \approx 1.4A$$

每个二极管通过的平均电流

$$I_D = \frac{1}{2}I_o = 0.7A$$

变压器二次测电压的有效值为

$$U_I = \frac{U_o}{0.9} = \frac{110}{0.9}V = 122V$$

考虑到变压器二次测绕组及管子上的压降，变压器的二次测电压大约要高出10%，即 $122 \times 1.1 = 134V$。于是

$$U_{RM} = \sqrt{2} \times 134V = 189V$$

因此，可选用二极管 2CZ55E，其最大整流电流为 1A，反向工作峰值电压为 300V。

(2) 变压器的变比

$$K = \frac{380}{134} = 2.8$$

变压器二次测电流的有效值为

$$I = \frac{I_o}{0.9} = \frac{1.4}{0.9}A = 1.55A$$

变压器的容量为

$$S = U \cdot I = 134 \times 1.55V \cdot A = 208V \cdot A$$

可选用 BK300(V · A)，380/134V 的变压器。

5.1.3　单相全波整流电路

全波整流电路只需两个二极管，但要求变压器的次级有两个对称绕组，见图 5-6，其中：$u_{i1} = u_{i2} = u_i$。

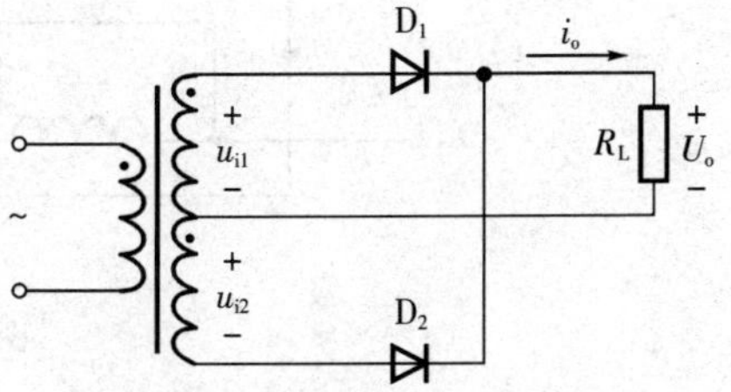

图 5-6　单相全波整流电路

单相全波整流电路的工作原理非常简单，就相当于两个单相半波整流电路合并。当交流电正半周时，设

变压器次级上正下负，D_1 导通，D_2 截止，u_{i1} 向负载供电，输出半个正弦波。当交流电负半周时，D_2 导通，D_1 截止，u_{i2} 向负载供电，输出半个正弦波。因此，负载电压和电流的波形与单相桥式整流电路相同，见图 5-5。公式(5-4)、(5-5)、(5-6)亦同样适用；唯一不同的是截止时二极管承受的最大反向电压

$$U_{RM} = 2U_m = 2\sqrt{2}U \tag{5-8}$$

为单相桥式整流电路的 2 倍。

虽然全波整流电路相当于两个半波整流电路，但变压器中无直流电流分量。目前，单相全波整流电路在小功率电子产品中应用非常广泛。

5.1.4 三相桥式整流电路

前面所分析的是单相整流电源，功率一般为几瓦到几百瓦，常用在电子仪器中。然而在某些供电场合要求整流功率高达几千瓦以上，这时就不便于采用单相整流电路了，因为它会造成三相电网负载不平衡，影响供电质量。为此，常采用三相桥式整流电路，如图 5-7 所示。三相桥式整流电路经三相变压器接交流电源。变压器的二次测为星形联结，其三相电压 u_1，u_2，u_3 的波形如图 5-8(a) 所示。

图中 D_1，D_3，D_5 组成一组，其阴极连在一起；D_2，D_4，D_6 组成另一组，其阳极连在一起。每一组中三个二极管轮流导通。第一组中阳极电位最高者导通，第二组中阴极电位最低者导通。同一时间有两个管导通。例如，在 $0 \sim t_1$ 期间[见图 5-8(a)]，相电压 u_1 虽然也为正，但低于相电压 u_3。因此，在这段时间内，图 5-7 电路中的 c 点电位最高，b 点电位最低。于是二极管 D_5 和 D_4 导通。如果忽略正向管压降，加在负载上的电压 u_o 就是线电压 u_{32}。由于 D_5 导通，D_1 和 D_3 的阴极电位基本上等于 c 点的电位，因此两管截止。而 D_4 导通，又使 D_2 和 D_6 的阳极电位接近 b 点的电位，故 D_2 和 D_6 也截止。在这段时间内的电流通路为

$$c \rightarrow D_5 \rightarrow R_L \rightarrow D_4 \rightarrow b$$

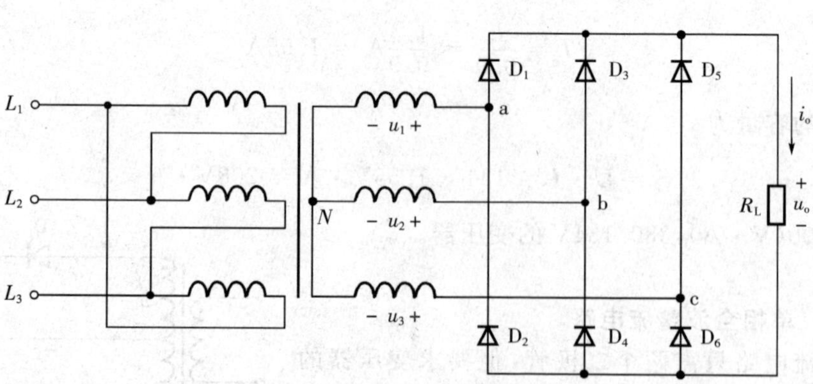

图 5-7　三相桥式整流电路

在 $t_1 \sim t_2$ 期间，从图 5-8(a) 可以看出，a 点电位最高，b 点电位仍然最低。因此从图 5-7 可见，电流通路为

$$a \to D_1 \to R_L \to D_4 \to b$$

即 D_1 和 D_4 导通，其余四个二极管都截止。负载电压即为线电压 u_{12}。

同理，在 $t_2 \sim t_3$ 期间，a 点电位最高，c 点电位最低，电流通路为

$$a \to D_1 \to R_L \to D_6 \to c$$

依此类推，就可以列出图 5-8 中所示的二极管的导通次序。共阴极连接的三个二极管（D_1，D_3，D_5）在 t_1，t_3，t_5 等时刻轮换导通；共阳极连接的三个二极管（D_2，D_4，D_6）在 t_2，t_4，t_6 等时刻轮换导通。负载所得整流电压 u_o 的大小等于三相相电压的上下包络线间的垂直距离（也就是每个时刻最大一个线电压的值），如图 5-8(b) 所示。它的脉动较小，直流平均值为

$$U_o = 2.34U \tag{5-9}$$

式中 U 为变压器二次测相电压的有效值。

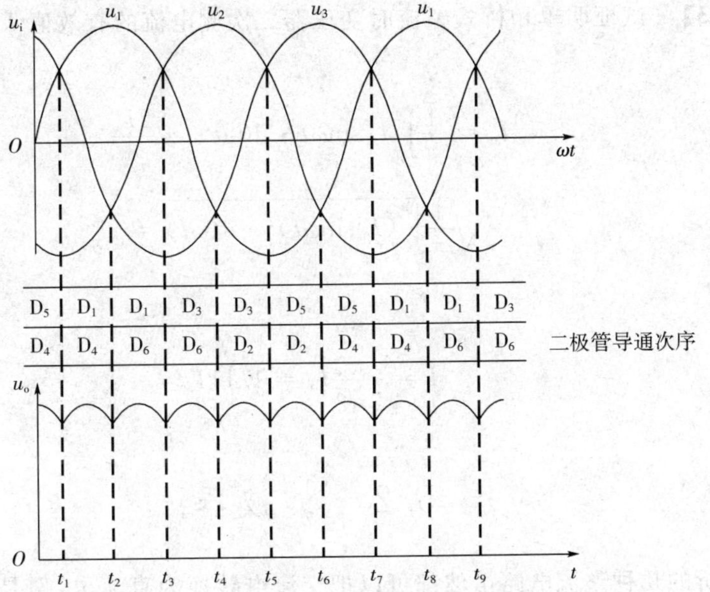

图 5-8　三相桥式整流电路工作电压波形
(a) 输入电压波形　(b) 输出电压波形

负载电流 i_o 的平均值为

$$I_o = \frac{U_o}{R_L} = 2.34\frac{U}{R_L} \tag{5-10}$$

由于在一个周期中，每个二极管只有三分之一的时间导通（导通角为 120°），因此流过每个二极管的平均电流为

$$I_D = \frac{1}{3}I_o = 0.78\frac{U}{R_L} \tag{5-11}$$

每个二极管承受的最高反向电压为变压器二次测线电压的幅值，即

$$U_{RM}=\sqrt{3}U_m=\sqrt{3}\times\sqrt{2}U=2.45U \tag{5-12}$$

现将常见的几种整流电路列成表 5－1，以便比较。

表 5－1　几种常见整流电路参数汇总

类型	整流输出电压直流平均值 U_o	二极管正向电流平均值 I_D	二极管电压最大值 U_{RM}
单相半波	$0.45U$	I_o	$\sqrt{2}\cdot U$
单相全波	$0.9U$	$0.5I_o$	$2\sqrt{2}\cdot U=2.83U$
单相桥式	$0.9U$	$0.5I_o$	$\sqrt{2}\cdot U$
三相半波	$1.17U$	$\frac{1}{3}I_o$	$\sqrt{3}\cdot\sqrt{2}\cdot U=2.45U$
三相桥式	$2.34U$	$\frac{1}{3}I_o$	$\sqrt{3}\cdot\sqrt{2}\cdot U=2.45U$

【例 5－3】 试证明单相桥式整流时变压器二次侧电流的有效值 $I=1.11I_O$。

【证明】

$$I_o=\frac{1}{\pi}\int_0^{\pi}I_m\sin\omega t\cdot d(\omega t)=\frac{2I_m}{\pi}$$

$$I=\sqrt{\frac{1}{\pi}\int_0^{\pi}(I_m\sin\omega t)^2\cdot d(\omega t)}=\frac{I_m}{\sqrt{2}}$$

或

$$I=\frac{\pi}{2\sqrt{2}}I_o=1.11I_o$$

5.2　滤波器

前面分析的几种整流电路虽然都可以把交流电转换为直流电，但是所得到的输出电压是单向脉动电压。在某些设备（例如电镀、蓄电池充电等设备）中，这种电压的脉动是允许的。但是在大多数电子设备中，整流电路中都要加接滤波器，以改善输出电压的脉动程度。下面介绍几种常用的滤波器。

5.2.1　电容滤波器

1. 单相半波整流电路

图 5－9 中与负载并联的电容器就是一种常见的滤波器。电容滤波器是根据电容器的端电压在电路状态改变时不能跃变的原理制成的。下面分析电容滤波器的工作情况。

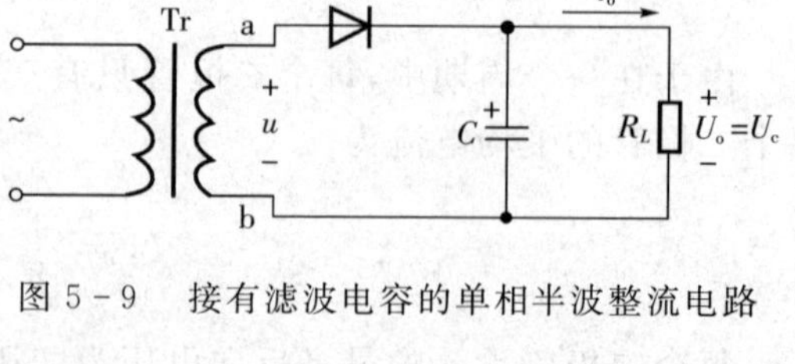

图 5－9　接有滤波电容的单相半波整流电路

如果在单相半波整流电路中不接电容滤波器，其输出电压的波形如图 5-10(a) 所示；加接电容滤波器之后，输出电压的波形就变成图 5-10(b) 所示的形状。为什么呢？

从图 5-9 中可以看出，在二极管导通时，一方面供电给负载，同时对电容器充电。在忽略二极管正向压降的情况下，充电电压 u_C 与上升的正弦电压 u 一致，如图 5-10(b) 中 om' 段波形所示。电源电压 u_i 在 m' 点达到最大值，u_C 也达到最大值。而后 u 和 u_C 都开始下降，u 按正弦规律下降，当 $u < u_C$ 时，二极管承受反向电压而截止，电容器对负载电阻 R_L 放电，负载中仍有电流，而 U_o 按放电曲线 mn 下降。在 u 的下一个正半周内，当 $u > u_C$ 时，二极管再行导通，电容器再被充电，重复上述过程。

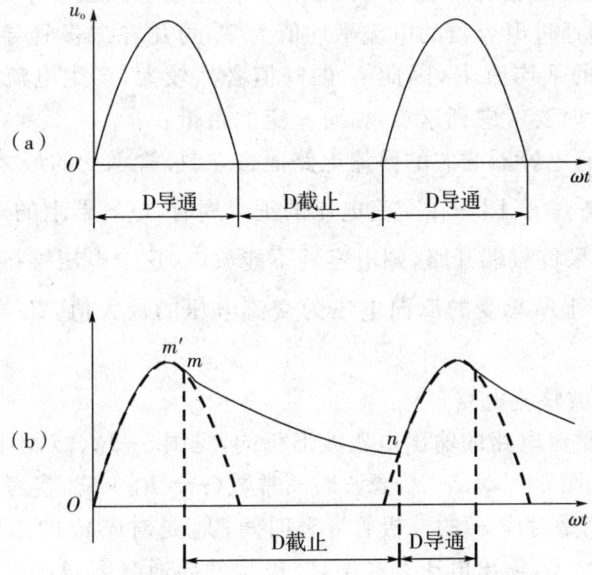

图 5-10　电容滤波器的作用

(a) 无滤波器输出电压波形　(b) 电容滤波器输出电压波形

电容器两端电压 u_C 即为输出电压 u_o，其波形如图 5-10(b) 所示。可见输出电压的脉动大为减小，并且输出平均电压比没有滤波电容时高了不少。在空载($R_L = \infty$) 和忽略二极管正向压降的情况下，$U_o = \sqrt{2}U \approx 1.4U$，$U$ 是图 5-9 中变压器二次侧电压的有效值。但是随着负载的增加(R_L 减小，I_O 增大)，放电时间常数 $\tau = R_L \cdot C$ 减小，放电加快，U_o 平均值也就下降。整流电路的输出电压 U_O 与输出电流 I_O(即负载电流) 的变化关系曲线称为整流电路的外特性曲线，如图 5-11 所示。由图可见，与无电容滤波时比较，输出电压随负载电阻的变化有较大的变化，即外特性较差，或者说带负载能力较差。通常，取

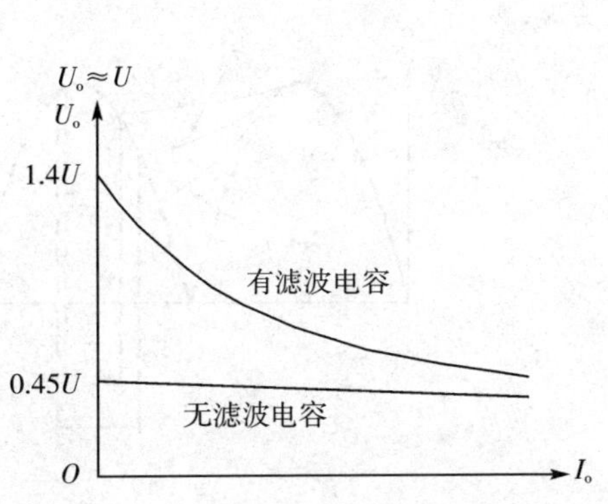

图 5-11　半波整流电容滤波电路的外特性

$$U_o \approx U \tag{5-13}$$

采用电容滤波时，输出电压的脉动程度与电容器的放电时间常数 $R_L C$ 有关系。$R_L C$ 大一些，脉动就小一些，输出电压也高一点。为了得到比较平直的输出电压，一般要求 $R_L \geqslant (10 \sim 15)\dfrac{1}{\omega C}$，即

$$\tau = R_L \cdot C \geqslant (3 \sim 5)\frac{T}{2} \tag{5-14}$$

式中 T 是电源交流电压的周期。

此外，由于二极管的导通时间缩短（导通角小于 180°），但在一个周期内电容器的充电电荷等于放电电荷，即通过电容器的电流平均值为零，可见在二极管导通期间其电流 I_D 的平均值等于负载电流的平均值 I_o，因此 i_D 的峰值必然较大，产生电流冲击，容易使管子损坏，因而在选择二极管时要考虑到这点，留有一定的余量。

对于单相半波带有电容器滤波的整流电路而言，二极管承受的最大反向电压为：$U_{RM} = 2 \cdot \sqrt{2}U$，比无滤波时高一倍。因为在交流电压的正半周时，电容器上的电压被充到等于交流电压的最大值 $\sqrt{2}U$，如果负载端开路，则电容器不能放电，这个电压维持不变；而在负半周的最大值时，截止二极管上所承受的反向电压为交流电压的最大值 $\sqrt{2}U$ 与电容器上电压 $\sqrt{2}U$ 之和，即等于 $2 \cdot \sqrt{2}U$。

2. 单相桥式和全波整流电路

单相桥式和全波整流电路的输出电压波形相同，见图 5-12(a)，不同滤波时间常数的输出电压波形稍有不同。图 5-12(a) 中，滤波时间常数（$\tau = R_L \cdot C$，参考图 5-13）的条件是：$\tau_1 > \tau_2 > \tau_3$。其中，T_1 是对应 τ_1 的二极管导通时间，T_2 是对应 τ_2 的二极管导通时间；可见，随着滤波时间常数的增大，输出电压升高了，二极管的导通时间减小了，导致二极管的瞬时电流峰值更大了。图 5-12(b) 为单相桥式和全波整流电路外特性，与图 5-11 相比，外特性变硬，负载能力更强了。在满足滤波时间常数

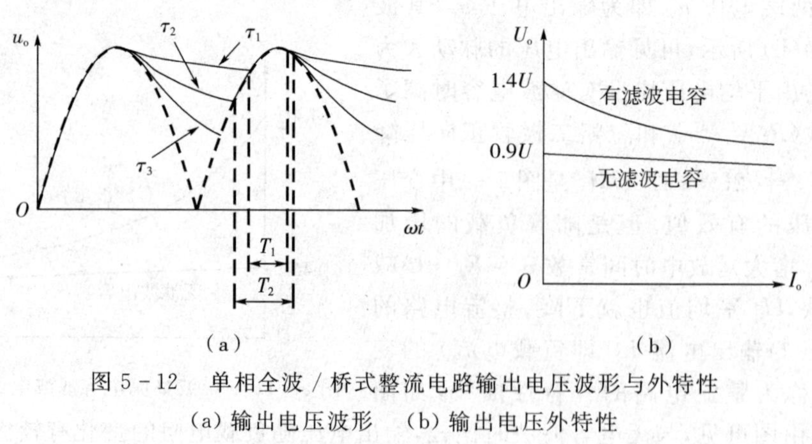

图 5-12　单相全波 / 桥式整流电路输出电压波形与外特性

(a) 输出电压波形　(b) 输出电压外特性

$$\tau = R_L \cdot C \geqslant (3 \sim 5)\frac{T}{2}$$

的条件下，输出电压

$$U_o \approx (1.1 \sim 1.2) \cdot U \tag{5-15}$$

对单相桥式和全波整流电路而言，有电容滤波后，不影响二极管的最大反向电压 U_{RM}。

总体来说，电容滤波器电路简单，输出电压 U_o 较高，脉动也较小，成本低；但是外特性较差，且有通电时的电流冲击。因此，电容滤波器一般用于要求输出电压较高，负载电流较小并且变化也较小的场合。目前，单相全波 / 桥式整流、电容滤波电路广泛应用于 1kW 以下的小功率电子仪器设备、家用电器等领域。

滤波电容器的容量一般在几十微法到几千微法，视负载电流的大小而定，其耐压应大于输出电压的最大值，通常都采用有极性的电解电容器。

【例 5-4】 有一单相桥式电容滤波整流电路（图 5-13），已知交流电源频率 $f = 50\text{Hz}$，负载电阻 $R_L = 24\Omega$，要求直流输出电压 $U_o = 30\text{V}$，选择整流二极管及滤波电容器。

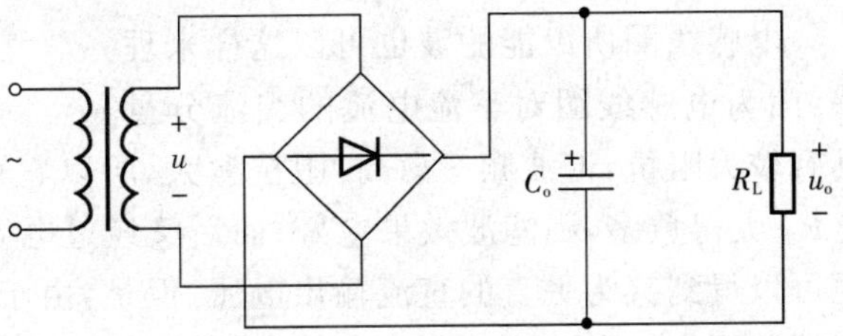

图 5-13　例 5-4 电路

【解】 (1) 选择整流二极管

流过整流二极管的电流

$$I_D = \frac{1}{2}I_o = \frac{1}{2} \times \frac{U_o}{R_L} = \frac{1}{2} \times \frac{30}{24}\text{A} = 0.625\text{A}$$

根据式(5-15)，取 $U_o = 1.2U$，所以变压器二次侧电压的有效值

$$U = \frac{U_o}{1.2} = \frac{30}{1.2}\text{V} = 25\text{V}$$

二极管所承受的最高反向电压

$$U_{RM} = \sqrt{2}U = \sqrt{2} \times 25\text{V} = 35\text{V}$$

因此，可以选用二极管 2CZ55B，其最大整流电流为 1A，反向工作峰值电压为 50V。

(2) 选择滤波电容器

根据式(5-14)，取 $\tau = R_L \cdot C = 3 \times \frac{T}{2}$（下限值），所以

$$R_L \cdot C = 3 \times \frac{1/50}{2}\text{s} = 0.03\text{s}$$

已知 $R_L = 24\Omega$，所以

$$C = \frac{0.03}{R_L} = \frac{0.03}{24}\text{F} = 125 \times 10^{-5}\text{F} = 1250\mu\text{F}$$

由于电容器的容量是分等级的，在计算时按式(5-14)取下限，实际选择容量时向上靠；取 $C = 2200\mu\text{F}$，耐压为 50V 的铝电解电容器。一般在电路设计中，选择器件时还要考虑电源

电压允许有 ±10% 的波动。

5.2.2 电感电容滤波器(*LC* 滤波器)

为了减小输出电压的脉动程度，在滤波电容之前串联一个电感线圈 L，这样就组成了电感电容滤波器，见图 5-14。

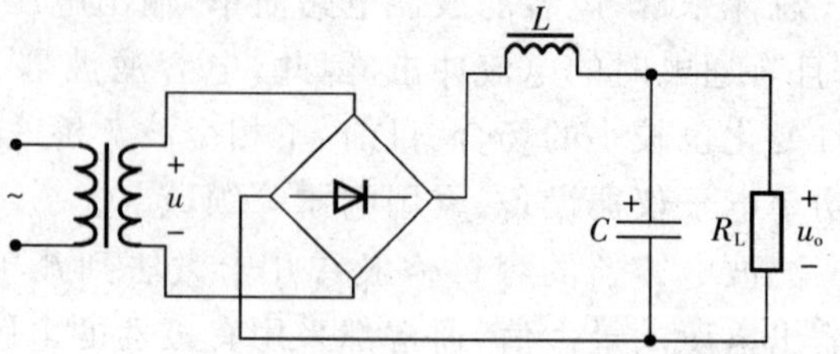

图 5-14　桥式整流电感电容滤波电路

由于通过电感线圈的电流发生变化时，线圈中要产生自感电动势阻碍电流的变化，因而使负载电流和负载电压的脉动大为减小。频率愈高，电感愈大，滤波效果愈好。

电感线圈所以能滤波也可以这样来理解：因为电感线圈对整流电流的交流分量具有较大阻抗，谐波频率愈高，阻抗愈大，所以它可以减弱整流输出电压中的交流分量，ωL 比 R_L 大得愈多，则滤波效果愈好；而后又经过电容滤波器滤波，再一次滤掉交流分量。这样，便可以得到甚为平直的直流输出电压。但是，由于电感线圈的电感较大(一般在几亨到几十亨的范围内)，其匝数较多，电阻也较大，因而其上也有一定的直流压降，造成输出电压下降。

具有 *LC* 滤波器的整流电路适用于电流较大、要求输出电压脉动很小的场合，用于高频时更为合适。在电流较大、负载变动较大，并对输出电压的脉动程度要求不太高的场合下(例如晶闸管电源)，也可将电容器除去，单独采用电感滤波器(*L* 滤波器)。

5.2.3 π 型滤波器

如果要求输出电压的脉动更小，可以在 *LC* 滤波器的前面再并联一个滤波电容 C_1，见图 5-15(a)，这样便构成 π 形 *LC* 滤波器。它的滤波效果比 *LC* 滤波器更好，输出电压也较高，但整流二极管的冲击电流较大。

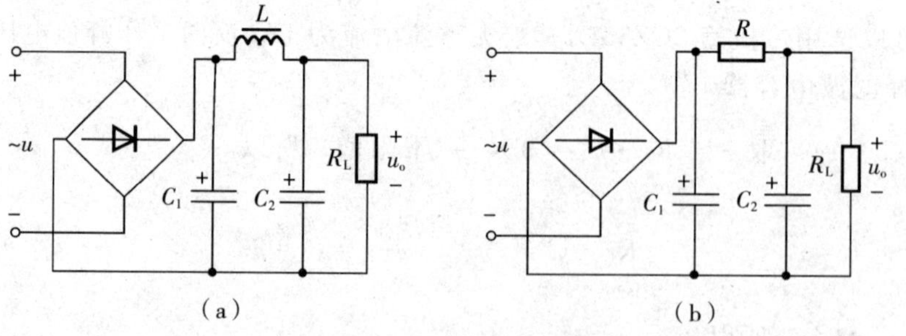

图 5-15　π 形滤波电路

(a) π 形 *LC* 滤波电路　(b) π 形 *RC* 滤波电路

由于电感线圈的体积大而笨重，成本又高，所以有时候用电阻去代替 π 形 *LC* 滤波器中的电感线圈，这样便构成了 π 形 *RC* 滤波器，如图 5-15(b) 所示。电阻对于交、直流电流都具有同样的降压作用，但是，当它和电容配合之后，就使脉动电压的交流分量较多地降落在电阻两端(因为电容 C_2 的交流阻抗甚小),而较少地降落在负载上,从而起了滤波作用。R 愈大,C_2 愈大,滤波效果愈好。但 R 太大,将使直流压降增加,效率降低。所以,这种滤波电路主要适用于负载电流较小而又要求输出电压脉动很小的场合。

5.3　线性直流稳压电源

经整流和滤波后的电压往往会随交流电源电压的波动和负载电流的变化而变化。电压的不稳定有时会产生测量和计算的误差,引起控制装置工作不稳定,甚至根本无法正常工作。特别是精密电子测量仪器、自动控制、计算装置及晶闸管的触发电路等都要求由很稳定的直流电源供电。

5.3.1　稳压二极管稳压电路

最简单的直流稳压电源是采用稳压二极管来稳定输出电压的。图5-16是一种稳压二极管稳压电路,经过桥式整流电路整流和电容滤波器滤波得到直流电压 U_i,再经过限流电阻 R 和稳压二极管 D_Z 组成的稳压电路接到负载电阻 R_L 上。这样,负载上得到的就是一个比较稳定的电压。

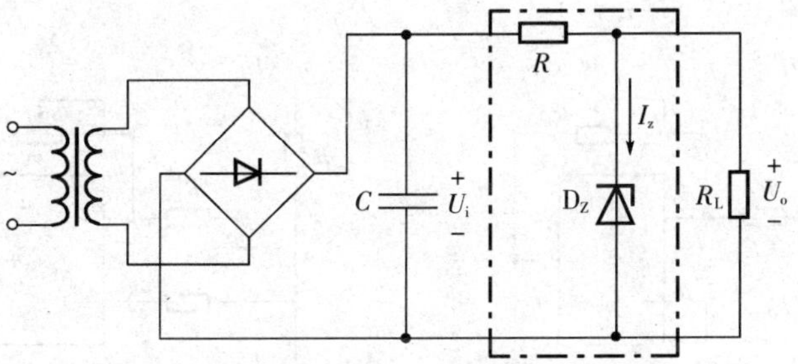

图5-16　稳压二极管稳压电路

引起电压不稳定的原因是交流电源电压的波动和负载电流的变化。下面分析在这两种情况下稳压电路的作用。例如,当交流电源电压增加而使整流/滤波的输出电压 U_i 随着增加时,负载电压 U_o 也要增加。U_o 即为稳压二极管两端的反向击穿电压,当负载电压 U_o 稍有增加时,稳压二极管的电流 I_z 就显著增加,因此电阻 R 上的压降增加,以抵消 U_i 的增加,从而使负载电压 U_o 保持近似不变。相反,如果交流电源电压降低而使 U_i 降低时,负载电压 U_o 也要降低,因而稳压二极管电流 I_z 显著减小,电阻 R 上的压降也减小,仍然保持负载电压 U_o 近似不变。

同理,如果当电源电压保持不变而是负载电流变化引起负载电压 U_o 改变时,上述稳压电路仍能起到稳压的作用。例如,当负载电流增大时,电阻 R 上的压降增大,负载电压 U_o 因而下降。只要 U_o 下降一点点,稳压二极管电流就显著减小,通过电阻 R 的电流和电阻上的压降保持近似不变,因此,负载电压 U_o 也就近似稳定不变。当负载电流减小时,稳压过程相反。

特别值得注意的是:只有在稳压管始终处于击穿状态的条件下,电路才具有稳压作用。

【例5-5】　有一稳压二极管稳压电路,如图5-16所示。负载电阻 R_L 由开路变到 $3\text{k}\Omega$,

交流电压经整流滤波后得出 $U_i = 30V$。今要求输出直流电压 $U_O = 12V$，试选择稳压二极管 D_z。

【解】 根据输出电压 $U_O = 12V$ 的要求，负载电流最大值

$$I_{om} = \frac{U_o}{R_L} = \frac{12}{3 \times 10^3} A = 4 \times 10^{-3} A = 4mA$$

选择稳压二极管 2CW60，其稳定电压 $U_z = (11.5 \sim 12.5)V$，稳定电流 $I_z = 5mA$，最大稳定电流 $I_{zm} = 19mA$。

5.3.2 恒压源

由稳压二极管稳压电路和运算放大器组成的恒压源，有如图 5-17 所示的两种。

图 5-17(a) 是反相输入恒压源，运放是标准的反相比例运算电路，因此可得出

$$U_o = -\frac{R_F}{R_1} \cdot U_Z$$

图 5-17(b) 是同相输入恒压源，运放是标准的同相比例运算电路，因此可得出

$$U_o = (1 + \frac{R_F}{R_1}) \cdot U_Z$$

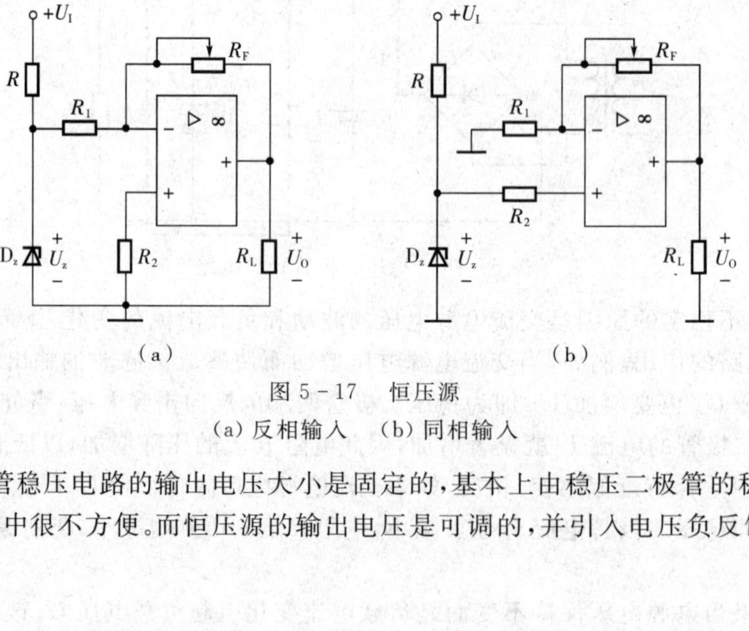

图 5-17 恒压源

(a) 反相输入 (b) 同相输入

稳压二极管稳压电路的输出电压大小是固定的，基本上由稳压二极管的稳定(击穿)电压决定，在使用中很不方便。而恒压源的输出电压是可调的，并引入电压负反馈使输出电压更为稳定。

5.3.3 串联负反馈型稳压电路

为了扩大运算放大器输出电流的变化范围，提升带负载能力，将它的输出端接到大功率晶体管 T 的基极，而从发射极输出。这样，同相输入恒压源就改变为图 5-18 所示的串联负反馈型稳压电路。

图 5-18 中的 R_1 分为上下两部分，分别为 R_{11} 和 R_{12}，有

$$U_- = U_F = \frac{R_{12} + R_2}{R_1 + R_2} U_o$$

设由于电源电压或负载电阻的变化而使输出电压 U_o 升高时，则有如下负反馈稳压过程：

$$U_o \uparrow \longrightarrow U_F \uparrow \longrightarrow U_B \downarrow \longrightarrow U_E(U_o) \downarrow$$

使 U_o 保持稳定。当输出电压降低时，其稳压过程相反。

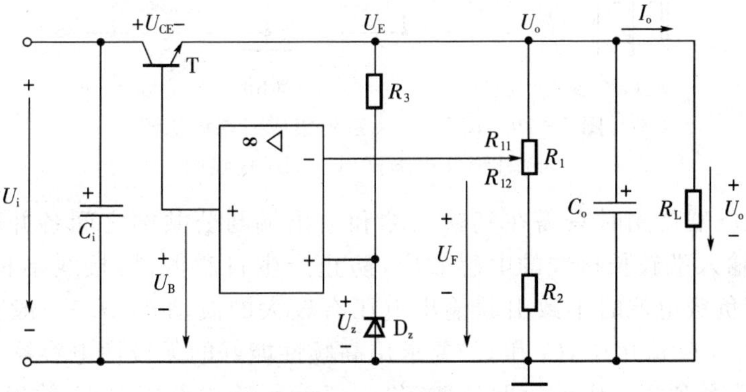

图 5-18　串联负反馈稳压电路

可见，输出电压的变化量经运算放大器放大后去调整晶体管的管压降 U_{CE}，从而达到稳定输出电压的目的。所以，通常称晶体管 T 为电源调整管。这个自动调整过程就是负反馈过程，反馈电压 U_F 取样于输出电压 U_o，U_F 和基准电压 U_Z（相当于输入电压）又分别加在运算放大器的不同输入端，可见图 5-18 中引入的是串联电压负反馈，故称为串联负反馈型稳压电路。按深度负反馈：

$$F = \frac{U_F}{U_o} = \frac{R_{12} + R_2}{R_1 + R_2}$$

$$A_{uf} = \frac{U_o}{U_z} \approx \frac{1}{F} = \frac{R_1 + R_2}{R_{12} + R_2} = 1 + \frac{R_{11}}{R_{12} + R_2}$$

$$U_o = \left(1 + \frac{R_{11}}{R_{12} + R_2}\right) U_Z \tag{5-16}$$

5.3.4　集成稳压电源

即使采用运算放大器的串联型稳压电路，仍有不少外接元器件。还要注意共模电压的允许值和输入端的保护，使用复杂。从图 5-18 也可以看出，该电路中除两个电容外，其余所有元件都可以实现集成化，这就是当前已经广泛应用的单片集成稳压电路 —— 集成三端稳压器。它具有体积小、可靠性高、使用灵活、价格低廉等优点。

本节主要讨论的是 LM78×× 系列（输出正电压）和 LM79×× 系列（输出负电压）稳压器的使用。图 5-19 是 LM78×× 系列稳压器的外形、管脚和接线图，其内部电路也是串联负反馈型稳压电路。这种稳压器只有输入端①、公共端②和输出端③三个引出端，故称为集成三端稳压器。LM79××系列的外形与LM78××系列相同，但引脚排列不同：公共端①、输入端②和输出端③。

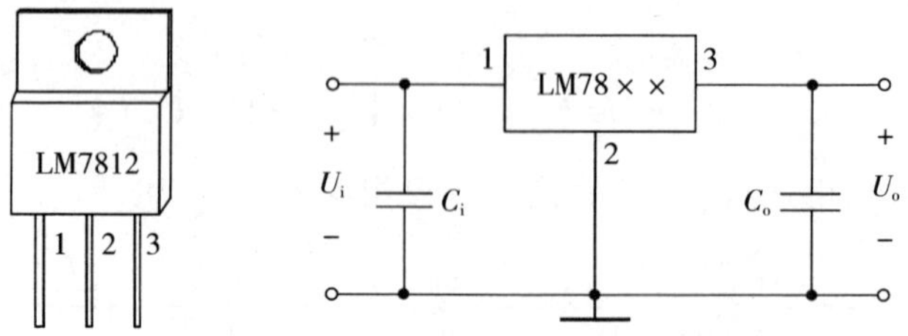

图 5-19　LM78××系列集成三端稳压器

(a) 外形及引脚排列　(b) 接线图

集成三端稳压器使用时只需在其输入端和输出端与公共端之间各并联一个电容器即可。C_i 用以抵消输入端较长接线的电感效应，防止产生自激振荡，接线不长时也可不用。C_o 是为了瞬时增减负载电流时不致引起输出电压有较大的波动。C_i、C_o 一般在 0.1 ～ 1μF 之间，如 0.33μF。在实际应用中，C_i 和 C_o 要求用高频性能好的无极性电容器。

"LM78××"系列型号中的后两位数字"××"表示输出电压大小，输出电压等级有5V、6V、9V、12V、15V、18V、24V等多种。例如LM7815的输出电压为15V。最高输入电压为35V，最小输入——输出电压差为2～3V；最大输出电流为1.5A，输出电阻为0.02～0.12Ω；电压变化率为0.1%～0.2%。LM79××系列输出固定的负电压，其型号表示的意义及参数与LM78××相对应。使用时三端稳压器接在整流滤波电路之后。下面介绍几种常见的集成三端稳压器的应用电路。

1. 正负对称电压同时输出的电路

图 5-20 是正负对称电压同时输出的稳压电路。采用双组全波整流、电容滤波，得到约 ±21V 的直流电压，分别经三端稳压器稳压到 ±15V，一般用于需要对称电源供电的电路（例如集成运算放大器供电电路）。

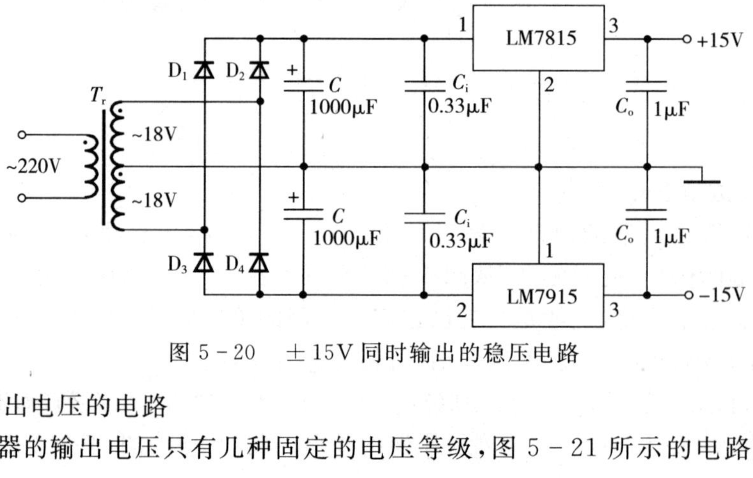

图 5-20　±15V 同时输出的稳压电路

2. 提高输出电压的电路

三端稳压器的输出电压只有几种固定的电压等级，图 5-21 所示的电路能使输出电压

高于集成块固定的输出电压。图中，$U_{\times\times}$ 为 LM78××稳压器的固定输出电压值，显然有

$$U_o = U_{\times\times} + U_Z$$

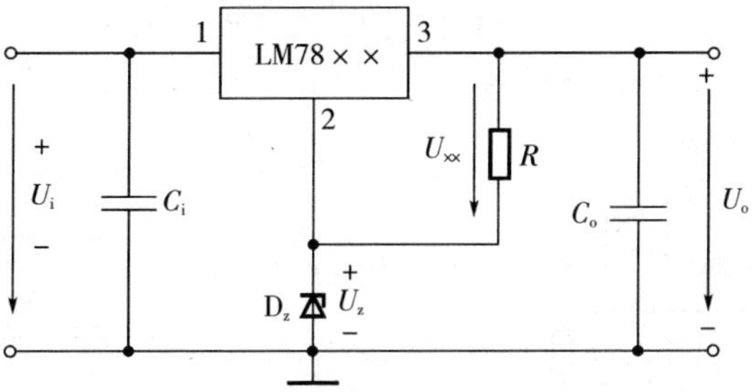

图 5-21　提高输出电压的电路

3. 扩大输出电流的电路

LM78××系列的三端稳压器输出电流最大 1.5A，对于负载电流要求大于 1.5A 的场合，可采用图 5-22 所示的外接大功率三极管 T 来扩大输出电流。

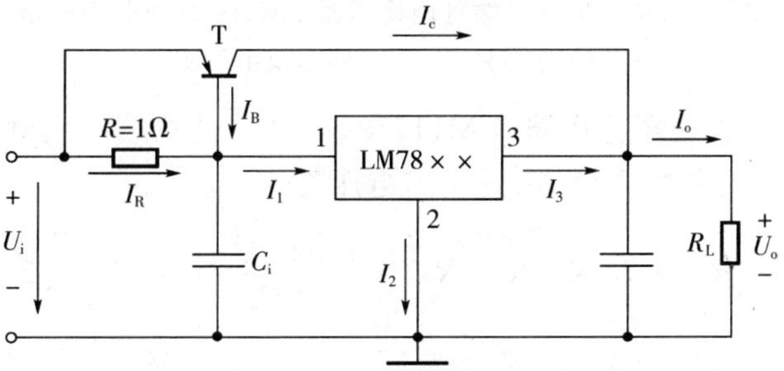

图 5-22　扩大输出电流的应用电路

电路中与三极管发射结并联的电阻 $R = 1\Omega$，当负载所需电流小于 0.5A 时，三极管 $|U_{BE}|$ 小于 0.5V，三极管 T 截止，全部负载电流由集成三端稳压器提供。如果负载电流继续增大，$|U_{BE}| > 0.5V$，则大功率三极管 T 开始导通，与集成块并联向负载供电(实际上，I_o 增加的部分主要由外接的大功率三极管 T 提供)。采用这种方法可将输出电流扩大到5A 以上，其他稳压性能指标与单个三端稳压器相当。

4. 输出电压可调的集成三端稳压器

对于要求输出为非标准电压值或任意调节电压的应用场合，例如实验室用稳压电源，采用图 5-21 所示的电路显然无法满足要求。三端稳压器中还有一类可以连续调节输出电压的集成稳压器。正电压输出的有 LM117/217/317，负电压输出的有 LM137/237/337。型号中数字的含义见图 5-23。

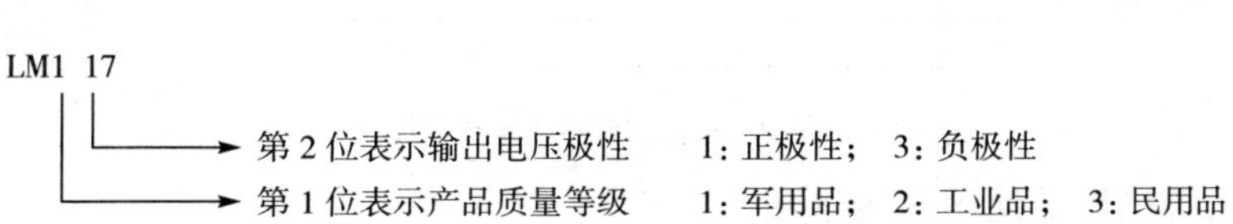

图 5-23　可调集成稳压器型号的意义

可调系列集成三端稳压器特点：

（1）最大输出电流：$I_o = 1.5A$；

（2）最小输入－输出压差：$2 \sim 3V$；

（3）输出电压最小值：＋1.2V（LM117/217/317）；－1.2V（LM137/237/337）；

（4）调整端电流：$I_{adj} = 50\mu A$（恒流）；

（5）内含过热、过流保护。

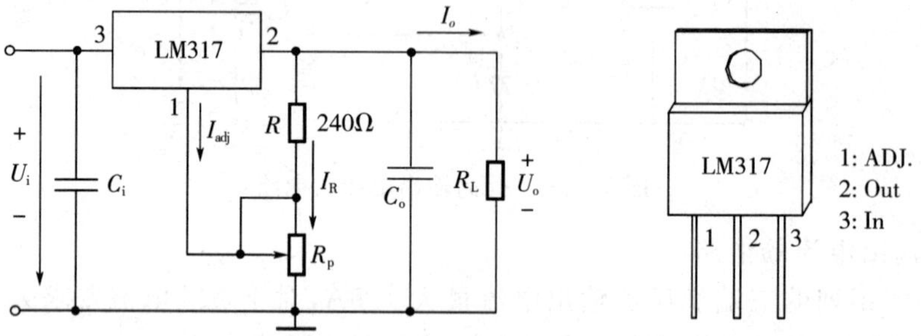

（a）　　　　　　（b）

图 5－24　集成三端可调稳压器 LM317 典型应用电路

（a）电路图　（b）外形及引脚图

图 5－24 是可调集成三端稳压器（LM117/217/317）的典型应用电路。其中，电阻 R 两端电压为固定 1.2V，I_{adj} 可忽略不计，因此输出电压

$$U_o \approx (R + R_P) \cdot I_R = (R + R_P) \cdot \frac{1200\text{mV}}{240\Omega} = 5\text{mA} \times (240\Omega + R_P)$$

例如：取 $R_P = 2k\Omega$，输出电压的调节范围：1.2 ～ 11.2V。

5. 恒流源电路

由 LM317 构成的恒流源电路见图 5－25，图中 R_P 是可调电阻，忽略 I_{adj}，输出电流

$$I_o = \frac{1.2}{R_P}\text{A}$$

当电流较大时，R_P 可采用分档调节的功率电阻，例如取 $R_P = 2.4\Omega$，则 $I_o = 500\text{mA}$。

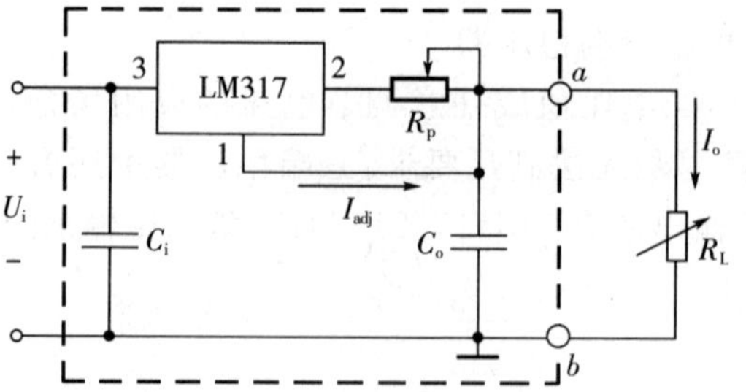

图 5－25　恒流源电路图

6. 集成三端稳压器使用注意事项

（1）当集成稳压器的功耗较大时，需要加足够大的散热器，否则会因内部过热保护动作

而导致电路工作不正常或损坏电路。

(2) 输入、输出端的电容 C_i、C_o 必须使用高频性能好的无极性电容器，且应尽量靠近集成块的引脚，否则可能出现自激振荡。

(3) 应保持输入——输出之间的最小电压大于2V，但也不能太大，否则，一方面电源的效率低，另一方面散热问题也难以解决。

*5.4　开关型稳压电源

在上节介绍的串联负反馈型稳压电路中，调整管是工作在线性放大状态的，其功耗 $P_C = U_{CE} \cdot I_C$ 较大，因而稳压电源整体效率较低，约为30%～40%。如能使调整管工作在饱和导通和截止状态(即开关状态)，因饱和时 $U_{CE} \approx 0$，截止时 $I_C \approx 0$，则调整管功耗很小，整体效率可达85%以上。因此，研制出了开关型稳压电源。由于调整管(在此也称为开关管)与负载的连接方式有串联和并联两种，所以，开关型稳压电源也分为串联开关型和并联开关型两类。

5.4.1　串联开关型稳压电源

图 5-26 是串联开关型稳压电源的原理电路。图中晶体管 T 为调整管(开关管)，电感和电容组成 LC 滤波电路，D 为续流二极管；反相放大器 C_1、电压比较器 C_2 及三角波发生器和基准电压 U_R 电路构成开关管脉冲宽度调制电路；电阻 R_1 和 R_2 构成输出电压取样电路。电路工作原理可分为滤波和稳压两部分。

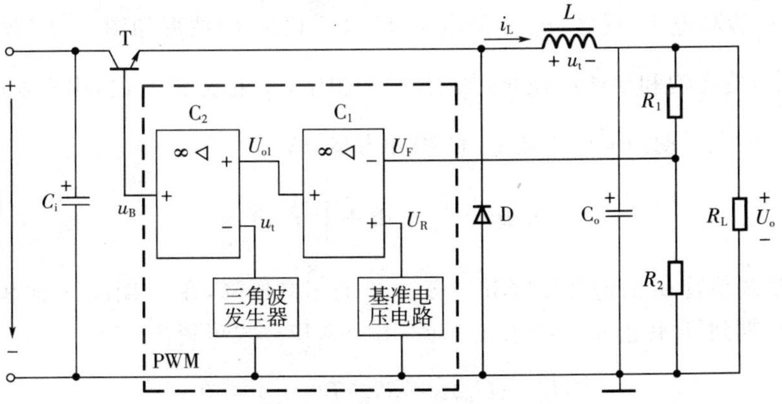

图 5-26　串联开关型稳压电源电路结构框图

1. 滤波

U_i 是经整流和滤波后的直流电压，调整管(开关管)T 基极上所加电压 u_B 的波形如图 5-27(b) 所示。

当 u_B 为高电平时：调整管 T 饱和导通，电感线圈中储能增加，电流 i_L 近似于线性增长；二极管D因承受反向电压而截止。经 LC_o 滤波后，输出电压 U_O 的波形基本平滑(直流电压)。

当 u_B 为低电平时：T 截止，电路与电源断开，因电感电流不能突变，此时，二极管 D 导通，电感释放能量，i_L 近似于线性衰减，但方向不变，继续向负载供电。

由于开关管的开关频率足够高，当 L 和 C_O 值取得足够大时，i_L 是连续的，并且大小变化不大，输出电压 U_O 也就基本平滑。

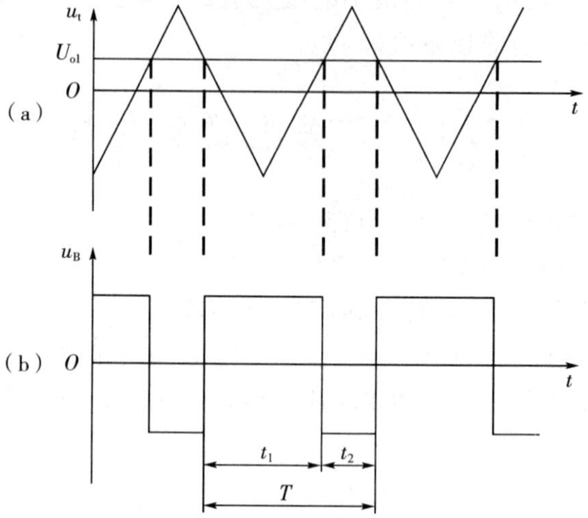

图 5－27　PWM 控制器的电压波形

(a) 三角波　(b) 三极管开关控制脉冲

2. 稳压

取样电压 U_F 与基准电压 U_R 经比较放大器 C_1，比较放大后得出输出电压 U_{o1}。若 $U_F < U_R$，则 U_{o1} 为正。U_{o1} 与三角波电压 u_t，在比较器 C_2 比较后，得到 T 的基极驱动电压 u_B。当 $U_{o1} > u_t$ 时，u_B 为高电平；反之，u_B 为低电平。U_{o1}，u_t 和 u_B 的波形如图 5－27 所示，u_B 加在调整管的基极上，使之饱和导通或截止，如上所述。图中，$\frac{t_1}{T}$ 称为占空比，用 δ 表示。

在稳态时一个周期内电感电压 u_L 的积分为零，即

$$\int_0^T u_L \mathrm{d}t = \int_0^{t_1} u_L \mathrm{d}t + \int_{t_1}^T u_L \mathrm{d}t = 0 \tag{5-17}$$

如果忽略调整管 T 的饱和压降和二极管 D 的正向压降，在 t_1 期间 T 饱和导通电，$u_L = U_i - U_o$；在 t_2 期间 T 截止 $u_L = -U_o$。于是，由上列积分式可得出

$$(U_i - U_o)t_1 - U_o(T - t_1) = 0$$

$$U_o = \frac{t_1}{T}U_i = \delta \cdot U_i \tag{5-18}$$

式(5－18)表明输出电压 U_o 大小与开关管的导通占空比 δ 成正比；而由图 5－27 可见：δ 与 U_{o1} 成正比，与取样电压 U_F 成反比。因此，当输出电压波动时(例如 U_o 升高)，电路的稳压过程如下：

$$U_o \uparrow \longrightarrow U_F \uparrow \longrightarrow U_{o1} \downarrow \longrightarrow \delta \downarrow \longrightarrow U_o \downarrow$$

从而使 U_o 基本保持不变，达到稳压的目的；反之亦然。

这种稳压的控制方式是通过改变占空比，即改变 u_B 脉冲的高电平宽度 t_1 实现的，故称为脉冲宽度调制（简称 PWM），现在有将图 5－26 虚线框中的电路部分制作成 PWM 单片集成电路出售，如 UC3842、SG3524 等。

5.4.2　并联开关型稳压电源

图 5－28 是并联开关型稳压电源的原理电路。

当 u_B 为高电平时：T 饱和导通，输入电压 U_i 加在电感上，电感储能增加，i_L 线性增长，D 因承受反向电压而截止，电容 C_O 向负载电阻放电。

当 u_B 为低电平时：T 截止，电感释放能量，i_L 线性衰减，但方向不变，D 导通，这时 $u_L = U_i - U_o$。

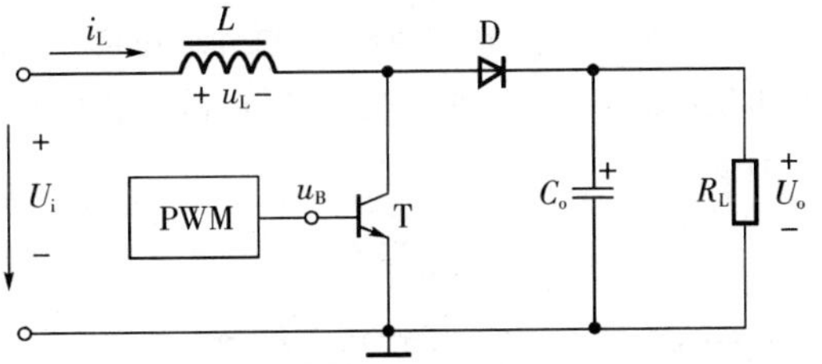

图 5－28　并联开关型电源电路原理图

由式（5－17）的积分式可得出

$$U_i t_1 + (U_i - U_o)(T - t_1) = 0$$

$$U_o = \frac{1}{1-\frac{t_1}{T}} U_i = \frac{1}{1-\delta} U_i \qquad (5-19)$$

可见，当 u_B 的周期不变时，改变占空比 δ，可以改变 U_o 的大小，并可实现稳压。

由式（5－18）和（5－19）可知：串联型开关稳压电源是降压型的，$U_o < U_i$；并联型开关稳压电源是升压型的，因为 $U_o > U_i$。

5.4.3　隔离型开关稳压电源

图 5－29 是隔离型开关稳压电源的原理图，与图 5－28 相比，主要是电感换成了开关变压器（互感器）。这种电路的工作原理与并联开关型电路类似，但具有如下优点：

1. 既可以升压，也可以降压，取决于开关变压器 Tr 绕组的匝比和开关管的占空比；

2. 可以实现输入 —— 输出端的电气隔离，这样输入侧无需工频电源变压器，由于开关变压器的工作频率很高，其体积与重量都远小于工频电源变压器；

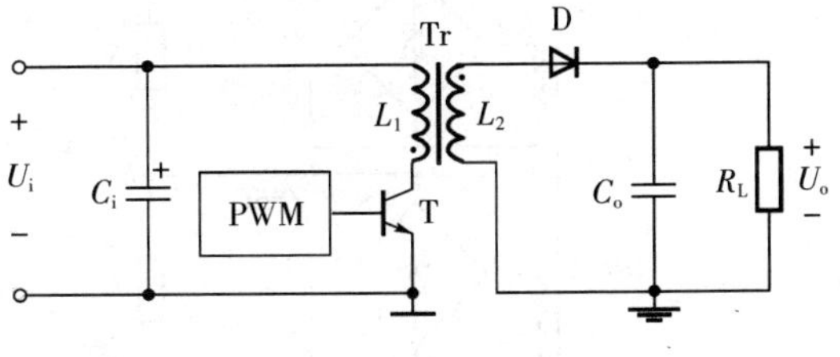

图 5－29　隔离型开关稳压电源原理图

3. 可以实现多组电压同时输出，只要增加开关变压器次级绕组的个数和相应的输出整流、滤波电路；各组输出之间可以共地，也可以相互隔离。

开关型稳压电源具有效率高、体积小、重量轻，稳压范围宽，可以实现直流的升 / 降压和电气隔离等功能；其功率从几瓦到千瓦以上级别，目前已得到了广泛的应用。

但是，开关稳压电源也有其不足之处：由于开关管工作在大电流高频开关状态，会产生高频电磁辐射，如处理得不好可能对某些电路（设备）产生干扰。

习　　题

5-1　在图5-30中，已知 $R_L=80\Omega$，直流电压表Ⓥ的读数为110V，试求：(1) 直流电流表Ⓐ的读数；(2) 整流电流的最大值；(3) 交流电压表(V_1)的读数；(4) 变压器二次侧电流的有效值。二极管的正向压降忽略不计。

5-2　在图5-31所示电路中，已知变压器二次侧电压有效值 $U_i=20V$，负载电阻 $R_L=50\Omega$，试问：(1) 输出电压和输出电流的平均值 U_o 和 I_o 各为多少？(2) 若电源电压波动±10%，二极管承受的最高反向电压 U_{RM} 为多少？

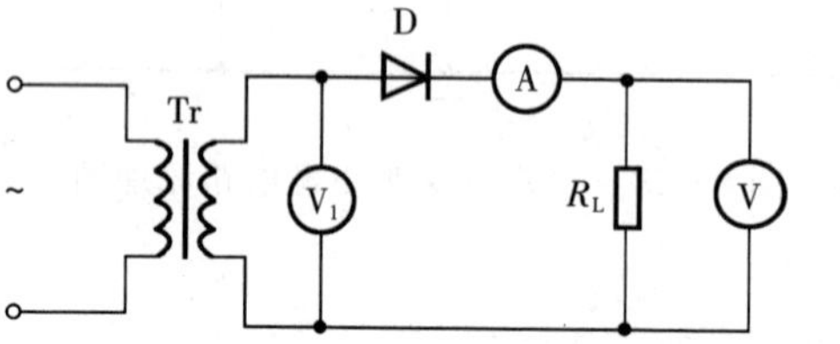

图5-30　题5-1图

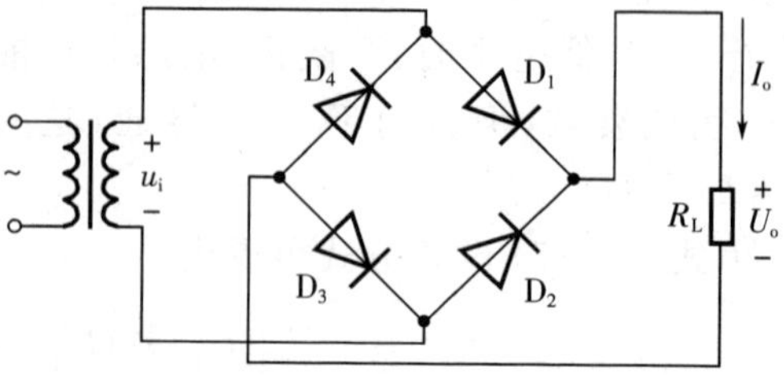

图5-31　题5-2图

5-3　有一电压为110V，电阻为55Ω的直流负载，采用单相桥式整流电路（不带滤波器）供电，试求变压器二次绕组电压和电流的有效值，并选用二极管。

5-4　在图5-32所示的整流电路中，变压器二次侧电压有效值 $U_1=20V$，$U_2=50V$；$R_1=100\Omega$，$R_2=30\Omega$；二极管最大整流电流 I_{DM} 和反向工作峰值电压 U_{RM} 如表中所列。

(1) 试校核电路中各整流桥所选用的二极管型号是否合适。

(2) 若将绕组 2—2′ 的极性接反，对整流电路有无影响？为什么？

(3) 若将 a、b 间联线去掉，电路是否仍能工作？此时输出电压 U_o 和输出电流 I_o 等于多少？所选用的二极管是否合适？

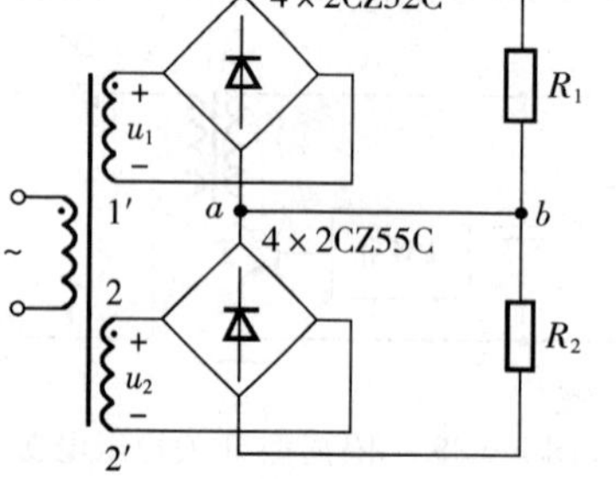

型号	I_{DM}/A	U_{RM}/V
2CZ52C	0.1	100
2CZ55C	1	100

图5-32　题5-4图

5-5　有一整流电路如图5-33所示，(1) 试求负载电阻 R_{L1} 和 R_{L2} 上整流电压的平均值 U_{o1} 和 U_{o2}，并标出极性；(2) 试求二极管 D_1，D_2，D_3 中的平均电流 I_{D1}，I_{D2}，I_{D3} 以及各管所承受的最高反向电压。

5-6　图5-34是二倍压整流电路，$U_o=2\sqrt{2}U$，试分析之，并标出 U_o 的极性。

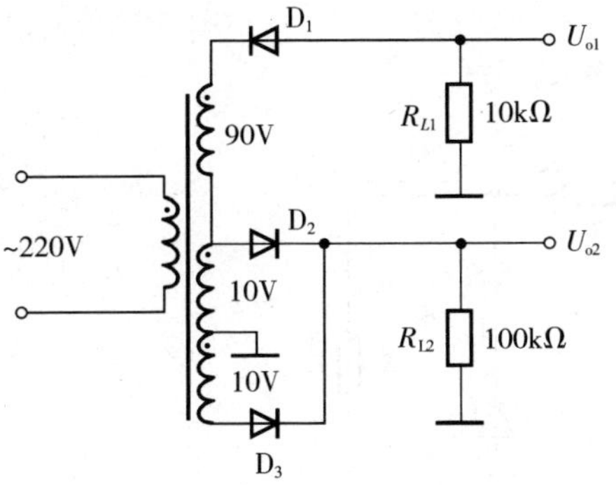

图 5-33　题 5-5 图

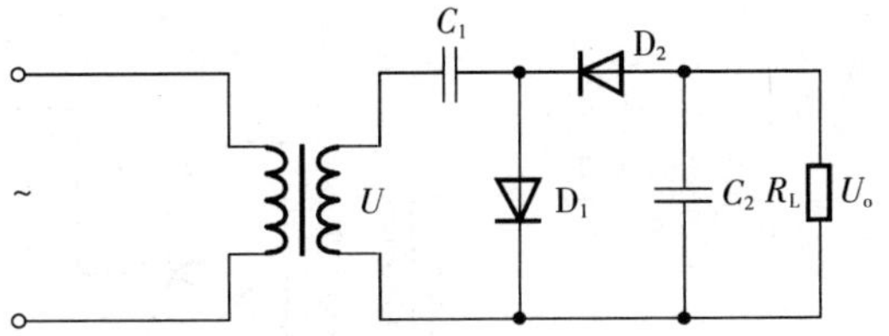

图 5-34　题 5-6 图

5-7　有一电解电源，采用三相桥式整流，如要求负载直流电压 $U_o = 20V$，负载电流 $I_o = 200A$，(1) 试求变压器容量为多少 kV·A；(2) 选用整流元件。考虑到变压器二次绕组及管子上的压降，变压器的二次侧电压要加大 10%。

5-8　试分析图 5-35 所示的变压器二次绕组有中心抽头的单相全波整流电路，二次绕组两段的电压有效值均为 U：

(1) 试标出负载电阻 R_L 上电压 U_o 和滤波极性电容器 C 的极性；

(2) 如无滤波电容器，负载整流电压的平均值 U_o 和变压器二次绕组每段的有效值 U 之间的数值关系如何？如有滤波电容，则又如何？

(3) 分别说明有滤波电容器和无滤波电容器两种情况下截止二极管上所承受的最高反向电压 U_{RM} 是否都等于 $2\sqrt{2}U$。

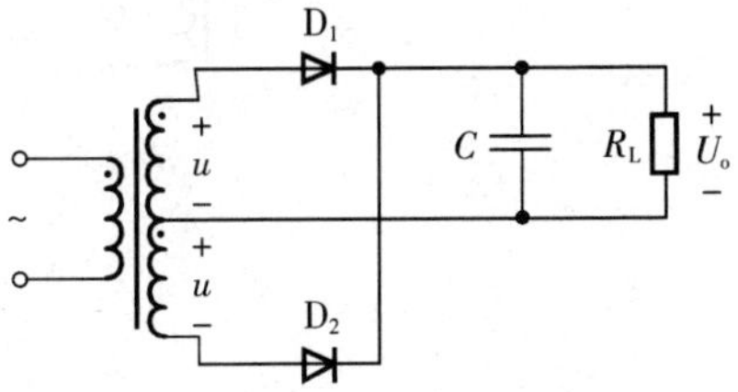

图 5-35　题 5-8 图

(4) 如果整流二极管 D_2 虚焊，U_o 是否是正常情况下的一半？如果变压器心抽头虚焊，这时有输出电压吗？

(5) 如果把 D_2 的极性接反，是否能正常工作？会出现什么问题？

(6) 如果 D_2 因过载损坏造成短路，还会出现什么其他问题？

(7) 如果输出端短路，又将出现什么问题？

(8) 如果把图中的 D_1 和 D_2 都反接，是否仍有整流作用？有何不同？

5-9　今要求负载电压 $U_o = 30V$，负载电流 $I_o = 150mA$。采用单相桥式整流电路，带电容滤波器。已知交流频率为 50Hz，试选用管子型号和滤波电容器，并与单相半波整流电路比较，带电容滤波器后，管子承受的最高反向电压是否相同？

5-10　稳压二极管稳压电路如图 5-36 所示，已知 $u = 28.2\sin\omega t$ (V)，稳压二极管的稳压值 $U_z = 6V$，$R_L = 2k\Omega$，$R = 1.2k\Omega$。试求：

(1) S_1 断开，S_2 合上时的 I_o，I_R 和 I_Z。

(2) S_1 和 S_2 均合上时的 I_o，I_R 和 I_Z，并说明 $R = 0$ 和 D_Z 接反两种情况下电路能否起稳压作用。

5-11　如何连接图 5-37 中的各个元器件以及接"地"符号，才能得到对"地"为 ±15V 的直流稳压电源，并写出其导通路径。

5-12　图 5-38 是具有整流、滤波和带放大环节的稳压电路，试分析：

(1) 各元件的作用，从负反馈放大电路的角度看，哪个量是输入量？反馈是如何形成的？

(2) 滤波输出电压 U_i 为多少？

(3) 估算稳压输出电压 U_o 的可调范围。

5-13 在图 5-39 中,试求输出电压 U_o 的可调范围是多大。

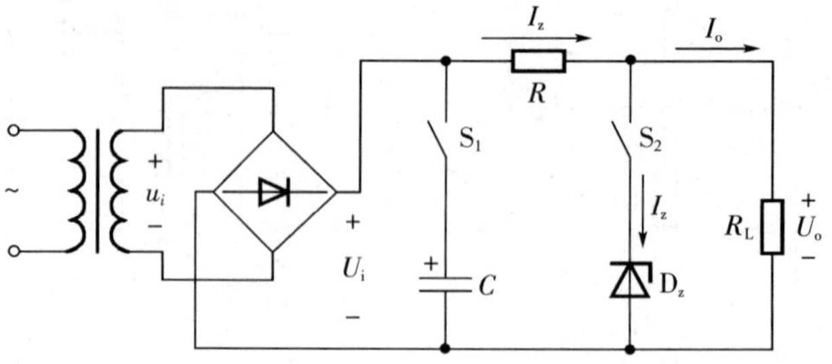

图 5-36 题 5-10 图

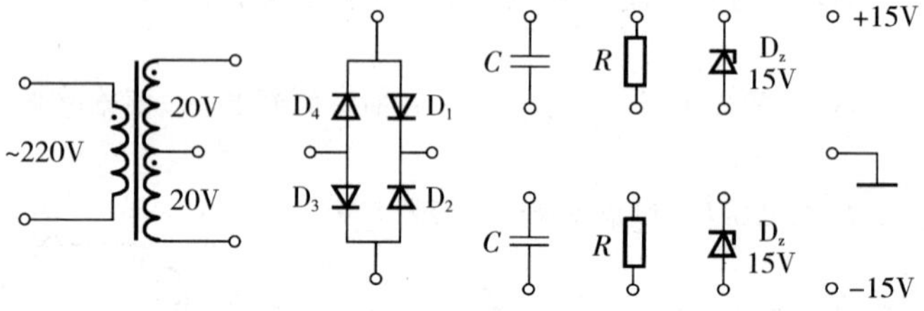

图 5-37 题 5-11 图

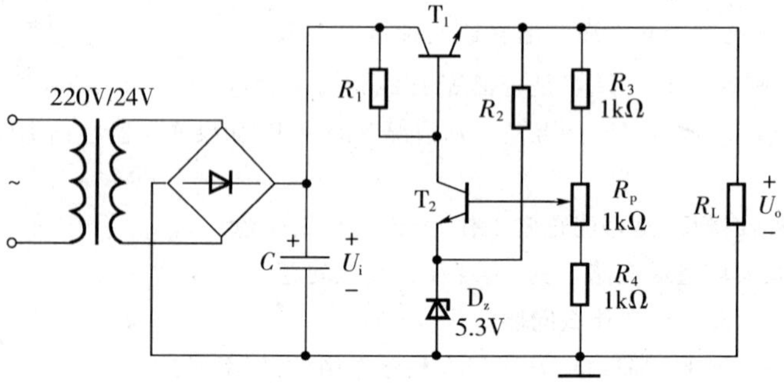

图 5-38 题 5-12 图

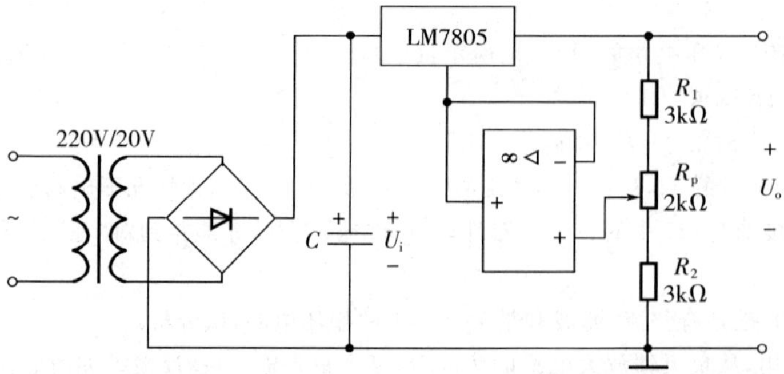

图 5-39 题 5-13 图

5-14　设计一台输出固定电压12V、额定负载电流1A的直流稳压电源，采用桥式整流、电容滤波、集成三端稳压器，电路如图5-40，要求计算：

（1）变压器次级电压 u_i 及功率容量；

（2）计算并选择其他器件参数、型号；

（3）根据设计参数，计算在 $I_o=1A$ 时，集成三端稳压器的功耗是多少？估算稳压电源的效率 η（变压器效率按90%计算、二极管正向压降可忽略不计，电网电压为额定值）。

（4）若电网电压升高10%，效率将如何变化？

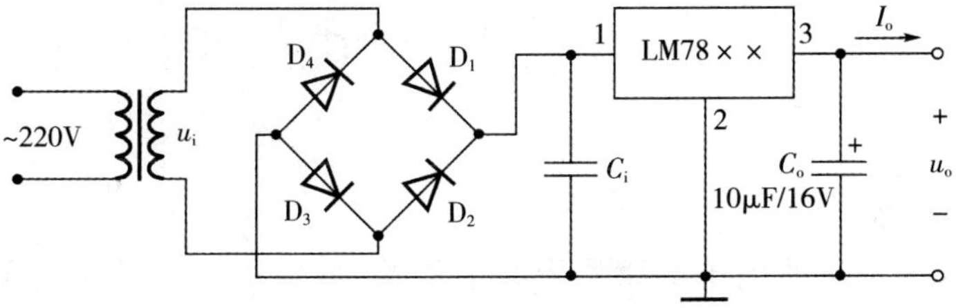

图5-40　题5-14图

第6章　组合逻辑电路

6.1　概　　述

6.1.1　数字电路

传递与处理数字信号的电子电路称为数字电路，数字电路是数字电子技术的核心。数字电路在电子设备或电子系统中得到了越来越广泛的应用，计算器、计算机、电视机、音响系统、视频设备、光碟、长途电话及卫星系统等，无一不采用数字系统，数字化已成为当今电子技术的发展趋势。

数字电路以二值数字逻辑为基础，只有0和1两个基本数字，易于用电路来实现。数字电路不仅能完成数值运算，而且能进行逻辑判断和逻辑运算，这在控制系统中是不可缺少的。数字信息可存入磁盘、光盘等，便于长期保存。

根据逻辑功能的不同，数字电路可分为组合逻辑电路和时序逻辑电路两大类。本章介绍组合逻辑电路。

6.1.2　数字信号与逻辑信号

数字电路处理的信号是数字信号。数字信号在时间上和数值上均是离散的。如电子表的秒信号，生产流水线上记录零件个数的计数信号等。

数字信号在电路中往往表现为突变的电压或电流，所以数字信号又被称为脉冲信号。图6-1所示为数字电压信号。该信号的特点是只有两个电压值，即3V和0V。用正逻辑表示时，3V为逻辑1，0V为逻辑0，对应的逻辑信号如图6-2所示，因此这两个电压值又可称为逻辑电平，3V为高电平，0V为低电平。如果用负逻辑表示图6-1的数字信号，则低电平为逻辑1，高电平为逻辑0。

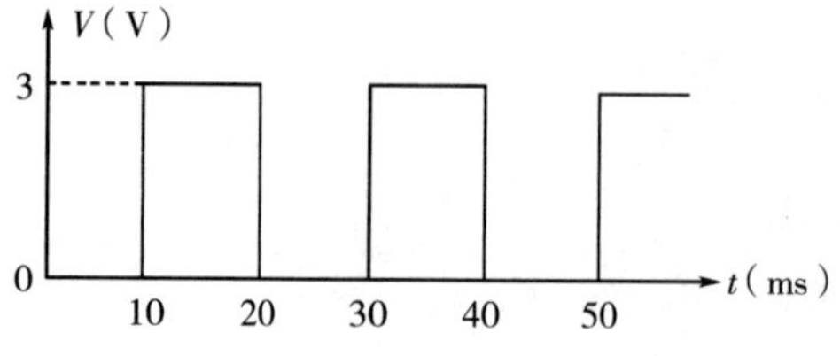

图6-1　数字信号举例

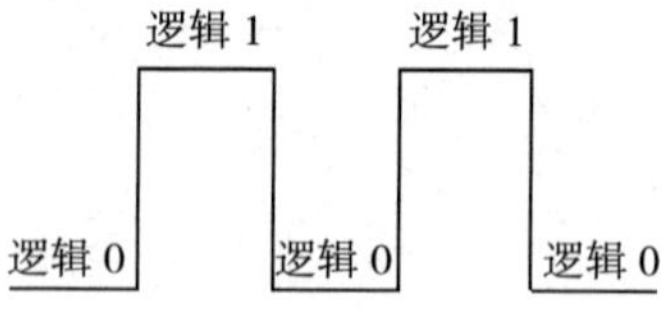

图6-2　逻辑信号

6.1.3　数字信号的主要参数

一个理想的周期性数字信号如图 6-3,可以用以下几个参数来描述:

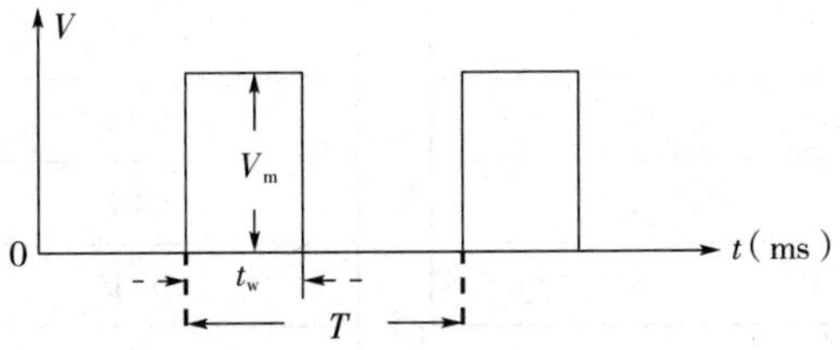

图 6-3　理想的周期性数字信号

V_m—— 信号幅度。表示电压波形变化的最大值。

T—— 信号的重复周期。

f—— 信号的重复频率。$f=1/T$。

t_W—— 脉冲宽度(简称脉宽)。表示脉冲的作用时间。

q—— 占空比。表示脉冲宽度 t_W 占整个周期 T 的百分比,即 $q=\frac{t_W}{T}\times 100\%$。

6.2　逻辑代数基本知识

数字电路由逻辑电路构成,在学习数字电路之前,我们必须掌握逻辑代数的基本知识。

6.2.1　数制与码制

1. 数制

(1) 十进制和二进制的基本知识

常用的计数体制有十进制(Decimal)、二进制(Binary)、十六进制(Hexadecimal) 和八进制(Octal),这里主要介绍十进制和二进制。十进制和二进制的基本知识见表 6-1。

表 6-1　十进制和二进制的基本知识

进制 N	数码	计数规则	基数	位权
十(D)	0、1、3、4 ~ 9	逢十进一	10	10^i
二(B)	0,1	逢二进一	2	2^i

任意进制数表达式的普遍形式为

$$(S)_N=\sum_{i=0}^{n}K_iN^i \qquad (i=0\sim n-1,n\text{ 是整数部分的位数})$$

式中:S 为任意数,N 为进制,K_i 为第 i 位数码的系数,N^i 为第 i 位的权。

就教材所涉及的数字电路的内容,两位、三位以及四位二进制数常用,罗列在表 6-2 ~

6－4中，由表可知，n位二进制数有2^n个不同的状态，如4位二进制数的状态数为$2^4=16$个。

表6－2　两位二进制数

二进制数	十进制数
00	0
01	1
10	2
11	3

表6－3　三位二进制数

二进制数	十进制数
000	0
001	1
010	2
011	3
100	4
101	5
110	6
111	7

表6－4　四位二进制数

二进制数	十进制数
0000	0
0001	1
0010	2
0011	3
0100	4
0101	5
0110	6
0111	7
1000	8
1001	9
1010	10
1011	11
1100	12
1101	13
1110	14
1111	15

(2) 十进制数和二进制数的相互转换

【例6－1】　将二进制数1101.01转换成十进制数。

【解】　二进制转换成十进制用“表达式展开”法。将每一位二进制数乘以位权，再将位权值相加即可。将例6－1用“表达式展开”法转换

$$(1101.01)_B = 1\times 2^3 + 1\times 2^2 + 0\times 2^1 + 1\times 2^0 + 0\times 2^{-1} + 1\times 2^{-2}$$
$$= 8 + 4 + 0 + 1 + 0 + 0.5 = (13.25)_D$$

得$(1101.01)_B = (13.25)_D$

【例6－2】　将十进制数13.25转换成二进制数。

【解】　十进制转换成二进制数，整数部分用“除2取余”法，小数部分用“乘2取整”法。将例6－2的整数部分13用“除2取余”法转换

2 | 13 …… 余数 1 　b_0

2 | 6 …… 余数 0 　b_1

2 | 3 …… 余数 1 　b_2

2 | 1 …… 余数 1 　b_3

　 0

得$(13)_D=(1101)_B$

将例 6－2 的小数部分 0.25 用“乘 2 取整”法转换

$$0.25\times2=0.5 \qquad 0 \qquad b_{-1}$$

$$0.5\times2=1.0 \qquad 1 \qquad b_{-2}\ \downarrow$$

得$(0.25)_D=(0.01)_B$

最后$(13.25)_D=(1101.01)_B$

2. 码制

由于数字系统是以二值数字逻辑为基础的，因此数字系统中的信息（如数值、控制命令等）都用一定位数的二进制数表示。不同的数码不仅可以表示数量的大小，还可以表示不同的事物。用来表示不同事物的数码称为代码。编制代码遵循的规则叫做“码制”。常用的一种码制是 BCD 码（Binary－Coded－Decimal）。

BCD 码 —— 用二进制代码表示十进制的 0 ～ 9 十个数。

用二进制代码表示十进制的 0 ～ 9 十个数，至少要用 4 位二进制数。4 位二进制数有 16 种组合，可以从这 16 种组合中选择 10 种组合分别表示十进制的 0 ～ 9。选哪 10 种组合，有多种方案，这就形成了不同的 BCD 码。常用 BCD 码举几例见表 6－5。

表 6－5　常用 BCD 码

十进制数	8421BCD 码	2421BCD 码	5421BCD 码	余 3 码
0	0 0 0 0	0 0 0 0	0 0 0 0	0 0 1 1
1	0 0 0 1	0 0 0 1	0 0 0 1	0 1 0 0
2	0 0 1 0	0 0 1 0	0 0 1 0	0 1 0 1
3	0 0 1 1	0 0 1 1	0 0 1 1	0 1 1 0
4	0 1 0 0	0 1 0 0	0 1 0 0	0 1 1 1
5	0 1 0 1	1 0 1 1	1 0 0 0	1 0 0 0
6	0 1 1 0	1 1 0 0	1 0 0 1	1 0 0 1
7	0 1 1 1	1 1 0 1	1 0 1 0	1 0 1 0
8	1 0 0 0	1 1 1 0	1 0 1 1	1 0 1 1
9	1 0 0 1	1 1 1 1	1 1 0 0	1 1 0 0
位权	8 4 2 1	2 4 2 1	5 4 2 1	无权

表 6－5 列出的是一位十进制数的 BCD 码，如果要表示多位十进制数，应先将每一位用 BCD 码表示，再组合起来。

【例 6－3】　将十进制数$(82)_D$分别用 8421BCD 码、2421BCD 码和余 3 码表示。

【解】由表 6－5 可得

$(82)_D=(1000\quad0010)_{8421BCD}$

$(82)_D=(1110\quad0010)_{2421BCD}$

$(82)_D=(1011\quad0101)_{余3}$

例 6－3 中列出的是两位十进制数的 BCD 码。

6.2.2　逻辑代数的基本运算

数字电路实现的是逻辑关系。逻辑关系是指某事物的条件与结果之间的关系。逻辑关系常用逻辑函数来描述。参与逻辑运算的变量叫逻辑变量，用字母 A,B,…… 表示。每个变量的取值非 0 即 1。在描述逻辑关系时，0、1 不表示数的大小，而是代表两种不同的逻辑状态。在正逻辑中，1 表示条件具备、事件发生、开关接通、高电平等；0 表示条件不具备、事件没有发生、开关断开、低电平等。

逻辑代数最基本的运算有与、或、非三种。

1. 与运算

与逻辑关系 —— 当决定某一事件的全部条件都具备时，此事件才会发生，这种决定事件的因果关系称为“与逻辑关系”。

与逻辑关系的有关知识可用图 6-4 来概括。图 6-4(a) 为与逻辑关系示意电路，其工作原理如图 6-4(b) 所示。如果用二值逻辑 0 和 1 来表示图 6-4(b)，并设 1 表示开关闭合或灯亮；0 表示开关断开或灯灭，则得到如图 6-4(c) 所示的表格，称为与逻辑真值表。由真值表可写出与逻辑关系表达式 $L = A \cdot B$。

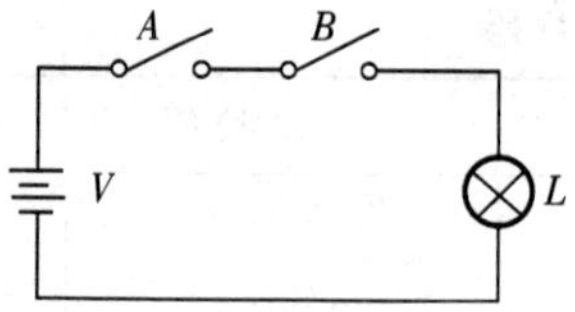

(a)

A	B	L
不闭合	不闭合	不亮
不闭合	闭合	不亮
闭合	不闭合	不亮
闭合	闭合	亮

(b)

A	B	$L = A \cdot B$
0	0	0
0	1	0
1	0	0
1	1	1

(c)

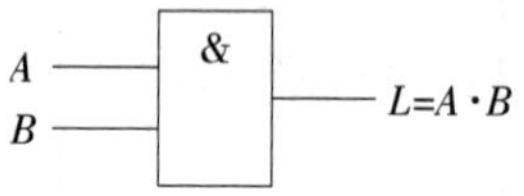

(d)

图 6-4　与逻辑运算

(a) 示意电路　(b) 工作原理列表　(c) 逻辑真值表　(d) 逻辑符号

二变量的与运算为：$0 \cdot 0 = 0$；　$0 \cdot 1 = 0$；　$1 \cdot 0 = 0$；　$1 \cdot 1 = 1$。与运算的规则为“有 0 出 0，全 1 出 1”。

与运算可以推广到多个变量 $L = A \cdot B \cdot C \cdot D \cdots$

在数字电路中能实现与运算的电路称为与门电路，二输入与门电路（二输入与逻辑关系）可用图 6-4(d) 所示逻辑符号表示。

2. 或运算

或逻辑关系 —— 当决定某一事件的一个或多个条件具备时，此事件便会发生，这种决定事件的因果关系称为“或逻辑关系”。

或逻辑关系的有关知识可用图 6-5 来概括。图 6-5(a) 为或逻辑关系示意电路，其工作原理如图 6-5(b) 所示，图 6-5(c) 是或逻辑真值表。或逻辑关系式为 $L = A + B$。

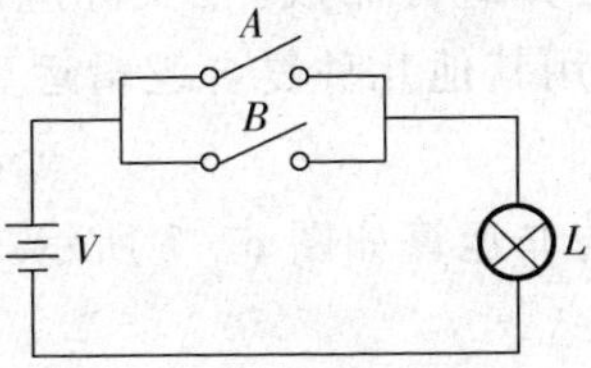

(a)

A	B	L
不闭合	不闭合	不亮
不闭合	闭合	亮
闭合	不闭合	亮
闭合	闭合	亮

(b)

A	B	$L = A + B$
0	0	0
0	1	1
1	0	1
1	1	1

(c)

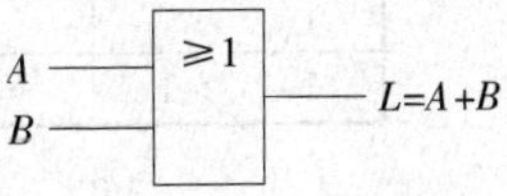

(d)

图 6-5　或逻辑运算

(a) 示意电路　(b) 工作原理列表　(c) 逻辑真值表　(d) 逻辑符号

二变量的或运算为：$0 + 0 = 0$；　$0 + 1 = 1$；　$1 + 0 = 1$；　$1 + 1 = 1$。或运算的规则为“有 1 出 1，全 0 出 0”。

或运算可以推广到多个变量 $L = A + B + C + \cdots$

在数字电路中能实现或运算的电路称为或门电路，二输入或门电路(二输入或逻辑关系)可用图 6-5(d) 所示逻辑符号表示。

3. 非运算

非逻辑关系 —— 条件具备时事件不发生；条件不具备时事件才发生。

非逻辑关系可借助图 6-6(a) 所示的电路来解释，当开关 A 闭合时，灯不亮；而当 A 断开时，灯却亮。其工作原理如图 6-6(b) 所示。非逻辑真值表见图 6-6(c)。非逻辑表达式为 $L = \overline{A}$。非运算的规则为：$\overline{0} = 1$；$\overline{1} = 0$。

能实现非逻辑运算的电路称为非门电路，非逻辑关系可用图 6-6(d) 所示的逻辑符号来表示。

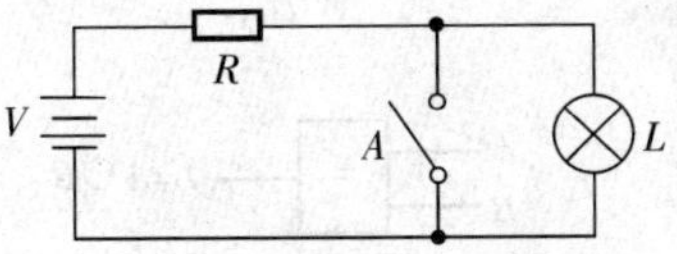

(a)

开关 A	灯 L
不闭合	亮
闭合	不亮

(b)

A	L
0	1
1	0

(c)

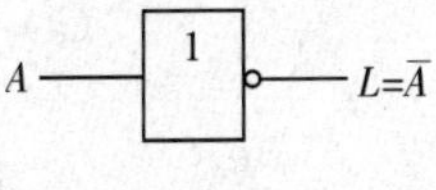

(d)

图 6-6　非逻辑运算

(a) 示意电路　(b) 工作原理列表　(c) 逻辑真值表　(d) 逻辑符号

4. 复合逻辑运算

任何复杂的逻辑运算都可由这三种基本逻辑运算组合而成。在实际应用中,为了减少逻辑门的数目,使数字电路的设计更方便,还常常使用其他几种复合逻辑运算。

(1) 与非运算

与非运算由与运算和非运算组合而成,二输入与非运算如图 6-7 所示。

A	B	$L=\overline{A\cdot B}$
0	0	1
0	1	1
1	0	1
1	1	0

(a)

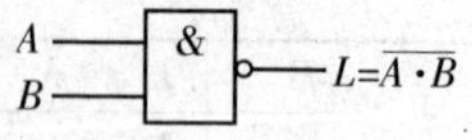

(b)

图 6-7　与非逻辑运算

(a) 逻辑真值表　(b) 逻辑符号

(2) 或非运算

或非运算由或运算和非运算组合而成,二输入或非运算如图 6-8 所示。

A	B	$L=\overline{A+B}$
0	0	1
0	1	0
1	0	0
1	1	0

(a)

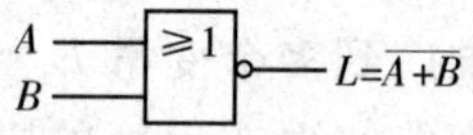

(b)

图 6-8　或非逻辑运算

(a) 逻辑真值表　(b) 逻辑符号

(3) 同或运算

当两个变量取值相同时,逻辑函数值为 1;当两个变量取值不同时,逻辑函数值为 0,这样的逻辑运算为同或运算,其函数式可写成 $L=\overline{A}\cdot\overline{B}+AB=A\odot B$。图 6-9 所示为二输入同或运算的真值表和相应的逻辑符号。

A	B	$L=A\odot B$
0	0	1
0	1	0
1	0	0
1	1	1

(a)

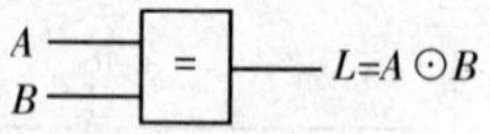

(b)

图 6-9　同或逻辑运算

(a) 逻辑真值表　(b) 逻辑符号

(4) 异或运算

当两个变量取值相同时,逻辑函数值为 0;当两个变量取值相异时,逻辑函数值为 1,这样的逻辑运算为异或运算，其函数式可写成 $L=\overline{A}B+A\overline{B}=A\oplus B$。图 6-10 所示为二输入异或运算的真值表和相应的逻辑符号。

A	B	$L=A\oplus B$
0	0	0
0	1	1
1	0	1
1	1	0

(a)

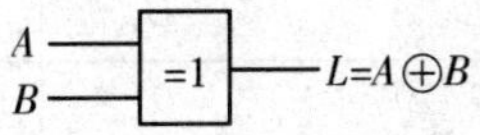

(b)

图 6-10　异或逻辑运算

(a) 逻辑真值表　(b) 逻辑符号

6.2.3　逻辑代数的基本公式

逻辑代数有一套完整的定理和定律，均以基本公式的形式表示，用它们对逻辑函数进行化简、变换，可以实现对逻辑电路的分析与设计。

1. 逻辑代数的基本公式

逻辑代数的基本公式见表 6-6。

表 6-6　逻辑代数的基本公式

名称	与关系	或关系
0—1 律	$A\cdot 1=A$；　$A\cdot 0=0$	$A+0=A$；　$A+1=1$
互补律	$A\cdot\overline{A}=0$	$A+\overline{A}=1$
重叠律	$AA=A$	$A+A=A$
交换律	$AB=BA$	$A+B=B+A$
结合律	$A(BC)=(AB)C$	$A+(B+C)=(A+B)+C$
分配律	$A(B+C)=AB+AC$	$A+BC=(A+B)(A+C)$
反演律	$\overline{AB}=\overline{A}+\overline{B}$	$\overline{A+B}=\overline{A}\,\overline{B}$
吸收律	$A(A+B)=A$ $A(\overline{A}+B)=AB$ $(A+B)(\overline{A}+C)(B+C)=(A+B)(\overline{A}+C)$	$A+AB=A$ $A+\overline{A}B=A+B$ $AB+\overline{A}C+BC=AB+\overline{A}C$
还原律	$\overline{\overline{A}}=A$	

2. 基本公式的证明与推广

(1) 基本公式的证明

表中略为复杂的公式可用真值表来证明，也可用其他简单的公式来证明。

【例 6-4】　试证明吸收律 $A+\overline{A}B=A+B$。

【解法 1】　用真值表证明。

用真值表证明即检验等式两边的函数值是否一致，只要列出等式两边函数的真值即可得证，见表 6－7。由表可知，在输入变量的任何取值下，等式两边的函数值都是相等的，故等式成立。

表 6－7　证明 $A+\overline{A}B=A+B$

A	B	$A+\overline{A}B$	$A+B$
0	0	0	0
0	1	1	1
1	0	1	1
1	1	1	1

【解法 2】　用其他公式证明。

证：$A+\overline{A}B=A(B+\overline{B})+\overline{A}B=AB+A\overline{B}+\overline{A}B$

$=AB+AB+A\overline{B}+\overline{A}B=(AB+A\overline{B})+(AB+\overline{A}B)$

$=A(B+\overline{B})+B(A+\overline{A})=A+B$

得证。

(2) 基本公式的推广

基本公式的推广实际上就是要注意基本公式的变形形式。

【例 6－5】　公式 $A+\overline{A}B=A+B$ 的推广

$$A+\overline{A}BC=A+BC$$

$$AB+\overline{AB}C=AB+C$$

$$\overline{A}+AB=\overline{A}+B$$

6.2.4　逻辑函数的表示方法

描述逻辑关系的函数称为逻辑函数，逻辑函数是从生活和生产实践中抽象出来的，但是只有那些能明确地用“是”或“否”作出回答的事物，才能定义为逻辑函数。逻辑函数中有自变量和因变量，当自变量取值确定后，因变量的值也就完全确定了。若某因变量 L 是自变量 $A,B,\cdots$ 的函数，则称 $A,B,\cdots$ 为输入逻辑变量，L 为输出逻辑变量，记为

$$L=f(A,B,\cdots)$$

逻辑关系的表示方法常用有五种：真值表表示法、逻辑函数式表示法、逻辑图表示法、波形图表示法以及卡诺图表示法。

【例 6－6】　某逻辑电路，有两个输入端 A、B，一个输出端 L。电路能对 A、B 两路信号进行比较，当 A、B 相异时，输出 L 为 1；A、B 相同时，输出 L 为 0。试分别用上述五种表示法表示其逻辑关系。

【解】

1. 逻辑函数的真值表表示方法

真值表是将输入逻辑变量的各种可能取值和相应的函数值排列在一起而组成的表格。

为避免遗漏，输入变量的取值组合最好按照二进制数递增的次序排列。

首先设置自变量和因变量，此例中，将输入信号 A、B 设为自变量，将输出变量 L 设置为因变量；再根据题意列出它们的逻辑值（一般用正逻辑），见表 6-8。

表 6-8　例 6-6 的真值表表示法

输入		输出
A	B	L
0	0	0
0	1	1
1	0	1
1	1	0

2. 逻辑函数的函数式表示法

逻辑函数式就是由逻辑变量和“与”、“或”、“非”三种运算构成的表达式，可借助真值表写出。由真值表转换为逻辑函数式首先要掌握“最小项”。

(1) 最小项

在 n 变量的逻辑函数中，若 m 是包含 n 个因子的乘项积，而且这 n 个变量均以原变量或反变量的形式在 m 中出现一次，则称 m 为该组变量的最小项。

n 变量逻辑函数的全部最小项共有 2^n 个。如二变量 $L=f(A,B)$ 的全部的最小项共有 $2^2=4$ 个，如表 6-9 所示。类推，三变量 $L=f(A,B,C)$ 的全部最小项共有 $2^3=8$ 个，内容读者可自己列出，其编号为 $m_0 \sim m_7$；四变量 $L=f(A,B,C,D)$ 的全部最小项有 $2^4=16$ 个，编号为 $m_0 \sim m_{15}$。

表 6-9　二变量全部最小项

最小项	使最小项的值为 1 的变量取值		对应的十进制数	编号
	A	B		
$\overline{A}\cdot\overline{B}$	0	0	0	m_0
$\overline{A}\cdot B$	0	1	1	m_1
$A\cdot\overline{B}$	1	0	2	m_2
$A\cdot B$	1	1	3	m_3

(2) 逻辑函数的函数式表示法

在真值表中依次找出函数值等于 1 的输入变量的最小项，把这些最小项相加，就得到相应的逻辑函数表达式。

例 6-6 的逻辑函数式为 $L=\overline{A}B+A\overline{B}=m_1+m_2=\sum(m_1,m_2)=\sum m(1,2)$

3. 逻辑函数的逻辑图表示法

逻辑图就是将函数式中的基本逻辑关系，用它们对应的逻辑符号表示而构成的图形。

逻辑函数 $L=\overline{A}B+A\overline{B}$ 的逻辑图如图 6－11 所示。

4. 逻辑函数的波形图表示法

例 6－6 的逻辑关系也可用图 6－12 所示的波形图来表示，当输入信号的波形如图 A、B 所示时，按题意输出信号的波形必定如图 L 所示。

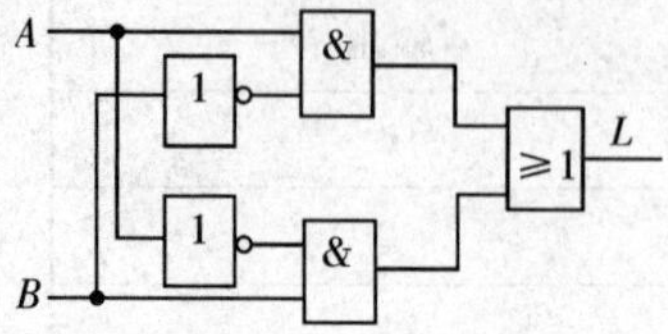

图 6－11 例 6－6 的逻辑图

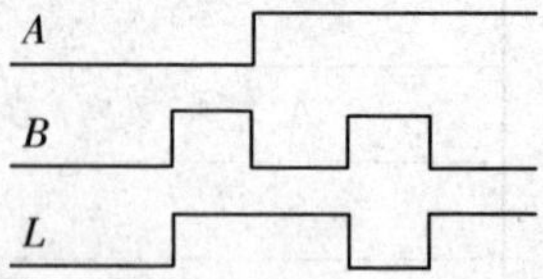

图 6－12 例 6－6 的波形图

5. 逻辑函数的卡诺图表示法

逻辑函数的卡诺图表示法将在后续内容“逻辑函数的卡诺图化简法”中一并介绍。

既然同一个逻辑函数可以用不同的方法描述，那么，这些方法之间必能互相转换。如何转换，读者可自己归纳。

6.2.5 逻辑函数式的最小项之和形式

由前述得知，一种逻辑关系的表现形式有多种，其中包含逻辑函数式。像例 6－6 的逻辑函数式 $L=\overline{A}B+A\overline{B}=m_1+m_2=\sum(m_1,m_2)=\sum(1,2)$ 的这种形式称为逻辑函数式的最小项之和形式。利用基本公式 $A+\overline{A}=1$ 可以把任何逻辑函数式化为最小项之和的标准形式。

【例 6－7】 将逻辑函数 $L(A,B)=AB+\overline{B}$ 化为最小项之和的标准形式。

【解】 该函数为二变量函数，而表达式中第二项只含有一个因子，不是最小项。要化为最小项，就应补齐缺少的 A 因子，办法是将 $\overline{B}$ 项乘以 $(A+\overline{A})$，得

$$L(A,B)=AB+\overline{B}=AB+(A+\overline{A})\overline{B}=AB+A\overline{B}+\overline{A}\,\overline{B}$$

$$=m_3+m_2+m_0=\sum(m_0,m_2,m_3)=\sum m(0,2,3)$$

【例 6－8】 将逻辑函数 $Y(A,B,C)=AB+C$ 化为最小项之和形式。

【解】 $Y(A,B,C)=AB+C=AB(C+\overline{C})+(A+\overline{A})(B+\overline{B})C$

$$=ABC+AB\overline{C}+ABC+\overline{A}BC+A\overline{B}C+\overline{A}\,\overline{B}C$$

$$=m_7+m_6+m_7+m_3+m_5+m_1$$

$$=\sum(m_1,m_3,m_5,m_6,m_7)=\sum m(1,3,5,6,7)$$

【例 6－9】 将逻辑函数 $F(A,B,C)=AB+\overline{AC}$ 转换成最小项表达式。

【解】 $F(A,B,C)=AB+\overline{AC}=AB+\overline{A}+\overline{C}$

$$=AB(\overline{C}+C)+\overline{A}(\overline{B}+B)(\overline{C}+C)+(\overline{A}+A)(\overline{B}+B)\overline{C}$$

$$= AB\overline{C} + ABC + A\overline{B}\,\overline{C} + AB\overline{C} + A\overline{B}C + ABC + \overline{A}\,\overline{B}C + \overline{A}BC + A\overline{B}C$$

$$+ ABC$$

$$= m_6 + m_7 + m_4 + m_6 + m_5 + m_7 + m_1 + m_3 + m_5 + m_7$$

$$= \sum(m_1, m_3, m_4, m_5, m_6, m_7) = \sum m(1,3,4,5,6,7)$$

6.2.6　逻辑函数的公式化简法

逻辑函数越简单，实现这个逻辑函数所用的电子器件也就越少，成本就低，因此在设计逻辑电路时通常先将逻辑函数化简为最简形式。逻辑函数的化简方法有“公式化简法”和“卡诺图化简法”两种。这里，先介绍公式化简法。

1. 逻辑函数的最简标准

常用逻辑函数式的形式有“与 — 或式”和“与非 — 与非式”两种。

最简与 — 或式的标准：函数式中进行或运算的项最少；每一项中进行与运算的因子最少。

要获得与非 — 与非式，只要将与 — 或式取两次“非”即可。

【例 6-10】　将逻辑函数 $L = AB + \overline{A}C + \overline{B}C$ 化为“最简与 — 或式”和“最简与非 — 与非式”。

【解】　$L = AB + \overline{A}C + \overline{B}C = AB + (\overline{A} + \overline{B})C = AB + \overline{AB}C = AB + C$（最简与 — 或式）

$L = \overline{\overline{AB + C}} = \overline{\overline{AB} \cdot \overline{C}}$（最简与非 — 与非式）

例 6-10 最简与 — 或式和最简与非 — 与非式所对应的逻辑图如图 6-13 所示。由图可知，按最简与 — 或式 $AB + C$ 实现此逻辑电路需两种功能的门电路，即二输入或门、二输入与门；按最简与非 — 与非式 $\overline{\overline{AB} \cdot \overline{C}}$ 实现此逻辑电路只需一种功能的门电路，即二输入与非门。由此看来，按最简与非 — 与非式实现某逻辑函数，有可能所用集成芯片最少，成本最低。

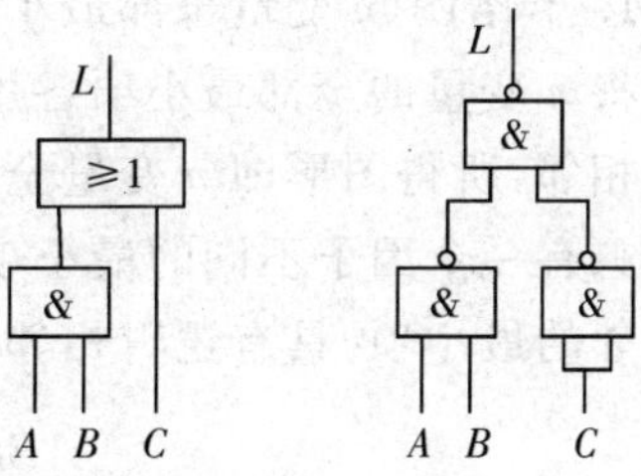

（a）　（b）

图 6-13　例 6-10 最简逻辑图
（a）与或逻辑图　（b）与非逻辑图

2. 逻辑函数的公式化简法

用逻辑代数的基本公式化简逻辑函数，没有固定的步骤，但常用以下几种化简方法。

（1）并项法。运用公式 $A + \overline{A} = 1$，将两项合并为一项，消去一个变量。如

$$L = AB\overline{C} + ABC = AB(\overline{C} + C) = AB$$

（2）消去法。运用吸收律 $A + \overline{A}B = A + B$ 消去多余的因子。如

$$L = AB + \overline{A}C + \overline{B}C = AB + (\overline{A} + \overline{B})C = AB + \overline{AB}C = AB + C$$

(3) 配项法。先增加必要的乘积项(如乘以 $A+\bar{A}$),再用以上方法化简。如

$$L = A+\bar{A}B = A(B+\bar{B})+\bar{A}B = AB+A\bar{B}+\bar{A}B$$
$$= AB+AB+A\bar{B}+\bar{A}B = (AB+A\bar{B})+(AB+\bar{A}B)$$
$$= A(B+\bar{B})+B(A+\bar{A}) = A+B$$

在化简逻辑函数时,要灵活运用上述方法,才能将逻辑函数化为最简。下面再举几例。

【例 6-11】 化简逻辑函数 $L = A\bar{B}+A\bar{C}+A\bar{D}+ABCD$

【解】 $L = A(\bar{B}+\bar{C}+\bar{D})+ABCD = A\,\overline{BCD}+ABCD = A(\overline{BCD}+BCD) = A$

【例 6-12】 化简逻辑函数 $L = AD+A\bar{D}+AB+\bar{A}C+BD+A\bar{B}EF+\bar{B}EF$

【解】 $L = A+AB+\bar{A}C+BD+A\bar{B}EF+\bar{B}EF$

$$= A+\bar{A}C+BD+\bar{B}EF$$
$$= A+C+BD+\bar{B}EF$$

公式化简法的优点是不受变量数目的限制。缺点是没有固定的步骤,需要熟练运用各种公式和定理,有时很难判定化简结果是否最简。利用卡诺图化简逻辑函数会很直观,而且很容易将函数化到最简。

6.2.7 逻辑函数的卡诺图化简法

卡诺图化简法是一种图形法,是由美国工程师卡诺(Karnaugh)首先提出的,所以称为卡诺图化简法。

1. 卡诺图(n 变量全部最小项的卡诺图)

将 n 变量的全部最小项各用一个小方块表示,并使具有逻辑相邻的最小项在几何位置上也相邻,所得图形即 n 变量全部最小项的卡诺图。

只有一个因子不同的最小项是具有逻辑相邻的最小项。例如:ABC 和 $AB\bar{C}$ 就是具有逻辑相邻的最小项。具有逻辑相邻的两个最小项合并时,可消去一对不相同的因子。如

$$ABC+AB\bar{C} = AB(C+\bar{C}) = AB$$

结果,一对不相同的因子 $C+\bar{C}$ 消去,只剩下公共因子 AB。

(1) 一变量全部最小项的卡诺图。一变量 $L=f(A)$,全部最小项有 $\bar{A}$,A 两个,其卡诺图如图 6-14 所示。

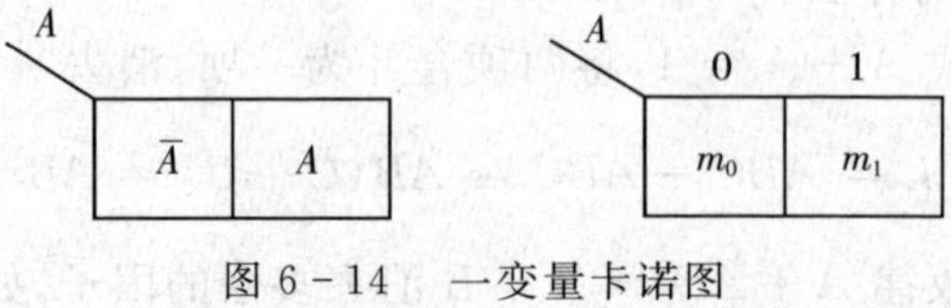

图 6-14 一变量卡诺图

(2) 二变量全部最小项的卡诺图。二变量 $L=f(A,B)$,其卡诺图如图 6-15 所示。

图 6-15　二变量卡诺图

(3) 三变量全部最小项的卡诺图。三变量 $L=f(A,B,C)$，其卡诺图如图 6-16 所示。

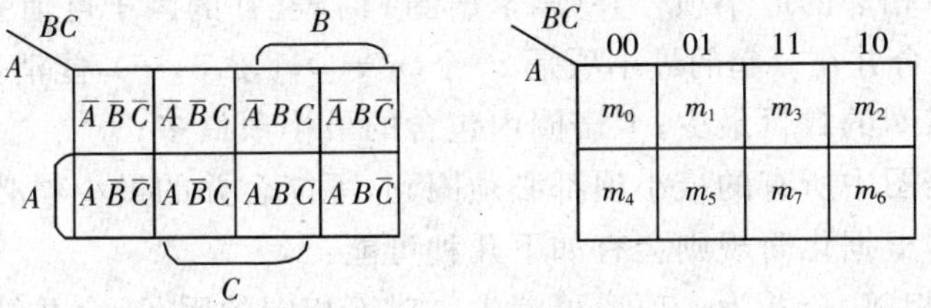

图 6-16　三变量卡诺图

(4) 四变量全部最小项的卡诺图。四变量 $L=f(A,B,C,D)$，其卡诺图如图 6-17 所示。

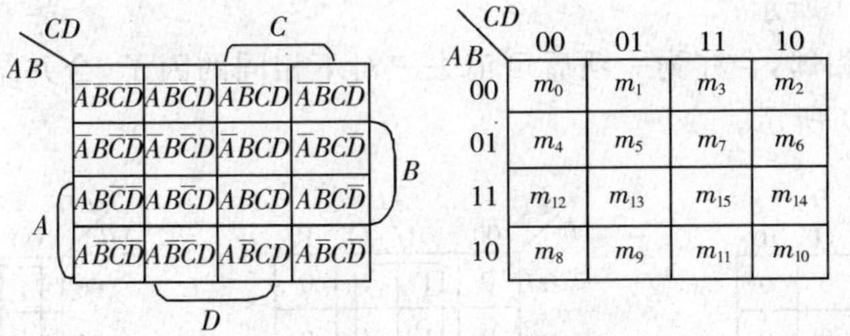

图 6-17　四变量卡诺图

仔细观察可以发现，卡诺图具有很强的逻辑相邻性。

直观相邻性：只要小方格在几何位置上相邻，不管上下左右，小方格中的最小项在逻辑上一定是相邻的。

对边相邻性：与中心轴对称的左右两边和上下两边的小方格中的最小项在逻辑上也一定是相邻的。

2. 用卡诺图表示逻辑函数

要利用卡诺图化简逻辑函数，首先必须将要化简的逻辑函数在卡诺图中表示出来。

用卡诺图表示逻辑函数的方法：

(1) 把已知逻辑函数式化为最小项之和形式；

(2) 将函数式中包含的最小项在卡诺图对应的方格中填 1，没有包含的最小项在卡诺图对应的方格中填 0。

【例 6-13】　用卡诺图表示 $L_1 = A\overline{C} + \overline{A}C + B\overline{C} + \overline{B}C$

【解】　上式为三变量逻辑函数，化成最小项之和形式为

$$L_1(A,B,C) = \sum(m_1, m_2, m_3, m_4, m_5, m_6)$$

将函数式中包含的最小项 m_1、m_2、m_3、m_4、m_5、m_6 在三变量卡诺图对应的方格中填 1，没有包含的最小项 m_0、m_7 在卡诺图对应的方格中填 0，即得函数 L_1 的卡诺图，如图6－18 所示。

L_1 A \ BC	00	01	11	10
0	0	1	1	1
1	1	1	0	1

图 6－18　例 6－13 卡诺图

3. 逻辑函数的卡诺图化简法

利用卡诺图化简逻辑函数的方法称为“卡诺图化简法”或“图形化简法”。

化简依据：逻辑相邻的最小项合并（画卡诺圈）时，互补的因子可消去；

化简规则：能够合并在一起的最小项是 2^n 个（$n = 0,1,2,3,\cdots$），能消去的因子数为 n 对；

最简标准：卡诺圈的数目最少；卡诺圈内包含的最小项最多；

特别注意：卡诺图中所有的最小项都必须圈到，不能合并的最小项必须单独画圈。

以四变量为例，根据化简规则会有如下几种可能：

若两个最小项相邻，合并为一项后可消去一对不相同的因子，合并结果只剩下 3 个公共因子，如图 6－19(a) 所示；

若四个最小项相邻，合并为一项后可消去两对不相同的因子，合并结果只剩下 2 个公共因子，如图 6－19(b) 所示；

若八个最小项相邻，合并为一项后可消去三对不相同的因子，合并结果只剩下 1 个公共因子，如图 6－19(c) 所示。

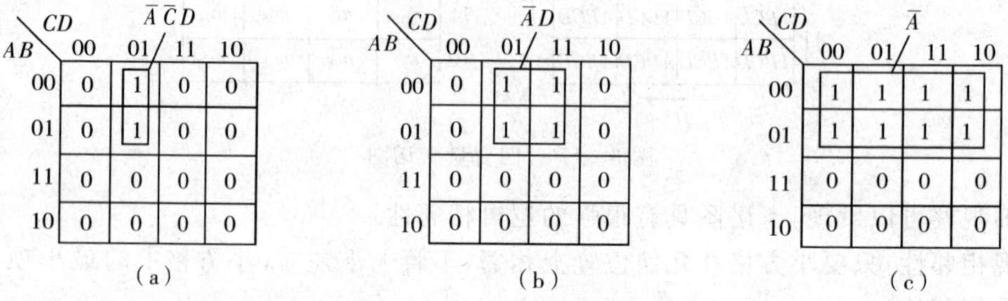

图 6－19　化简规则举例

由此也可看出，卡诺圈内包含的最小项越多化简结果越简。

用卡诺图化简逻辑函数的步骤：

(1) 画出逻辑函数的卡诺图；

(2) 合并相邻的最小项；

(3) 写出化简后的逻辑函数式。

写函数式的方法是：每一个卡诺圈写一个公共因子乘积项，取值为 1 的因子用原变量表示，取值为 0 的因子用反变量表示；再将所有乘积项进行逻辑加，即得最简与－或表达式。

【例 6－14】　用卡诺图化简 $L_1 = A\bar{C} + \bar{A}C + B\bar{C} + \bar{B}C$ 为最简与－或式。

【解】　已知L_1的卡诺图如图6－18所示，按化简规则对可以合并的最小项画卡诺圈，如图 6－20 所示。由图可见，例6－14 有两种合并最小项的方案。按图 6－20(a) 合并最小项，化简结果为 $L_1 = A\bar{B} + B\bar{C} + \bar{A}C$；按图 6－20(b) 合并最小项，化简结果为 $L_1 = \bar{A}B + \bar{B}C + A\bar{C}$

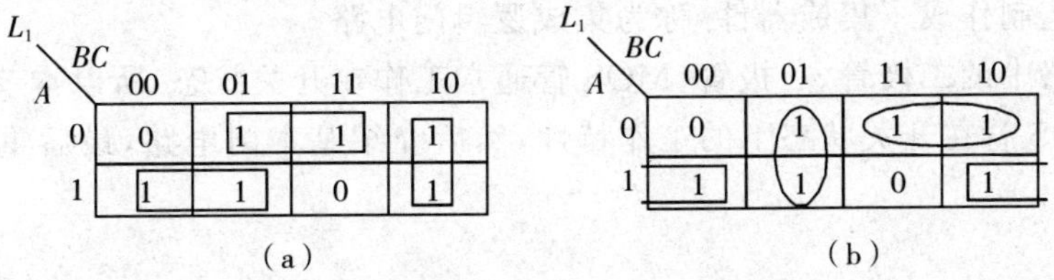

图 6-20　例 6-14 的卡诺图化简法

两个化简结果都符合最简与一或式的标准。由此例知，一个逻辑函数的卡诺图是唯一的，但化简结果可能不唯一。

【例 6-15】　用卡诺图将逻辑函数 L_2 化简为最简与一或式。

$$L_2(A,B,C,D)=\sum m(0,2,3,4,6,7,10,11,14,15)$$

【解】　L_2 的卡诺图如图 6-21 所示，化简后的最简与一或表达式为 $L_2=C+\bar{A}\,\bar{D}$

由此例知：

(1) 卡诺图中，对边是逻辑相邻的。如卡诺圈 $\bar{A}\,\bar{D}$ 就是利用了对边的逻辑相邻性。

(2) 为了卡诺圈内包含的最小项尽可能地多，允许卡诺圈重叠，如 C 圈。

【例 6-16】　用卡诺图将逻辑函数 L_3 化简为最简与一或式。

$$L_3=\bar{C}\,\bar{D}+\bar{A}B\bar{C}D+AB\bar{C}D+\bar{B}C\bar{D}$$

【解】　L_3 的卡诺图如图 6-22 所示，化简后的最简与一或表达式为 $L_3=B\bar{C}+\bar{B}\,\bar{D}$

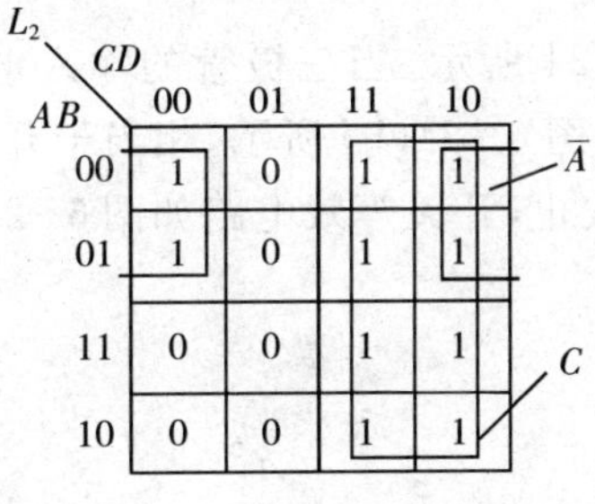

图 6-21　例 6-15 卡诺图

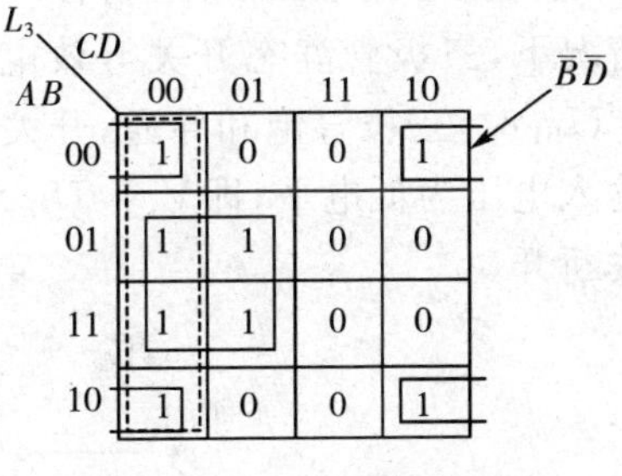

图 6-22　例 6-16 卡诺图

注意：

(1) 图中的卡诺圈 $\bar{B}\,\bar{D}$ 是利用了四角的逻辑相邻性。

(2) 图中的虚线圈是多余的，不应该画。

6.3　门电路

在上一节里，我们初步认识了与、或、非三种基本逻辑运算和与非、或非、同或、异或等常用复合逻辑运算，这些运算关系都是用逻辑符号表示的。工程中，每一个逻辑符号都对应着一种电路，这种单元电路统称为门电路，门电路是数字电路的基本逻辑单元。所有门电路都通过集成工艺制作成了集成器件，称为集成逻辑门电路。

由于门电路中的二极管、三极管、MOS 管通常工作在开关状态，所以本节首先介绍二极管、三极管、MOS 管在开关状态下的工作特性，然后介绍基本门电路，最后重点介绍集成逻辑门电路。

6.3.1 二极管、三极管、MOS 管开关等效电路

1. 二极管开关等效电路（静态特性）

理想情况下，二极管静态开关等效电路如图 6-23 所示。当二极管两端的电压 $U_a > U_b$ 时，二极管导通，开关等效电路如图 6-23(b) 所示，相当于开关闭合；当二极管两端的电压 $U_a \leqslant U_b$ 时，二极管截止，开关等效电路如图 6-23(c) 所示，相当于开关断开。

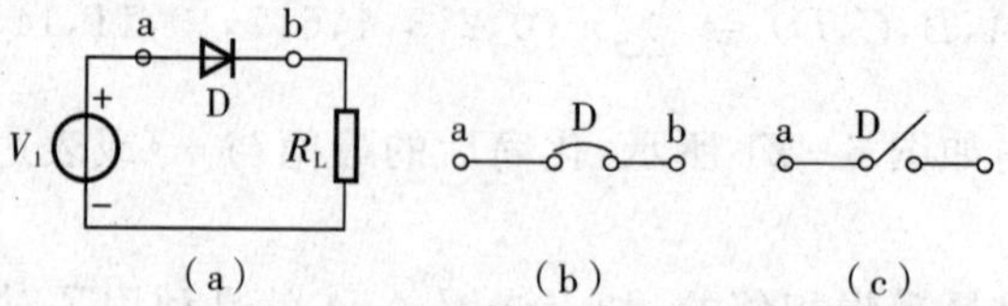

图 6-23　二极管开关等效电路

可见，二极管在电路中表现为一个受外加电压 V_I 控制的开关。当外加电压 V_I 为一脉冲信号时，二极管将随着脉冲电压的变化在“开”与“关”状态之间转换。当然，在转换期间，二极管内部电荷有一个“消失”和“建立”过程，需要一定的时间，这个转换过程是二极管开关的动态特性，动态特性这里不作讨论。

2. 三极管开关等效电路（静态特性）

理想情况下，三极管静态开关等效电路如图 6-24 所示。当三极管的输入电压为高电平，即 $V_I = U_{IH}$ 时，三极管饱和导通，开关等效电路如图 6-24(b) 所示，相当于开关闭合；当三极管的输入电压为低电平，即 $V_I = U_{IL}$ 时，三极管截止，开关等效电路如图 6-24(c) 所示，相当于开关断开。

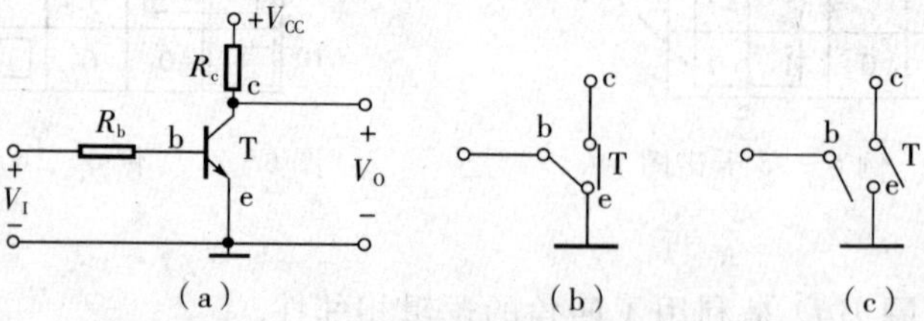

图 6-24　三极管开关等效电路

同二极管一样，给三极管加上脉冲信号，三极管将在“开”与“关”状态之间转换。三极管在两种状态之间转换时，内部电荷也有一个“消失”和“建立”过程，也需要一定的时间，此时三极管的开关特性是动态特性。动态特性这里不作讨论。

3. MOS 管开关等效电路

MOS 管分为 N 型 MOS 管（记为 NMOS 管或 T_N 管）和 P 型 MOS 管（记为 PMOS 管或 T_P 管）两大类，T_N 管和 T_P 管又各有增强型和耗尽型两种类型。以增强型 NMOS 管为例，当

其栅—源电压 $U_{GS} \geqslant 2V$ 时，T_N 管导通，因此，T_N 管的开启电压 $V_{TN} = 2V$。理想情况下，增强型 T_N 管导通时的静态开关等效电路如图 6－25(b) 所示，相当于开关闭合；当 T_N 管栅—源电压 $U_{GS} < 2V$ 时，T_N 管截止，截止的静态开关等效电路如图 6－25(c) 所示，相当于开关断开。

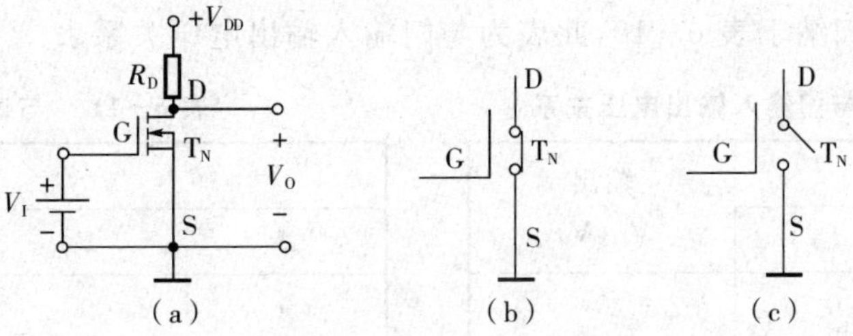

图 6－25　NMOS 管开关等效电路

对于增强型 PMOS 管，当 T_P 管的栅—源电压 $U_{GS} \leqslant -2V$ 时，T_P 管导通，因此，T_P 管的开启电压 $V_{TP} = -2V$。理想情况下，T_P 管导通时的静态开关等效电路如图 6-26(b) 所示，相当于开关闭合；当 T_P 管的栅—源电压 $U_{GS} > -2V$ 时，T_P 管截止，截止的静态开关等效电路如图 6－26(c) 所示，相当于开关断开。

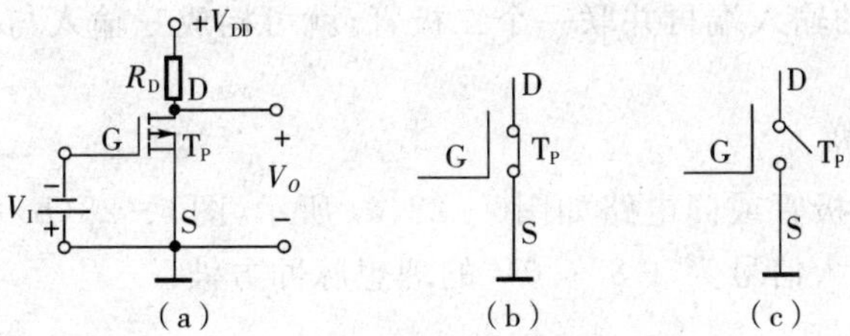

图 6－26　PMOS 管开关等效电路

6.3.2　基本门电路

1. 二极管与门电路

能够实现与逻辑关系的电路称为与门电路。以二输入为例，二极管与门电路如图 6－27(a) 所示，图(b) 是它的逻辑符号。设二极管为理想二极管，电源电压为 5V，输入信号为 $+3 \sim 0V$ 的理想脉冲方波。

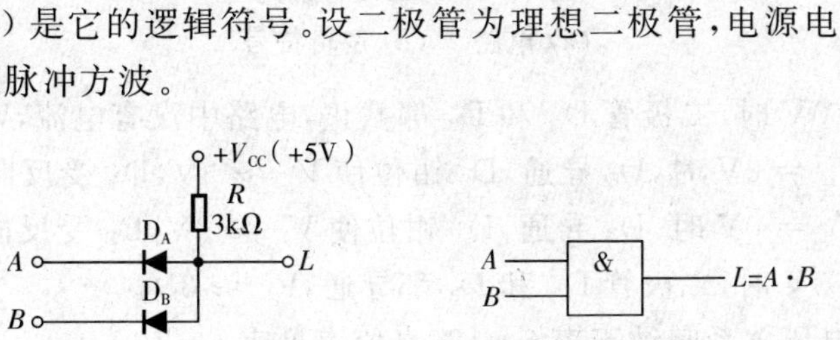

图 6－27　二极管与门

(a) 电路　(b) 逻辑符号

当 $V_A = V_B = 0V$ 时，二极管 D_A 和 D_B 都导通，由于二极管导通时的钳位作用，使 $V_L \approx 0V$。

当 $V_A = 0V, V_B = 3V$ 时，D_A 导通，D_A 钳位使 $V_L \approx 0V$；D_B 受反向电压控制而截止。

当 $V_A = 3V, V_B = 0V$ 时，D_B 导通，D_B 钳位使 $V_L \approx 0V$；D_A 受反向电压控制而截止。

当 $V_A = V_B = 3V$ 时，二极管 D_A 和 D_B 都导通，$V_L \approx 3V$。

上述分析结果归纳于表 6-10，此表为与门输入输出电压关系表。

表 6-10　与门输入输出电压关系

输入		输出
V_A(V)	V_B(V)	V_L(V)
0	0	0
0	3	0
3	0	0
3	3	3

表 6-11　与逻辑真值表

输入		输出
A	B	L
0	0	0
0	1	0
1	0	0
1	1	1

采用正逻辑体制，由表 6-10 可得出表 6-11 所示的真值表，从而看出图 6-27 电路实现的是与逻辑运算 $L = A \cdot B$。

在图 6-27 电路的输入端再并联一个二极管，就可构成三输入与门。按此办法可构成更多输入端的与门。

2. 二极管或门电路

以二输入为例，二极管或门电路如图 6-28(a) 所示，图 6-28(b) 是它的逻辑符号。设二极管为理想二极管，输入信号为 +3 ～ 0V 的理想脉冲方波。

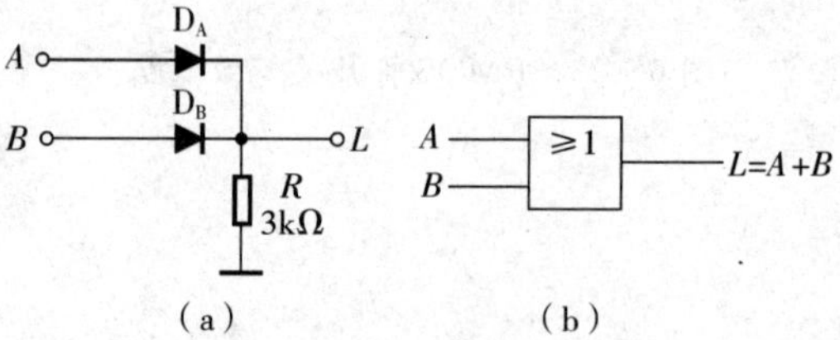

图 6-28　二极管或门

(a) 电路　(b) 逻辑符号

当 $V_A = V_B = 0V$ 时，二极管 D_A 和 D_B 都截止，电路中没有电流，$V_L \approx 0V$。

当 $V_A = 0V, V_B = 3V$ 时，D_B 导通，D_B 钳位使 $V_L \approx 3V$，D_A 受反向电压控制而截止。

当 $V_A = 3V, V_B = 0V$ 时，D_A 导通，D_A 钳位使 $V_L \approx 3V$，D_B 受反向电压控制而截止。

当 $V_A = V_B = 3V$ 时，二极管 D_A 和 D_B 都导通，$V_L \approx 3V$。

或门输入输出电压关系归纳于表 6-12，真值表见表 6-13。

表 6－12　或门输入输出电压关系

输入		输出
V_A(V)	V_B(V)	V_L(V)
0	0	0
0	3	3
3	0	3
3	3	3

表 6－13　或逻辑真值表

输入		输出
A	B	L
0	0	0
0	1	1
1	0	1
1	1	1

由两表看出，图 6－28 电路实现的是或逻辑运算 $L = A + B$。

在图 6－28 的输入端再并联一个二极管，就可构成三输入或门。按此办法可构成更多输入端的或门。

3. 三极管非门电路

图 6－29(a) 是由三极管组成的非门电路，图 6－29(b) 是它的逻辑符号。非门又称反相器。设三极管为理想三极管，电源电压为 5V，输入信号为 $+3V \sim 0V$ 的理想脉冲方波。

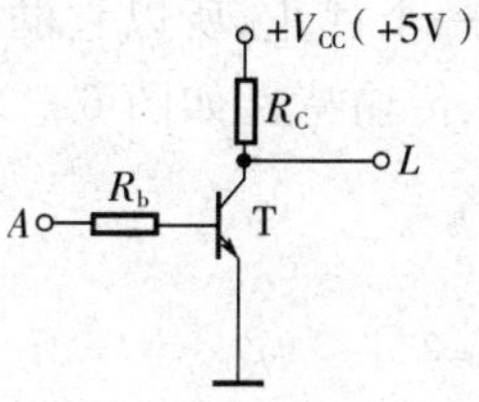

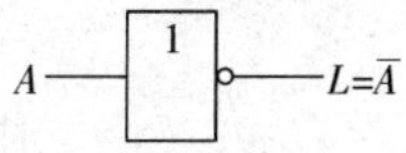

图 6－29　三极管非门
(a) 电路　(b) 逻辑符号

当 $V_A = 0V$ 时，三极管的发射结电压小于死区电压，三极管截止，$V_L = V_{CC} = 5V$。

当 $V_A = 3V$ 时，三极管的发射结正偏，管子导通，只要合理选择电路参数，使其满足饱和条件，就可以使管子工作于饱和状态，有 $V_L = V_{CES} \approx 0V(\leqslant 0.2V)$。

非门输入输出电压关系归纳于表 6－14，真值表见表 6－15。

表 6－14　非门输入输出电压的关系

输入 V_A(V)	输出 V_L(V)
0	5
3	0

表 6－15　非逻辑真值表

输入 A	输出 L
0	1
1	0

由表看出，图 6－29 电路实现的是非运算的逻辑关系，即 $L = \overline{A}$。

将二极管与门、或门与三极管非门相组合，就可以构成与非门、或非门等各种门电路。这里不再赘述。

6.3.3　CMOS 门电路

把一个电路中的所有元件，包括二极管、三极管、MOS 管、电阻及导线等都制作在一块半导体芯片上，就是集成电路。根据制造工艺的不同，集成电路又分单极型（CMOS 电路）和双极型（TTL 电路）两大类。下面先介绍 CMOS 门电路。

CMOS 逻辑门电路是采用 MOS 管作为开关元件的数字集成电路，通常是由 N 沟道 MOS 管（T_N 管）和 P 沟道 MOS 管（T_P 管）互补构成，因此称为互补型 MOS 门电路，简称 CMOS 门电路。CMOS 门电路的电源电压用 V_{DD} 表示，V_{DD} 必须大于两管开启电压的绝对值之和，即 $V_{DD} > V_{TN} + |V_{TP}|$，且 $V_{TN} = |V_{TP}|$。对 CMOS 门电路输入电压 V_I 的要求是，V_I 必须是（$0 \sim +V_{DD}$）V 的理想脉冲方波。

1. CMOS 非门电路

CMOS 非门电路（也称 CMOS 反相器）如图 6－30 所示，由 T_N 管和 T_P 管互补构成。

当输入为低电平，即 $V_I = 0V$ 时，T_N 管截止，T_P 管导通，T_N 管的截止电阻约为 500MΩ，T_P 管的导通电阻约为 750Ω，所以输出 $V_O \approx V_{DD}$。即 $V_I =$ “0” 时，$V_O =$ “1”。

当输入为高电平，即 $V_I = V_{DD}$ 时，T_N 导通，T_P 截止，T_N 的导通电阻约为 750Ω，T_P 的截止电阻约为 500MΩ，所以输出 $V_O \approx 0V$。即 $V_I =$ “1” 时，$V_O =$ “0”。

通过以上分析可以看出，该电路实现了非逻辑。在 CMOS 非门电路中，无论电路处于何种状态，T_N、T_P 中总有一个截止，所以它的静态功耗极低，有微功耗电路之称。

CMOS 非门的电压传输特性如图 6－31 所示，它反映了电路的静态特性。

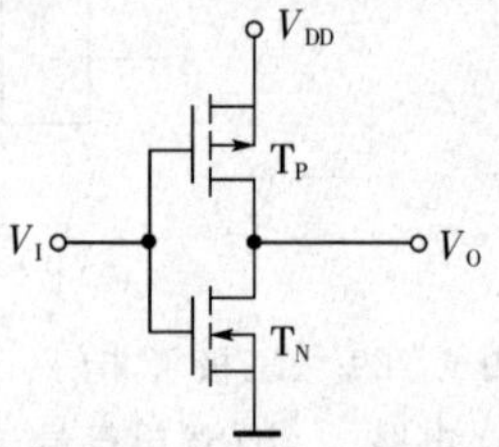

图 6－30　CMOS 非门电路

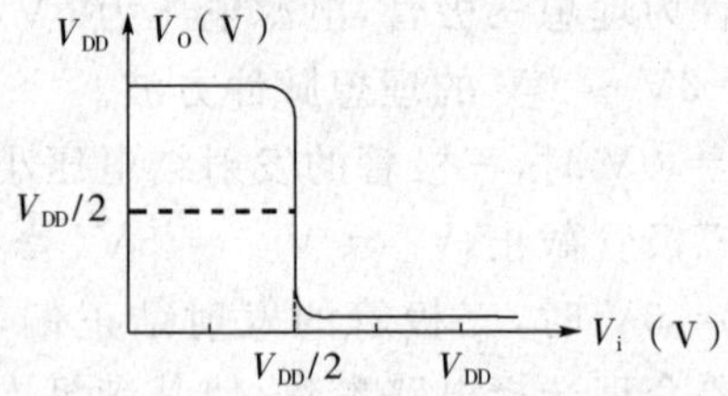

图 6－31　CMOS 非门电压传输特性

当 $V_I < (V_{DD}/2)$ 时，输出 $V_O \approx V_{DD}$；当 $V_I > (V_{DD}/2)$ 时，输出 $V_O \approx 0V$。可见两管在 $V_I = V_{DD}/2$ 处转换状态，所以 CMOS 门电路的阈值电压 $V_{TH} = V_{DD}/2$。所谓阈值电压，即引起输出电压突变时对应的输入电压。阈值电压也称门槛电压，用 V_{TH} 表示。

2. CMOS 与非门

图 6－32 为 CMOS 与非门。由图看出，当且仅当 AB ＝ 11 使 T_3、T_4 同时导通时，才有 $Y = 0$ 出现，所以电路的逻辑关系为 $\bar{Y} = AB$ 即 $Y = \overline{AB}$。

3. CMOS 或非门

图 6－33 为 CMOS 或非门。由图看出，当且仅当 AB ＝ 00 使 T_1、T_2 同时导通时，才有 $Y = 1$ 出现，所以电路的逻辑关系为 $Y = \bar{A}\,\bar{B}$ 即 $Y = \overline{A + B}$。

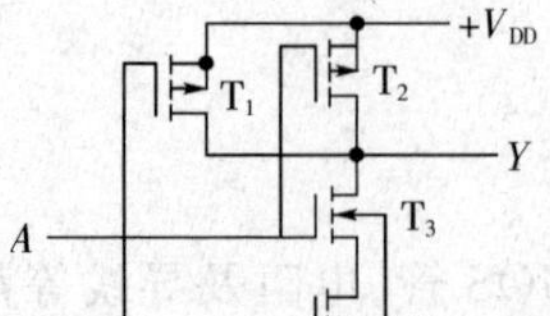

图 6－32　CMOS 与非门电路

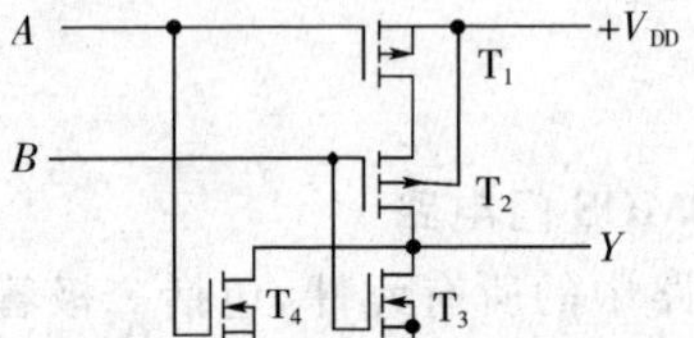

图 6－33　CMOS 或非门电路

4. 其他 CMOS 门电路

(1) 带缓冲级的 CMOS 门电路

上述 CMOS 与非门和或非门电路的输入端数目都可以增加。但是，当输入端数目增加时，对与非门电路来说，串联的 T_N 管数目就要增加，并联的 T_P 管数目也要增加，这样会引起输出低电平变高；对或非门电路来说，并联的 T_N 管数目要增加，串联的 T_P 管数目也要增加，这样会引起输出高电平变低。为了稳定输出高、低电平，在目前生产的 CMOS 门电路中，多在输入输出端分别加反相器作缓冲级。在图 6-34 中，T_1、T_2、T_3 和 T_4 组成的是二输入与非门，除二输入与非门以外的部分是三个非门，它们是输入输出缓冲器。加了缓冲器以后，电路输出的高、低电平不会因输入端数目的改变而不稳定，但电路的逻辑功能可能会有所改变，图 6-34 所示与非门加了输入输出缓冲器以后，逻辑功能为 $Y=\overline{\overline{\overline{A}\cdot\overline{B}}}=\overline{A+B}$。图 6-35 是图 6-34 的逻辑图。

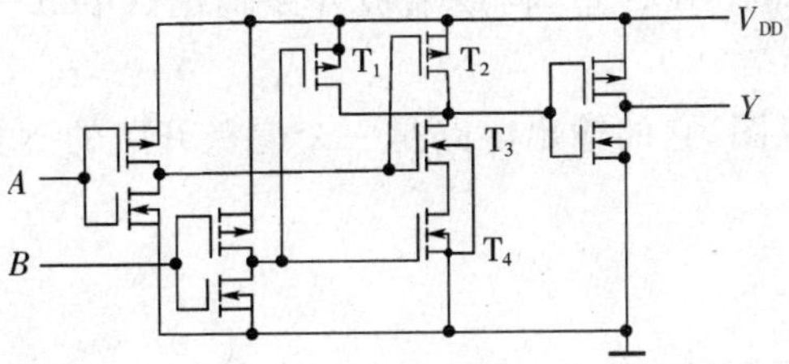

图 6-34　带缓冲级的 CMOS 或非门电路图

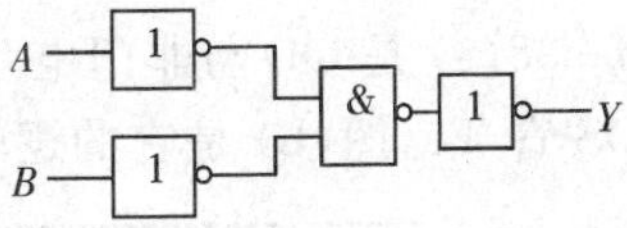

图 6-35　图 6-34 的逻辑图

(2)CMOS 三态门

三态门因输出有 0、1 和高阻三种状态而得名。CMOS 三态非门如图 6-36(a) 所示，EN 端是“使能控制端”，简称“使能端”。当 EN = 0 时，T_1 和 T_4 同时导通，T_2 和 T_3 组成的非门正常工作，输出 $Y=\overline{A}$；当 EN = 1 时，T_1 和 T_4 同时截止，输出 Y 对地和对电源都相当于开路，为高阻状态。所以，这是一个低电平控制有效(即低电平控制，原非门功能成立) 的三态非门，逻辑符号如图 6-36(b) 所示。

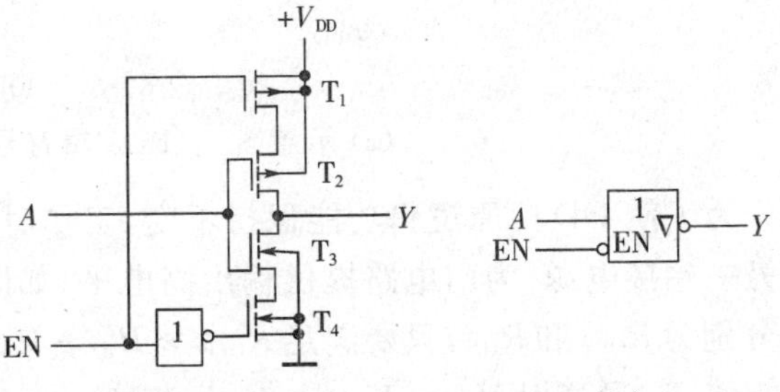

图 6-36　CMOS 三态非门
(a) 电路图　(b) 逻辑符号

计算机总线结构中广泛运用了三态门。图 6-37(a) 是单向总线结构，G_1、G_2 均为高电平控制有效的三态与非门。当 $EN_1=0$、$EN_2=0$ 时，总线上 Y = 高阻；$EN_1=0$、$EN_2=1$ 时，Y_1 = 高阻，$Y=Y_2=\overline{A_2B_2}$；$EN_1=1$、$EN_2=0$ 时，Y_2 = 高阻，$Y=Y_1=\overline{A_1B_1}$；$EN_1=1$、$EN_2=1$，不允许。这样就实现了信号的分时单向传送。

图 6-37(b) 是双向总线结构，其中，G_1 为高电平控制有效的三态非门，G_2 为低电平控制有效的三态非门。当 EN = 1 时，G_1 正常工作，G_2 为高阻态，输入数据 D_1 经 G_1 反相后送到总线上；当 EN = 0 时，G_2 正常工作，G_1 为高阻态，来自总线的数据经 G_2 反相后送到 D_2 端。这就实现了信号的分时双向传送。

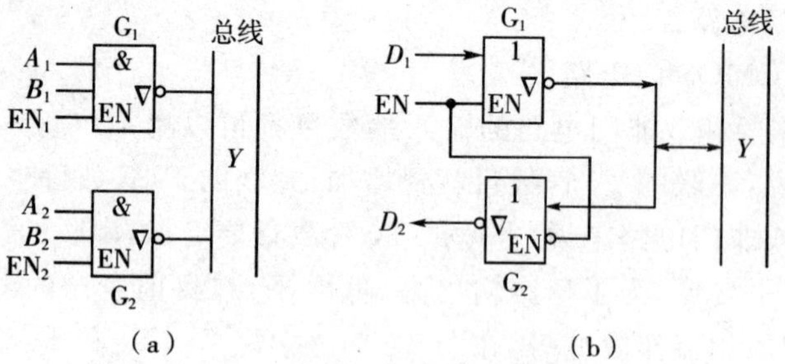

图 6-37　三态门组成的总线结构

(a) 单向总线　(b) 双向总线

*(3) 漏极开路输出的 CMOS 门电路(OD 门)

在 CMOS 电路中,为了满足输出电平变换、吸收大负载电流以及实现"线与"连接等需要,必须将电路的输出级改为一个漏极开路的 MOS 管,构成漏极开路输出(Open - Drain Output) 的门电路,简称 OD 门。

图 6-38(a) 是 OD 与非门电路结构示意图。它的输出电路是一个漏极开路的 N 沟道增强型 MOS 管 T_N,图(b) 是它的逻辑符号。

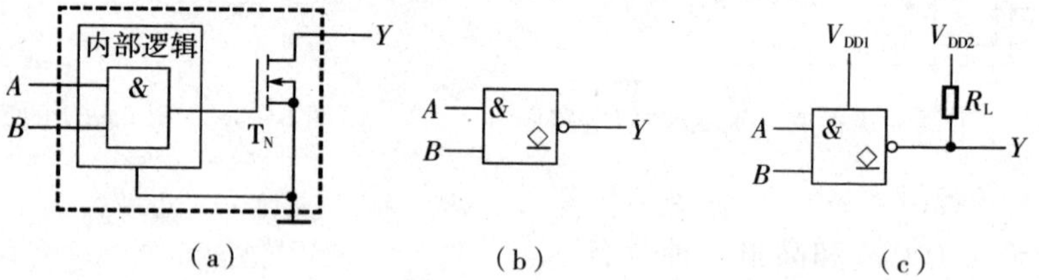

图 6-38　OD 与非门

(a) 示意图　(b) 逻辑符号　(c) 外接上拉电阻

为了使 OD 门原逻辑功能保持不变,工作时,必须在 OD 门输出端外接上拉电阻 R_L,R_L 的另一端接电源,为门电路提供输出高电平,如图 6-38(c) 所示。设 T_N 的截止内阻和导通内阻分别为 R_{OFF} 和 R_{ON},只要满足 $R_{OFF} \gg R_L \gg R_{ON}$,就一定能使 T_N 截止时 $V_O = V_{OH} \approx V_{DD2}$,并能使 T_N 导通时 $V_O = V_{OL} \approx 0$。由于 V_{DD2} 可以选为不同于 V_{DD1} 的数值,这就很容易将原输出的高、低电平 $V_{DD1} \to 0\text{V}$,变换为所需的输出高、低电平 $V_{DD2} \to 0\text{V}$。

OD 门的另一个重要应用是实现"线与" 逻辑。"线与" 就是将几个 OD 门的输出端直接相连。图 6-39 是用两个 OD 与非门 G_1 和 G_2 接成线与逻辑的例子,由图可见,当 Y_1 或 Y_2 任何一个为低电平时,Y 都为低电平,只有 Y_1、Y_2 同时为高电平时,Y 才为高电平,所以 Y 和 Y_1、Y_2 之间是与逻辑关系,即

$$Y = Y_1 \cdot Y_2 = \overline{AB} \cdot \overline{CD} = \overline{AB + CD}$$

这就将两个 OD 与非门接成了一个与或非电路。

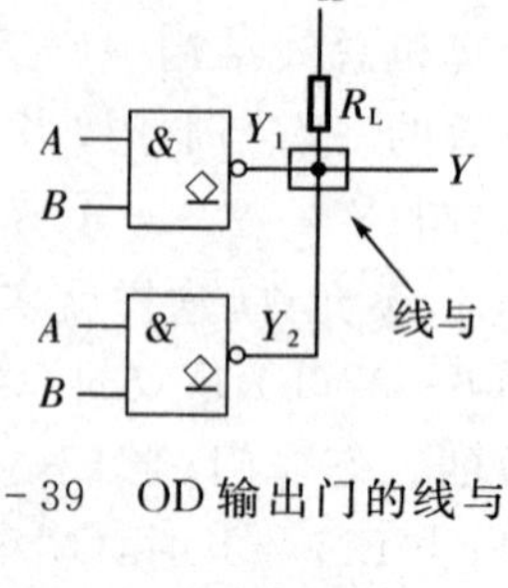

图 6-39　OD 输出门的线与连接

普通门电路是不能线与的，以非门为例，如果将两个非门的输出端直接相连，如图 6－40 所示，则当一个门的 T_2 管截止输出高电平，而另一个门的 T_2 管导通输出低电平时，将有较大电流流入导通的 T_2 门，可能会将两个门电路烧坏。

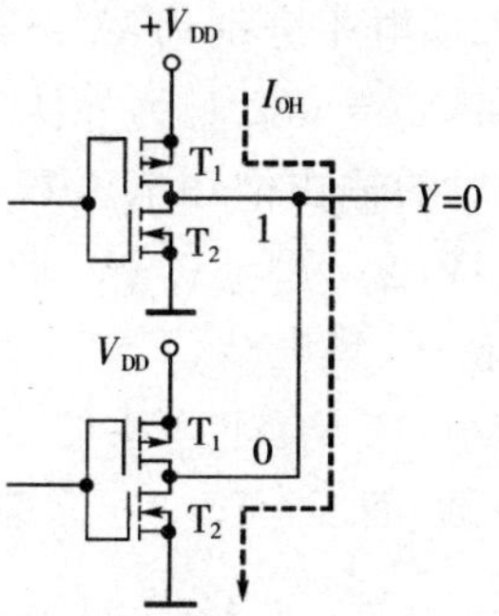

图 6－40　两个非门输出端直接相连

＊(4)CMOS 传输门

CMOS 传输门如图 6－41(a) 所示，它由一个 T_N 管和一个 T_P 管组成，C 和 $\bar{C}$ 为两个互补的使能端，使用时总是加互补信号。CMOS 传输门可以传输数字信号，也可以传输模拟信号。

设两管的开启电压 $V_{TN}=|V_{TP}|$，要传输的信号 V_I 的变化范围为 $0\sim V_{DD}$(V)：

当 C 接高电平 V_{DD}，$\bar{C}$ 接低电平 0V 时，至少有一管导通，输出与输入之间呈低电阻，相当于开关闭合，可将输入电压传到输出端，$V_O=V_I$；

当 C 接低电平 0V，$\bar{C}$ 接高电平 V_{DD}，T_N 和 T_P 都截止，输出呈高阻状态，相当于开关断开，输入电压不能传到输出端。

可见 CMOS 传输门能实现信号的可控传输。图 6－41(b) 是 CMOS 传输门的逻辑符号，其输入输出端可互易使用。

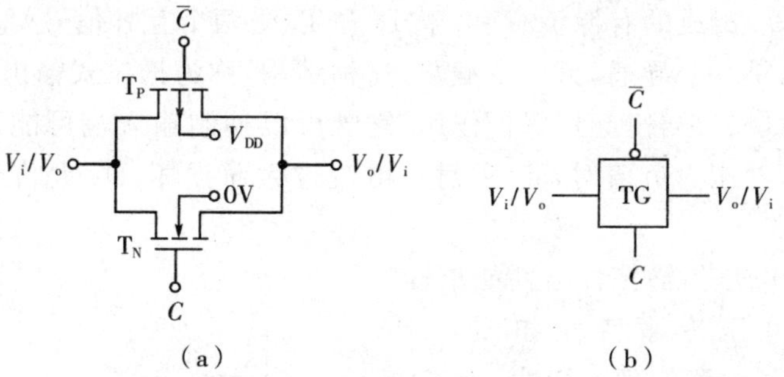

图 6－41　CMOS 传输门

6.3.4　TTL 门电路

另一类集成门电路是双极型(TTL) 电路。TTL 是三极管-三极管-逻辑电路(Transistor－Transistor－Logic) 的缩写。

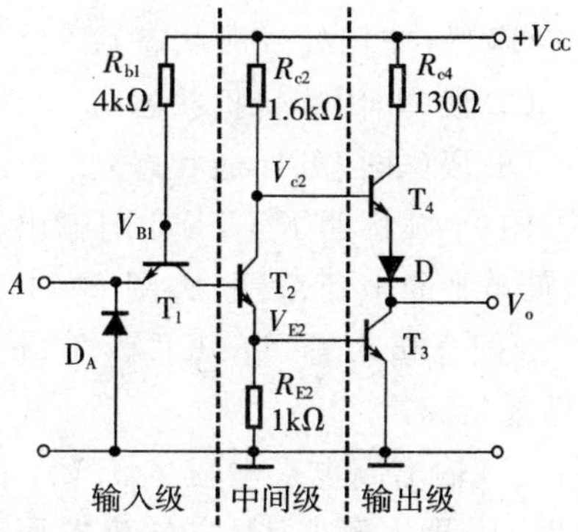

图 6－42　TTL 非门电路

1. TTL 非门的基本结构及工作原理

TTL 非门的电路结构如图 6－42 所示，它是 74 系列 TTL 反相器的典型电路。

图 6－42 电路由三部分组成：T_1、R_{b1} 和 D_A 组成输入级；T_2、R_{C2} 和 R_{E2} 组成倒相级；T_3、T_4、R_{C4} 和 D 组成输出级。由于该电路的电源电压 $V_{CC}=5V$，所以电路的

输出高、低电平分别为 $V_{OH}=3.4V$ 和 $V_{OL}=0.2V$，因此取输入高、低电平也分别为 $V_{IH}=3.4V$ 和 $V_{IL}=0.2V$。另外认为所有二极管、三极管PN结的导通电压 $V_{ON}=0.7V$；所有三极管饱和时的输出饱和电压 $U_{CES}\leqslant 0.2V$。

(1) $V_I=V_{IL}=0.2V$。此时，T_1 发射结导通，T_1 的基极电位被钳制在 $V_{B1}=V_{IL}+V_{ON}=0.9V$，使 T_1 集电结、T_2、T_3 都截止。由于 T_2 截止，流过 R_{C2} 的电流仅为 T_4 的基极电流，这个电流较小，在 R_{C2} 上产生的压降也较小（约 $\leqslant 0.2V$），所以 $V_{B4}\geqslant V_{CC}-0.2V\approx 4.8V$，使 T_4 和D导通，有

$$V_O\geqslant V_{CC}-0.2-0.7-0.7=3.4(V)\text{；即 }V_O=V_{OH}$$

(2) $V_I=V_{OH}=3.4V$。此时，T_1 发射结导通，$V_{B1}=V_{IH}+V_{ON}=4.1V$，使 T_1 集电结、T_2、T_3 都导通。一旦 T_2、T_3 都导通，V_{B1} 就被钳制在2.1V（这就是说，当输入为高电平时，V_{B1} 不可能等于4.1V，只能是2.1V左右）。T_2 导通使 V_{C2} 降低，导致 T_4 截止，则有

$$V_O=V_{CE3}\leqslant 0.2(V)\text{；即 }V_O=V_{OL}$$

可见，该电路输出和输入之间是反相关系，这是一个非门，即 $L=\overline{A}$。

(3) 倒置工作状态。当非门的输入端接高电平3.4V时，$V_{B1}=2.1V$，$V_{C1}=1.4V$，T_1 处于倒置工作状态，电流放大系数 $\beta\approx 0$。

(4) 推拉式输出级。非门电路的输出级应有较强的负载能力，为此三极管 T_3 的集电极负载是由 T_4、D和 R_{C4} 组成的有源负载。由于 T_3 和 T_4 受两个互补信号 V_{C2} 和 V_{E2} 的驱动，所以在稳态时，它们总是一个导通，另一个截止。这种结构，称为推拉式输出结构。

D_A 是输入端钳位二极管，起到保护作用，它既可以抑制输入端可能出现的负向干扰脉冲，又可以防止输入电压为负值时，T_1 发射极电流过大而损坏。D_A 允许通过的最大电流约为200mA。

2. TTL非门的电压传输特性与性能指标

TTL非门的电压传输特性如图6－43所示。它反映了电路的静态特性：

AB段（非门处截止状态）；

BC段（非门处过渡状态）；

CD段（非门处转折状态）；

DE段（非门处导通状态）。

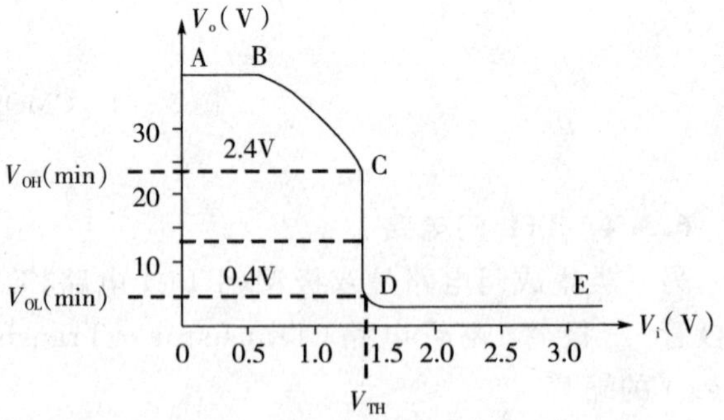

图6－43 TTL非门的电压传输特性

图6－44标明了TTL非门输出、输入高、低电平的电压范围。将图6－44和图6－43配合起来看，可以了解TTL非门的性能指标：

(1) 输出高电平电压 V_{OH}。V_{OH} 的理论值为3.4V，产品规定输出高电平的最小值 $V_{OH(min)}=2.4V$，即大于2.4V的输出电压就可称为输出高电平 V_{OH}，为逻辑“1”。

(2) 输出低电平电压 V_{OL}。V_{OL} 的理论值为0.2V，产品规定输出低电平的最大值 $V_{OL(max)}=0.4V$，即小于0.4V的输出电压就可称为输出低电平 V_{OL}，为逻辑“0”。

(3) 输入高电平电压 V_{IH}。V_{IH} 的理论值为 3.4V，产品规定输出高电平的最小值 $V_{IH(min)} = 2.0V$，即大于 2.0V 的输入电压就可称为输入高电平 V_{IH}，为逻辑“1”。

(4) 输入低电平电压 V_{IL}。V_{IL} 的理论值为 0.2V，产品规定输入低电平的最大值 $V_{IL(max)} = 0.8V$，即小于 0.8V 的输入电压就可称为输入低电平 V_{IL}，为逻辑“0”。

综上，TTL 门电路的输出高低电平、输入高低电平都不是一个值，而是一个电压范围。

(5) 阈值电压 V_{TH}。V_{TH} 是一个很重要的参数，在近似分析和估算时，常把它作为决定非门工作状态的关键值，是决定非门关门和开门的分界线，也是决定输出高、低电平的分界线。即 $V_I < V_{TH}$，非门关门(封锁)，输出高电平；$V_I > V_{TH}$，非门开门(打开)，输出低电平。V_{TH} 又常被形象化地称为门槛电压。从电压传输特性曲线上看出，图 6-42TTL 非门电路的 V_{TH} 的值为 1.3 ~ 1.4V。

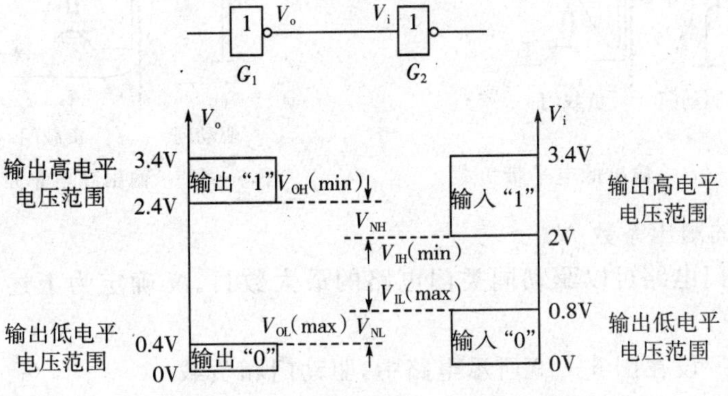

图 6-44　输出输入高低电平的电压范围

3. TTL 非门的静态输入特性和输出特性

(1) 输入特性(讨论 $T1$ 管)

输入为低电平($U_{IL} \leqslant 0.8V$)时，输入简化电路如图 6-45 所示。“低电平输入电流”I_{IL} 较大，当 $V_{cc} = 5V$，$U_{IL} = 0.2V$ 时，$I_{IL} \approx 1mA$。

输入为高电平($U_{IH} \geqslant 2V$)时，输入等效简化电路如图 6-46 所示。T_1 管倒置工作 $\beta \approx 0$，“高电平输入电流”I_{IH} 很小，为 μA 级。74 系列门电路每个输入端的 $I_{IH} \leqslant 40\mu A$。

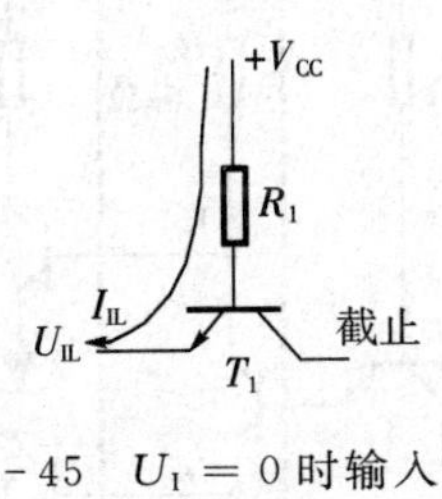

图 6-45　$U_I = 0$ 时输入简化电路

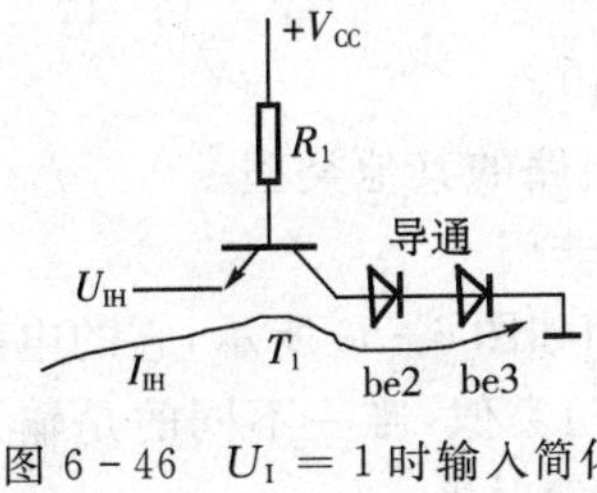

图 6-46　$U_I = 1$ 时输入简化电路

(2) 输出特性

输出为低电平($U_O = U_{OL} \leqslant 0.4V$)时，输出端带负载的情形如图 6-47 所示。“低电平输出电流”$I_{OL} = N_1 \cdot I_{IL}$。$N_1$ 是输出低电平时负载门的数目，由于 T_3 管导通时有一定的导通电阻 R_{ON}，所以，$U_{OL} = I_{OL} \cdot R_{ON}$。为了保证 $U_{OL} \leqslant 0.4V$，要限制负载门的数目 N_1。

输出端为高电平($U_O = U_{OH} \geqslant 2.4V$)时，输出端带负载的情形如图6-48所示。"高电平输出电流"$I_{OH} = N_2 \cdot I_{IH}$。$N_2$ 是输出高电平时负载门的数目，由于 T_4 管导通时有一定的导通电阻 R_{ON}，所以，$U_{OH} = (V_{CC} - I_{OH} \cdot R_{C4} - I_{OH} \cdot R_{ON} - 0.7)(V)$，为了保证 $U_{OH} \geqslant 2.4V$，要限制负载门的数目 N_2。

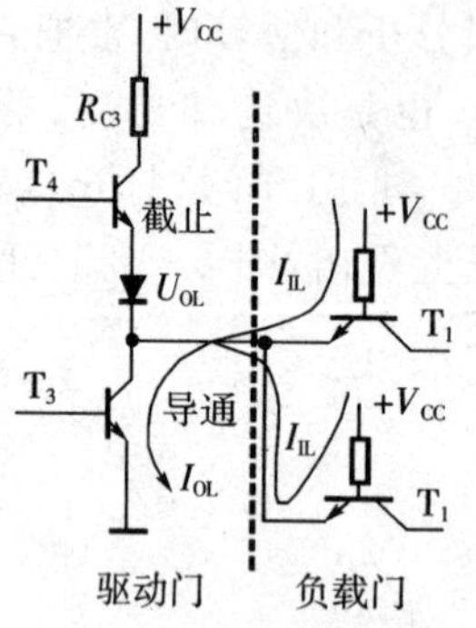

图 6-47　输出低电平带负载

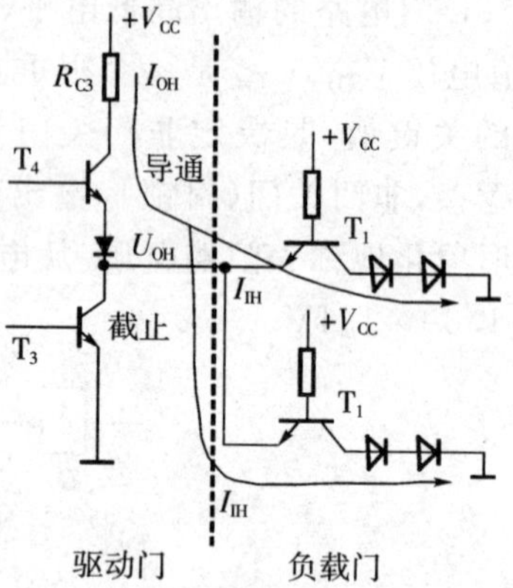

图 6-48　输出高电平带负载

(3) 门电路的扇出系数 N

扇出系数是门电路可以驱动同类门电路的最大数目。N 确定为上述 N_1 和 N_2 的较小值。

【例 6-17】 设在图 6-49 所示电路中，驱动门和负载门都是 74 系列的反相器。已知，驱动门 G_1 输出高电平 V_{OH} 时，允许 $I_{OH} \leqslant 0.4mA$；G_1 输出低电平 V_{OL} 时，允许 $I_{OL} \leqslant 16mA$。又知，负载门输入为高电平时，每个输入端的 $I_{IH} = 40\mu A$；输入为低电平时，每个门的 $I_{IL} = 1mA$。试求驱动门 G_1 门的扇出系数 N。

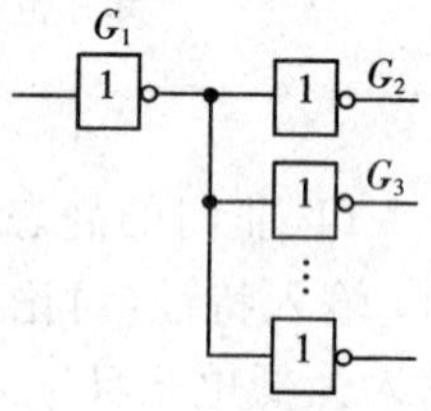

图 6-49　例 6-17 的电路

【解】 当 $u_O = V_{OL}$ 时，$N_1 \leqslant \dfrac{I_{OL}}{I_{IL}} = \dfrac{16}{1} = 16$

当 $u_O = V_{OH}$ 时，$N_2 \leqslant \dfrac{I_{OH}}{I_{IH}} = \dfrac{0.4}{0.04} = 10$

所以 $N = 10$。

4. TTL 门电路的其他类型

(1) TTL 与非门

TTL 与非门如图 6-50 所示，它的电路结构和 TTL 非门类似，唯一不同的是输入级的三极管为多发射极。

由于多发射极三极管等效为二极管与门电路，如图 6-51 所示，所以输入级实现的是"与逻辑"功能，因此这个电路实现的是与非逻辑关系，即 $L = \overline{AB}$。

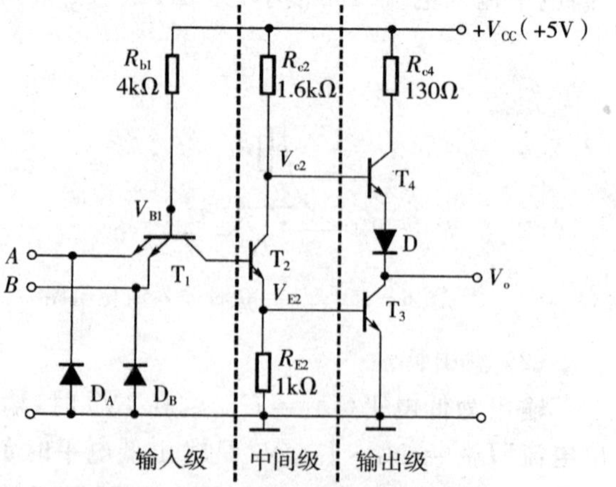

图 6-50　TTL 与非门电路(二输入)

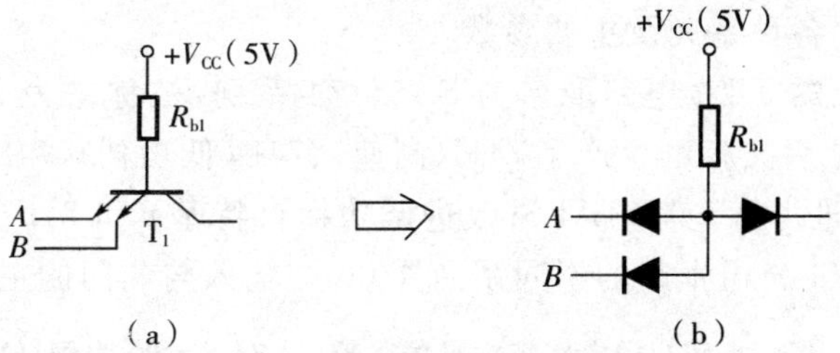

图 6-51　TTL 与非门输入级等效电路

(a) 多发射极三极管　(b) 二极管与门

(2)TTL 其他类型的门

TTL 门电路的其他类型还有或非门、同或门、异或门等，这里不做介绍，还有三态门等，也因为在 CMOS 其他类型的门电路中已介绍过，所以这里不再赘述。

6.3.5　CMOS 和 TTL 门电路的其他几个问题

1. CMOS 门电路的各种系列及主要参数

CMOS 集成电路诞生于 20 世纪 60 年代末，到目前为止，已经生产出的标准化、系列化 CMOS 集成电路产品有 4000 系列、HC/HCT(高速) 系列、AHC/AHCT(改进的高速) 系列、LVC/ALVC(低压) 系列等。表 6-16 列出了 TI 公司生产的不同系列 CMOS 反相器的主要性能参数。

表 6-16　各种系列 CMOS 门电路特性参数比较(以 74××04 为例)

芯片代号	74HC04	74HCT04	74AHC04	74AHCT04	74LVC04	74ALVCT
V_{DD}(V)	2 ~ 6	4.5 ~ 5.5	2 ~ 5.5	4.5 ~ 5.5	1.65 ~ 3.6	1.65 ~ 3.6
$V_{IH(min)}$(V)	3.15	2	3.15	2	2	2
$V_{IL(max)}$(V)	1.35	0.8	1.35	0.8	0.8	0.8
$V_{OH(min)}$(V)	4.4	4.4	4.4	4.4	2.2	2.0
$V_{OL(max)}$(V)	0.33	0.33	0.44	0.44	0.55	0.55
$I_{IH(max)}$(μA)	0.1	0.1	0.1	0.1	5	5
$I_{IL(max)}$(μA)	0.1	0.1	0.1	0.1	5	5
$I_{OH(max)}$(mA)	4	4	8	8	24	24
$I_{OL(max)}$(mA)	4	4	8	8	24	24
t_{pd}(ns)	9	14	5.3	5.5	3.8	2

表中，t_{pd} 是平均传输延迟时间。“74”(或 54) 是 TI 公司产品的标志。“HC” 等是不同系列的名称。后面的数码表示器件的逻辑功能，“04” 是六反相器。不管是 CMOS 类还是 TTL 类，只要芯片代号后面的数码相同，其逻辑功能都是相同的。

2. TTL 门电路的各种系列及主要参数

TI公司最初生产的 TTL 电路取名为 SN54/74 系列，被称之为 TTL 基本系列或标准 TTL系列。继 54/74 之后又相继生产了 74H(高速)、74L(低功耗)、74S(肖特基)、74LS(低功耗肖特基)、74AS(改进肖特基)、74ALS(改进低功耗肖特基) 和 74F(快速 TTL) 等改进系列。表 6－17 列出了 TI 公司生产的不同系列 TTL 二输入与非门的主要性能参数。

表 6－17　各种系列 TTL 门电路特性参数比较(以 74××00 为例)(V_{CC} 一般为 5V)

芯片代号	7400	74S00	74LS00	74AS00	74ALS00	74F00
$V_{IH(min)}$(V)	2.0	2.0	2.0	2.0	2.0	2.0
$V_{IL(max)}$(V)	0.8	0.8	0.8	0.8	0.8	0.8
$V_{OH(min)}$(V)	2.4	2.7	2.7	2.7	2.7	2.7
$V_{OL(max)}$(V)	0.4	0.5	0.5	0.5	0.5	0.5
$I_{IH(max)}$(μA)	40	50	20	20	20	20
$I_{IL(max)}$(mA)	1.0	2.0	0.4	0.5	0.2	0.6
$I_{OH(max)}$(mA)	0.4	1.0	0.4	2.0	0.4	1.0
$I_{OL(max)}$(mA)	16	20	8	20	8	20
t_{pd}(ns)	9	3	9.5	1.7	4	3
单门功耗(mW)	10	19	2	8	1.2	4

由表 6－16 和 6－17 可知，CMOS 门电路的输入电流几乎为零，所以功耗很小(表中没有列出)。而 TTL 门电路输入电流较大，所以单门功耗较大。

3. 门电路多余输入端的处理

门电路多余输入端的处理，应以不改变电路逻辑关系为原则，通常采用下列方法：

对于与门、与非门，多余输入端应接高电平。可直接接电源正极，如图 6－52(a) 所示，或通过一个上拉电阻(1 ～ 3kΩ) 接电源正极；在前级驱动能力允许时，也可以和有用的输入端并联使用，如图 6－52(b) 所示。

对于或门、或非门，多余输入端应接低电平。可直接接地，如图 6－53(a) 所示；也可以和有用的输入端并联使用，如图 6－53(b) 所示。

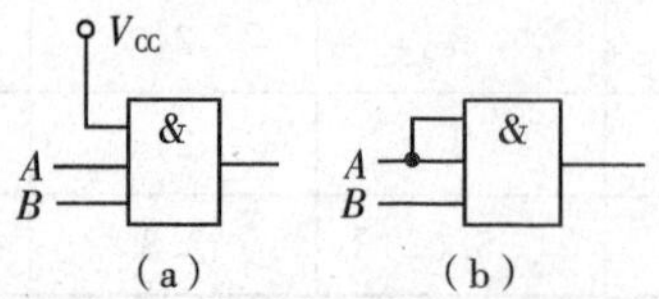

图 6－52　与门多余输入端的处理

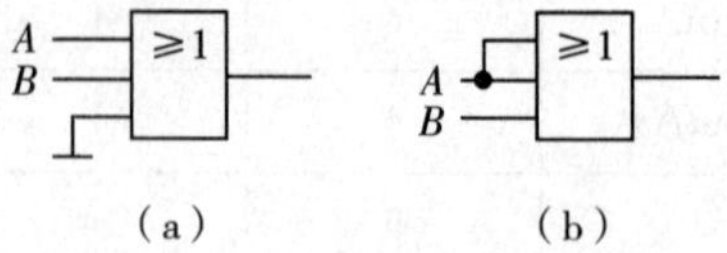

图 6－53　或门多余输入端的处理

4. CMOS 和 TTL 电路带负载时的接口

门电路的负载除了是门电路以外，还可能是其他执行器件。工程中，常常需要用 TTL 或 CMOS 电路驱动指示灯、发光二极管 LED、继电器等负载。

对于电流较小、电平能够匹配的负载可以直接驱动，图 6－54(a) 所示为用 TTL 门电路驱动发光二极管 LED，这时只要在电路中串接一个约几百欧的限流电阻即可。图 6－54(b) 所示为用 TTL 门电路驱动 5V 低电流继电器的连接电路，其中 D 为续流二极管，为继电器的电荷释放提供通路，起保护作用。

如果负载电流较大，可将同一芯片上的多个门电路并联(注：用 OD 门或 OC 门) 作为驱动器，如图 6－55(a) 所示。也可在门电路输出端接驱动三极管，以提高负载能力，如图 6－55(b) 所示。

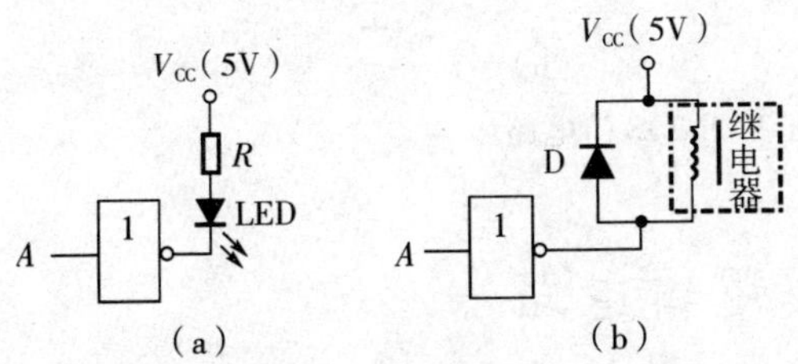

图 6－54　门电路驱动小电流负载

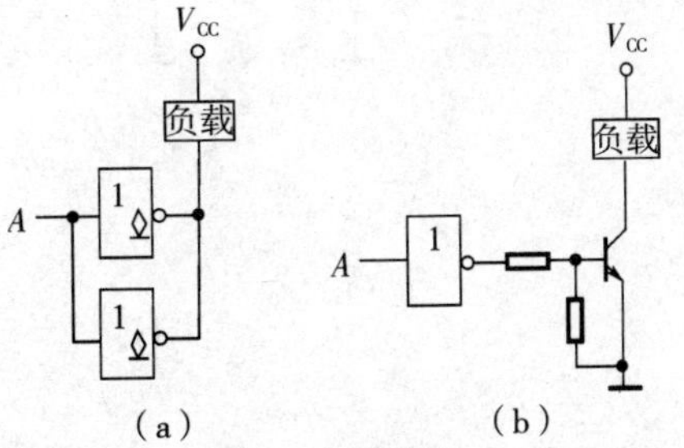

图 6－55　门电路驱动大电流负载

5. CMOS 与 TTL 电路之间的接口

两种不同类型的集成电路相互连接，驱动门必须要为负载门提供符合要求的高、低电平和足够的输入电流，即要满足下列条件：

驱动门的 $V_{OH(min)} \geqslant$ 负载门的 $V_{IH(min)}$；

驱动门的 $V_{OL(max)} \leqslant$ 负载门的 $V_{IL(max)}$；

驱动门的 $I_{OH(max)} \geqslant$ 负载门的 $I_{IH(总)}$；

驱动门的 $I_{OL(max)} \geqslant$ 负载门的 $I_{IL(总)}$。

(1)CMOS 门驱动 TTL 门

当都采用 5V 电源时，CMOS 门的 $V_{OH(min)}$ 一般都大于 TTL 门的 $V_{IH(min)}$，CMOS 门的 $V_{OL(max)}$ 一般都小于 TTL 门的 $V_{IL(max)}$，两者电压参数相容，不用作任何处理。但是 CMOS 门的输出电流 I_{OH}、I_{OL} 较小，而 TTL 门的输入电流大，为了使两者匹配，一般采用图 6-56 所示两个电路。图(a) 是通过三极管将电流放大；图(b) 采用 OD 门，它能吸收较大的负载电流。

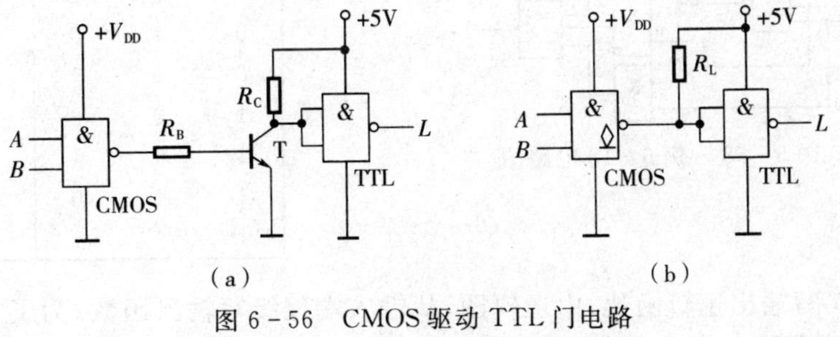

图 6－56　CMOS 驱动 TTL 门电路

(2)TTL 门驱动 CMOS 门

由于 TTL 门的 I_{OH} 和 I_{OL} 远远大于 CMOS 门的 I_{IH} 和 I_{IL}，所以两者电流参数相容。但是

TTL 门输出电平低，而 CMOS 门的输入电平高，为了使两者匹配，一般采用图 6 - 57 所示两个电路。图 6 - 57(a) 中的 R_L 是上拉电阻，为几百到几千欧，图 6 - 57(b) 采用 OC 门，其输出晶体管耐压较高。

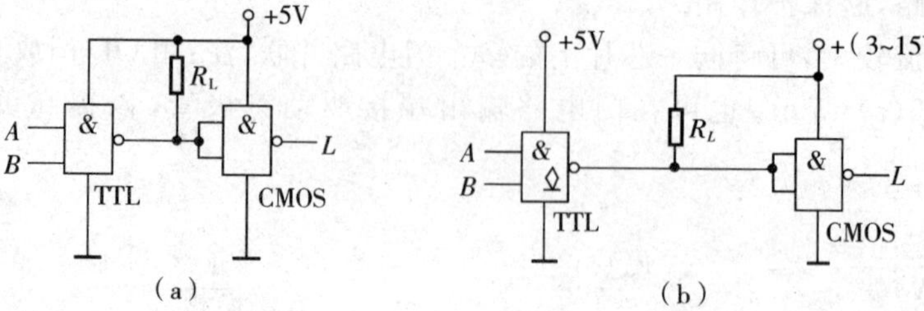

图 6 - 57　TTL 驱动 CMOS 门电路

6.4　组合逻辑电路

组合逻辑电路是数字电路中最简单的一类逻辑电路，构成组合逻辑电路的基本单元是基本门。组合逻辑电路的特点是，功能上无记忆，结构上无反馈，即任一时刻的输出状态只取决于该时刻的输入状态，而与电路原输出状态无关。

本节首先介绍组合逻辑电路的分析方法和设计方法，然后介绍几种常用的组合逻辑电路。

6.4.1　组合逻辑电路的分析方法

分析组合逻辑电路的步骤是：根据组合逻辑电路 → 写输出逻辑函数 → 化简、变换 → 写最简逻辑函数式 → 列真值表（有时可省）→ 分析逻辑功能（作出结论）。

【例 6 - 18】　组合电路如图 6 - 58 所示，分析该电路的逻辑功能。

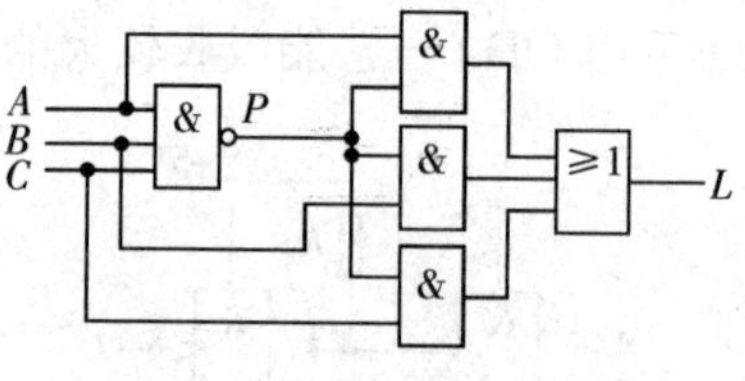

图 6 - 58　例 6 - 18 电路图

表 6 - 18　例 6 - 18 真值表

A	B	C	L
0	0	0	0
0	0	1	1
0	1	0	1
0	1	1	1
1	0	0	1
1	0	1	1
1	1	0	1
1	1	1	0

【解】　(1) 写输出逻辑函数。由逻辑图，从输入端逐级写输出函数。为了方便，可借助中间变量 P，$P=\overline{ABC}$

$$L = AP + BP + CP = A\,\overline{ABC} + B\,\overline{ABC} + C\,\overline{ABC}$$

(2) 化简与变换。一般应将函数式变换成"与 — 或式"或最小项表达式。

$L=(A+B+C)\overline{ABC}$(用反演律)

$=\overline{\overline{A+B+C}+ABC}$(再用反演律)

$=\overline{\overline{A}\,\overline{B}\,\overline{C}+ABC}$(是两个最小项之和的非)

(3) 由表达式列真值表。见表 6－18。

(4) 分析逻辑功能。由真值表可知,当 A、B、C 三个变量不一致时,电路输出为"1",所以这个电路为"三变量不一致判别电路"。

上例中只有一个输出变量,对于多输出变量的组合逻辑电路,分析方法完全相同。

6.4.2　组合逻辑电路的设计方法

设计组合逻辑电路的步骤是:根据实际逻辑问题 → 列真值表 → 写输出逻辑函数式 → 化简、变换 → 写最简(或最合理)函数式 → 画逻辑图。

组合逻辑电路的设计一般应以电路简单、所用器件最少为目标,并尽量减少所用集成器件的种类,因此在设计过程中要对逻辑函数进行化简。

【例 6－19】　设计一个三人表决逻辑电路,结果按"少数服从多数"的原则决定。

【解】　(1) 根据设计要求建立真值表。设三人的意见为变量 A、B、C,表决结果为函数 L。按正逻辑给变量赋值:同意为"1",不同意为"0";提案通过为"1",没通过为"0"。列出真值表如表 6－19 所示。

(2) 由真值表写出逻辑数式 $L=\overline{A}BC+A\overline{B}C+AB\overline{C}+ABC$

(3) 化简。用卡诺图化简法,如图 6－59 所示。合并最小项,得最简与 — 或函数式

$$L=AB+BC+AC$$

表 6－19　例 6－19 真值表

A	B	C	L
0	0	0	0
0	0	1	0
0	1	0	0
0	1	1	1
1	0	0	0
1	0	1	1
1	1	0	1
1	1	1	1

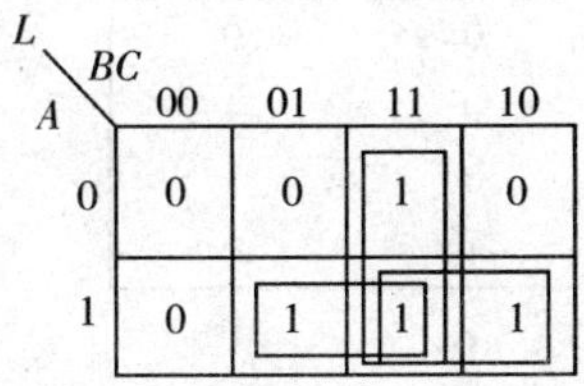

图 6－59　例 6－19 卡诺图

(4) 画逻辑图。例 6－19 逻辑图如图 6－60 所示。

如果要求用与非门实现该逻辑电路,就应将函数式转换成与非 — 与非式

$$L=AB+BC+AC=\overline{\overline{AB}\cdot\overline{BC}\cdot\overline{AC}}$$

其逻辑图如图 6－61 所示。

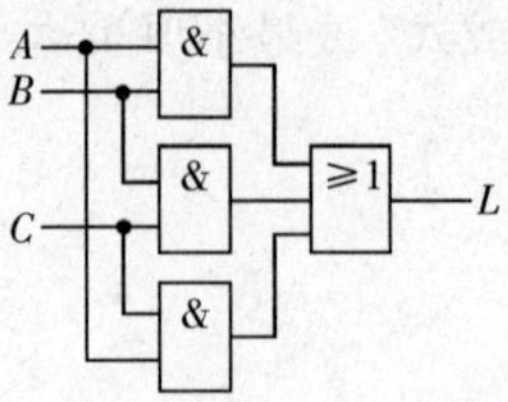

图 6-60　例 6-19 与或逻辑图

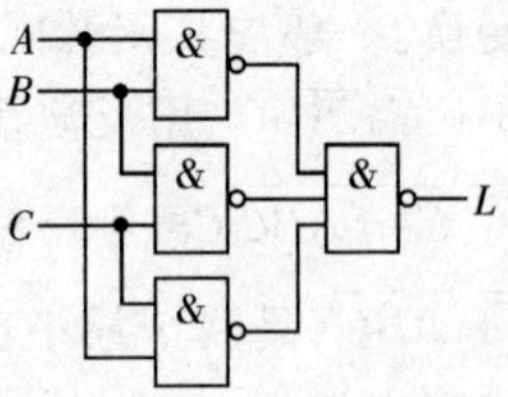

图 6-61　例 6-19 与非逻辑图

任何组合逻辑电路都是可以利用基本门来设计的。但是，并不是所有的组合逻辑电路都需要我们去设计。随着微电子技术的发展，现在许多常用的组合逻辑电路，如加法器、编码器、译码器、数据选择器等都已有现成的集成模块，下面重点介绍这些器件的逻辑功能、实现原理及应用方法。

6.4.3　加法器

加法器是构成算术运算电路的基本单元。

1. 半加器

只能求本位和，不能将低位的进位信号纳入计算的加法器称为“半加器”。

一位半加器的真值表如表 6-20 所示，表中的 A 和 B 分别表示被加数和加数，S 为本位和，C 为向相邻高位的进位。由真值表可直接写出 S 和 C_o 的逻辑函数式

$$S = \overline{A}B + A\overline{B} = A \oplus B;\qquad C_o = AB$$

一位半加器逻辑图如图 6-62 所示。

表 6-20　一位半加器的真值表

输入		输出	
A	B	进位 C	和数 S
0	0	0	0
0	1	0	1
1	0	0	1
1	1	1	0

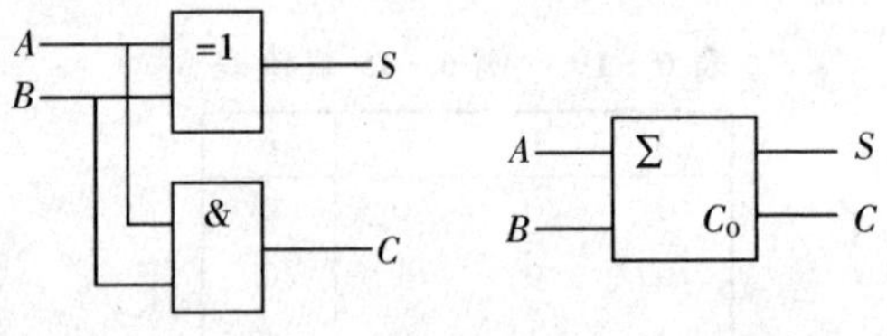

图 6-62　一位半加器逻辑图及逻辑符号

2. 全加器

不仅能求本位和，还能将低位的进位信号纳入计算的加法器称为“全加器”。

一位全加器的真值表如表 6-21 所示。表中的 A 和 B 分别表示被加数和加数，C_I 表示来自相邻低位的进位，S 表示本位和，C_O 表示向相邻高位的进位。

由真值表可直接写出 S 和 C_O 的逻辑函数式

$$S = m_1 + m_2 + m_4 + m_7;\qquad C_o = m_3 + m_5 + m_6 + m_7,$$

化简后得 $S = A \oplus B \oplus C_I$；　$C_o = AB + BC + CA$

表 6-21　一位全加器的真值表

输入			输出	
A	B	C_I	C_O	S
0	0	0	0	0
0	0	1	0	1
0	1	0	0	1
0	1	1	1	0
1	0	0	0	1
1	0	1	1	0
1	1	0	1	0
1	1	1	1	1

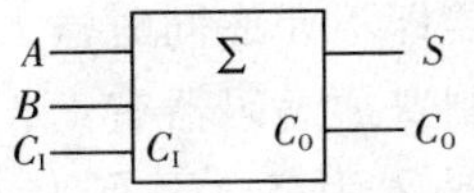

图 6-63　一位全加器逻辑符号

根据函数式可画出一位全加器逻辑图(省略)。一位全加器的逻辑符号如图 6-63 所示。

3. 集成加法器及其应用

要进行多位数相加,可将多个一位全加器进行级联,构成串行进位加法器,如图 6-64 所示。串行进位加法器的优点是电路简单,缺点是速度慢。因为进位信号是串行传递。

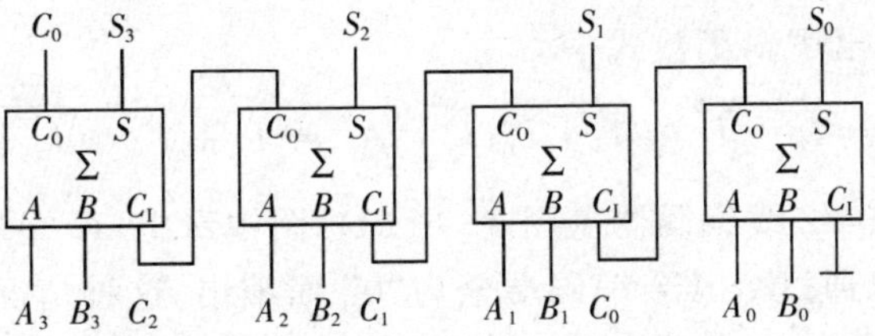

图 6-64　4 位串行进位加法器

为了提高速度,人们又设计了一种超前进位的加法器。所谓超前进位,是指加法运算过程中,各级进位信号同时送到各位全加器的进位输入端。现在的集成加法器,大多采用这种方法。74283 就是一种典型的超前进位的集成加法器。

一片 74283 只能进行 4 位二进制数的加法运算,将多片 74283 进行级联,就可扩展加法运算的位数。用 2 片 74283 组成的 8 位二进制数加法电路如图 6-65 所示。

对同一个一位十进制数,余 3 码比 8421BCD 码多 3。因此实现 8421BCD 码到余 3 码的变换,只需将 8421BCD 码加 3(即加 0011) 即可,如图 6-66 所示。

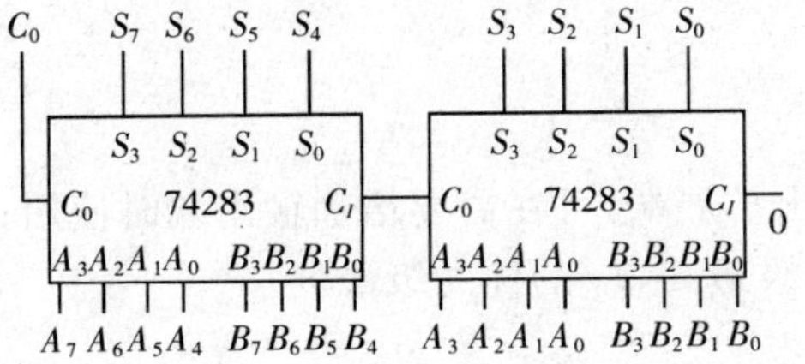

图 6-65　74283 功能扩展

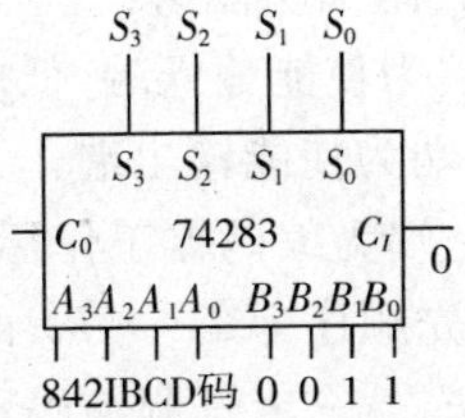

图 6-66　将 8421BCD 码转成余 3 码

6.4.4　编码器

编码器的功能 —— 将字母、数字、符号等信息编成二进制代码或二 — 十进制代码。

从输出代码的内容上分，有二进制编码器和二—十进制编码器两种；

从输入信号的内容上分，有普通编码器和优先编码器两种。

1. 普通二进制编码器

普通编码器即不允许同时输入两个以上编码信号的编码器。

两位二进制普通编码器有4个输入端，两个输出端，称为4线—2线编码器，其功能真值表见表6-22，输入为高电平有效，输出为两位二进原码。

表6-22　4/2编码器真值表

输入端	输出	
1有效	A_1	A_0
I_0	0	0
I_1	0	1
I_2	1	0
I_3	1	1

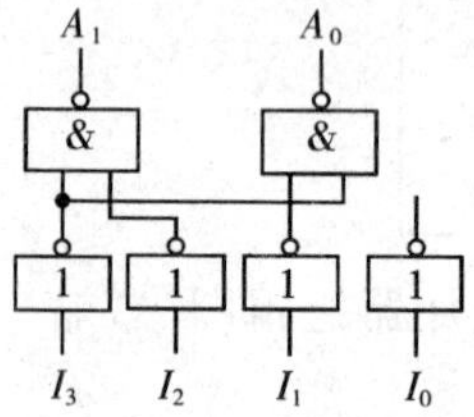

(a)输入高电平有效编码器

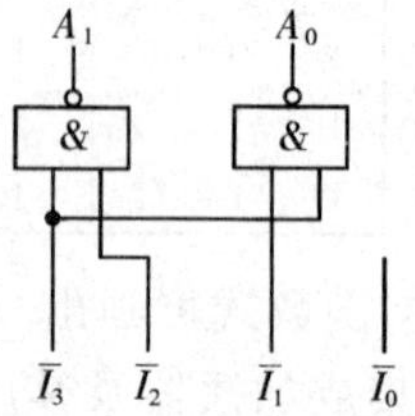

(b)输入低电平有效编码器

图6-67　两位二进制普通编码

由真值表写出各输出逻辑函数式

$$A_1 = I_2 + I_3 = \overline{\overline{\overline{I_2} + \overline{I_3}}} = \overline{\overline{I_2} \cdot \overline{I_3}}; \qquad A_0 = I_1 + I_3 = \overline{\overline{\overline{I_1} + \overline{I_3}}} = \overline{\overline{I_1} \cdot \overline{I_3}}$$

输入高电平有效的4/2线编码器见图6-67(a)。图中看出，I_0端是多余的，可以去掉。I_0端对应的代码“00”可以通过令其余编码端全为“0”而编出。这种情况下，I_0端被称为“隐含端”，意为没有I_0端，也能编出I_0端对应的代码。图6-67(b)是输入低电平有效的4/2线编码器。

2. 优先二进制编码器

优先编码器——允许同时输入两个以上编码信号的编码器。在设计优先编码器时，设计者给所有的输入信号端规定了优先顺序，当多个输入信号同时出现时，编码器只对其中优先级较高的一个进行编码。通常规定，输入变量脚标数值大的，优先级别高。

74HC148是一种常用的8线—3线优先编码器。其逻辑功能列在表6-23中，逻辑符号如图6-68所示。其中，$\overline{I}_7 \sim \overline{I}_0$为编码输入端，低电平有效。$\overline{Y}_0 \sim \overline{Y}_2$为编码输出端，输出三位二进制反码。附加功能为：

(1)$\overline{S}$端为使能输入端，低电平有效；

(2)$\overline{Y}_S$端为使能输出端；

(3)$\overline{Y}_{EX}$端为编码器工作标志，也称输出扩展端，可在需要增加输出端时使用；

(4) 优先顺序为$\overline{I}_7 \rightarrow \overline{I}_0$，即$\overline{I}_7$的优先级最高，$\overline{I}_0$的优先级最低。

3. 优先二—十进制编码器

能编出BCD码的编码器为二—十进制编码器。74HC147是8421BCD码的编码器，其逻辑符号如图6-69，真值表如表6-24。它有$\overline{I}_9 \sim \overline{I}_1$共9个编码输入端，低电平有效。有$\overline{Y}_3 \sim \overline{Y}_0$共4个编码输出端，输出8421BCD反码。和74HC148对照，74HC147的其他功能特点为：

表 6－23　74HC148 优先编码器真值表(0 编码有效)

输入									输出				
$\overline{S}$	$\overline{I}_7$	$\overline{I}_6$	$\overline{I}_5$	$\overline{I}_4$	$\overline{I}_3$	$\overline{I}_2$	$\overline{I}_1$	$\overline{I}_0$	$\overline{Y}_2$	$\overline{Y}_1$	$\overline{Y}_0$	$\overline{Y}_S$	$\overline{Y}_{EX}$
1	×	×	×	×	×	×	×	×	1	1	1	1	1
0	1	1	1	1	1	1	1	1	1	1	1	0	1
0	0	×	×	×	×	×	×	×	0	0	0	1	0
0	1	0	×	×	×	×	×	×	0	0	1	1	0
0	1	1	0	×	×	×	×	×	0	1	0	1	0
0	1	1	1	0	×	×	×	×	0	1	1	1	0
0	1	1	1	1	0	×	×	×	1	0	0	1	0
0	1	1	1	1	1	0	×	×	1	0	1	1	0
0	1	1	1	1	1	1	0	×	1	1	0	1	0
0	1	1	1	1	1	1	1	0	1	1	1	1	0

(1) 没有使能输入端 $\overline{S}$，也没有使能输出端 $\overline{Y}_S$ 和输出扩展端 $\overline{Y}_{EX}$；

(2) 优先顺序为 $\overline{I}_9 \rightarrow \overline{I}_0$，即 $\overline{I}_9$ 的优先级最高，依次 $\overline{I}_0$ 的优先级最低；

(3) 实际上，它没有 $\overline{I}_0$ 端，$\overline{I}_0$ 端是“隐含端”。在 $\overline{I}_9 \sim \overline{I}_1$ 端全为 1 时，能编出 0000 的反码 1111。

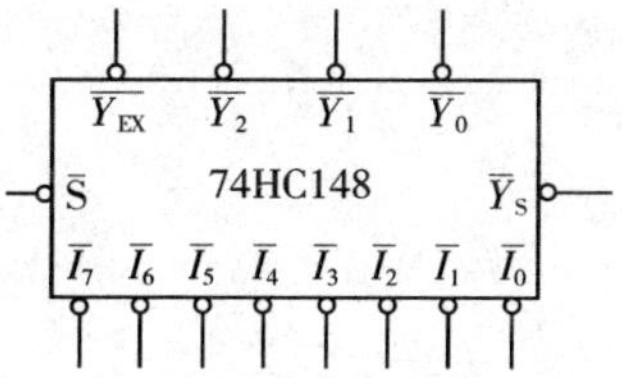

图 6－68　74HC148 逻辑符号

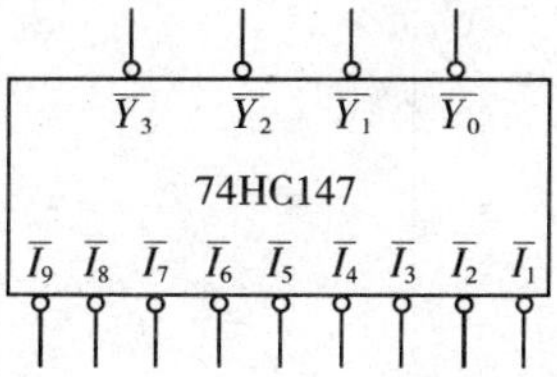

图 6－69　74HC147 逻辑符号

表 6－24　74HC147 优先编码器真值表(0 编码有效)

输入									输出			
$\overline{I}_9$	$\overline{I}_8$	$\overline{I}_7$	$\overline{I}_6$	$\overline{I}_5$	$\overline{I}_4$	$\overline{I}_3$	$\overline{I}_2$	$\overline{I}_1$	$\overline{Y}_3$	$\overline{Y}_2$	$\overline{Y}_1$	$\overline{Y}_0$
0	×	×	×	×	×	×	×	×	0	1	1	0
1	0	×	×	×	×	×	×	×	0	1	1	1
1	1	0	×	×	×	×	×	×	1	0	0	0
1	1	1	0	×	×	×	×	×	1	0	0	1
1	1	1	1	0	×	×	×	×	1	0	1	0
1	1	1	1	1	0	×	×	×	1	0	1	1
1	1	1	1	1	1	0	×	×	1	1	0	0
1	1	1	1	1	1	1	0	×	1	1	0	1
1	1	1	1	1	1	1	1	0	1	1	1	0
1	1	1	1	1	1	1	1	1	1	1	1	1

6.4.5 译码器

译码器的功能和编码器相反，它能将输入的每组代码分别译成特定的输出信号（高电平或低电平）。常用的译码器有二进制译码器、二 — 十进制译码器和显示译码器。

1. 二进制译码器

二进制译码能将输入的 N 位二进制代码（n 变量全部最小项）译成特定的输出信号，因此也称二进制译码为 n 变量全部最小项的译码器。常用二进制译码器有 2 线 —4 线译码器、3 线 —8 线译码器、4 线 —16 线译码器等。下面以两位二进制译码器为例，介绍译码器的构成和工作原理。

(1) 两位二进制译码器

两位二进制译码器即 2 线 —4 线译码器（或 2/4 译码器），是二变量全部最小项的译码器。其逻辑功能如表 6 - 25 所示。它的输入是两位二进制原码，译出 0 有效。

表 6 - 25　2/4 译码器功能表

输入			输出			
$\bar{S}$	A	B	$\bar{Y}_3$	$\bar{Y}_2$	$\bar{Y}_1$	$\bar{Y}_0$
1	×	×	1	1	1	1
0	0	0	1	1	1	0
0	0	1	1	1	0	1
0	1	0	1	0	1	1
0	1	1	0	1	1	1

由表 6 - 25 可写出各输出函数式

$\bar{Y}_0 = \overline{\bar{A}\,\bar{B}} = \bar{m}_0$；　$\bar{Y}_1 = \overline{\bar{A}B} = \bar{m}_1$；　$\bar{Y}_2 = \overline{A\bar{B}} = \bar{m}_2$；　$\bar{Y}_3 = \overline{AB} = \bar{m}_3$

2/4 译码器的逻辑电路如图 6 - 70 所示。

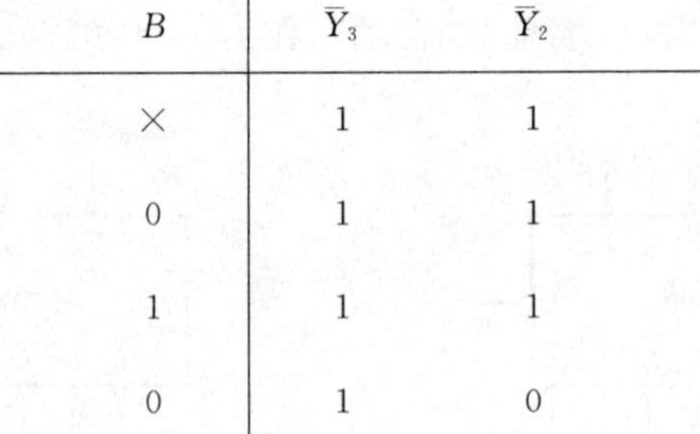

图 6 - 70　2 线 —4 线译码器

(2) 集成二进制译码器

常用集成二进制译码器有 74HC139，它是双 2/4 译码器，逻辑符号如图 6-71(a) 所示。另一种典型的集成二进制译码器是 74HC138(3/8 译码器)，是三变量全部最小项的译码器。其功能如表 6-26 所示。它有 3 个输入端 A_2、A_1、A_0，8 个输出端 $\overline{Y}_7 \sim \overline{Y}_0$，输出低电平有效。$S_1\overline{S}_2\overline{S}_3$ 为使能输入端，当 $S_1\overline{S}_2\overline{S}_3 = 100$ 时，译码器工作，否则译码器禁止，输出全 1。74HC138 的逻辑符号如图 6-71(b) 所示。

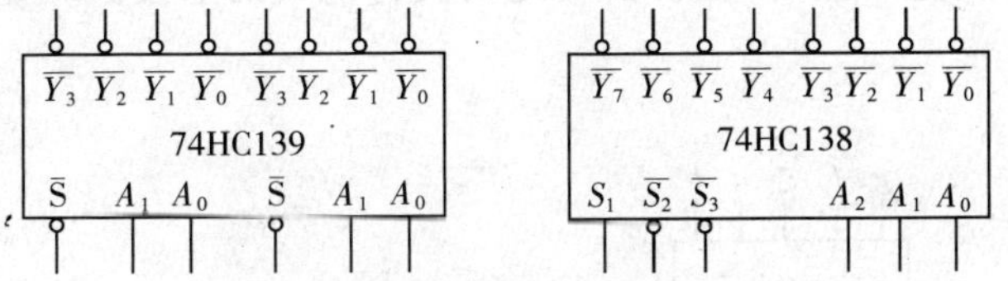

图 6-71　集成二进制译码器逻辑符号

(a) 双 2/4 译码器 74HC139　(b) 3/8 译码器 74HC138

表 6-26　3/8 译码器 74HC138 功能表

输入						输出							
S_1	$\overline{S}_2$	$\overline{S}_3$	A_2	A_1	A_0	$\overline{Y}_7$	$\overline{Y}_6$	$\overline{Y}_5$	$\overline{Y}_4$	$\overline{Y}_3$	$\overline{Y}_2$	$\overline{Y}_1$	$\overline{Y}_0$
×	1	×	×	×	×	1	1	1	1	1	1	1	1
×	×	1	×	×	×	1	1	1	1	1	1	1	1
0	×	×	×	×	×	1	1	1	1	1	1	1	1
1	0	0	0	0	0	1	1	1	1	1	1	1	0
1	0	0	0	0	1	1	1	1	1	1	1	0	1
1	0	0	0	1	0	1	1	1	1	1	0	1	1
1	0	0	0	1	1	1	1	1	1	0	1	1	1
1	0	0	1	0	0	1	1	1	0	1	1	1	1
1	0	0	1	0	1	1	1	0	1	1	1	1	1
1	0	0	1	1	0	1	0	1	1	1	1	1	1
1	0	0	1	1	1	0	1	1	1	1	1	1	1

2. 二一十进制译码器

74HC42 是 4 线—10 线译码器，能将二一十进制数(8421BCD 码) 译成对应的低电平。它没有使能端，其逻辑符号如图 6-72 所示。

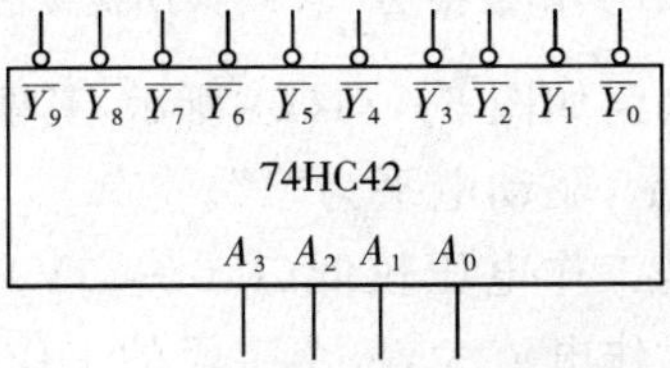

图 6-72　二一十进制译码器逻辑符号

3. 显示译码器

在数字系统中，常常需要将数字以十进制的形式显示出来，供人们直观地读取。能够显示数字的器件称为数码显示器。而在数字电路中，数字量都是以代码（如 8421BCD 码、2421BCD 等）的形式出现的，将数字量的代码翻译成数码显示器所能识别的信号的电路称为数码显示译码器。下面，先介绍数码显示器，再说显示译码器。

(1) 数码显示器

数码显示器可由发光二极管构成。由发光二极管构成的七段数码显示器，如图 6-73(a) 所示。

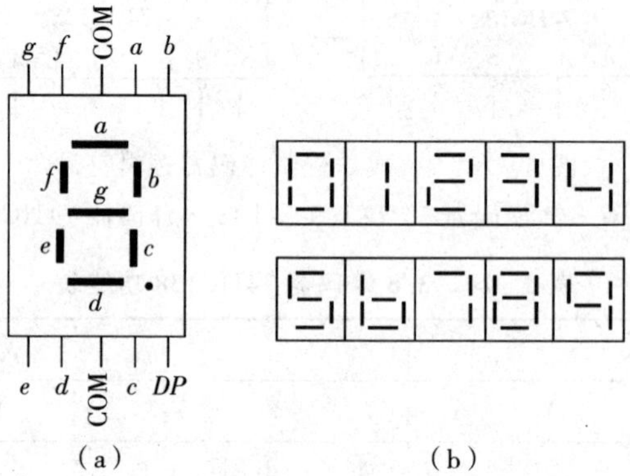

图 6-73　七段数码显示器

(a) 符号　(b) 段组合数字

七段数码显示器就是将七个发光二极管按一定的方式排列，每个发光二极管呈现一个发光段，每个发光段分别有一个代号 a、b、c、d、e、f、g（小数点 DP），利用不同发光段的组合，显示不同的阿拉伯数字，如图 6-73(b) 所示。

按显示器内部连接方式不同，七段数码显示器分为共阳极和共阴极两种。

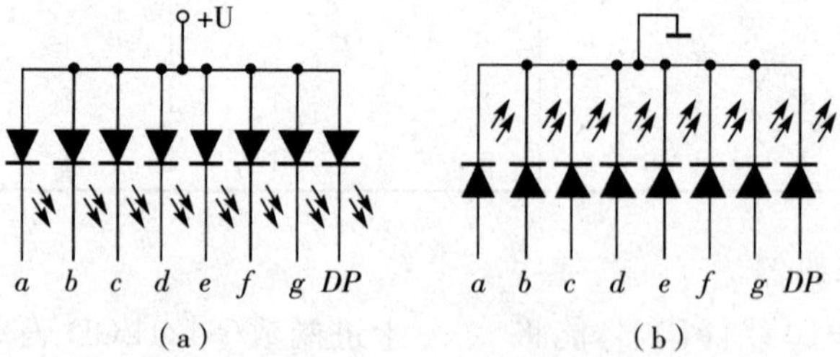

图 6-74　发光二极管数码显示器原理电路

(a) 共阳极接法　(b) 共阴极接法

共阳极数码显示器的原理电路如图 6-74(a) 所示，其驱动电平为“0”；共阴极数码显示器的原理电路如图 6-74(b) 所示，驱动电平为“1”。

发光二极管显示器的优点是工作电压较低(1.6 ～ 3V)、体积小、寿命长、亮度高、响应速度快、工作可靠性高。缺点是工作电流大，每个字段的工作电流约为 10mA。

(2) 数码显示译码器

常用的数码显示译码器有 74HC248 和 74HC247 等。74HC248 是一种驱动共阴极数码显示器的专用译码器，它的功能是将输入的 8421BCD 码转换成显示器所需的七个段信号 $a \sim g$，其逻辑功能见表 6 - 27。当输入 $A_3A_2A_1A_0$ 为 8421BCD 码的伪码 1010 ～ 1111 时，显示器无任何显示。

表 6 - 27　七段显示译码器 74HC248 的功能表

输入				输出							显示字形
A_3	A_2	A_1	A_0	a	b	c	d	e	f	g	
0	0	0	0	1	1	1	1	1	1	0	0
0	0	0	1	0	1	1	0	0	0	0	1
0	0	1	0	1	1	0	1	1	0	1	2
0	0	1	1	1	1	1	1	0	0	1	3
0	1	0	0	0	1	1	0	0	1	1	4
0	1	0	1	1	0	1	1	0	1	1	5
0	1	1	0	0	0	1	1	1	1	1	6
0	1	1	1	1	1	1	0	0	0	0	7
1	0	0	0	1	1	1	1	1	1	1	8
1	0	0	1	1	1	1	0	0	1	1	9

4. 译码器的应用

这里所说的译码器的应用，主要是 n 变量全部最小项译码器的应用。

(1) 译码器功能扩展

利用译码器的使能端可以扩展译码器的容量。将两片 74HC138 扩展为 4 线 —16 线译码器的连线图如图 6 - 75 所示。

当 $A_3 = 0$ 时，(1) 片译码器工作，输出 $\overline{Y}_7 \sim \overline{Y}_0$ 由输入二进制代码 $A_2A_lA_0$ 决定，此时，(2) 片译码器禁止，$\overline{Y}_8 \sim \overline{Y}_{15}$ 输出全 1；当 $A_3 = 1$ 时，(2) 片译码器工作，输出 $\overline{Y}_8 \sim \overline{Y}_{15}$ 由输入二进制代码 $A_2A_1A_0$ 决定，此时，(1) 片译码器禁止，$\overline{Y}_7 \sim \overline{Y}_0$ 输出全 1；从而实现了 4 线 —16 线译码器的功能。

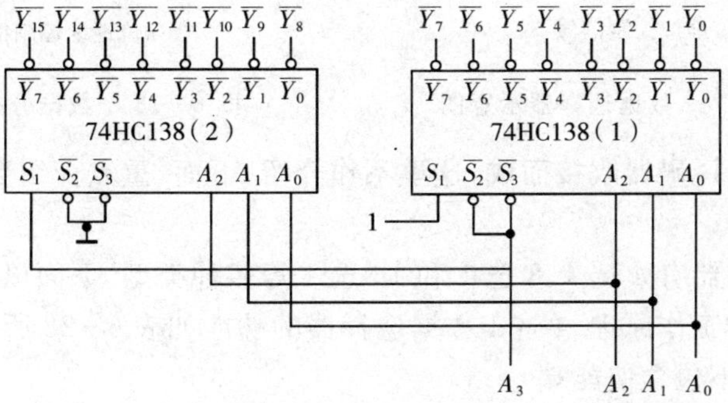

图 6 - 75　两片 74HC138 扩展为 4 线 —16 线译码器

(2) 实现组合逻辑函数

由于二进制译码器的每个输出端分别对应一个最小项，因此附加适当的门电路，便可实现任何组合逻辑函数。

【例 6-20】 试用译码器设计一个三人表决逻辑电路，结果按“少数服从多数”的原则决定。

【解】 三人多数表决逻辑电路的真值表见表 6-19，由表可直接写出逻辑函数的最小项表达式，再转换成与非 — 与非式

$$L = \overline{A}BC + A\overline{B}C + AB\overline{C} + ABC$$

$$= m_3 + m_5 + m_6 + m_7 = \overline{\overline{m_3} \cdot \overline{m_5} \cdot \overline{m_6} \cdot \overline{m_7}}$$

由式可知，该函数有三个输入变量，所以可用 3 线 —8 线译码器来实现，如图 6-76 所示，用一片 74HC138 加一个与非门即可。

在一片 74HC138 的输出端多加几个与非门，便可同时实现多个逻辑函数。

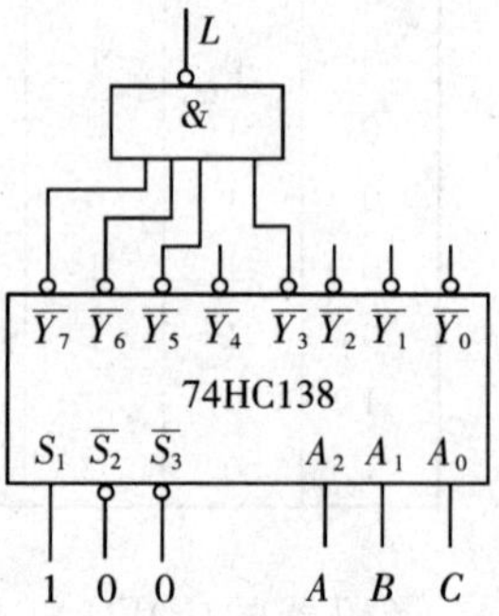

图 6-76 例 6-20 逻辑图

6.4.6 数据选择器和数据分配器

在数据传输系统中，少不了“数据选择器”和“数据分配器”。功能上，数据选择器和数据分配器互为相反。

数据选择器 —— 在地址码的控制下，从多路输入数据中选择某一路，送到输出端，其作用与图 6-77 所示的多刀单掷开关相似。

数据分配器 —— 在地址码的控制下，将一路输入数据分配给多路输出中的某一路，其作用与图 6-78 所示的单刀多掷开关相似。

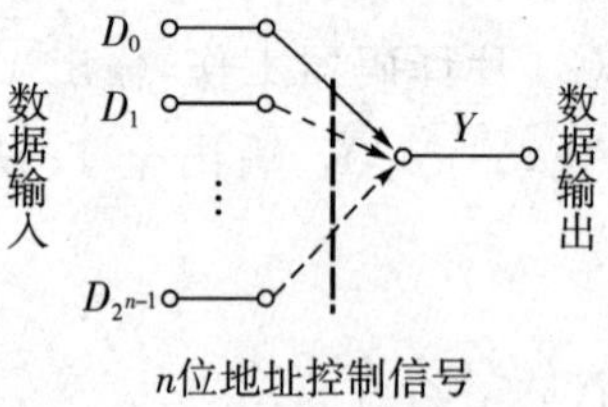

图 6-77 数据选择器示意图

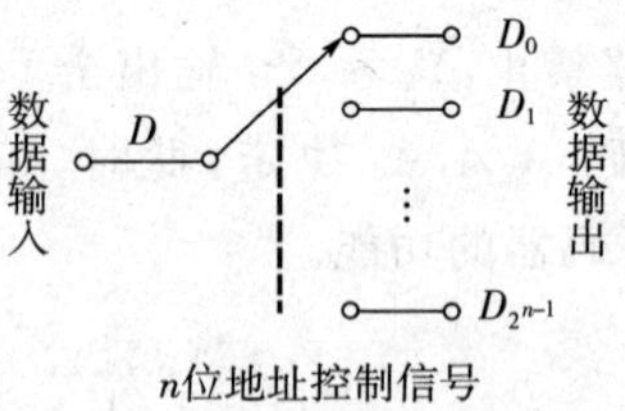

图 6-78 数据分配器示意图

数据分配器可用译码器改接而成，这里不作介绍。下面，重点介绍数据选择器。

1. 数据选择器

常用的数据选择器有 4 选 1、8 选 1 和 16 选 1 等多种类型。下面以 4 选 1 为例介绍数据选择器的基本功能和工作原理。4 选 1 数据选择器的功能如表 6-28 所示。根据功能表，可写出输出逻辑函数式(不包含使能端)

表 6-28　4 选 1 数据选择器功能表

输　入			输　出
$\overline{S}$	A_1	A_0	Y
1	×	×	0
0	0	0	D_0
0	0	1	D_1
0	1	0	D_2
0	1	1	D_3

$$Y = \overline{A}_1\overline{A}_0 D_0 + \overline{A}_1 A_0 D_1 + A_1\overline{A}_0 D_2 + A_1 A_0 D_3 \tag{6-1}$$

4 选 1 数据选择器的逻辑图如图 6-79(a) 所示(附加使能端),逻辑符号见图 6-79(b)。

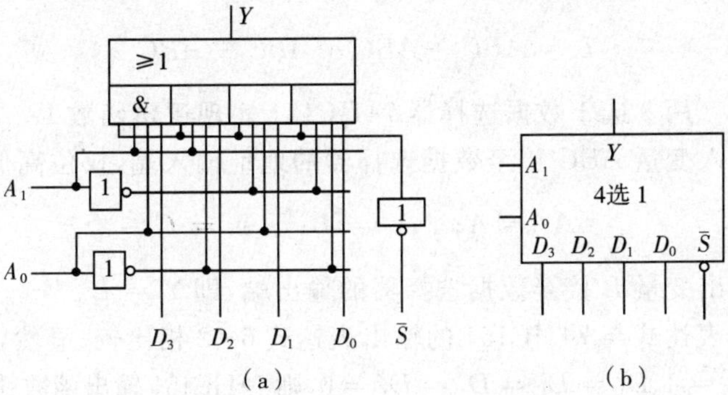

图 6-79　4 选 1 数据选择器

(a) 逻辑图　(b) 逻辑符号

2. 集成数据选择器

74HC153 是双 4 选 1 数据选择器,其逻辑符号如图 6-80(a) 所示,它的地址码 A_1、A_0 为两片 4 选 1 公用,使能输入端 $\overline{S}$ 为低电平有效。

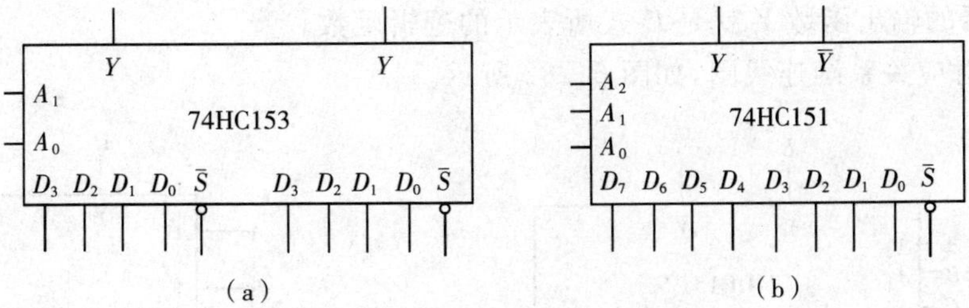

图 6-80　集成数据选择器逻辑符号

(a) 双 4 选 1　(b) 8 选 1

图 6-80(b) 是 8 选 1 数据选择器 74HC151 的逻辑符号,它有 8 个数据输入端 $D_0 \sim D_7$,

3 个地址输入端 A_2、A_1、A_0，2 个互补的输出端 Y 和 $\overline{Y}$，1 个使能输入端 $\overline{S}$，使能端为低电平有效。8 选 1 数据选择器的输出逻辑函数式为

$$Y = \overline{A}_2\overline{A}_1\overline{A}_0D_0 + \overline{A}_2\overline{A}_1A_0D_1 + \overline{A}_2A_1\overline{A}_0D_2 + \overline{A}_2A_1A_0D_3 + A_2\overline{A}_1\overline{A}_0D_4 + A_2\overline{A}_1A_0D_5 + A_2A_1\overline{A}_0D_6 + A_2A_1A_0D_7 \tag{6-2}$$

3. 数据选择器的应用

(1) 数据选择器的功能扩展

数据选择器的功能扩展类似译码器功能扩展，读者可自学。

(2) 数据选择器实现组合逻辑函数

具有 n 位地址码的数据选择器，可以产生不多于 $n+1$ 个变量的任意逻辑函数。

【例 6-21】 试用数据选择器设计一个三人表决逻辑电路，结果按“少数服从多数”的原则决定。

【解】 三人多数表决逻辑电路的真值表见表 6-19，由表可直接写出逻辑函数式

$$L = \overline{A}BC + A\overline{B}C + AB\overline{C} + ABC$$

【设计方法一】 用 8 选 1 数据选择器 74HC151 实现逻辑函数 L。

① 将函数的输入变量 ABC 接至数据选择器的地址输入端，权位高低要一一对应，即

$$A_2 = A;\quad A_1 = B;\quad A_0 = C$$

② 将函数的输出变量 L 接至数据选择器的输出端，即 $Y = L$。

③ 将函数 L 的表达式与 74HC151 的输出表达式 6-2 相比较，显然，如果令数据输入端 $D_3 = D_5 = D_6 = D_7 = 1$、$D_0 = D_1 = D_2 = D_4 = 0$，则 74HC151 输出函数就是要实现的函数 L。

④ 根据上述分析画连线图如图 6-81 所示。

【设计方法二】 用 4 选 1 数据选择器实现逻辑函数 L。

① 写出 4 选 1 数据选择器的输出表达式

$Y = \overline{A}_1\overline{A}_0D_0 + \overline{A}_1A_0D_1 + A_1\overline{A}_0D_2 + A_1A_0D_3$

② 将 L 式整理成与 Y 式完全对应的形式 $L = \overline{A}\,\overline{B}\cdot 0 + \overline{A}B\cdot C + A\overline{B}\cdot C + AB\cdot 1$

③ 对照 Y 式与 L 式知，只要令 $A_1 = A$；$A_0 = B$；$D_0 = 0$；$D_1 = C$；$D_2 = C$；$D_3 = 1$ 则数据选择器的输出函数 Y 就是 L 式所表示的逻辑函数。

④ 按照对应关系画连线图，如图 6-82 所示。

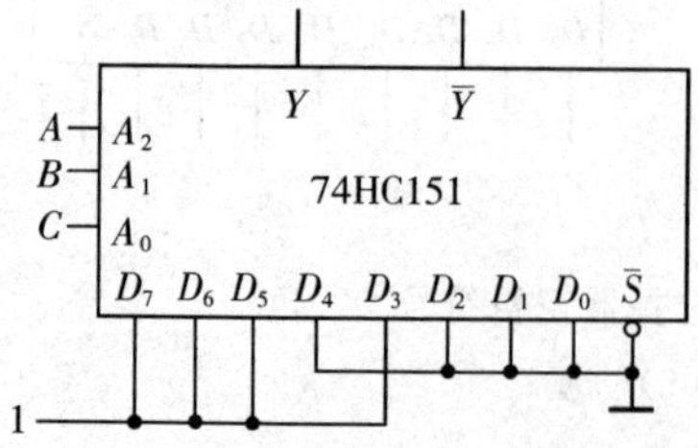

图 6-81 例 6-21 逻辑图 1

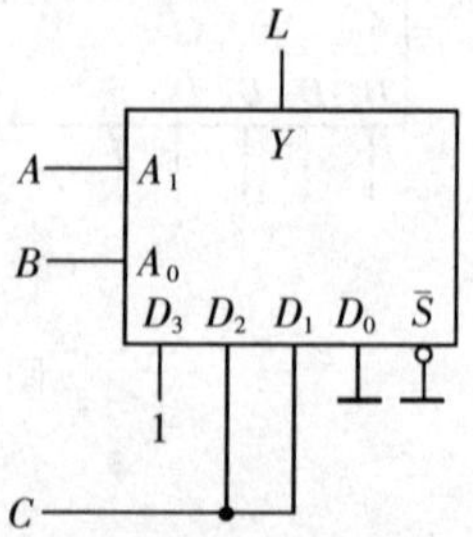

图 6-82 例 6-21 逻辑图 2

总之，若所用数据选择器地址码的位数为 n，则当逻辑函数的变量数等于 n 时，用方法一；当逻辑函数的变量数对于 $n+1$ 时，用方法二；当逻辑函数的变量数等于 $n+2$ 时，应将数据选择器进行功能扩展后再用方法二。

习　　题

6-1　将下列二进制数转换为等值的十进制数。

(1)$(110010111)_2$　　(2)$(0.1101)_2$　　(3)$(1101.101)_2$

6-2　将下列十进制数转换成等值的二进制数，保留小数点后 4 位有效数字。

(1)$(156)_{10}$　　(2)$(0.39)_{10}$　　(3)$(82.67)_{10}$

6-3　将下列 8421BCD 码转换成十进制数和二进制数。

(1)011010000011　　(2)01000101.1001

6-4　证明下列各题，方法不限。

(1)$A\overline{B}+ABC+\overline{A}B+A=A+B$

(2)$\overline{A}\,\overline{B}+A\overline{B}C+A(A+\overline{C})=A+\overline{B}$

(3)$(AB+A\overline{B}+\overline{A}B)(A+\overline{B}+D+\overline{A}B\overline{D})=A+B$

(4)$A\oplus 0=A$

(5)$A\oplus 1=\overline{A}$

(6)$\overline{A\oplus B}=A\odot B$

6-5　用逻辑代数的基本公式将下列逻辑函数化简为最简与—或式。

$Y_1=A\overline{B}+B+\overline{A}B$

$Y_2=A\overline{B}C+\overline{A}+B+\overline{C}$

$Y_3=A\overline{B}CD+ABD+A\overline{C}D$

$Y_4=\overline{\overline{A}BC+A\overline{B}}$

6-6　将下列各函数式化为最小项之和形式。

$Y_1=A\overline{B}C+AC+B\overline{C}$

$Y_2=(A+B)AC$

$Y_3=BC+\overline{\overline{AB}+\overline{C}}$

$Y_4=(A+B)(AC+\overline{D})$

6-7　用卡诺图化简法将下列函数化为最简与—或式。

$Y_1=AB+\overline{A}BC+\overline{A}B\overline{C}$

$Y_2=\overline{A}\,\overline{B}+A\overline{B}C+A(A+\overline{C})$

$Y_3=\overline{A\overline{B}+\overline{A}C}+BC+\overline{C}D$

$Y_4(ABC)=\sum(m_1,m_3,m_4,m_5,m_6,m_7)$

$Y_5(ABC)=\sum(m_1,m_3,m_6,m_7)$

$Y_6(ABCD)=\sum(m_0,m_2,m_6,m_7,m_8,m_{10},m_{14},m_{15})$

6-8　试画出用与非门实现下列函数的逻辑图。

$Y_1=AB$

$Y_2=A+B$

$Y_3=\overline{A+B}$

$Y_4 = AB + CD$

$Y_5 = AB + \bar{A}C$

$Y_6 = (\bar{A} + B)(A + \bar{B})C + \overline{BC}$

$Y_7 = (A \oplus B)C\bar{D} + \bar{A}B\bar{C} + \bar{A}\,\bar{C}D$

6-9　某逻辑电路的输入输出电压波形如图 6-83，试列其真值表，写输出变量 Y 与输入变量 AB 之间的逻辑函数式，指出电路的逻辑功能。

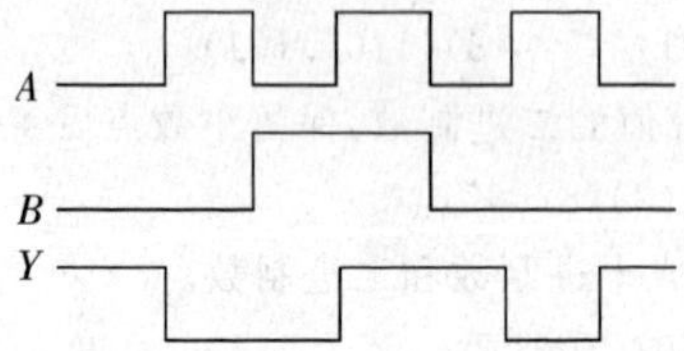

图 6-83　题 6-9 图

6-10　写出图 6-84 电路的输出函数式，证明(a)、(b) 有相同的逻辑功能。

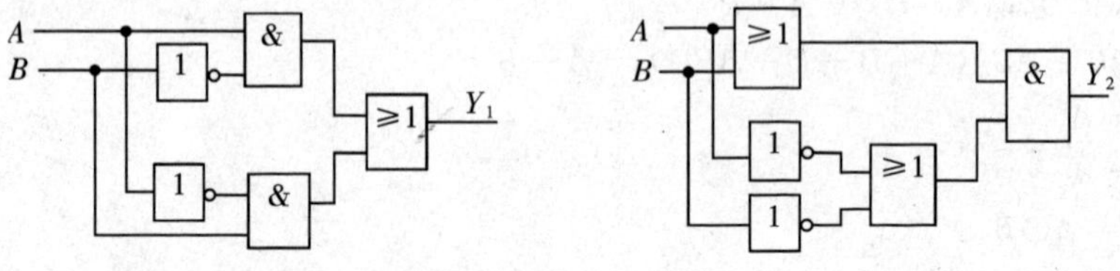

(a)　(b)

图 6-84　题 6-10 图

6-11　试写出图 6-85 所示逻辑电路的输出函数式并化简，指出电路的逻辑功能。

6-12　图 6-86 是一个选通电路。M 为控制信号，通过 M 电平的高低来选择让 A 还是让 B 从输出端送出。试写逻辑电路的输出函数式并化简，分析电路能否实现上述要求。

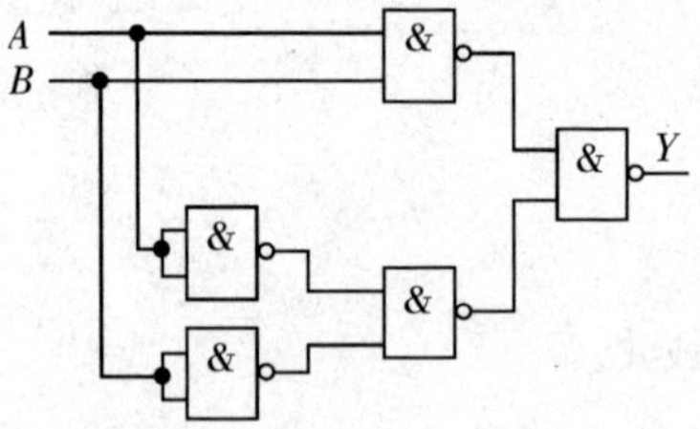

图 6-85　题 6-11 图

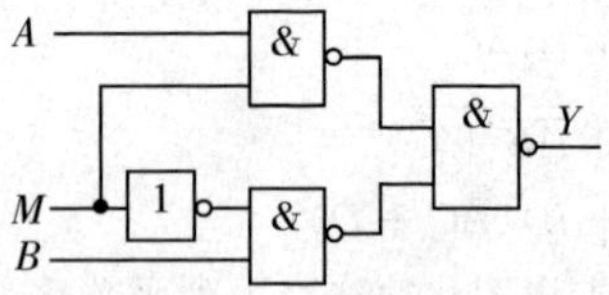

图 6-86　题 6-12 图

6-13　某汽车驾驶员培训班进行结业考试，有 A、B、C 三名评判员，其中 A 为主评判员，B、C 为副评判员。在评判时，按少数服从多数的原则通过，但主评判员认为合格也可通过。试列真值表，写输出逻辑函数式并化简为最简与或式，画逻辑图(基本门类型不限)。

6-14　试设计一个三变量判奇逻辑电路。当三变量 A、B、C 中有奇数个 1 时，电路输出为 1，否则为 0。要求列真值表；写输出逻辑函数的最小项之和表达式；用与非门画逻辑图。

6-15　试用基本门设计一个组合逻辑电路，该电路输入端接收两个两位二进制数 M、N。其中，$M = AB$，$N = CD$，当 $M > N$ 时，输出 $Z = 1$，否则 $Z = 0$。

6-16　试将双 2/4 译码器 74HC139 扩展成 3/8 线译码器。要求画连线图(允许附加必要的门电路)；在图中标出三个输入端 $A_2A_1A_0$ 和八个输出端 $\bar{Y}_7 \sim \bar{Y}_0$。

6-17　试用一片3/8译码器74HC138和门电路产生如下多输出逻辑函数的逻辑图。

$Y_1 = AC$

$Y_2 = \overline{A}\,\overline{B}C + A\overline{B}\,\overline{C} + BC$

$Y_3 = \overline{B}\,\overline{C} + AB\overline{C}$

6-18　图6-87是用双2线——4线译码器74HC139组成的逻辑电路，试写出输出变量Y与输入变量A、B、C之间的逻辑函数式并化简为最简与或式。

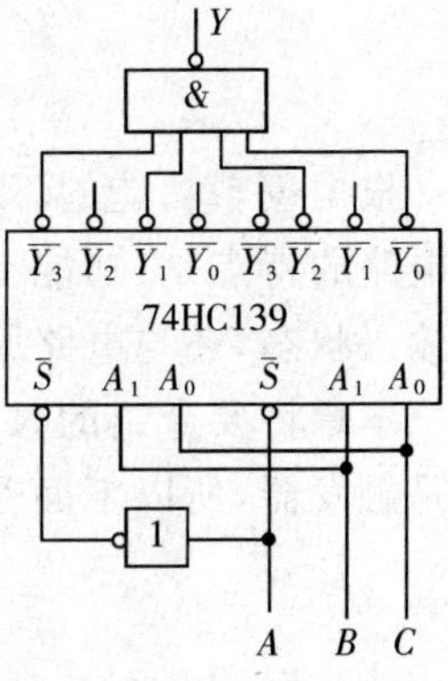

图6-87　题6-18图

6-19　试用3/8译码器74HC138和门电路实现6-13题的逻辑电路，画出逻辑图。

6-20　某工厂有A、B、C三个车间和一个发电站，站内有两台发电机M_1和M_2。M_2的容量是M_1的两倍。若一个车间开工，只需M_1运行；若两个车间开工，只需M_2运行；若三个车间开工，必须M_1、M_2都运行。试用3/8译码器74HC138实现控制M_1、M_2运行的逻辑电路。要求列真值表；写输出变量M_1、M_2的函数式；画逻辑电路图。

6-21　试将双4选1数据选择器74HC153扩展成8选1数据选择器。要求画连线图；在图中标出三个地址输入端$A_2A_1A_0$和八个数据输入端$D_7 \sim D_0$。

6-22　试用4选1数据选择器产生逻辑函数$Y = A\overline{B}\,\overline{C} + \overline{A}\,\overline{C} + BC$。

6-23　用4选1数据选择器实现的某逻辑函数的电路如图6-88所示，试写输出逻辑函数式并指出电路的逻辑功能。

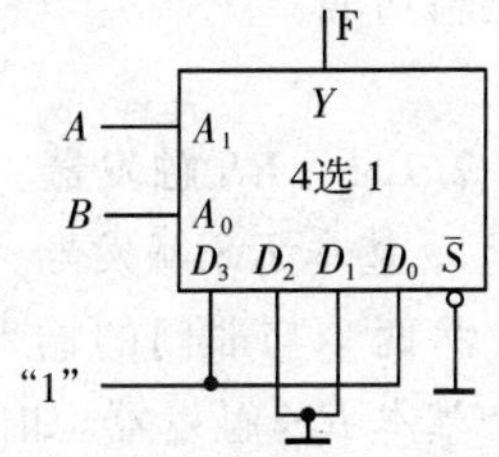

图6-88　题6-23图

6-24　试用4选1数据选择器实现6-14题的逻辑电路，画出逻辑图。

6-25　试用双4选1数据选择器74HC153设计一个一位全加器。要求列真值表（两位加数和低位的进位信号分别用A、B、C_I表示；本位和用S表示；向高位的进位信号用C_O表示）；写输出逻辑函数式；画逻辑图。

第 7 章 时序逻辑电路

根据逻辑功能的不同,数字电路可分为组合逻辑电路和时序逻辑电路两大类。时序逻辑电路的特点是:功能上有记忆,结构上有反馈,即任一时刻的输出状态不仅取决于该时刻的输入状态,还与电路原输出状态有关。

本章将要介绍的时序逻辑电路主要是寄存器和计数器。由于时序逻辑电路的基本单元是触发器,所以下面首先介绍触发器。

7.1 触发器

本节介绍的触发器属于双稳态触发器。双稳态触发器必备的特点:具有两个能自行保持的稳态(1 态或 0 态);外加触发信号时,电路的输出状态可以翻转;在触发信号消失后,能将获得的新态保存下来,这体现了触发器的“记忆”功能。双稳态触发器按其逻辑功能可分为 RS 触发器、JK 触发器、D 触发器和 T 触发器等。下面分别介绍这些触发器的组成原理和逻辑功能。

7.1.1 *RS* 触发器

1. 基本 RS 触发器

将两个与非门的输入、输出端交叉耦合就构成了一个基本 RS 触发器,如图 7-1 所示。它与组合逻辑电路的根本区别在于,电路中有反馈。

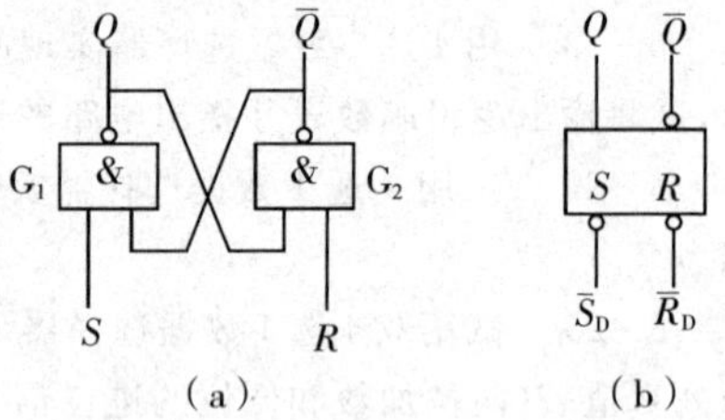

图 7-1 与非门组成的基本 RS 触发器

(a)逻辑图 (b)逻辑符号

从逻辑图上看,它有两个输入端 R、S;有两个输出端(也称观察端)Q、$\bar{Q}$。一般情况下,Q、$\bar{Q}$ 是互补的。规定:$Q=1$,$\bar{Q}=0$ 为触发器的 1 态;$Q=0$,$\bar{Q}=1$ 为触发器的 0 态。基本 RS 触发器的逻辑状态见表 7-1。

表 7-1 与非门组成的基本 *RS* 触发器的状态表(0 触发有效)

$\bar{R}_D$	$\bar{S}_D$	Q^n	Q^{n+1}	功能说明
0	0	0 1	1 * 1 *	禁用
0	1	0 1	0 0	清 0(复位)
1	0	0 1	1 1	置 1(置位)
1	1	0 1	0 1	保持原态

表中的 Q^n 为“原态”,也称“现态”或“初态”;Q^{n+1} 为“新态”,也称“次态”。

由表可知,触发器的次态 Q^{n+1} 不仅与输入状态有关,也与触发器原来的状态 Q^n 有关。

表中的“ * ”号意为:如在 $\bar{R}_D$、$\bar{S}_D$ 端同时触发,使 Q、$\bar{Q}$ 端同时为 1 之后,又让 $\bar{R}_D$、$\bar{S}_D$ 端的触发信号同时消失,则输出状态不确定。这种触发情况应避免。

图7-1(a)所示电路为低电平触发有效，在它的逻辑符号中，其触发端用圆圈作标记，见图7-1(b)，并在输入变量上用非号作标记，见图7-1(b)中的$\overline{R}_D$、$\overline{S}_D$，脚标D为直接触发之意。

【例7-1】 用与非门组成的基本RS触发器如图7-1(a)所示，设初始状态为$Q=0$，已知输入$\overline{R}_D$、$\overline{S}_D$端的电压波形如图7-2所示，试画Q、$\overline{Q}$端的输出波形图。

【解】 由表7-1可画出Q、$\overline{Q}$端的电压波形如图7-2所示。

用或非门也可以组成基本RS触发器，如图7-3所示。或非门组成的基本RS触发器为高电平触发有效，所以在它的逻辑符号中，其触发端不用圆圈作标记，见图7-3(b)。或非门组成的基本RS触发器的状态表读者可以自行分析，结果会归纳出：R端是清零端；S端是置1端。

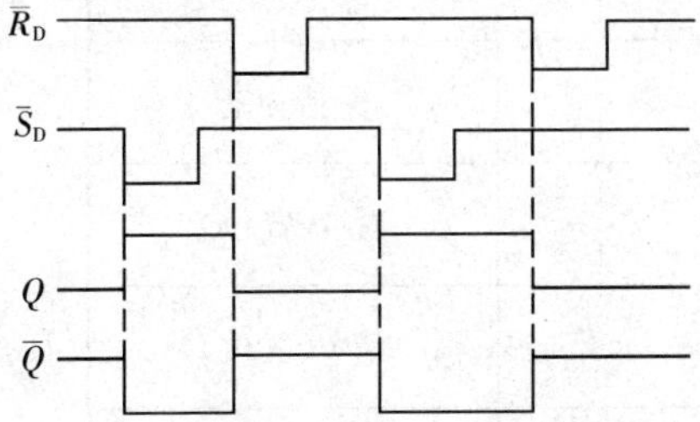

图7-2　基本RS触发器波形分析举例

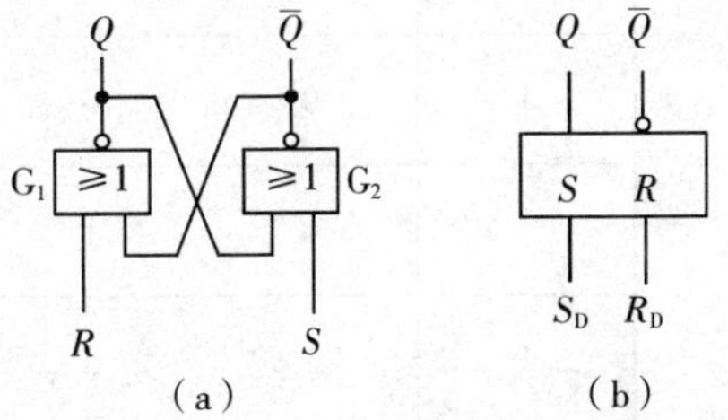

图7-3　或非门组成的基本RS触发器
(a)逻辑图　(b)逻辑符号

综上：基本RS触发器具有复位(使$Q^{n+1}=0$)、置位(使$Q^{n+1}=1$)、保持原态(使$Q^{n+1}=Q^n$)等三种功能；R端为复位端，S端为置位端，可以是低电平触发有效，触发端记为$\overline{R}_D$、$\overline{S}_D$，也可以是高电平触发有效，触发端记为R_D、S_D。

2. 可控RS触发器

在实际应用中，我们希望触发器的工作状态不仅由R、S端的信号来决定，而且还能在一定的时间控制下翻转。为此，给触发器增加了一个时钟控制端CP，如图7-4所示。它由基本RS触发器和G_3、G_4门构成。G_3、G_4为控制门，控制信号为CP，常用脉冲方波。由图可知，只有在CP端出现时钟脉冲(正脉冲，$CP=1$)使G_3、G_4门被打开时，R、S端的触发信号才能起作用。

具有时钟脉冲控制的RS触发器，称为可控RS触发器，因其状态的改变与时钟脉冲同步，所以也称为同步RS触发器。

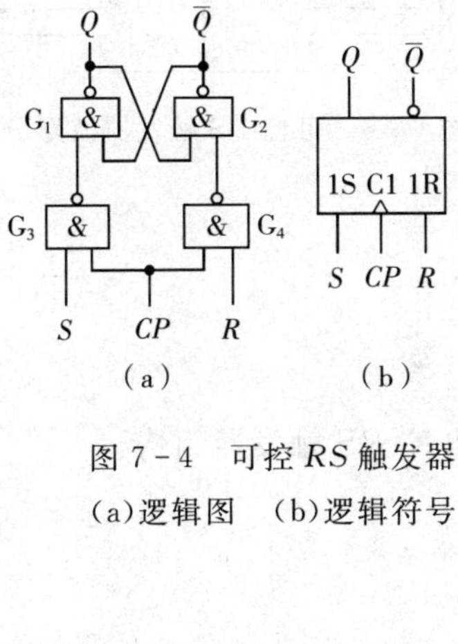

图7-4　可控RS触发器
(a)逻辑图　(b)逻辑符号

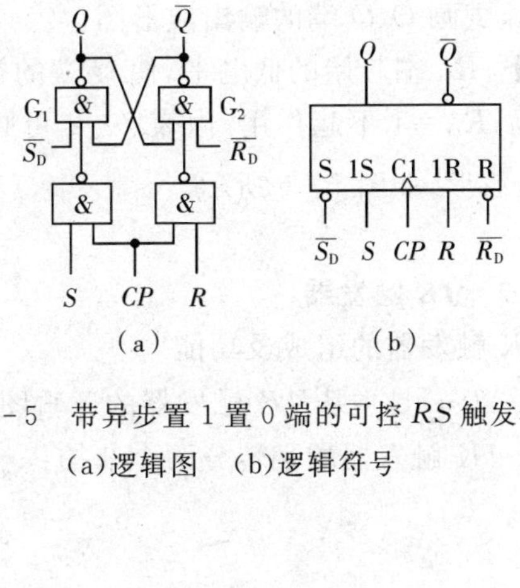

图7-5　带异步置1置0端的可控RS触发器
(a)逻辑图　(b)逻辑符号

由图 7-4 可知：

当 $CP=0$ 时，控制门 G_3、G_4 关闭，R、S 端的触发信号不能加到基本 RS 触发器的输入端。因此，不管 R、S 端的信号如何变化，触发器的状态保持不变。

当 $CP=1$ 时，控制门 G_3、G_4 打开，R、S 端的触发信号能加到基本 RS 触发器的输入端，RS 触发器的状态将按照 R、S 端的触发情况而翻转。可控 RS 触发器的功能见表 7-2。

表 7-2　可控 RS 触发器的状态表(1 触发有效)

CP	R	S	Q^n	Q^{n+1}	功能说明
0	×	×	0 1	0 1	保持原态
1	0	0	0 1	0 1	保持原态
1	0	1	0 1	1 1	置 1(置位)
1	1	0	0 1	0 0	清 0(复位)
1	1	1	0 1	1* 1*	禁用

由表 7-2 可以看出，图 7-4 所示同步 RS 触发器为高电平触发有效，时钟脉冲 CP 为正脉冲有效，输出状态的转换分别由 CP 和 R、S 控制，其中，触发器何时发生转换由 CP 控制，转换为何种次态由 R、S 控制。对表中"*"号的解释同前，这里不再重复。

在某些应用场合，有时需要在 CP 的有效电平到达之前，预先将触发器置成指定状态，为此，在图 7-4(a)的电路中，再设置异步清 0 端 $\overline{R}_D$ 和异步置 1 端 $\overline{S}_D$，如图 7-5 所示。

只要在 $\overline{R}_D$ 或 $\overline{S}_D$ 端加上 0，即可立即将触发器清 0 或置 1，不受 CP 的控制。因此，将 $\overline{R}_D$、$\overline{S}_D$ 端称为异步清 0、置 1 端。触发器在时钟 CP 控制下正常工作时，应使 $\overline{R}_D$、$\overline{S}_D$ 处于高电平。

【例 7-2】　可控 RS 触发器如图 7-5(a)所示，已知输入端 R、S 和异步清 0 端 $\overline{R}_D$ 的电压波形如图 7-6所示，试画 Q、$\overline{Q}$ 端的输出波形图。

【解】　$\overline{R}_D$ 端起始的低电平，使 Q 端的初始状态为 0，随后，$\overline{R}_D=1$ 不起作用，由表 7-2 可画出 Q、$\overline{Q}$ 端的电压波形，如图 7-6 所示。

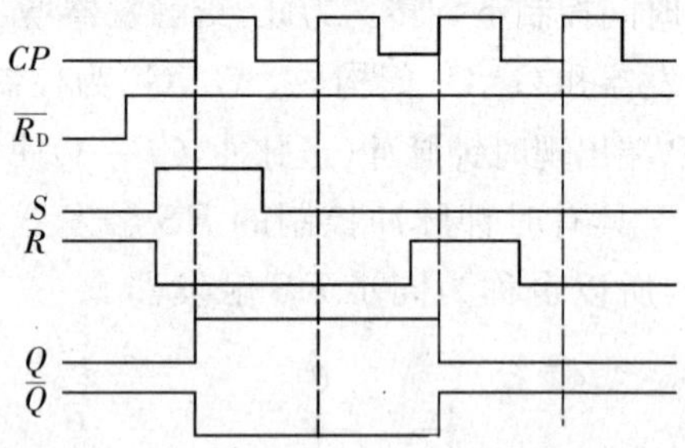

图 7-6　可控 RS 触发器波形分析举例

7.1.2　JK 触发器

1. JK 触发器的组成及功能

图 7-7(a)是主从 JK 触发器的逻辑图，它由两个可控 RS 触发器组成。

主从 JK 触发器的翻转分两个节拍：

当 $CP=1$ 时，主触发器工作，其输出端 Q' 和 $\overline{Q}'$ 随 J、K 端的触发情况而翻转；此时 $\overline{CP}=0$，从触发器被封锁，保持原状态不变。

当 CP 由 1 下跳到 0 时，主触发器被封锁，输入信号 J、K 不再影响主触发器的状态；而此时 $\overline{CP}=1$，从触发器接收主触发器输出端的状态，即 $Q=Q'$。

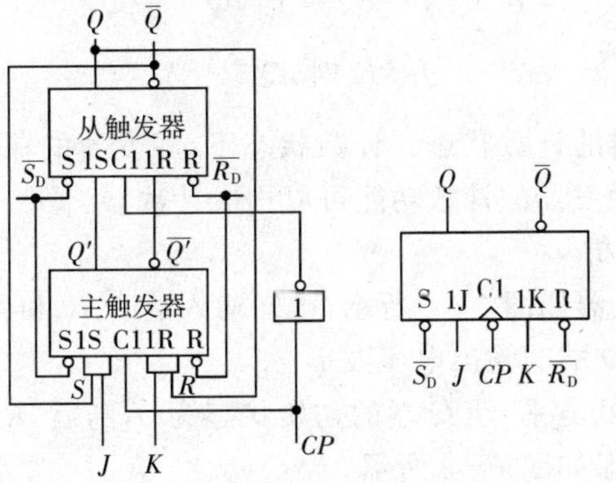

(a)　　　　　　　　(b)

图 7-7　主从 JK 触发器

(a)逻辑图　(b)逻辑符号

主从 JK 触发器的功能见表 7-3。由表可知，主从 JK 触发器具有复位、置位、保持和计数等四种功能。

表 7-3　主从 JK 触发器的状态表(↓触发有效)

J	K	Q^n	Q^{n+1}	功能说明
0	0	0	0	保持原态
		1	1	
0	1	0	0	清 0(复位)
		1	0	
1	0	0	1	置 1(置位)
		1	1	
1	1	0	1	计数
		1	0	

图 7-7(b)是图(a)的逻辑符号，图中的“∧”号表示要求时钟脉冲有跳变，这是主从结构、边沿触发型触发器的通用标记。图 7-7(a)所示触发器，当 CP 由 1 下跳到 0 时，Q^{n+1} 才随 J、K 端的触发情况而翻转，这样的触发器，时钟脉冲的作用沿为下跳沿，其逻辑符号的 CP 端用圆圈作标记，如图 7-7(b)所示。

2. JK 触发器的特性方程

在分析时序逻辑电路的功能时，通常要借助触发器的特性方程。触发器的特性方程即次态 Q^{n+1} 关于 J、K、Q^n 的函数式。

将表 7-3 填卡诺图，如图 7-8 所示，化简可得 JK 触发器的特性方程

$$Q^{n+1}=J\overline{Q}^n+\overline{K}Q^n \tag{7-1}$$

由表 7-3 或者式(7-1)很容易归纳出 JK 触发器的功能特点

$$J=K=0 \text{ 时}, Q^{n+1}=Q^n$$

$$J=K=1 \text{ 时}, Q^{n+1}=\overline{Q}^n$$

$$J\neq K \text{ 时}, Q^{n+1}=J$$

其中，$Q^{n+1}=\overline{Q}^n$ 是触发器的计数状态。计数状态下，触发器的输出状态随时钟脉冲作用沿的到来自动翻转。利用触发器的计数功能可以构成计数器。

3. JK 触发器波形分析

【例 7-3】 JK 触发器如图 7-7 所示，已知输入端 J、K 和异步清 0 端 $\overline{R}_D$ 的电压波形如图 7-9 所示，试画 Q、$\overline{Q}$ 端的输出电压波形。

【解】 $\overline{R}_D$ 端起始的低电平，使 Q 端的初始状态为 0，随后，$\overline{R}_D=1$ 不起作用，由表 7-3 可画出 Q、$\overline{Q}$ 端的电压波形如图 7-9 所示。

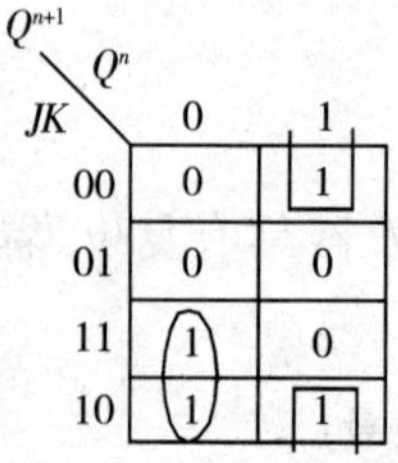

图 7-8　JK 触发器 Q^{n+1} 的卡诺图

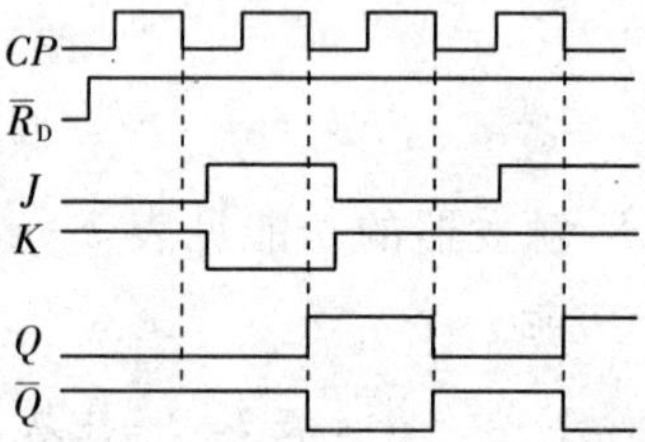

图 7-9　JK 触发器波形分析举例

7.1.3　*T* 触发器和 *D* 触发器

1. T 触发器

如果将 JK 触发器的 J 端和 K 端相连作为输入端，就构成了 T 触发器，如图 7-10(a) 所示。将 T 取代 J、K 代入 JK 触发器的特性方程(式 7-1)中，得 T 触发器的特性方程

$$Q^{n+1}=T\overline{Q}^n+\overline{T}Q^n=T\oplus Q^n \tag{7-2}$$

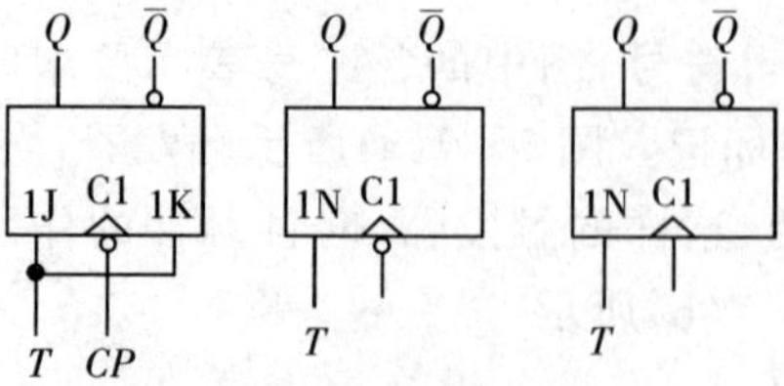

图 7-10　T 触发器

(a)逻辑图　(b)逻辑符号　(c)逻辑符号

表 7－4　T 触发器的状态表

T	Q^n	Q^{n+1}	功能说明
0	0	0	保持
0	1	1	
1	0	1	计数
1	1	0	

由特性方程可求得 T 触发器的状态表，如表 7－4 所示。

图 7－10(b)是图 7－10(a)的逻辑符号，由前述可知，图 7－10(b)所示 T 触发器，CP 的作用沿是下跳沿。如果 CP 的作用沿是上升沿，其逻辑符号应该如图 7－10(c)所示。需要说明的是，有时钟控制的触发器(简称钟控触发器)，都有异步清 0、置 1 端，图 7－10 中没有画出。

2. D 触发器

D 触发器只有一个触发输入端 D，逻辑功能非常简单，如表 7－5 所示。由表 7－5 可直接写出 D 触发器的特性方程

$$Q^{n+1}=D \tag{7-3}$$

如果 D 触发器的逻辑符号如图 7－11 所示，则其时钟 CP 的作用沿是上升沿，异步清 0、置 1 端为 0 有效。D 触发器的 $Q^{n+1}=D$，说明它具有存数功能。利用触发器的存数功能，可以构成寄存器。

表 7－5　D 触发器的状态表

D	Q^n	Q^{n+1}	功能说明
0	0	0	同 D
0	1	0	
1	0	1	同 D
1	1	1	

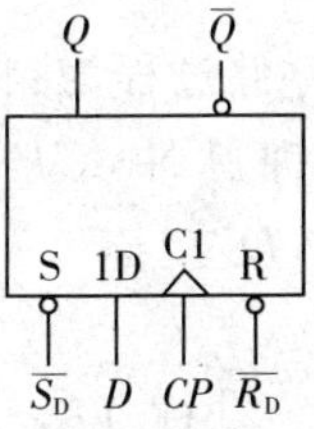

图 7－11　D 触发器逻辑符号

【例 7－4】　设图 7－12 中各触发器的初始状态均为 $Q=0$，试画出在 CP 信号连续作用下，各触发器输出端的电压波形。

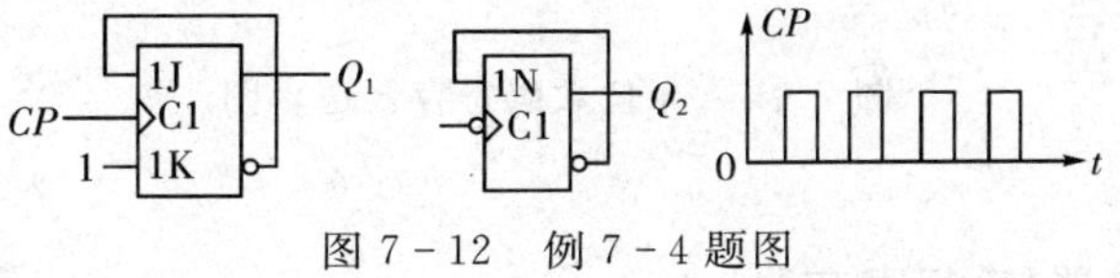

图 7－12　例 7－4 题图

【解】　分析 Q_1 波形：

(1)写驱动方程。　Q_1 的驱动方程为 $J=\overline{Q}$；$K=1$

(2)求状态方程。　将驱动方程代入 JK 触发器的特性方程,可得 Q_1 的状态方程

$$Q^{n+1}=\bar{Q}$$

(3)画 Q_1 波形。　由状态方程和题图知,Q_1 波形对应 CP 上升沿自动翻转。见图7-13中 Q_1 波形。

分析 Q_2 波形:

(1)写驱动方程。　Q_2 的驱动方程为 $T=\bar{Q}$

(2)求状态方程。　将驱动方程代入 T 触发器的特性方程,可得 Q_2 的状态方程 $Q^{n+1}=T\oplus Q=\bar{Q}\oplus Q=1$

(3)画 Q_2 波形。　由状态方程和题图知,Q_2 的波形在 CP 第一个下降沿翻转一次。见图 7-13 中 Q_2 波形。

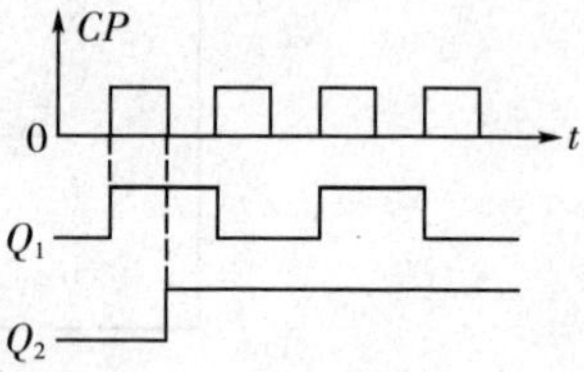

图 7-13　例 7-4 解题图

7.2　寄存器

常用的寄存器有数码寄存器和移位寄存器两大类,下面分别介绍。

7.2.1　数码寄存器(并行寄存器)

数码寄存器——用来暂时存放参与运算的数据或运算结果的时序逻辑电路。

前面介绍的各种触发器,就是一种可以存储一位二进制数的寄存器,用 n 个触发器就可以存储 n 位二进制数。图 7-14 所示是由 D 触发器组成的 4 位数码寄存器。其中,$\bar{R}_D$ 端是异步清零端。$D_3\sim D_0$ 端是并行数据输入端,CP 为时钟脉冲输入端,$Q_3\sim Q_0$ 是并行数据输出端。

该电路的数码存储过程为:将需要存储的四位二进制数码从数据输入端 $D_3\sim D_0$ 接入,在 CP 端送一个时钟脉冲,CP 下降沿作用后,四位数码将并行地出现在输出端,即 $Q_3Q_2Q_1Q_0=D_3D_2D_1D_0$。

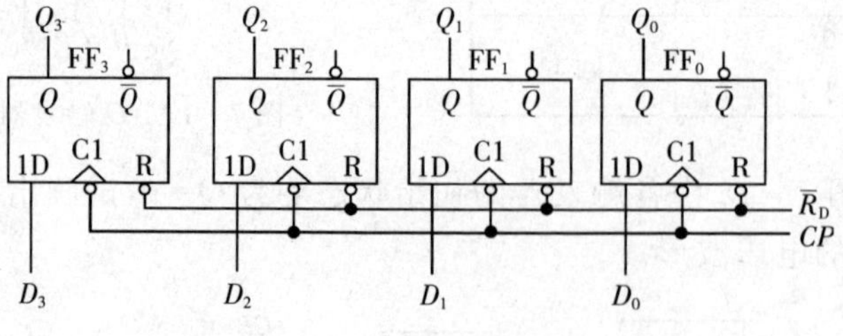

图 7-14　4 位数码寄存器逻辑图

7.2.2　移位寄存器(串行寄存器)

移位寄存器不但可以寄存数码,而且在移位脉冲作用下,寄存器中的数码可根据需要向左或向右移动。移位寄存器也是数字系统和计算机中应用很广泛的基本逻辑部件。

1. 单向移位寄存器

单向移位寄存器分向左移和向右移两种。图 7-15 所示为 D 触发器构成的 4 位右移寄存器。D_I 端为串行数据输入端；Q_0 端为串行数据输出端；$Q_3 \sim Q_0$ 端为并行数据输出端；$\bar{R}_D$ 端为清零端。

设清零后，移位寄存器的初始状态为 0000，串行输入的数码为 $D_I=1101$，右移时，将数码从低位到高位依次输入，而且必须输入一位数码，就输入一个移位脉冲，在 4 个脉冲 CP 之后，4 位数码 1101 就全部存入了寄存器。电路的状态转换过程如表 7-6 所示。

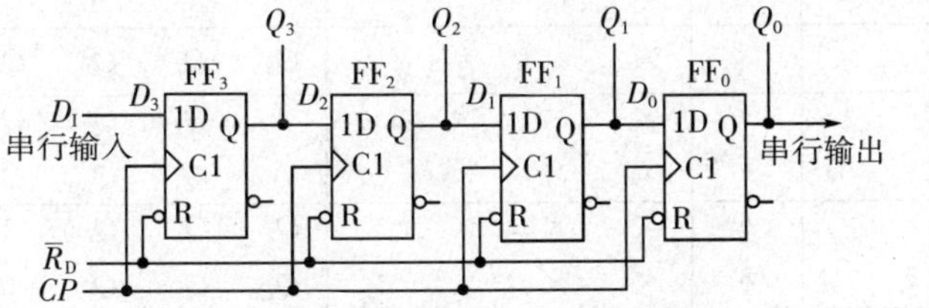

图 7-15 D 触发器组成的 4 位右移寄存器

表 7-6 右移寄存器状态转换举例

移位脉冲	输入数码	输出			
CP	D_I	Q_3	Q_2	Q_1	Q_0
0		0	0	0	0
1	1	1	0	0	0
2	0	0	1	0	0
3	1	1	0	1	0
4	1	1	1	0	1

移位寄存器的数码可以从 $Q_3 \sim Q_0$ 端并行输出，也可以从 Q_0 端串行输出。串行输出时，必须再输入 4 个移位脉冲。

左移位寄存器的构成及工作过程和右移寄存器类似，不再赘述。

2. 双向移位寄存器

74HC194 是双向移位寄存器。其逻辑符号如图 7-16所示，逻辑功能见表 7-7。

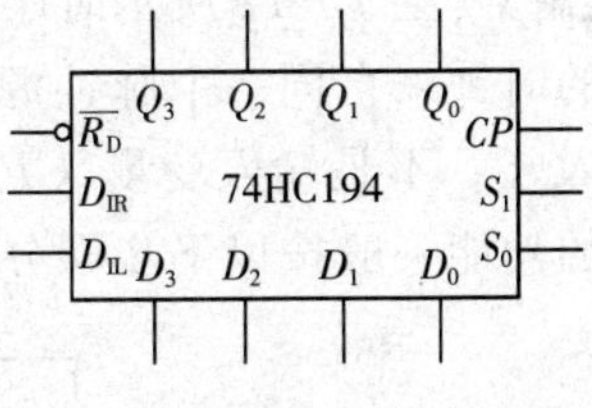

图 7-16 74HC194 的逻辑符号

在图 7-16 中，$\bar{R}_D$ 是异步清零端；S_1、S_0 是功能转换端（也称模式选择端）；D_{IR}是右移串行输入端，D_{IL} 是左移串行输入端；$D_3 \sim D_0$ 是并行输入端；$Q_3 \sim Q_0$ 为并行输出端；Q_3 是左移时的串行输出端；Q_0 是右移时的串行输出端。

由表 7-7 可以看出 74HC194 具有如下功能：

当 $\bar{R}_D=0$ 时，立即清零，与其他输入状态及 CP 无关。

当 $\overline{R}_D=1$ 时，通过改变 S_1S_0 的状态，可分别实现保持、右移存数、左移存数和并行存数等 4 种工作方式。

表 7－7 74HC194 的功能表

输入										输出				功能说明
清零	控制		串行输入		时钟	并行输入								
$\overline{R}_D$	S_1	S_0	D_{IL}	D_{IR}	CP	D_3	D_2	D_1	D_0	Q_3	Q_2	Q_1	Q_0	
0	×	×	×	×	×	×	×	×	×	0	0	0	0	异步清零
1	0	0	×	×	×	×	×	×	×	Q_3	Q_2	Q_1	Q_0	保持
1	0	1	×	1	$\uparrow$	×	×	×	×	1	Q_3	Q_2	Q_1	右移（向 Q_0 移）
1	0	1	×	0	$\uparrow$	×	×	×	×	0	Q_3	Q_2	Q_1	
1	1	0	1	×	$\uparrow$	×	×	×	×	Q_2	Q_1	Q_0	1	左移（向 Q_3 移）
1	1	0	0	×	$\uparrow$	×	×	×	×	Q_2	Q_1	Q_0	0	
1	1	1	×	×	$\uparrow$	d_3	d_2	d_1	d_0	d_3	d_2	d_1	d_0	并行存数

7.3 时序逻辑电路的分析方法

上一节已学过的寄存器和下一节将要介绍的计数器都属于时序逻辑电路。寄存器作为时序逻辑电路，其功能分析比较简单，不需要专门的方法。计数器的工作原理要比寄存器复杂得多，必须运用时序逻辑电路的分析方法，才能更好地掌握计数器的工作原理。所以在学习计数器之前，我们先学习时序逻辑电路的分析方法。

根据时钟脉冲 CP 引入情况的不同，时序电路分为同步时序电路和异步时序电路两大类。同步时序逻辑电路各触发器的时钟脉冲 CP 来自同一个脉冲源；异步时序逻辑电路各触发器的时钟脉冲 CP 来自不同的脉冲源，下面以两个例题，分别介绍这两类电路的分析方法。

7.3.1 同步时序逻辑电路的分析方法

【例 7－5】 试分析图 7－17 所示时序逻辑电路的功能并检查电路能否自启动。

【解】 图 7－17 所示时序逻辑电路由三个 JK 触发器和两个基本门组成。三个 JK 触发器的时钟来自同一个脉冲源，是同步时序逻辑电路，时钟的作用沿为下降沿。此电路无外输入（CP 不是输入变量，CP 信号只是控制触发器状态转换的操作信号）。同步时序逻辑电路的功能一般按以下步骤分析。

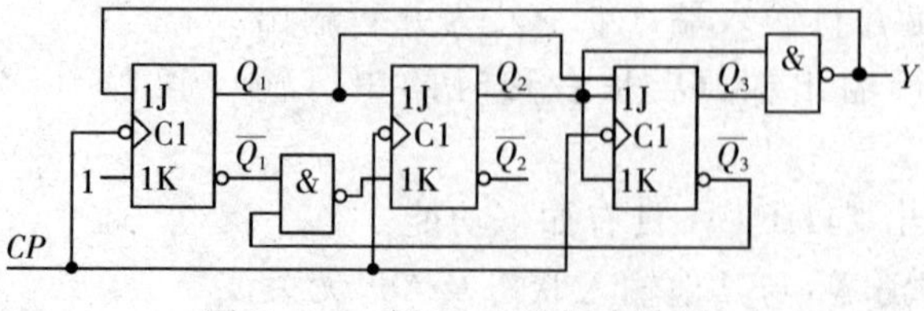

图 7－17 例 7－5 逻辑电路图

1. 写输出方程

$$Y=\overline{Q_3 Q_2}$$

2. 写驱动方程

$$\begin{cases} J_3=Q_2 Q_1; & K_3=Q_2 \\ J_2=Q_1; & K_2=\overline{\bar{Q}_3 \bar{Q}_1} \\ J_1=\overline{Q_3 Q_2}; & K_1=1 \end{cases}$$

3. 求状态方程

将驱动方程代入 JK 触发器的特性方程 $Q^{n+1}=J\bar{Q}^n+\bar{K}Q^n$，便可求得状态方程

$$\begin{cases} Q_3^{n+1}=\bar{Q}_3 Q_2 Q_1+Q_3\bar{Q}_2; \\ Q_2^{n+1}=\bar{Q}_2 Q_1+\bar{Q}_3 Q_2 \bar{Q}_1; \\ Q_1^{n+1}=\overline{Q_3 Q_2}\,\bar{Q}_1 \end{cases}$$

上各式中的 Q_3、Q_2、Q_1 均表示触发器的现态，即 Q_3^n、Q_2^n、Q_1^n，为简化书写，省略了右上角的 n。

4. 列状态转换表(简称状态表)

假设电路的初态 $Q_3 Q_2 Q_1=000$。将 000 代入状态方程，得次态 $Q_3^{n+1}Q_2^{n+1}Q_1^{n+1}=001$；再将 001 作为新的初态代入状态方程，得新的次态 010，如此继续下去，当第七个 CP 作用时，电路回到 000，一次循环结束，这个循环称为主循环，如表 7－8 所示。

表 7－8　例 7－5 电路的状态转换表

CP 的顺序	Q_3	Q_2	Q_1	Y
0	0	0	0 ←	1
1	0	0	1	1
2	0	1	0	1
3	0	1	1	1
4	1	0	0	1
5	1	0	1	1
6	1	1	0	0
7	0	0	0	1
0	1	1	1	0
1	0	0	0	1

5. 检查自启动

图 7-17 所示电路有三个观察端，应该能输出 8 种状态，若电路从任何一个现态开始，随着 CP 的输入，都能进入主循环，则称电路能自启动。检查表 7-9 中的主循环，发现缺少 111 这个状态，将 111 代入状态方程，得次态 000，进入主循环，见表 7-9。此电路能够自启动。

6. 画状态转换图（简称状态图）

根据状态表可画状态转换图，如图7-18 所示。

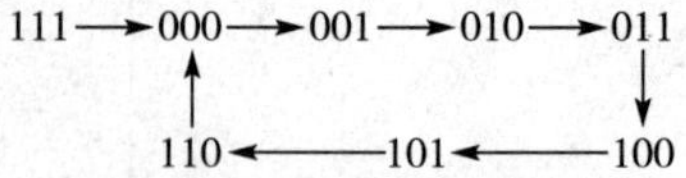

图 7-18　例 7-5 的状态转换图（$Q_3Q_2Q_1$）

7. 分析逻辑功能

图 7-17 所示电路具有对时钟信号的计数功能，按照加 1 规律循环变化，每经过 7 个 CP 脉冲，输出端 Y 输出一个脉冲，所以这是一个七进制加法计数器，$Y=0$ 是进位信号。

*7.3.2　异步时序逻辑电路的分析方法

【例 7-6】　试分析图 7-19 所示时序逻辑电路的功能并检查电路能否自启动。

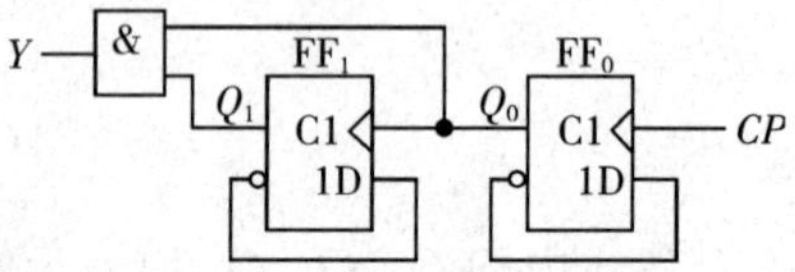

图 7-19　例 7-6 电路的逻辑图

【解】　图 7-18 所示电路由两个 D 触发器和一个基本门组成。两个 D 触发器的时钟源不同，是异步时序逻辑电路，时钟的作用沿为上升沿。异步时序逻辑电路的功能一般用以下两种方法分析。

【方法一】

1. 写时钟方程

$CP_1=Q_0$（当 Q_0 由 0→1 时，Q_1 才可能改变状态，否则 Q_1 将保持原态）

$CP_0=CP$（当 CP 由 0→1 时，Q_0 的状态自动改变）

2. 写输出方程

$$Y=Q_1Q_0$$

3. 写驱动方程

$$D_1=\bar{Q}_1;\qquad D_0=\bar{Q}_0$$

4. 求状态方程

将驱动方程代入 D 触发器的特性方程 $Q^{n+1}=D$，得

$$Q_1^{n+1}=D_1=\bar{Q}_1（CP_1=Q_0 \text{ 由 } 0\to1 \text{ 时此式有效}）$$

$$Q_0^{n+1}=D_0=\bar{Q}_0（CP_0=CP \text{ 由 } 0\to1 \text{ 时此式有效}）$$

5. 列状态转换表

假设电路的初态 $Q_1Q_0=00$，从 $Q_1Q_0=00$ 开始，计算得出的状态转换情况如表 7-9 所示。

表 7-9　例 7-6 电路的状态转换表

现态		次态		时钟脉冲		输出
Q_1^n	Q_0^n	Q_1^{n+1}	Q_0^{n+1}	$CP_1=Q_0$	$CP_0=CP$	Y
0	0	1	1	↑	↑	1
1	1	1	0	0	↑	0
1	0	0	1	↑	↑	0
0	1	0	0	0	↑	0

6. 检查自启动

从表 7-9 中看到，电路两个输出端的输出状态包含了二变量四种可能的组合，电路能够自启动。

7. 画状态转换图

根据状态转换表可画出状态转换图，如图 7-20 所示。

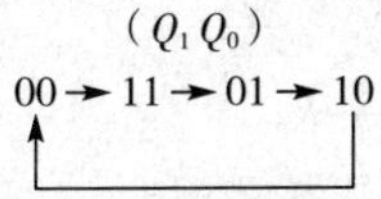

图 7-20　例 7-6 电路的状态转换图

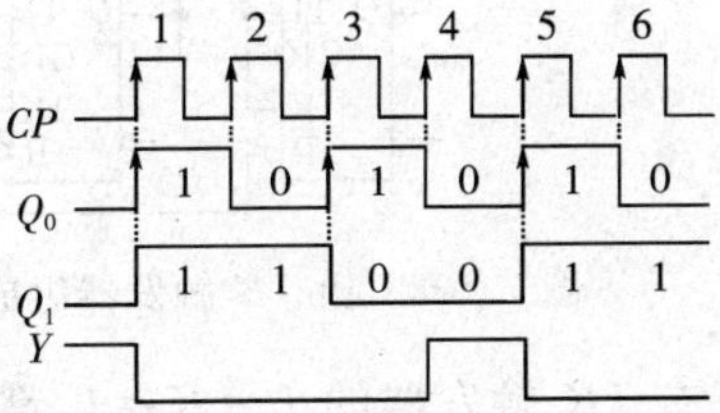

图 7-21　例 7-6 电路的时序图

8. 分析逻辑功能

由状态图可知，该电路一共有 4 个循环状态 11、10、01、00，在 CP 作用下，按照减 1 规律循环变化，所以这是一个 4 进制减法计数器，$Y=1$ 是借位信号。电路可以自启动。

【方法二】

实际上，图 7-18 所示逻辑电路，连线简单且规律性强，不写时钟方程，不列状态转换表，根据状态方程，直接用波形分析的方法，也能获得状态转换情况。分析步骤如下：

1. 写驱动方程　　$D_1=\bar{Q}_1$；　$D_0=\bar{Q}_0$

2. 求状态方程　　$Q_1^{n+1}=D_1$；　$Q_0^{n+1}=D_0$

3. 画时序波形图

已知，$Q_0^{n+1}=\bar{Q}_0$，说明 FF_0 处在计数状态，所以 Q_0 的状态将对应其时钟 CP_0（$CP_0=CP$）的上升沿自动翻转，见图 7-21 中的 Q_0 波形；

同理，$Q_1^{n+1}=\bar{Q}_1$，说明 FF_1 也处在计数状态，所以 Q_1 的状态将对应其时钟 CP_1（$CP_1=Q_0$）的上升沿自动翻转，见图 7-21 中的 Q_1 波形。

4. 从时序图中读出电路的循环状态

由图 7-21 看出，随 CP 的输入，电路的循环状态为 $Q_1Q_0=11\to10\to01\to00\to11$。

7.4 计数器

在数字系统中,用得最多的就是计数器。计数器可进行加计数、减计数,或加/减兼有的可逆计数。从进制来分,有二进制计数器、十进制计数器(也称二—十进制计数器)等多种。

7.4.1 二进制计数器

1. 异步二进制加法计数器

图 7-22 所示电路为 4 位异步二进制加法计数器,由 4 个下降沿触发的 JK 触发器组成。其中,触发器 FF_0 的时钟端接计数脉冲 CP,其他触发器的时钟端接相邻低位触发器的 Q 端,是异步时序逻辑电路,此电路的功能分析可直接用画时序波形图的方法。

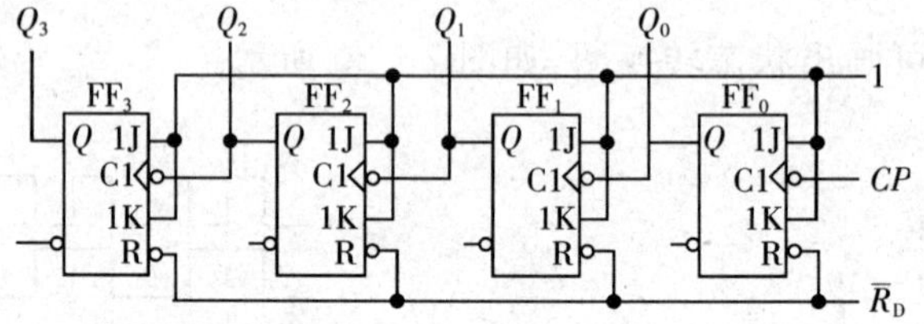

图 7-22 由 JK 触发器组成的 4 位异步二进制加法计数器逻辑图

图中所有 JK 触发器的 $J=K=1$,都处在翻转状态,只要相应时钟脉冲后沿到来,就会有 $Q^{n+1}=\overline{Q}^n$ 出现。因此:Q_0 的状态对应 CP 的下降沿自动翻转;Q_1 的状态对应 Q_0 的下降沿自动翻转;其余类推。该电路的时序波形图如图 7-23 所示。由时序图可见,从初态 0000(由清零所置)开始,随时钟 CP 的输入,计数器的状态按二进制加法规律加 1,所以此电路是 4 位二进制加法计数器。又因该计数器有 0000~1111 共 16 个状态,所以也称其为 16 进制加法计数器或模 16($M=16$)加法计数器。十六进制加法计数器的状态转换图如图 7-24所示。

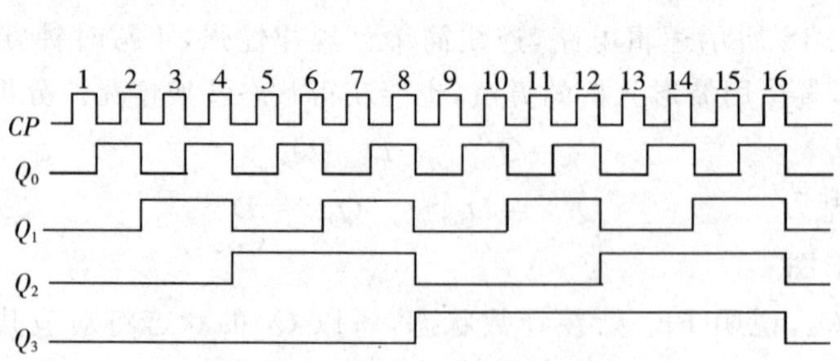

图 7-23 图 7-21 电路的时序图

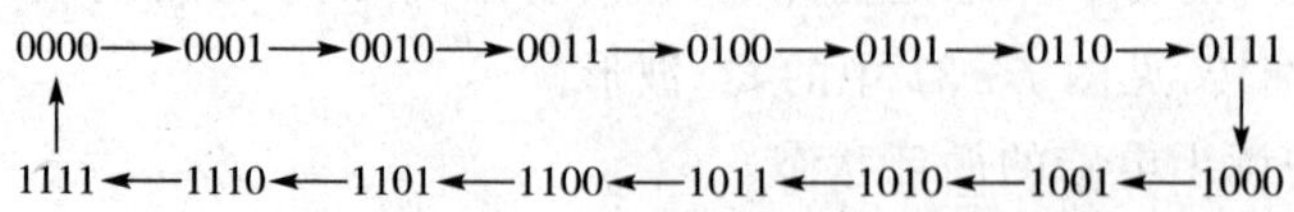

图 7-24 图 7-22 电路的状态图($Q_3Q_2Q_1Q_0$)

计数器除了记录时钟个数以外，另外一个作用是分频。从时序图上可以看出，Q_0、Q_1、Q_2、Q_3 波形的频率分别是计数脉冲 CP 频率的(1/2)倍、(1/4)倍、(1/8)倍、(1/16)倍，也就是说，Q_0、Q_1、Q_2、Q_3 分别对 CP 波形进行了二分频、四分频、八分频和十六分频，因而 Q_0、Q_1、Q_2、Q_3 端被分别称为二分频、四分频、八分频和十六分频端。

异步二进制计数器结构简单，改变级联触发器的个数，就可以很方便地改变二进制计数器的位数，n 个触发器可构成 n 位二进制计数器或模 2^n 计数器，或 $2^1 \sim 2^n$ 分频器。

2. 同步二进制加法计数器

图 7－25 所示电路为 4 位同步二进制加法计数器，由 4 个 T 触发器组成。

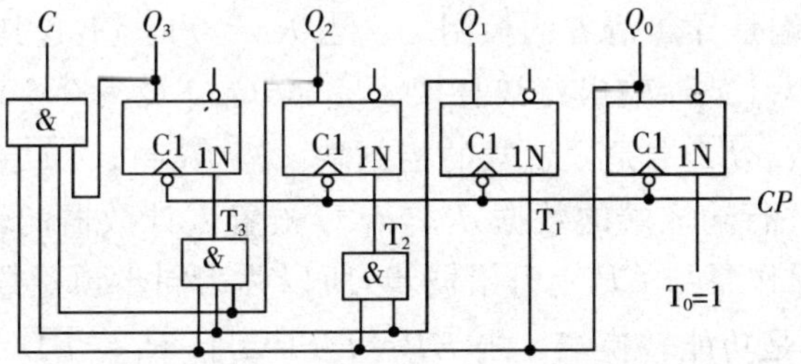

图 7－25　由 T 触发器组成的 4 位同步二进制加法计数器逻辑图

各触发器的驱动方程分别为

$$T_0 = 1,$$

$$T_1 = Q_0,$$

$$T_2 = Q_1 Q_0,$$

$$T_3 = Q_2 Q_1 Q_0$$

由于该电路的驱动方程规律性较强，所以，可根据 T 触发器的功能特点，直接画时序波形图。大致分析如下：

因为 $T_0 = 1$，所以 Q_0 波形对应计数脉冲 CP 的下降沿自动翻转；

因为 $T_1 = Q_0$，所以当 $Q_0 = 1$ 时，Q_1 波形对应 CP 的下降沿自动翻转；

因为 $T_2 = Q_1 Q_0$，所以当 $Q_1 Q_0 = 1$ 时，Q_2 波形对应 CP 的下降沿自动翻转；

因为 $T_3 = Q_2 Q_1 Q_0$，所以当 $Q_2 Q_1 Q_0 = 1$ 时，Q_3 波形对应 CP 的下降沿自动翻转。

时序波形图读者可自行画出，结果和图 7－23 完全一样。

3. 集成二进制计数器举例

对于集成计数器，应重点掌握外部使用，集成电路内部各触发器的时钟是同步还是异步已不重要，所以在下面的叙述中，不再特别强调。

(1)集成 4 位二进制加法计数器 74161

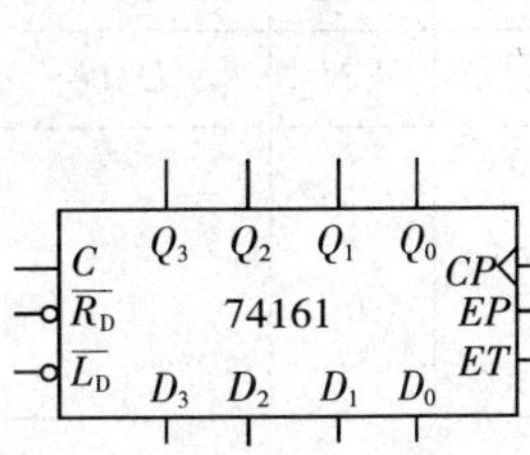

图 7－26　74161 逻辑符号

74161 的逻辑符号如图 7－26 所示，功能如表 7－10 所示，由表可知，74161 具有以下功能：

表 7－10 74161 的功能表

清零	预置	使能		时钟	预置数据输入				输出				工作模式
$\bar{R}_D$	$\overline{LD}$	EP	ET	CP	D_3	D_2	D_1	D_0	Q_3	Q_2	Q_1	Q_0	
0	×	×	×	×	×	×	×	×	0	0	0	0	异步清零
1	0	×	×	↑	d_3	d_2	d_1	d_0	d_3	d_2	d_1	d_0	同步置数
1	1	0	×	×	×	×	×	×	保持				数据保持
1	1	×	0	×	×	×	×	×	保持				数据保持
1	1	1	1	↑	×	×	×	×	十六进制计数				加法计数

①异步清零。$\bar{R}_D$ 端是异步清零的控制端。当 $\bar{R}_D=0$ 时，不管其他输入端的状态如何，不论有无时钟脉冲 CP，计数器输出将被直接清零($Q_3Q_2Q_1Q_0=0000$)，所以称为异步清零。

②同步并行预置数。$\overline{LD}$端是预置数的控制端。当 $\bar{R}_D=1$、$\overline{LD}=0$ 时，在输入时钟脉冲 CP 上升沿的作用下，并行输入端的数据 $d_3d_2d_1d_0$ 被置入计数器的输出端，即 $Q_3Q_2Q_1Q_0=d_3d_2d_1d_0$。由于这个操作要与 CP 上升沿同步，所以称为同步预置数。

③计数。EP、ET 是功能转换端。当 $EP=ET=1$ 且 $\bar{R}_D=\overline{LD}=1$ 时，在 CP 上升沿的作用下，计数器进行二进制加法计数。

④保持。当 $EP\cdot ET=0$，且 $\bar{R}_D=\overline{LD}=1$ 时，计数器保持原态不变。

⑤进位。C 端是进位输出端，进位函数 $C=Q_3Q_2Q_1Q_0$ 当电路输出状态为 1111 时，$C=1$，高电平进位。

(2)集成 4 位二进制可逆计数器 74191

既能作加计数又能作减计数的计数器称为可逆计数器。图 7－27 是集成 4 位二进制可逆计数器 74191 的逻辑符号，其中$\overline{LD}$是异步预置数控制端，0 有效；D_3、D_2、D_1、D_0 是预置数据输入端；EN 是使能端，0 有效；$D/\bar{U}$ 是加/减控制端，为 0 时作加计数，为 1 时作减计数；C/B 是进位/借位输出端；CP_I 是计数脉冲输入端；CP_O 是时钟输出端，当 $C/B=1$ 时，在下一个 CP_I 上升沿到达前，CP_O 有一个负脉冲输出。

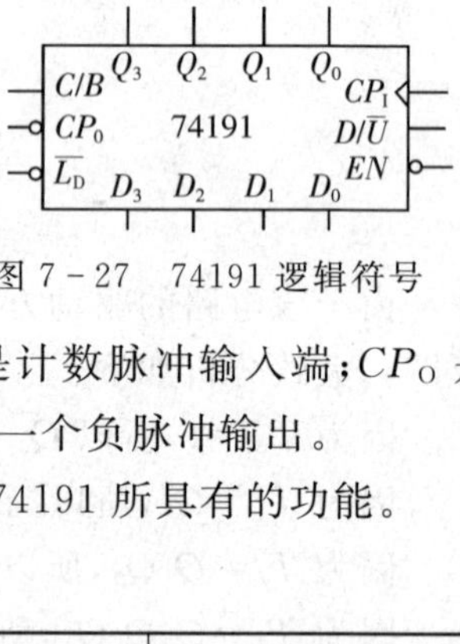

图 7－27 74191 逻辑符号

74191 的功能表如表 7－11 所示，由功能表读者可自行了解 74191 所具有的功能。

表 7－11 74191 的功能表

预置	使能	加/减控制	时钟	预置数据输入				输出				工作模式
$\overline{LD}$	EN	$D/\bar{U}$	CP_I	D_3	D_2	D_1	D_0	Q_3	Q_2	Q_1	Q_0	
0	×	×	×	d_3	d_2	d_1	d_0	d_3	d_2	d_1	d_0	异步置数
1	1	×	×	×	×	×	×	保持				数据保持
1	0	0	↑	×	×	×	×	加法计数				加法计数
1	0	1	↑	×	×	×	×	减法计数				减法计数

7.4.2 十进制计数器

十进制计数器是在二进制计数器的基础上构成的。和二进制计数器类似，十进制计数器也分同步和异步两种构成形式。实用中最多的是输出 8421BCD 码的十进制计数器，所以下面分别介绍同步、异步 8421BCD 码十进制计数器。

1. 同步十进制计数器

图 7－28 所示为 8421BCD 码同步十进制加法计数器的逻辑图，它由 4 个下降沿触发的 JK 触发器组成。各触发器的驱动方程分别为

$$J_0=1 \qquad K_0=1$$
$$J_1=\overline{Q}_3^n Q_0^n \qquad K_1=Q_0^n$$
$$J_2=Q_1^n Q_0^n \qquad K_2=Q_1^n Q_0^n$$
$$J_3=Q_2^n Q_1^n Q_0^n \qquad K_3=Q_0^n$$

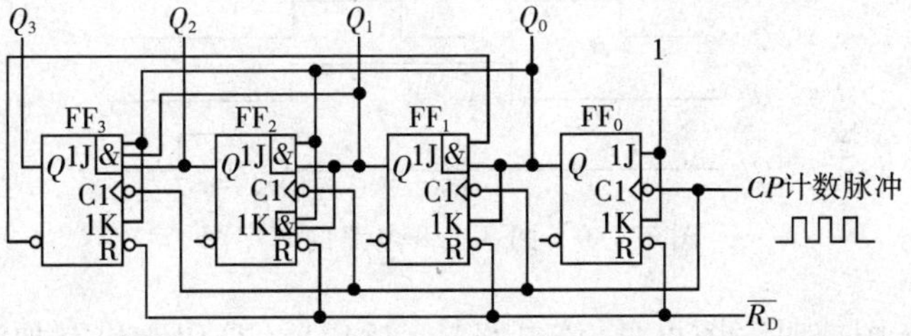

图 7－28 8421BCD 码同步十进制加法计数器的逻辑图

用同步时序逻辑电路分析方法，读者可以写出状态方程，最后将得到如表7－12所示的状态转换表，进而可作出状态图，如图 7－29 所示，时序波形图如图 7－30 所示。

表 7－12 图 7－28 电路的状态转换表

脉冲顺序	Q_3	Q_2	Q_1	Q_0
0	0	0	0	0
1	0	0	0	1
2	0	0	1	0
3	0	0	1	1
4	0	1	0	0
5	0	1	0	1
6	0	1	1	0
7	0	1	1	1
8	1	0	0	0
9	1	0	0	1
0	1	0	1	0
1	1	0	1	1
2	0	1	0	0
0	1	1	0	0
1	1	1	0	1
2	0	1	0	0
0	1	1	1	0
1	1	1	1	1
2	0	0	0	0

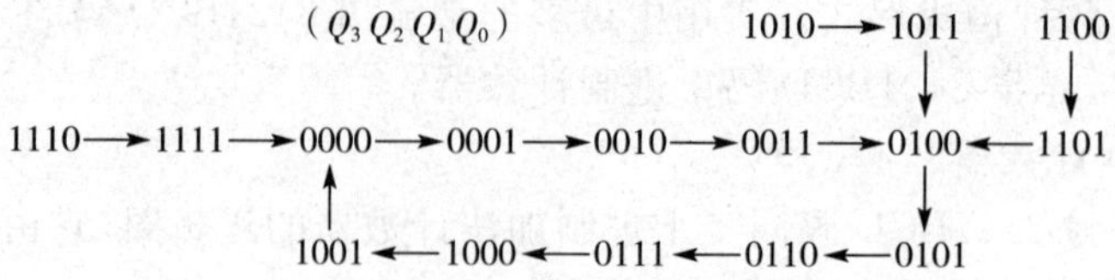

图 7-29　图 7-28 电路的状态图

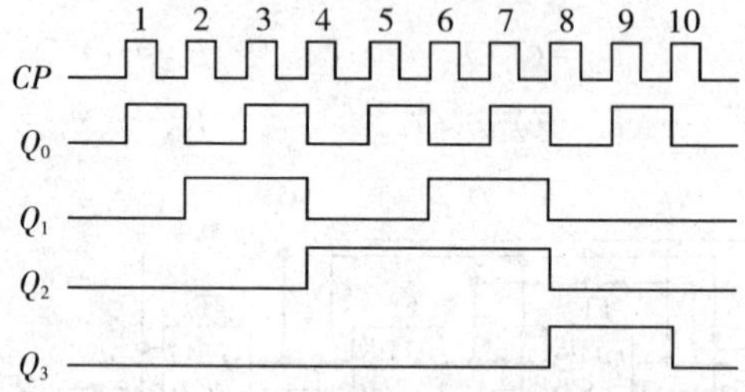

图 7-30　图 7-28 电路的时序图

由状态表、状态图或时序图可见，该电路是一 8421BCD 码十进制加法计数器，电路能够自启动。其有效循环为 0000～1001，其余 6 种状态为无效状态。

2. 异步十进制计数器

图 7-31 是 74290 型异步二—五—十进制加法计数器的逻辑图。它包含一个独立的 1 位二进制计数器，由 FF_0 组成；还包含一个独立的异步五进制计数器，由 FF_1～FF_3 组成。

电路作二进制计数器时，时钟 CP 从 CP_0 端输入，输出端为 Q_0，能输出 0、1 两个状态；作五进制计数器时，时钟 CP 从 CP_1 端输入，输出端为 $Q_3Q_2Q_1$，能输出 000～100 五个状态；作十进制计数器时，必须将 Q_0 与 CP_1 相连，时钟 CP 从 CP_0 端输入，输出端为 $Q_3Q_2Q_1Q_0$，能输出 0000～1001 十个状态。故称其为二—五—十进制加法计数器。

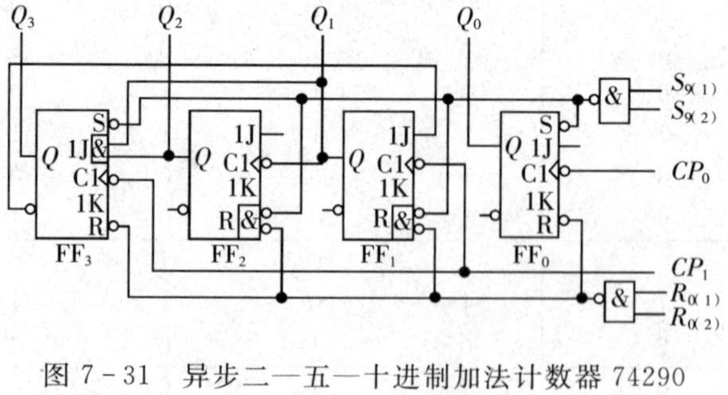

图 7-31　异步二—五—十进制加法计数器 74290

表 7-13 是 74290 的功能表。由表可知，74290 具有以下功能：

(1)异步清零。当清零端 $R_{0(1)}=R_{0(2)}=1$，且置 9 端 $S_{9(1)}=S_{9(2)}=0$ 时，不论有无时钟脉冲 CP，计数器输出端将被直接置零(即 $Q_3Q_2Q_1Q_0=0000$)。

(2)异步置 9。当置 9 端 $S_{9(1)}=S_{9(2)}=1$，且置 0 端 $R_{0(1)}=R_{0(2)}=0$ 时，不论有无时钟脉冲 CP，计数器输出端将被直接置 9(即 $Q_3Q_2Q_1Q_0=1001$)。

(3)计数。当 $R_{0(1)}=R_{0(2)}=S_{9(1)}=S_{9(2)}=0$ 时，在计数脉冲(下降沿)作用下，进行二—五—十进制加法计数。

表 7-13 74290 的功能表

置0端		置9端		时钟	输出				工作模式
$R_{0(1)}$	$R_{0(2)}$	$S_{9(1)}$	$S_{9(2)}$	CP	Q_3	Q_2	Q_1	Q_0	
1	1	0	0	×	0	0	0	0	异步清零
0	0	1	1	×	1	0	0	1	异步置9
0	0	0	0	↓	计数				加法计数

3. 集成十进制计数器举例 *

(1)集成十进制加法计数器 74160

集成十进制加法计数器 74160 的逻辑符号和四位二进制加法计数器 74161(见图 7-26)的完全相同，功能表也可参见 74161 的功能表(见表 7-11)。和 74161 相比，不同之处有两点：一是 74161 输出 0000～1111 十六种状态；74160 输出 0000～1001 十种状态。二是 74161 的进位函数 $C=Q_3Q_2Q_1Q_0$，电路输出为 1111 时，向高位进位；74160 的进位函数 $C=Q_3Q_0$，电路输出为 1001 时，向高位进位。

(2)集成十进制可逆计数器 74190

集成十进制可逆计数器 74190 的逻辑符号和二进制可逆计数器 74191(见图 7-27)的完全相同，功能表也可参见 74191 的功能表(见表 7-12)。和 74191 相比，不同之处在于 74191 是十六进制可逆，74190 是十进制可逆。

(3)集成二—五—十进制加法计数器 74290

这里所说的集成二—五—十进制加法计数器 74290，即图 7-31 所示异步二—五—十进制加法计数器 74290，其逻辑符号如图 7-32 所示。图 7-33 是将 74290 构成十进制时的连线图。

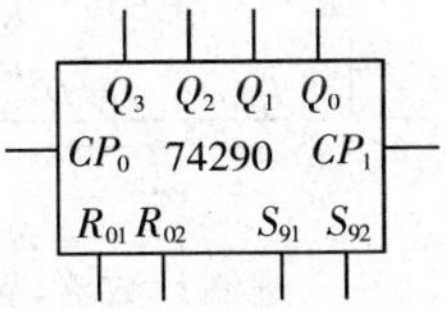

图 7-32 74290 的逻辑符号

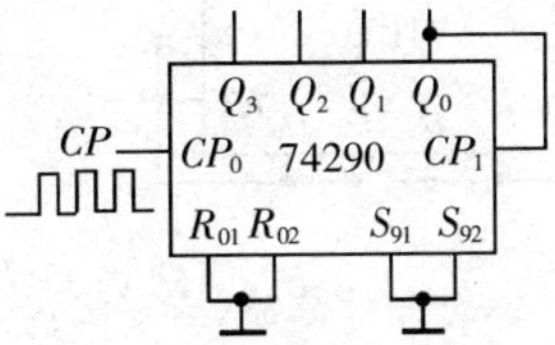

图 7-33 74290 构成十进制的连线图

7.4.3 任意进制计数器的构成

目前，集成计数器的定型产品主要是二进制和十进制，在需要其他进制的计数器时，用已有的计数器经过外部电路的不同连接来得到。常用连接形式有"清零法"和"置数法"。

1. 清零法

清零法利用计数器的清零端 $\overline{R}_D$ 端来实现。

【例 7-7】 试用十进制计数器 74160 构成六进制计数器，用清零法。

【解】 74160 的 $\overline{R}_D$ 是异步清零控制端，用异步清零法构成六进制计数器时，必须利用第七个状态译码，使 $\overline{R}_D=0$。

(1)列状态转换表。根据题意，可列状态转换表如表 7-14 所示。

表 7-14 例 7-7 状态转换表

CP 顺序	Q_3	Q_2	Q_1	Q_0	状态数
0	0	0	0	0	1
1	0	0	0	1	2
2	0	0	1	0	3
3	0	0	1	1	4
4	0	1	0	0	5
5	0	1	0	1	6
6	0 0	1 0	1 0	0 0	7 暂态 稳态

(2)写清零函数。由表 7-14 可知，要在第七个状态 0110 时使 $\overline{R}_D=0$，清零函数可以为 $\overline{R}_D=\overline{Q_2Q_1}$。

(3)画连线图。根据 $\overline{R}_D=\overline{Q_2Q_1}$ 画连线图，如图 7-34 所示。电路利用 0110 状态清零，而 $\overline{R}_D$ 端是异步清零端，一旦 $\overline{R}_D=0$，不等下一个 CP 到来，电路就立即清零，所以 0110 状态是个过渡状态，不能记入有效循环，电路有效循环的六个稳态为：

$$0000 \rightarrow 0001 \rightarrow 0010 \rightarrow 0011 \rightarrow 0100 \rightarrow 0101 \rightarrow 0000$$

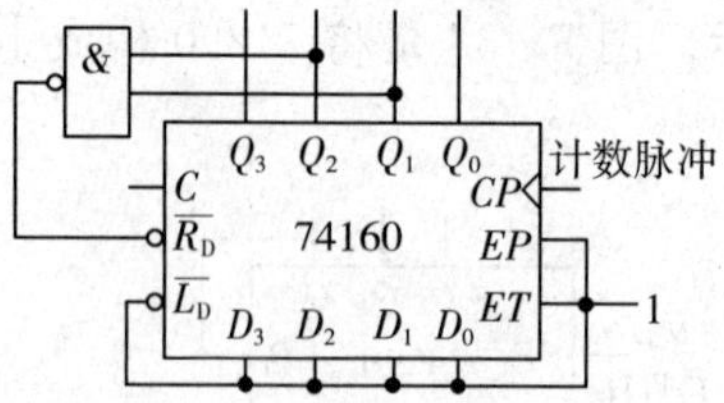

图 7-34 六进制计数器(清零法)

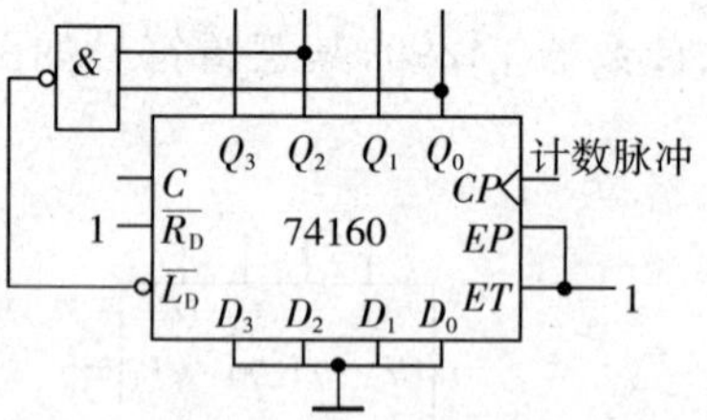

图 7-35 六进制计数器(置数法)

2. 置数法

置数法利用计数器的置数控制端 $\overline{LD}$ 来实现。可以置入 0000，也可以置入其他值。

【例 7-8】 试用十进制计数器 74160 构成六进制计数器，用置数法置入 0000。

【解】 74160 的 $\overline{LD}$ 是同步置数控制端，用同步置数法构成六进制计数器时，必须利用第六个状态译码，使 $\overline{LD}=0$。

(1)列状态转换表。

(2)写置数函数。由表 7 - 15 可知,要在第六个状态 0101 时使$\overline{LD}=0$,置数函数可以为$\overline{LD}=\overline{Q_2Q_0}$

表 7 - 15　例 7 - 8 状态转换表

CP 顺序	Q_3	Q_2	Q_1	Q_0	状态数
0	0	0	0	0	1
1	0	0	0	1	2
2	0	0	1	0	3
3	0	0	1	1	4
4	0	1	0	0	5
5	0	1	0	1	6
6	0	0	0	0	

(3)画连线图。根据$\overline{LD}=\overline{Q_2Q_0}$画连线图如图 7 - 35 所示。电路利用 0101 状态置数,而$\overline{LD}$端是同步置数端,当$\overline{LD}=0$ 时,等下一个 CP 到来,才能置入 0000。这样 0101 状态保持了一个 CP 周期,是个稳态,必须记入有效循环。电路有效循环的六个稳态为:

$$0000\rightarrow0001\rightarrow0010\rightarrow0011\rightarrow0100\rightarrow0101\rightarrow0000$$

3. 多片级联法

当要实现的计数器的进制大于所用计数器的进制时,可用多片级联法。

【例 7 - 9】　数字钟表中的“时”计数电路多为二十四进制。试用两片 74160 型十进制计数器构成一个输出两位 8421BCD 码的二十四进制计数器。

【解】　为了按照人们的读数习惯,让数字钟表显示十进制数,其二十四进制计数器必须是输出两位 8421BCD 码的计数器,图 7 - 36 所示电路符合这一要求。

图 7 - 36 二十四进制电路的连线方式与特点:两片级联;同步时钟方式;低位的进位信号 C 控制着高位的功能转换端 EP、ET;当高位的 $EP=ET=1$ 时,高位片才能计数;当两片计数到第 25 个状态 0010、0100 时,电路总体清零,回到 0000、0000。第 25 个状态是过渡状态。电路的状态表如表 7 - 16 所示。

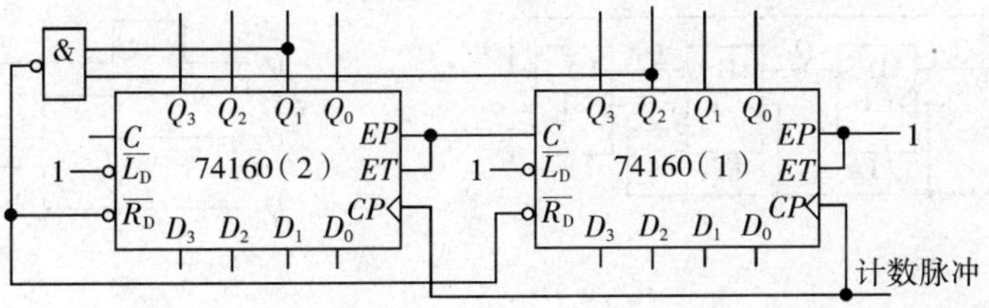

图 7 - 36　二十四进制加法计数器

表 7－16　例 7－9 状态表

CP 顺序	(2)片				(1)片				状态数
	Q_3	Q_2	Q_1	Q_0	Q_3	Q_2	Q_1	Q_0	
0	0	0	0	0	0	0	0	0	1
1	0	0	0	0	0	0	0	1	2
⋮	⋮				⋮				⋮
9	0	0	0	0	1	0	0	1	10
10	0	0	0	1	0	0	0	0	11
11	0	0	0	1	0	0	0	1	12
⋮	⋮				⋮				⋮
19	0	0	0	1	1	0	0	1	20
20	0	0	1	0	0	0	0	0	21
21	0	0	1	0	0	0	0	1	22
22	0	0	1	0	0	0	1	0	23
23	0	0	1	0	0	0	1	1	24
24	0	0	1	0	0	1	0	0	25 暂态
	0	0	0	0	0	0	0	0	稳态

*7.4.4　顺序脉冲发生器

在一些数字系统中，有时需要系统按照事先规定的顺序进行一系列操作。这就要求系统的控制部分能给出一组在时间上有一定先后顺序的脉冲信号。顺序脉冲发生器（也称环形计数器）就是用来产生这样一组顺序脉冲的电路。

工作时，先将电路置为 $Q_1Q_2Q_3Q_4=1000$，然后随着时钟脉冲 CP 上升沿的到来，输出状态右移并循环，即 1000→0100→0010→0001→1000。图 7－38 是图 7－37 所示顺序脉冲发生器的波形图。

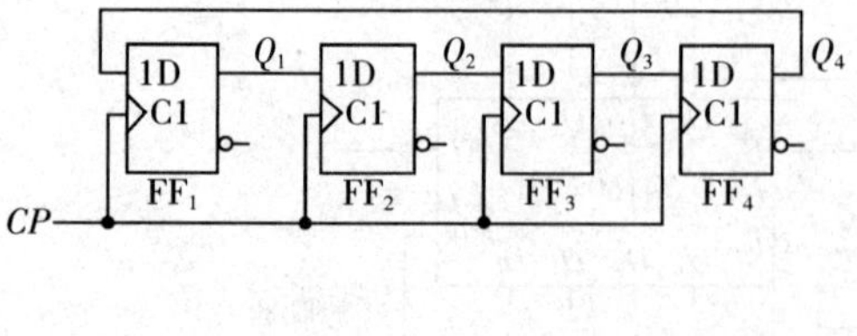

图 7－37　顺序脉冲发生器逻辑图

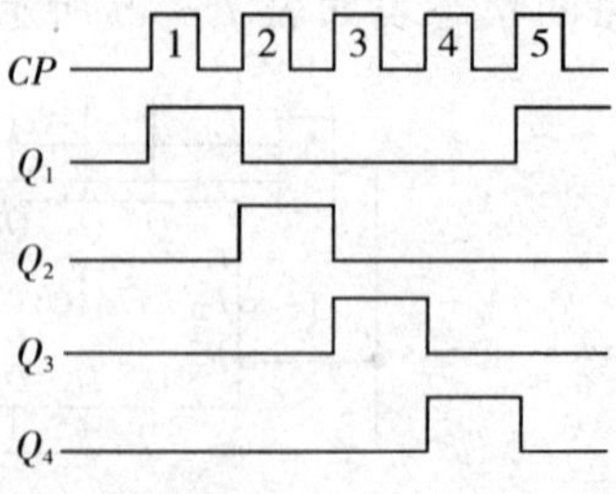

图 7－38　顺序脉冲发生器波形图

7.5　555 定时器及其应用

在时序逻辑电路中，少不了时钟脉冲。获取脉冲波形的途径有两种，一是对已有信号进行整形产生；二是利用脉冲信号发生器直接产生。

本节主要介绍以 555 定时器为核心电路构成的脉冲整形电路——施密特触发器和直接产生脉冲波的电路——多谐振荡器。

7.5.1　555 定时器

555 定时器是一种多用途的单片中规模集成电路。只需外接少量的阻容元件就可以构成施密特触发器和多谐振荡器。

目前生产的 555 定时器，有双极型（TTL 类，如 NE555 或 CB555）和单极型（CMOS 类，如 CC7555）等两种类型。通常，双极型产品型号最后的三位数码是 555，单极型产品型号的最后四位数码是 7555，它们的电路结构、工作原理以及外部引脚排列基本相同。

图 7-39 所示为 CB555 定时器的内部结构和电路符号。它由三个 5kΩ 的电阻、两个电压比较器 C_1 和 C_2、一个基本 RS 触发器和一个放电晶体管等组成。

三个 5kΩ 的电阻起分压作用，以产生比较器 C_1 和 C_2 的参考电压 U_{R1} 和 U_{R2}。

比较器 C_1 的参考电压为 U_{R1}，加在同相输入端；比较器 C_2 的参考电压为 U_{R2}，加在反相输入端。当外接控制电压端 5 脚不接 U_{CO} 时，$U_{R1}=\frac{2}{3}V_{CC}$，$U_{R2}=\frac{1}{3}V_{CC}$；当 5 脚接有 U_{CO} 时，$U_{R1}=U_{CO}$，$U_{R2}=\frac{1}{2}U_{CO}$。5 脚不接 U_{CO} 时，通常经 0.01μF 的电容接地，以防干扰信号引入使 U_{R1}、U_{R2} 不稳定。

基本 RS 触发器由与非门组成，0 触发有效。

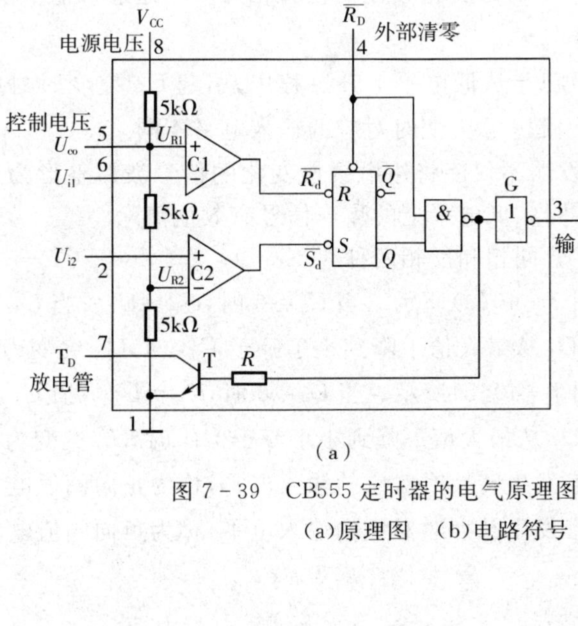

（a）

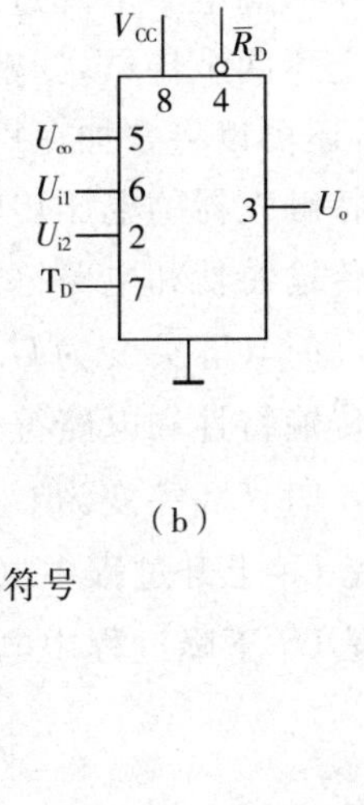

（b）

图 7-39　CB555 定时器的电气原理图和电路符号

（a）原理图　（b）电路符号

4 脚 $\overline{R}_D$ 端是异步清零端，0 有效，正常工作时，应使 $\overline{R}_D=1$。

输入电压 U_{i1}、U_{i2}（或称 U_6、U_2）分别与 U_{R1}、U_{R2} 比较，使 C_1、C_2 有一确定的输出状态，由此获得基本 RS 触发器 Q 端的状态，从而得出 U_O 的输出状态。CB555 定时器的工作原理列在表 7-17 中。

表 7-17　CB555 定时器工作原理一览表

$\overline{R}_D$	$U_{i1}(U_6)$	$U_{i2}(U_2)$	$\overline{R}_d$	$\overline{S}_d$	$Q(U_O)$	T_D
0	×	×	×	×	0	导通
1	$>U_{R1}$	$>U_{R2}$	0	1	0	导通
1	$<U_{R1}$	$<U_{R2}$	1	0	1	截止
1	$<U_{R1}$	$>U_{R2}$	1	1	保持	保持

555 定时器的电源电压范围很宽，TTL 类的为 5～16V，CMOS 类的为 3～18V。TTL 类定时器驱动能力强，可承受较大的负载电流，最大负载电流达 200mA，可直接驱动继电器、发光二极管、扬声器等。CMOS 定时器具有低功耗、输入阻抗高等优点，但负载电流较小，最大负载电流在 4mA 以下。

7.5.2　555 定时器构成施密特触发器

1. 施密特触发器的工作特点

施密特触发器是典型的脉冲整形电路。施密特触发器在性能上有两个重要特点：

第一，电平触发。触发信号 U_I 可以是变化缓慢的模拟信号，U_I 达某一电平值时，输出电压 U_O 突变，所以 U_O 为脉冲信号。

第二，电压滞后传输。输入信号 U_I 从低电平上升过程中，引起 U_O 突变时对应的输入电平，与 U_I 从高电平下降过程中，引起 U_O 突变时对应的输入电平不同。

利用上述两个特点，施密特触发器不仅能将边沿缓慢变化的信号波形整形为边沿陡峭的矩形波，还可以将叠加在矩形脉冲高、低电平上的噪声信号有效地清除。

施密特触发器的电压传输特性分同相和反相两种。

同相传输特性和电路符号如图 7-40(a)所示。当 $U_I=0$ 时，$U_O=U_{OL}$；当 U_I 上升到大于等于 V_{T+} 时，U_O 突变为 U_{OH}；当 U_I 从最大值下降到小于等于 V_{T-} 时，U_O 突变为 U_{OL}。

反相传输特性和电路符号如图 7-40(b)所示。当 $U_I=0$ 时，$U_O=U_{OH}$；当 U_I 上升到大于等于 V_{T+} 时，U_O 突变为 U_{OL}；当 U_I 从最大值下降到小于等于 V_{T-} 时，U_O 突变为 U_{OH}。

V_{T+} 是 U_I 上升过程中电路状态发生转换时对应的输入电平，称为正向阈值电平；

V_{T-} 是 U_I 下降过程中电路状态发生转换时对应的输入电平，称为负向阈值电平。

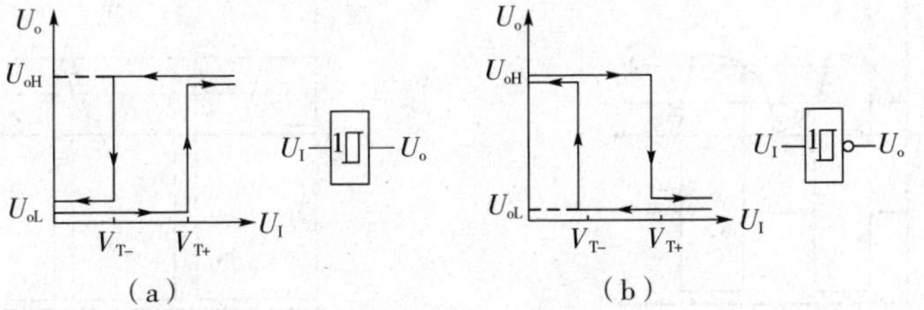

图 7-40　施密特触发器的电压传输特性

(a)同相传输特性　(b)反相传输特性

2. 555 定时器构成的施密特触发器

555 定时器构成的施密特触发器如图 7-41(a)所示。由于定时器的 5 脚没接 U_{CO}，所以 $U_{R1}=\frac{2}{3}V_{CC}$，$U_{R2}=\frac{1}{3}V_{CC}$。

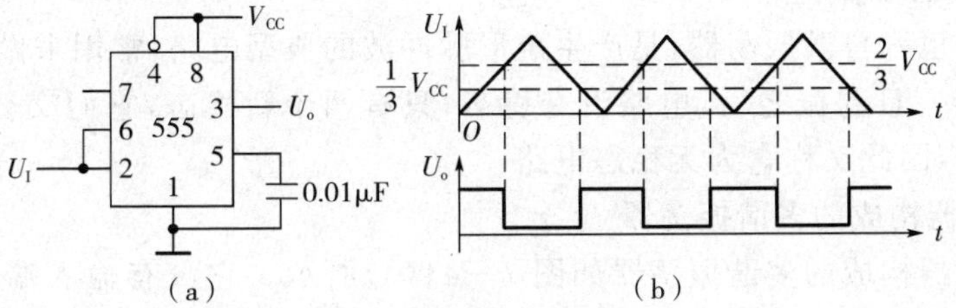

图 7-41　555 定时器构成的施密特触发器

(a)电路构成　(b)工作波形举例

设 U_I 是变化缓慢的三角波，如图 7-41(b)，则：

(1) $U_I=0V$ 时，$U_6=0<\frac{2}{3}V_{CC}$，$U_2=0<\frac{1}{3}V_{CC}$，由表 7-18 可知，U_O 输出高电平。

(2)当 U_I 上升到 $\frac{2}{3}V_{CC}$ 时，$U_6=U_I>\frac{2}{3}V_{CC}$，$U_2=U_I>\frac{1}{3}V_{CC}$，$U_O$ 跳变为低电平；当 U_I 由 $\frac{2}{3}V_{CC}$ 继续上升时，U_O 保持低电平不变。

(3)当 U_I 下降到 $\frac{1}{3}V_{CC}$ 时，$U_6=U_I<\frac{2}{3}V_{CC}$，$U_2=U_I<\frac{1}{3}V_{CC}$，$U_O$ 跳变为高电平；当 U_I 继续下降时，U_O 保持高电平不变。

结果，U_O 波形如图 7-41(b)所示。

由上述分析得知，555 定时器构成的施密特触发器是反相施密特触发器，其电路符号应如图 7-40(b)所示。

3. 施密特触发器应用举例

施密特触发器可用作脉冲整形——把不理想的矩形脉冲整形成理想的矩形脉冲。整形举例见图 7-42，这里用的是反相施密特触发器。

施密特触发器可用于脉冲鉴幅——将幅值大于 V_{T+} 的脉冲选出。脉冲鉴幅举例见图 7-43，这里用的是同相施密特触发器。

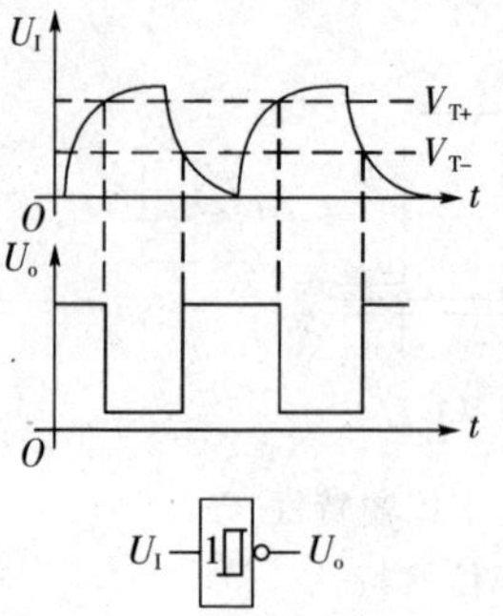

图 7-42 脉冲整形

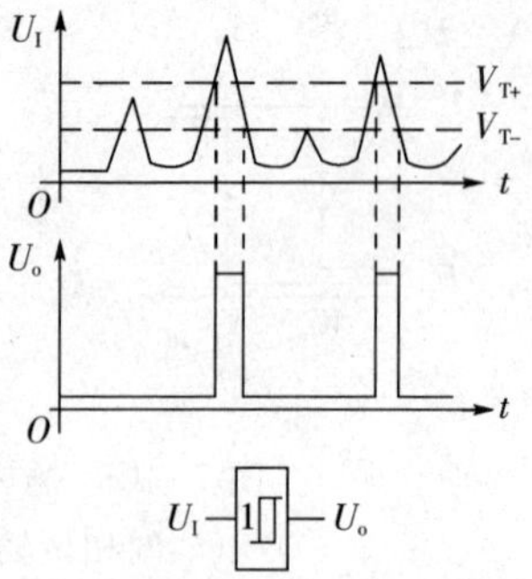

图 7-43 脉冲鉴幅

7.5.3 555 定时器构成多谐振荡器

1. 多谐振荡器工作特点

多谐振荡器也称自激振荡器，是产生矩形脉冲波的典型电路，常用来做脉冲信号源。

多谐振荡器一旦起振之后，电路没有稳态，只有两个暂稳态，它们交替变化，输出连续的矩形脉冲信号，因此又称它为无稳态电路。

2. 555 定时器构成的多谐振荡器

用 555 定时器构成的多谐振荡器如图 7-44(a)所示。它没有输入端，一旦电源接通，电路就自激振荡。由于定时器的 5 脚没接 U_{CO}，所以 $U_{R1}=\frac{2}{3}V_{CC}$，$U_{R2}=\frac{1}{3}V_{CC}$。

当电源刚刚接通时，$U_C=0$，$U_6=U_2=0$，$U_O=U_{OH}$，放电管 T_D 截止。

接下来，电容 C 被充电，充电回路为 $V_{CC}\to R_1\to R_2\to C\to$ 公共端 $\to V_{CC}$，充电使 U_C 上升到 $\frac{2}{3}V_{CC}$ 时，$U_O=U_{OL}$，放电管 T_D 导通。

放电管 T_D 一旦导通，电容 C 就会放电，放电回路为 $C\to R_2\to T_D\to$ 公共端 $\to C$，放电使 U_C 下降到 $\frac{1}{3}V_{CC}$ 时，$U_O=U_{OH}$，放电管 T_D 截止。

放电管 T_D 一旦截止，电容 C 又被充电，如此循环往复，直到关机。由此得出 555 定时器构成的多谐振荡器的工作波形如图 7-44(b)所示。

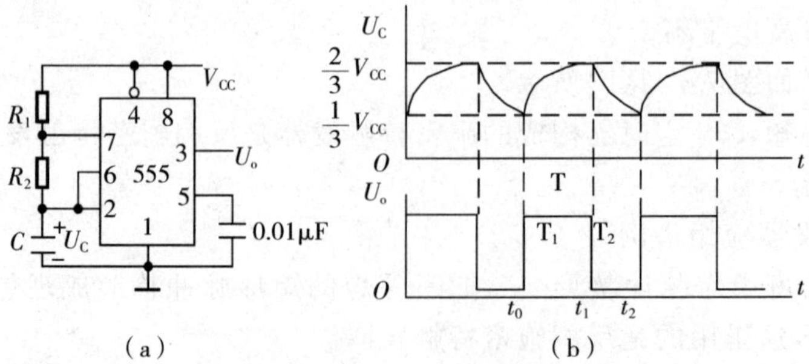

图 7-44 用 555 定时器构成的多谐振荡器

(a)电路构成 (b)工作波形

3. 电路参数估算

(1)充电时间 T_1

电容充电时,时间常数 $\tau_1=(R_1+R_2)C$,起始值 $U_C(0^+)=\frac{1}{3}V_{CC}$,稳定值 $U_C(\infty)=V_{CC}$,转换值 $U_C(T_1)=\frac{2}{3}V_{CC}$,代入 RC 过渡过程计算公式有:

$$T_1=\tau_1\ln\frac{U_C(\infty)-U_C(0^+)}{U_C(\infty)-U_C(T_1)}=\tau_1\ln\frac{V_{CC}-\frac{1}{3}V_{CC}}{V_{CC}-\frac{2}{3}V_{CC}}$$

$$=\tau_1\ln 2\approx 0.7(R_1+R_2)C \tag{7-4}$$

(2)电容放电时间 T_2

电容放电时,时间常数 $\tau_2=R_2C$,起始值 $U_C(0^+)=\frac{2}{3}V_{CC}$,稳定值 $U_C(\infty)=0$,转换值 $U_C(T_2)=\frac{1}{3}V_{CC}$,代入 RC 过渡过程计算公式有:

$$T_2\approx 0.7R_2C \tag{7-5}$$

(3)电路振荡周期 T

$$T=T_1+T_2\approx 0.7(R_1+2R_2)C \tag{7-6}$$

(4)电路振荡频率 f

$$f=\frac{1}{T}\approx\frac{1.43}{(R_1+2R_2)C} \tag{7-7}$$

(5)输出波形占空比 q

输出脉冲高电平时间与脉冲周期之比,称为占空比,即 $q=T_1/T$。

$$q=\frac{T_1}{T}=\frac{0.7(R_1+R_2)C}{0.7(R_1+2R_2)C}=\frac{R_1+R_2}{R_1+2R_2} \tag{7-8}$$

4. 占空比可调的多谐振荡器

从式(7-8)可见,一旦 R_1、R_2 阻值确定,图 7-44 所示电路的占空比就固定。要想占空比可调,可用图 7-45 所示电路。图 7-45 所示电路利用半导体二极管的单向导电特性,把电容 C 充电和放电回路隔开,以此使占空比可调。此电路的占空比 q 读者可自己推算。

5. 多谐振荡器应用举例

图 7-46 是防盗报警电路,由多谐振荡器构成,4 脚对地用一根细导线(如细铜丝)连接,放置在以为盗贼可能经过的地方。合上开关 S,报警器处在工作状态,铜丝不断时,4 脚和公共端相连,电路清零,喇叭不响;铜丝碰断时,4 脚接高电平,电路振荡,喇叭响。电路的

振荡周期 $T\approx1.44\text{ms}$，振荡频率 $f\approx700\text{Hz}$。

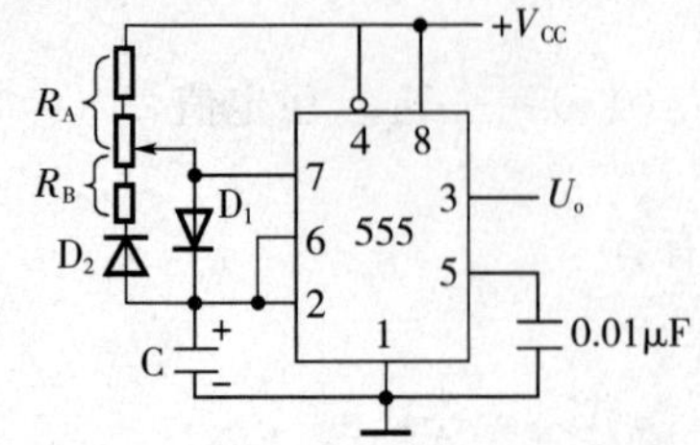

图 7-45　占空比可调的多谐振荡器

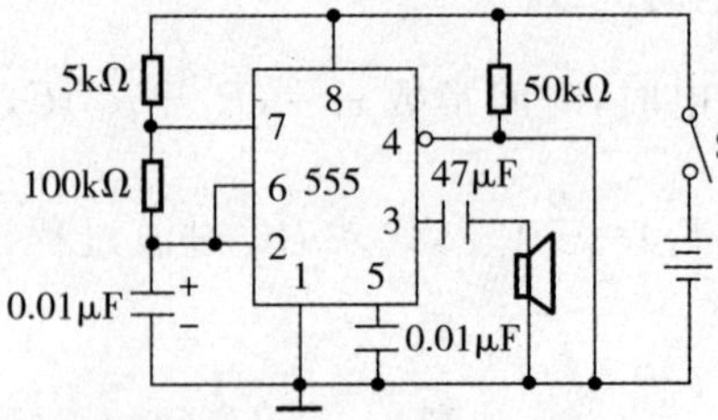

图 7-46　防盗报警电路

图 7-47 是一可控发音电路，由多谐振荡器构成。第二片多谐振荡器的外加控制电压输入端 5 脚，受控于第一片的输出脉冲 u_{01}。当 u_{01} 为高、低不同的两种电平时，u_{02} 的振荡频率低、高不同。在图中给出的电路参数下，可计算出 u_{01} 的周期 $T_1\approx1.47\text{s}$，占空比 $q\approx0.5$。u_{02} 的高音频率 $f_H\approx1\,200\text{Hz}$；$u_{02}$ 的低音频率 $f_L\approx680\text{Hz}$。

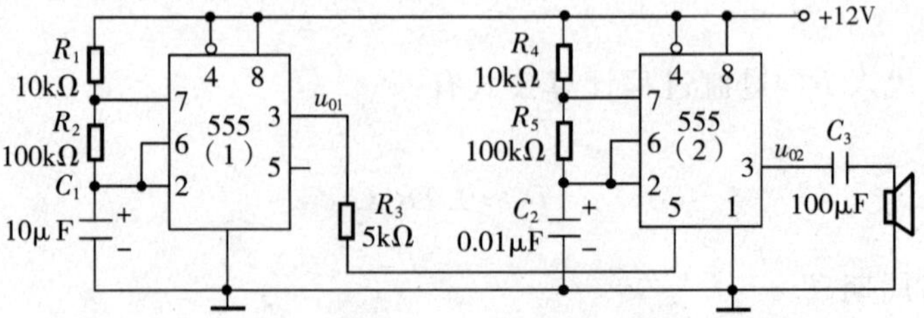

图 7-47　可控发音电路

习　　题

7-1　由与非门组成的基本 RS 触发器如图 7-48 所示，试画出 Q、$\overline{Q}$ 端的电压波形。输入端 $\overline{S}_D$、$\overline{R}_D$ 的电压波形如图中所示。

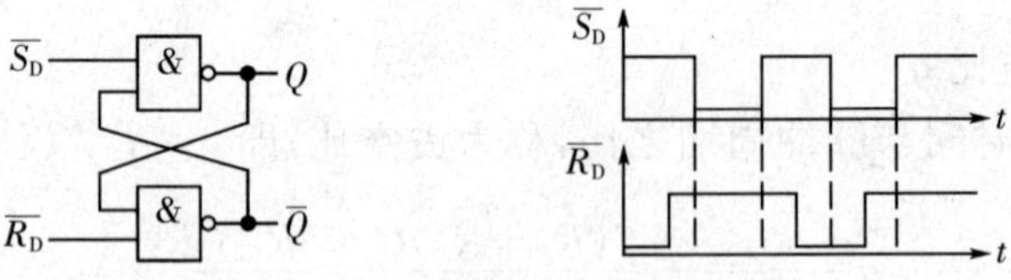

图 7-48　题 7-1 图

7-2　由或非门组成的基本 RS 触发器如图 7-49 所示，试画出 Q、$\overline{Q}$ 端的电压波形。输入端 S_D、R_D 的电压波形如图中所示。

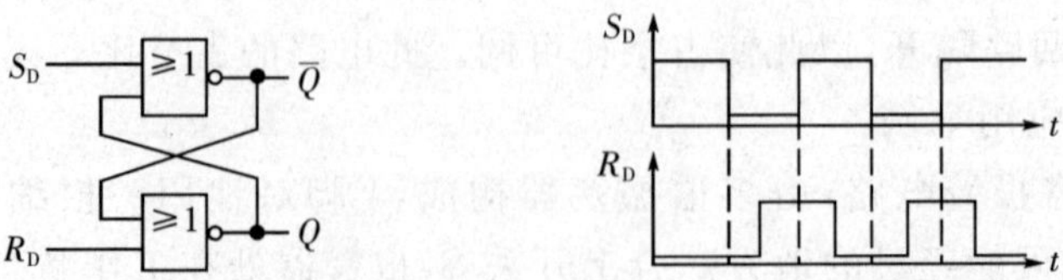

图 7-49　题 7-2 图

7-3 在图 7-50 的电路中，若 CP、S、R 电压波形如图中所示，试画出 Q、$\bar{Q}$ 端与之对应的电压波形。假定触发器的初始状态为 $Q=0$。

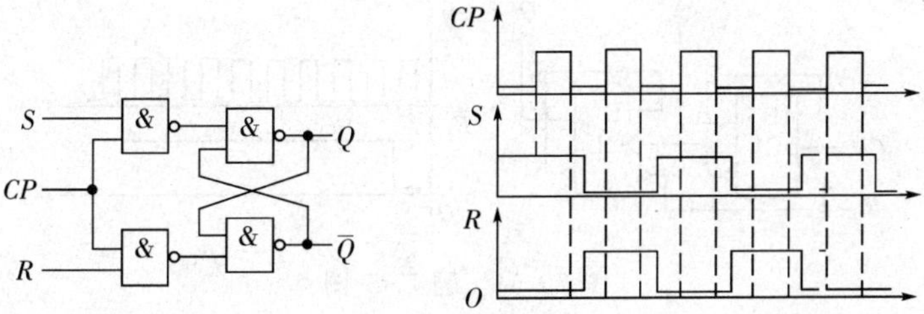

图 7-50 题 7-3 图

7-4 设图 7-51 中各触发器的初始状态皆为 $Q=0$，试画出在 CP 信号连续作用下各触发器输出端的电压波形。

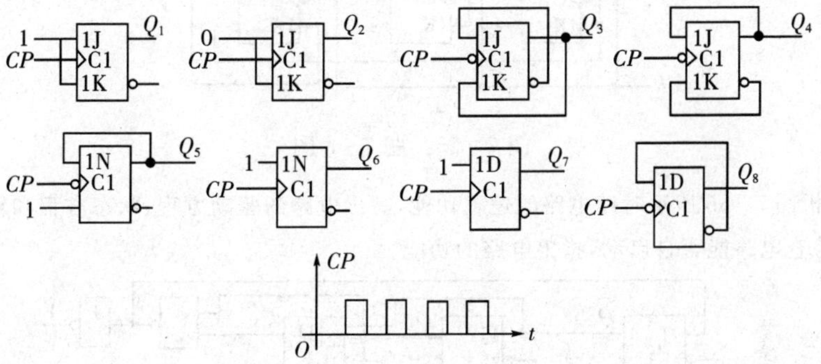

图 7-51 题 7-4 图

7-5 T 触发器如图 7-52 所示，已知 CP 和输入信号 T 的电压波形，试画出触发器输出端 Q 和 $\bar{Q}$ 的电压波形。设触发器的初始状态为 $Q=0$。

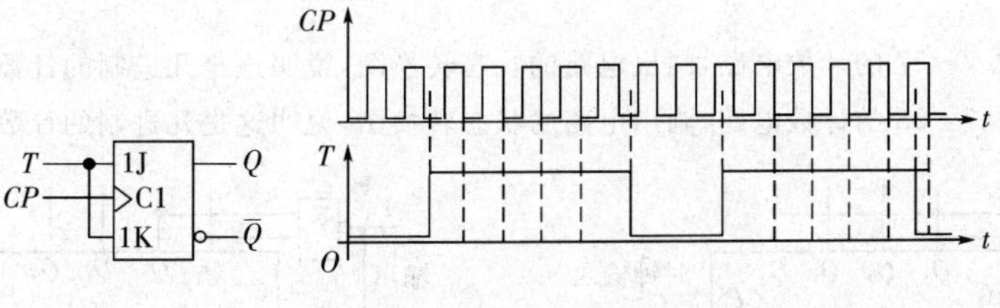

图 7-52 题 7-5 图

7-6 试分析图 7-53 电路在一系列 CP 信号作用下 Q_1、Q_2、Q_3 端的输出电压波形。触发器初始状态均为 $Q=0$。

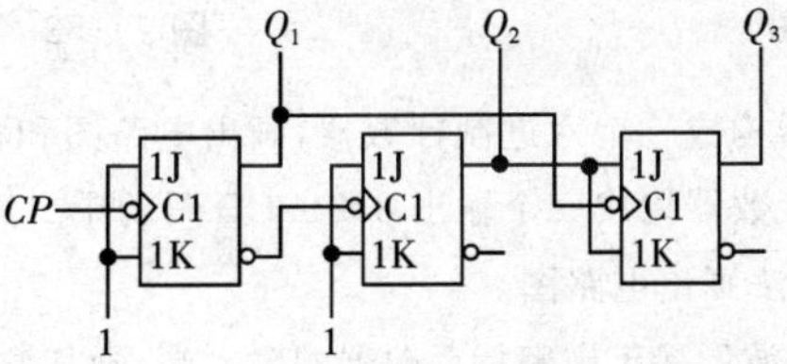

图 7-53 题 7-6 图

7-7　试分析图7-54电路在图中所示CP、$\overline{R}_D$信号作用下Q_1、Q_2端的输出电压波形。并说明Q_1、Q_2输出信号的频率f_{Q1}、f_{Q2}与CP信号频率f_{CP}的关系。

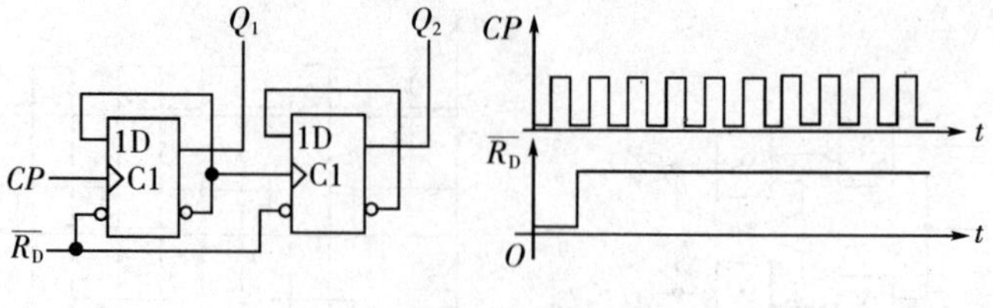

图7-54　题7-7图

7-8　试分析图7-55所示时序电路的逻辑功能，写出电路的驱动方程、状态方程和输出方程，填电路的状态转换表，检查电路能否自启动，指出电路的功能。

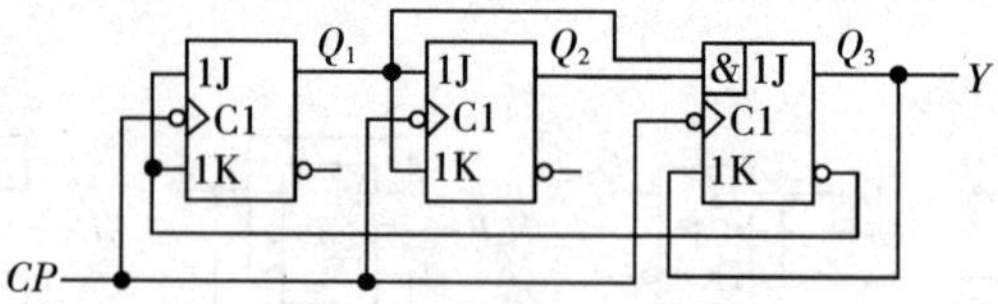

图7-55　题7-8图

7-9　试分析图7-56所示时序电路的逻辑功能，写出电路的驱动方程、状态方程和输出方程，填电路的状态转换表，检查电路能否自启动，指出电路的功能。

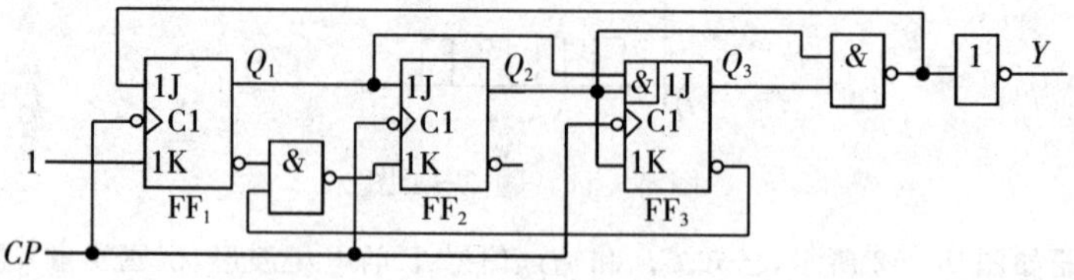

图7-56　题7-9图

7-10　分析图7-57的计数电路，画出电路的状态转换图，说明这是几进制的计数器。

7-11　分析图7-58的计数电路，画出电路的状态转换图，说明这是几进制的计数器。

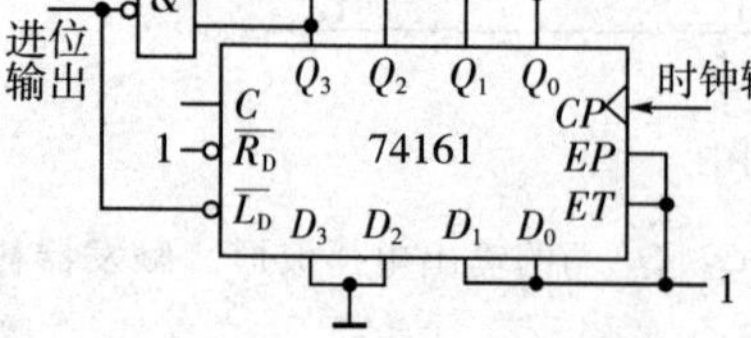

图7-57　题7-10图

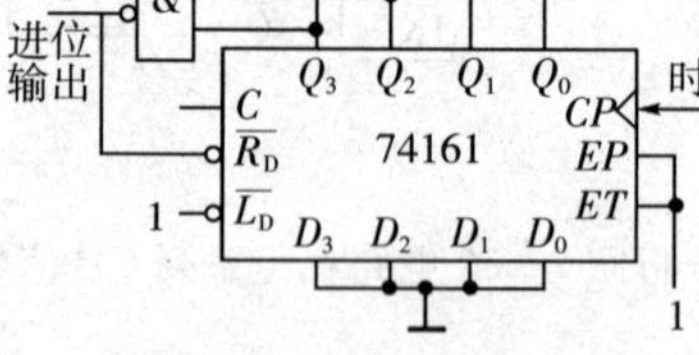

图7-58　题7-11图

7-12　试用74290型计数器构成一个六进制计数器，画出电路图和状态转换图。

7-13　试用两片74160型计数器构成一个输出8421BCD码的十二进制计数器（用同步时钟方式），要求分别用总体清零法和总体置零法画出电路图。

7-14　将图7-59所示电压波形接于施密特反向器的输入端，画其输出电压波形。已知施密特反向器的工作电压$V_{DD}=15V$，正向阈值电压$V_{T+}=10V$，负向阈值电压$V_{T-}=5V$。

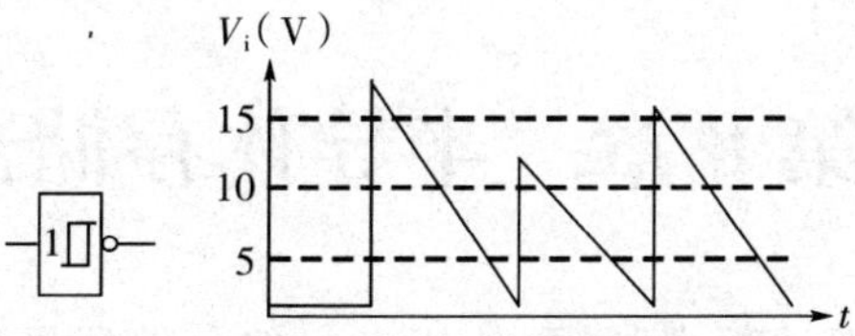

图 7-59　题 7-13 图

7-15　试画出用 555 定时器组成的施密特触发器和多谐振荡器的电路图。

7-16　555 定时器组成的施密特触发器如图 7-60 所示，试求电路的正向阈值电平 V_{T+} 和负向阈值电平 V_{T-}，并对应输入电压 U_I 的波形画输出电压 U_O 的波形（已知电源电压 V_{CC} = 12V）。

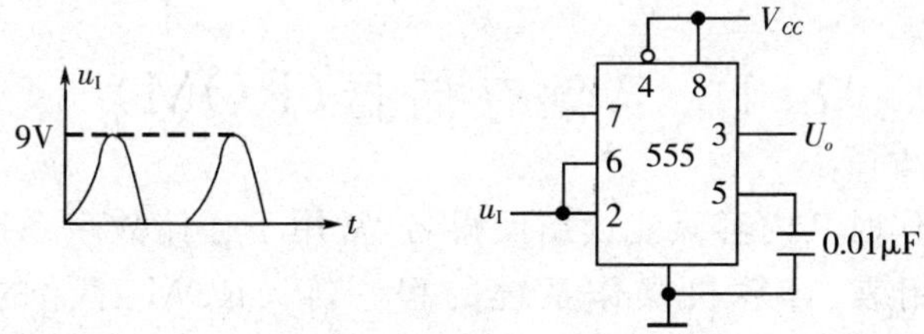

图 7-60　题 7-15 图

7-17　555 定时器组成的多谐振荡器如图 7-61 所示。已知 $R_1 = R_2 = 5\text{k}\Omega$，$C = 0.1\mu\text{F}$，$V_{CC} = 12\text{V}$。试求：$U_O$ 的周期 T（单位用 ms，四舍五入保留一位小数）；U_O 的频率 f；U_O 的占空比 q；指出 5 脚所接电容的作用。

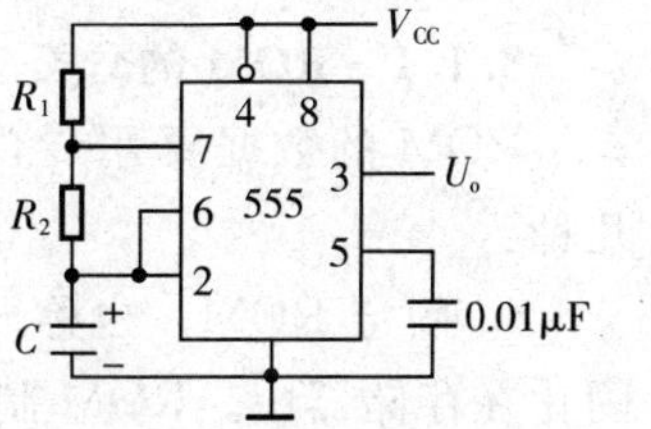

图 7-61　题 7-16 图

7-18　电路如图 7-45 所示，试简述 D_1、D_2 以及电位器的作用；指明电容的充电通路和放电通路；写出电路输出电压波形的周期、频率和占空比的表达式。

*第 8 章　半导体存储器

数字信息在运算或处理过程中，需要使用专门的存储器进行存储，半导体存储器就是一种能存储大量二值信息的半导体器件。半导体存储器的种类很多，根据使用功能的不同，半导体存储器可分为只读存储器(Read-Only Memory，简称 ROM)和随机存储器(Random Access Memory，简称 RAM)；根据制造工艺的不同，半导体存储器又可分为双极型(TTL 类)和单极型(MOS 类)。

8.1　只读存储器(ROM)

只读存储器因工作时其内容只能读出而得名，常用于存储数字系统及计算机中不需改写的数据，例如数学用表、计算机操作系统的程序等。ROM 存储的数据不会因断电而消失。

8.1.1　ROM 的分类

ROM 的数据要用专门的装置写入。按照数据写入方式的不同，ROM 可分为以下几种：

1. 固定 ROM。也称掩膜 ROM，这种 ROM 在制造时，厂家利用掩膜技术直接把数据固化在存储器中。ROM 制成后，存储的数据固定不变，用户无法修改，只能读出。

2. 可编程 ROM(PROM)。PROM 在出厂时，存储内容全为 1，用户可利用编程器将某些需要存入 0 的单元改写为 0。PROM 的编程是一次性的，一旦编程结束，就不能再修改，工作时，仍然只读。

3. 可擦可编程 ROM(EPROM)。EPROM 是采用浮栅技术生产的可编程存储器，编程过程是一个电荷注入过程。编程结束后，注入浮栅上的电荷无法泄漏，这就保持了需要存储的信息。当外部紫外线照到 EPROM 上时，EPROM 内部浮栅上的电荷便会泄漏，使电路恢复到初始状态，从而擦除了所有写入的信息。擦除以后的 EPROM 又可写入新的内容。

4. 可电擦除可编程 ROM(E^2PROM)。E^2PROM 也是采用浮栅技术生产的可编程 ROM，但是构成其存储单元的是隧道 MOS 管，隧道 MOS 管也是利用浮栅是否存有电荷来存储二值数据的，不同的是隧道 MOS 管是用电擦除的，并且擦除的速度很快，一般为毫秒数量级。

E^2PROM 的电擦除过程就是改写过程，可以改写 1 万次以上。目前，大多数 E^2PROM 芯片内部都备有升压电路。因此，只需提供单电源供电，便可进行读、擦除/写操作，这为数字系统的设计和在线调试提供了极大方便。

5. 快闪存储器(Flash Memory)。快闪存储器的存储单元也是采用浮栅型 MOS 管，存储器中数据的擦除和写入是分开进行的，数据写入方式与 EPROM 相同，需要输入一个较高的电压，因此要为芯片提供两组电源。一个字的写入时间约为 200 微秒，一般一只芯片可以擦除/写入 100 次以上。

8.1.2　ROM 的结构及工作原理

ROM 的内部结构如图 8-1 所示，它主要由地址译码器、存储矩阵和输出缓冲电路组成。图 8-2 是二极管掩膜 ROM 电路举例。图中，A_1A_0 是输入地址码；$D_3D_2D_1D_0$ 是输出数据；输出缓冲电路由三态门组成，它有两个作用，一是提高带负载能力，二是实现对输出状态的控制，便于和系统总线的连接。

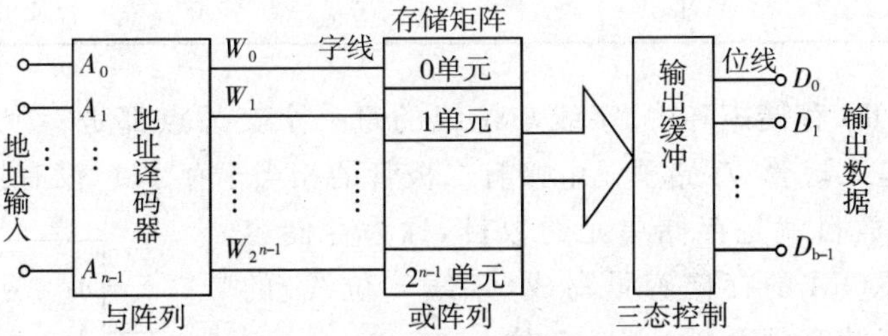

图 8-1　ROM 的内部结构示意图

图 8-2 中的地址译码器即 2 线—4 线译码器，译出“1”有效，它由二极管与门构成，所以称为与阵列。与门阵列的输出表达式为

$$W_0=\overline{A}_1\overline{A}_0;\qquad W_1=\overline{A}_1A_0;\qquad W_2=A_1\overline{A}_0;\qquad W_3=A_1A_0$$

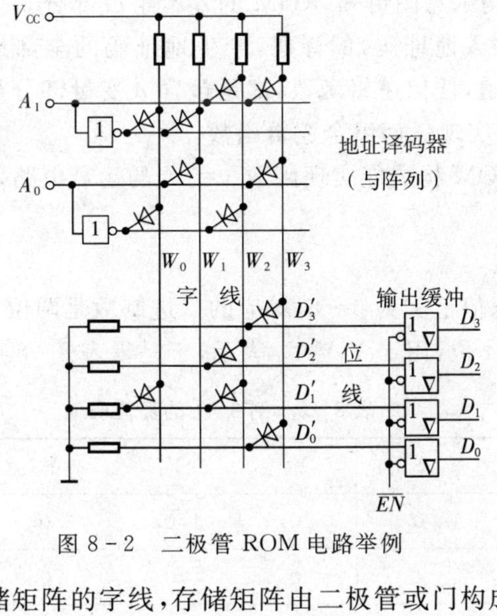

图 8-2　二极管 ROM 电路举例

$W_0 \sim W_3$ 是连接到存储矩阵的字线，存储矩阵由二极管或门构成，所以称为或阵列。或门阵列输出表达式为

$$D_0=W_3;\qquad D_1=W_0+W_2;\qquad D_2=W_2;\qquad D_3=W_3$$

图 8-2 所示 ROM 的数据如表 8-1 所示。由表 8-1 可知,在 00 地址指定的单元中存放的数据是 0010;01 地址单元中存放的数据是 0000;10 地址单元中存放的是 0110;11 地址单元中存放的是 1001。

表 8-1 图 8-2ROM 的数据表

A	B	D_3	D_2	D_1	D_0
0	0	0	0	1	0
0	1	0	0	0	0
1	0	0	1	1	0
1	1	1	0	0	1

不难看出:ROM 存储矩阵中,字线与位线的每一个交叉点都是一个存储单元;存储单元中的存储元件是二极管;存储单元中接有二极管的相当于存了 1,没有接二极管的相当于接了 0;交叉点的数目就是存储单元的数目,称为存储容量。二极管掩膜 ROM 的存储容量写成(字线×位线)的形式,图 8-2 的存储容量为 $2^2\times4=16$ 位。

作为一个逻辑部件,图 8-2 所示 ROM 可用一个方框图表示,见图 8-3。

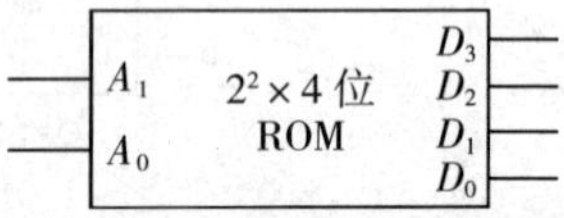

图 8-3 图 8-2ROM 的方框图

8.1.3 ROM 的应用

从 ROM 的逻辑结构示意图可知,ROM 的基本组成部分是"与阵列"和"或阵列",与阵列实现对输入变量(即输入地址码)的译码,产生地址码的全部最小项;或阵列完成相关最小项的或运算。我们知道,任何逻辑函数,都是包含 n 变量部分最小项的或运算,所以从理论上讲,利用 ROM 可以实现任何组合逻辑函数。

【例 8-1】 试用 ROM 构成能实现函数 $y=x^2$ 的运算电路,x 的取值范围为 0~2 的正整数。

【解】 (1)列真值表

分析:自变量 x 的取值范围为 0~2,对应的二进制数是两位,用 A_1、A_0 表示;0~2 整数的平方值的二进制数有 4 位,用 $Y_3Y_2Y_1Y_0$ 表示,于是得表 8-2 所示真值表。

表 8-2 例 8-1 的真值表

A_1	A_0	Y_3	Y_2	Y_1	Y_0
0	0	0	0	0	0
0	1	0	0	0	1
1	0	0	1	0	0
1	1	1	0	0	1

(2)写输出逻辑函数式

为了用 ROM 实现组合逻辑函数,输出逻辑函数式必须用标准与或式(即最小项之和形式)表示。由真值表写出的函数式为

$$Y_3=m_3;\qquad Y_2=m_2;\qquad Y_1=0;\qquad Y_0=m_1+m_3$$

(3)画存储矩阵的点阵图

由输出函数式可画 ROM 存储矩阵的或门阵列。为简便作图,可将存储矩阵中的二极管用节点表示,所得连接图称为节点图,或称点阵图。例 8-1 的点阵图如图 8-4。

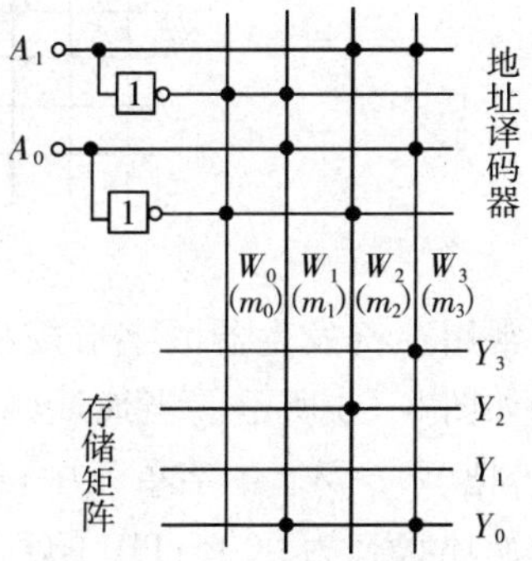

图 8-4　例 8-1ROM 的点阵图

在图 8-4 所示电路中,作为地址译码器的与阵列,其连接是固定的,它的任务是对输入变量 A_1、A_0 译码,产生 A_1、A_0 的全部最小项 $m_0\sim m_3$;字线 $W_0\sim W_3$ 就是最小项 $m_0\sim m_3$;存储矩阵的或阵列是可编程的,也就是说存储矩阵中的内容,可由用户决定。

数字系统中的数据表、函数运算表等,就是按照例 8-1所示原理制作的。

【例 8-2】　试用 ROM 实现下列一组多输出逻辑函数。

$Y_3=\overline{A}\cdot\overline{B}C\overline{D}+A\overline{B}CD$

$Y_2=AB\overline{D}+\overline{A}CD+A\overline{B}\cdot\overline{C}\cdot\overline{D}$

$Y_1=A\overline{B}C\overline{D}+B\overline{C}D$

$Y_0=A\overline{D}$

【解】　(1)写出各函数的最小项之和表达式

按 A、B、C、D 顺序排列变量,Y_3、Y_2、Y_1、Y_0 的最小项之和表达式为

$Y_3=m_2+m_{11}$

$Y_2=m_3+m_7+m_8+m_{12}+m_{14}$

$Y_1=m_5+m_{10}+m_{13}$

$Y_0=m_8+m_{10}+m_{12}+m_{14}$

(2)画存储矩阵点阵图

因函数输入变量有 4 位,所以 ROM 的与逻辑阵列选用 4 线—16 线译码器;又因函数输出变量有 4 位,故选 $2^4\times4$ 位 ROM。画出的点阵图如图 8-5 所示。

【例 8-3】　试用 ROM 构成字符发生器,使之在地址码的作用下,存储器能输出显示字母“B”的信息。

【解】　字符发生器常用于显示终端、打印机等数字装置。用 ROM 构成字符发生器,就

是将字母、符号等字符的点阵存储在ROM的存储矩阵中，当在ROM地址输入端顺序地给出地址码时，就能从ROM的数据输出端逐行输出字符的信息。

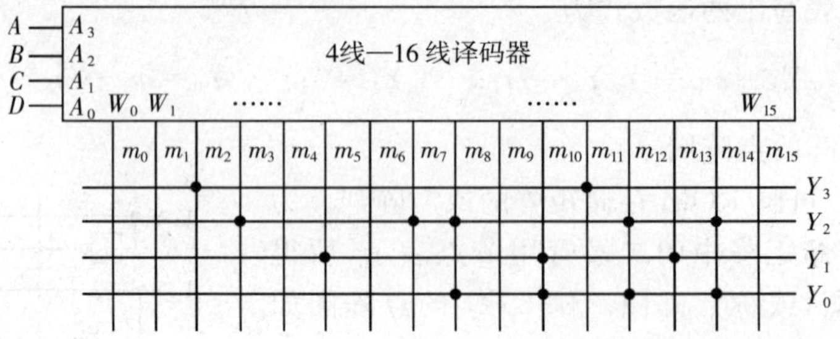

图 8-5　例 8-2ROM 的点阵图

常用字符发生器的字形规格有9×7、7×7和7×5等几种。用ROM构成字母“B”的原理图如图8-6所示。当地址码$A_2A_1A_0$为000～110周期性循环变化时，就可逐行扫描各字线，把W_0～W_6各字单元中，组成字母B的信息从位线D_4～D_0送出。实用中，输入地址码由循环状态为000～110的六进制计数器提供，位线D_4～D_0接规格是7×5的点阵显示器。

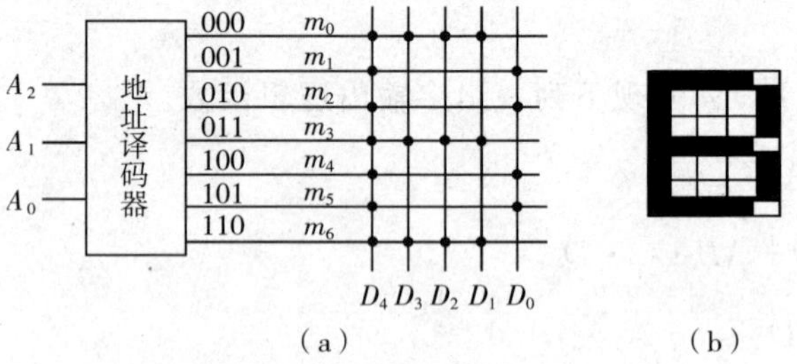

图 8-6　用 ROM 构成字符发生器

8.1.4　可编程 ROM(PROM)

在开发数字电路新产品的研制过程中，设计人员需要按照自己的设想，迅速得到存有所需内容的ROM，可编程ROM(PROM)可以解决这样的问题。

PROM的总体结构和掩膜ROM一样，同样由地址译码器、存储矩阵和输出缓冲电路组成。不过在出厂时已经在每个存储单元中全部制作了存储元件，这就相当于在所有存储单元中都存入了1，在希望某些单元中存的是0时，就设法使那些单元中的存储元件不起作用即可。

熔丝型PROM存储单元的原理图如图8-7所示，它由一只三极管和串在发射极上的快速熔断丝组成。三极管的be结相当于掩膜ROM中接在字线与位线之间的二极管，在写入数据时，就将需要存入0的那些存储单元中的熔丝烧断。

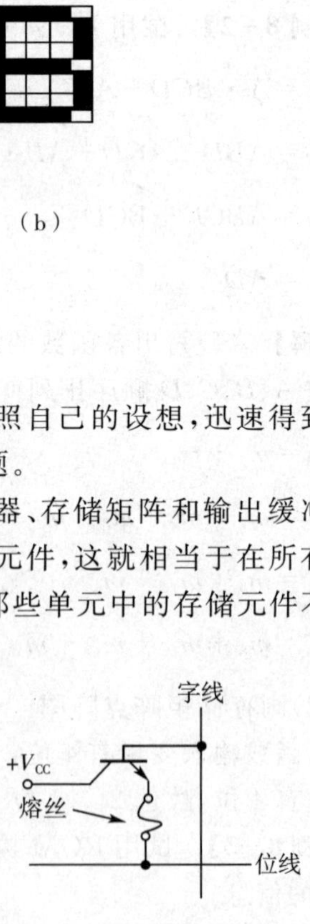

图 8-7　熔丝型 PROM 的存储单元

PROM存储单元中的熔丝一经烧断，就无法再接通，所以 PROM 的内容只能写一次，写好后不可修改。因此，PROM 仍不能满足研制过程中经常修改存储内容的需要。这就要求生产一种可以擦除重写的 ROM，可擦可编程 ROM（EPROM）能够满足这种需求。

8.1.5　可擦可编程 ROM（EPROM）

EPROM 可重复擦除和写入，解决了 PROM 只能写入一次的弊端。EPROM 的封装壳上，有一个玻璃窗口，紫外线透过该窗口照射内部芯片就可以擦除存储的数据，往芯片中写入数据时必须要加一定的编程电压 V_{PP}。EPROM 的型号以 27 开头，如 2716。2716 的引脚排列如图 8－8 所示，它是 2K×8 位 EPROM。

EPROM 芯片在写入数据后，其透光窗口要封住，以免受到紫外线照射而使数据受损。

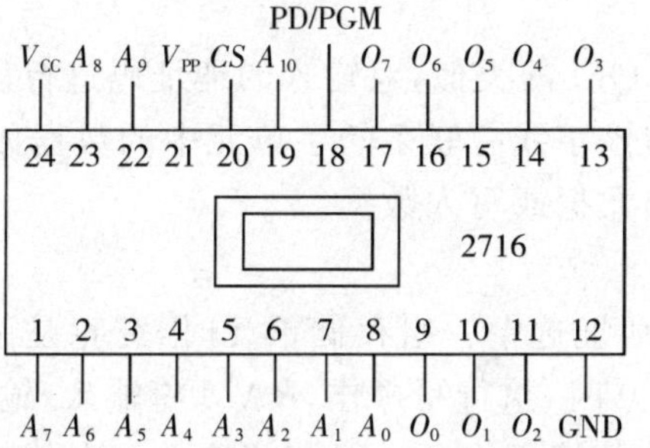

图 8－8　EPROM2716 的引脚图

8.2　随机存储器（RAM）

随机存储器简称 RAM，也叫做读/写存储器，既能方便地读出所存数据，又能随时写入新的数据。RAM 的缺点是一旦掉电，所存的数据全部丢失。

8.2.1　RAM 的分类

RAM 有双极型和 MOS 型两大类。两者相比，双极型制造工艺复杂，集成度较低，功耗大，成本高，但存储速度快，主要用于高速场合；MOS 型制造工艺简单，集成度高，功耗小，成本低，但存储速度较低，主要用于对工作速度要求不高的场合。在 MOS 型 RAM 中，又分静态存储器（即 SRAM）和动态存储器（即 DRAM）两大类，动态存储器结构简单，集成度高，但存储速度慢；静态存储器结构复杂，集成度难以提高，但存储速度快。一般大容量存储器使用动态 RAM；小容量存储器使用静态 RAM。

8.2.2　RAM 的基本结构及工作原理

1. 存储矩阵

RAM 的基本结构如图 8－9 所示，它由存储矩阵、地址译码器、读/写控制器、输入/输出控制、片选控制等部分组成。

RAM 的核心部分是存储矩阵，和 ROM 一样，存储矩阵由大量存储单元构成。和 ROM 不同的是，RAM 存储单元的数据不是掩膜固定的，而是随时由外部输入的。为了能够将随时写入的数据保存，RAM 的存储单元用有记忆功能的电路——触发器构成。

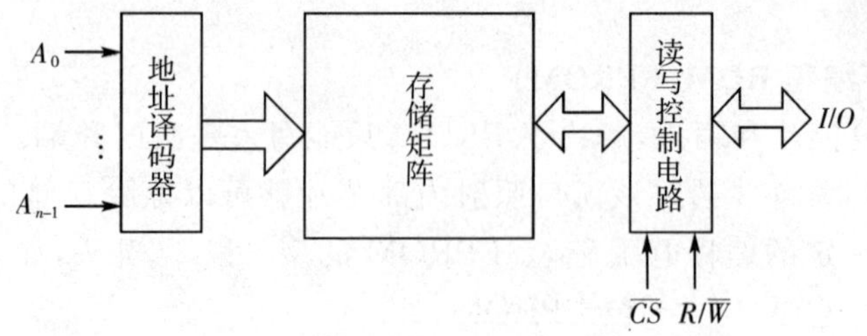

图 8－9　RAM 结构示意图

2. 地址译码器

地址译码器的作用与 ROM 的类似，对输入的地址码进行译码，一个地址码对应一条字线，当某条字线被选中时，与该字线有联系的字单元中的数据便和位线（数据线）相通，就能在读/写信号的控制下，读出数据或写入数据。

3. 读/写控制电路

访问 RAM 时，当一个地址选中一组存储单元时，究竟是读还是写？要通过读/写控制端（$R/\overline{W}$）来控制：当 $R/\overline{W}=0$ 时，执行写操作，RAM 将输入/输出端（I/O 口）上的数据写入指定单元；当 $R/\overline{W}=1$ 时，执行读操作，RAM 将指定单元中的数据从 I/O 口读出。

4. 片选控制

由于受 RAM 集成度的限制，一台计算机的存储器系统往往由多片 RAM 组成。CPU 访问存储器时，一次只能访问 RAM 中的某一片或几片，与其交换信息，“片选”就是用来实现这种控制的。通常一片 RAM 有一个片选端$\overline{CS}$，低电平有效。当某一片的$\overline{CS}=0$ 时，该片被选中，其 I/O 口与外部总线接通，交换数据；当某一片的$\overline{CS}=1$ 时，该片不被选中，其 I/O口呈高阻状态，不能与外部总线交换数据。

5. RAM 芯片简介

图 8－10 所示是 1K×4 位 RAM2114 的引脚图和电路符号。其中：

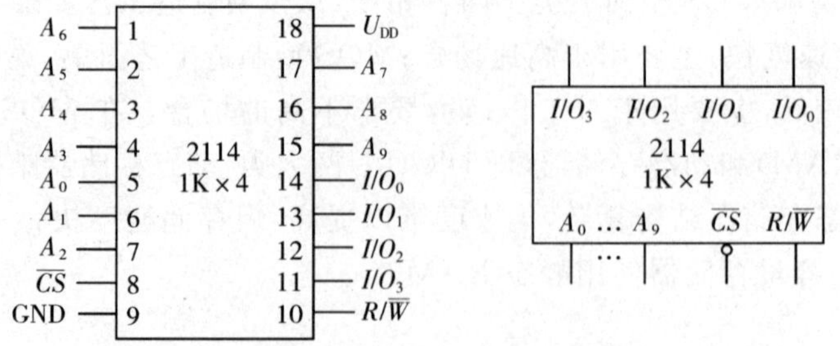

图 8－10　静态 RAM2114 的引脚图和电路符号

(a)引脚图　(b)电路符号

(1)$A_9\sim A_0$ 是地址输入端。地址线（字线）有 10 根，地址覆盖范围（字数）为 $2^{10}=1\ 024$

≈1 000，即 1K。

(2)$I/O_3 \sim I/O_0$ 是数据输入/输出口，是数据输出端。位线有 4 根。所以 2114 的存储容量为1 024×4=4 096≈4(K)。

(3)$\overline{CS}$是选片端；$R/\overline{W}$ 是读/写控制端；2114RAM 采用 NMOS 工艺制造，$V_{DD}=+5V$。

8.2.3　RAM 容量的扩展

在实际应用中，经常需要大容量的 RAM。在单片 RAM 芯片容量不能满足要求时，就需要进行容量的扩展，将多片 RAM 组合起来，构成存储系统。

1. RAM 的位扩展

当所用 RAM 的输出位数不够时，可用多片进行位扩展。用两片 4×1 位 RAM 扩展成 4×2 位 RAM 的连线如图 8-11 所示。位扩展只要将各片的读/写控制端、地址输入端并联即可。

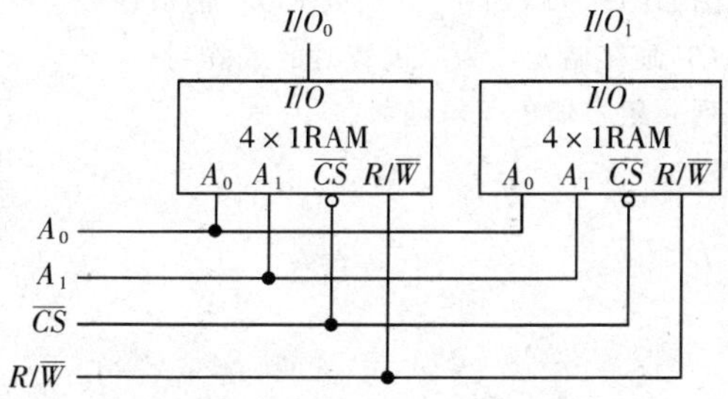

图 8-11　位扩展(4×1 位 RAM 扩展成 4×2 位 RAM)

2. RAM 的字扩展

当所用 RAM 的字数不够时，可用多片进行字扩展。用两片 4×1 位 RAM 扩展成 16×1 位 RAM 的连线如图 8-12 所示。

图中，两片的读/写控制端 R/$\overline{W}$、地址输入端 A_0、A_1、输出端 I/O 是并联的，高位地址码 A_2、A_3 经 2/4 译码器的 4 个输出端分别控制 4 片 4×1 位 RAM 的片选端$\overline{CS}$，这就使原 4 个字的 RAM 扩展成了 16 个字的 RAM，实现了字扩展。图 8-12 的片选状态如表 8-3所示。

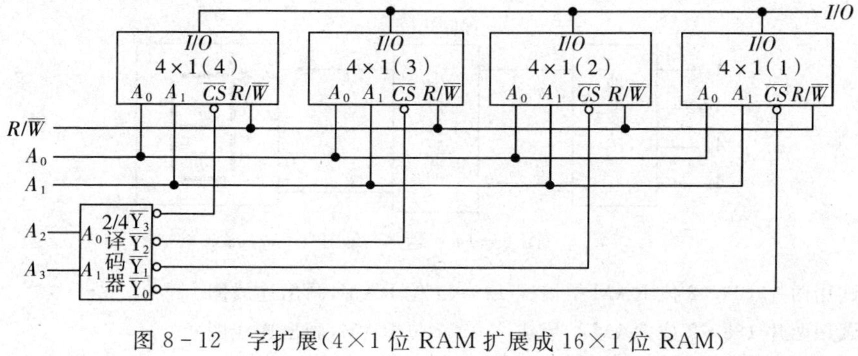

图 8-12　字扩展(4×1 位 RAM 扩展成 16×1 位 RAM)

表 8-3 图 8-12 片选状态表

高位地址		2/4 译码器的输出				被选中的 RAM
A_3	A_2	$\overline{Y}_3$	$\overline{Y}_2$	$\overline{Y}_1$	$\overline{Y}_0$	
0	0	1	1	1	0	(1)
0	1	1	1	0	1	(2)
1	0	1	0	1	1	(3)
1	1	0	1	1	1	(4)

将 RAM 的位与字同时扩展的连线方式读者可自行总结。

习　题

8-1　已知 ROM 的点阵图如图 8-13 所示。(1)列 ROM 的数据表；(2)写 $D_3 \sim D_0$ 的逻辑函数式；(3)画存储元件为二极管时的或阵列。

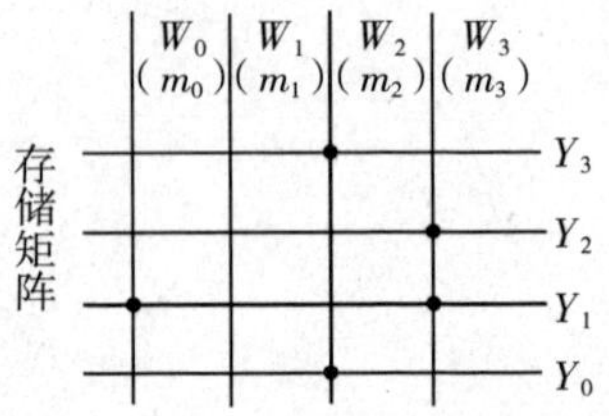

图 8-13　题 8-1 图

8-2　试用 ROM 实现下列一组多输出逻辑函数。

$Y_1 = \overline{A} \cdot BC + \overline{A} \cdot \overline{B}C$

$Y_2 = A\overline{B}C\overline{D} + BC\overline{D} + \overline{A}BCD$

$Y_3 = ABC\overline{D} + \overline{A}B\overline{C} \cdot \overline{D}$

$Y_4 = \overline{A} \cdot \overline{B}C\overline{D} + ABCD$

8-3　试用 ROM 实现一位全加器的逻辑电路。要求，两个加数用 A、B 表示；低位的进位信号用 C_I 表示；本位和用 S 表示，向高位的进位信号用 C_O 表示。(1)列真值表；(2)写输出函数式；(3)画存储矩阵的点阵图。

8-4　用 16×4 位的 ROM 设计一个将两个两位二进制数相乘的乘法电路。列 ROM 的数据表，画存储矩阵的点阵图。

8-5　试用 ROM 构成字符发生器，使之在地址码的作用下，存储器能输出显示字母“K”的信息，显示的字形用 7×5 的规格。

8-6　用 ROM 构成七段译码电路的框图如图 8-14 所示。当七段显示器为共阴极数码管(需“1”驱动)时，试求：(1)列存储矩阵的真值表；(2)写输出变量 $a \sim g$ 的函数式；(3)画存储矩阵的点阵图。

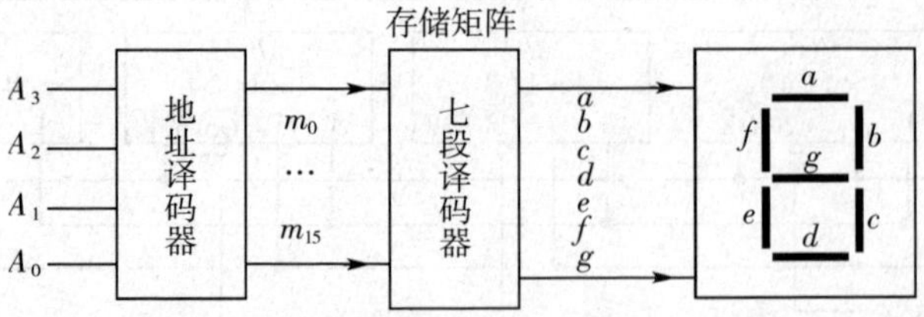

图 8-14　题 8-6 图

8-7　试用两片 128×2 位 RAM 扩展成 128×4 位 RAM，画出连线图。

8-8　试用两片 128×2 位 RAM 扩展成 256×2 位 RAM，画出连线图。

8-9　试用四片 4×1 位 RAM 扩展成 8×2 位 RAM，画出连线图。

8-10 若将 1K×4 位的 RAM 扩展成 8K×4 位的 RAM，需增加几位地址码？1K×4 位的 RAM 需要几片？如何片选？

8-11 试分析图 8-15 中每片 RAM 的地址位数、字数、每字的位数以及扩展后 RAM 的地址位数、字数、每字的位数。

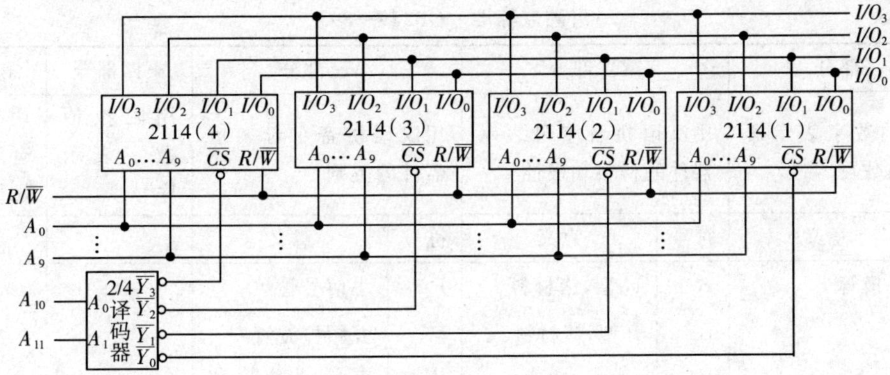

图 8-15 题 8-9 图

附录A 半导体分立器件型号命名方法

(国家标准 GB249—89)

第一部分		第二部分		第三部分		第四部分	第五部分
用阿拉伯数字表示器件的电极数目		用汉语拼音字母表示器件的材料和极性		用汉语拼音字母表示器件的类别		用阿拉伯数字表示序号	用汉语拼音字母表示规格号
符号	意义	符号	意义	符号	意义		
2	二极管	A	N型,锗材料	P	小信号管		
		B	P型,锗材料	V	混频检波管		
		C	N型,硅材料	W	电压调整管和电压基准管		
				C	变容管		
		D	P型,硅材料				
3	三极管	A	PNP型,锗材料	Z	整流管		
		B	NPN型,锗材料	L	整流管		
		C	PNP型,锗材料	S	隧道管		
		D	NPN型,锗材料	K	开关管		
		E	化合物材料	U	光电管		
				X	低频小功率管(截止频率＜3MHz,耗散功率＜1W)		
				G	高频小功率管(截止频率≥3MHz,耗散功率＜1W)		
				D	低频大功率管(截止频率＜3MHz,耗散功率≥1W)		
				A	高频大功率管(截止频率≥3MHz,耗散功率≥1W)		
				T	晶体闸流管		

示例

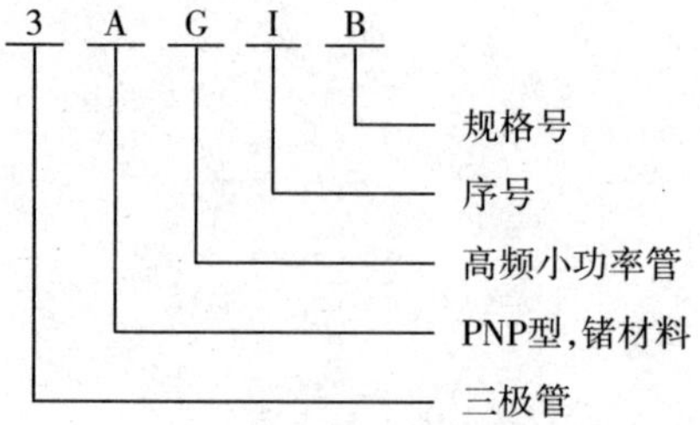

附录B　常用半导体分立器件的参数

一、二极管

参数		最大整流电流	最大整流电流时的正向压降	反向工作峰值电压
符号		I_{OM}	U_F	U_{RWM}
单位		mA	V	V
型号	2AP1	16	≤1.2	20
	2AP2	16		30
	2AP3	25		30
	2AP4	16		50
	2AP5	16		75
	2AP6	12		100
	2AP7	12		100
	2CZ52A	100	≤1	25
	2CZ52B			50
	2CZ52C			100
	2CZ52D			200
	2CZ52E			300
	2CZ52F			400
	2CZ52G			500
	2CZ52H			600
	2CZ55A	1 000	≤1	25
	2CZ55B			50
	2CZ55C			100
	2CZ55D			200
	2CZ55E			300
	2CZ55F			400
	2CZ55G			500
	2CZ55H			600
	2CZ56A	3 000	≤0.8	25
	2CZ56B			50
	2CZ56C			100
	2CZ56D			200
	2CZ56E			300
	2CZ56F			400
	2CZ56G			500
	2CZ56H			600

二、稳压二极管

参数		稳定电压	稳定电流	耗散功率	最大稳定电流	动态电阻
符号		U_Z	I_Z	P_Z	I_{ZM}	r_Z
单位		V	mA	mW	mA	Ω
测试条件		工作电流等于稳定电流	工作电压等于稳定电压	−60℃～+50℃	−60℃～+50℃	工作电流等于稳定电流
型号	2CW52	3.2～4.5	10	250	55	≤70
	2CW53	4～5.8	10	250	41	≤50
	2CW54	5.5～6.5	10	250	38	≤30
	2CW55	6.2～7.5	10	250	33	≤15
	2CW56	7～8.8	10	250	27	≤15
	2CW57	8.5～9.5	5	250	26	≤20
	2CW58	9.2～10.5	5	250	23	≤25
	2CW59	10～11.8	5	250	20	≤30
	2CW60	11.5～12.5	5	250	19	≤40
	2CW61	12.2～14	3	250	16	≤50
	2DW230	5.8～6.6	10	200	30	≤25
	2DW231	5.8～6.6	10	200	30	≤15
	2DW232	6～6.5	10	200	30	≤10

三、双极型晶体三极管

参数符号		单位	测试条件	型号			
				3DG100A	3DG100B	3DG100C	3DG100D
直流参数	I_{CBO}	μA	$U_{CB}=10V$	≤0.1	≤0.1	≤0.1	≤0.1
	I_{EBO}	μA	$U_{EB}=1.5V$	≤0.1	≤0.1	≤0.1	≤0.1
	I_{CBO}	μA	$U_{CE}=10V$	≤0.1	≤0.1	≤0.1	≤0.1
	$U_{BE(sat)}$	V	$I_B=1mA$ $I_C=10mA$	≤1.1	≤1.1	≤1.1	≤1.1
	$h_{FE}(\beta)$		$U_{CB}=10V$ $I_C=3mA$	≥30	≥30	≥30	≥30
交流参数	f_T	MHz	$U_{CB}=10V$ $I_C=3mA$ $f=30MHz$	≥150	≥150	≥300	≥300
	G_p	dB	$U_{CB}=10V$ $I_C=3mA$ $f=100MHz$	≥7	≥7	≥7	≥7
	C_{ob}	pF	$U_{CB}=10V$ $I_C=3mA$ f=5MHz	≥4	≥3	≥3	≥3

（续表）

参数符号		单位	测试条件	型号			
				3DG100A	3DG100B	3DG100C	3DG100D
极限参数	$U_{(BR)CBO}$	V	$I_C = 100\mu A$	≥30	≥40	≥30	≥40
	$U_{(BR)CEO}$	V	$I_C = 200\mu A$	≥20	≥30	≥20	≥30
	$U_{(BR)EBO}$	V	$I_E = 100\mu A$	≥4	≥4	≥4	≥4
	I_{CM}	mA		20	20	20	20
	P_{CM}	mW		100	100	100	100
	T_{jM}	℃		150	150	150	150

四、绝缘栅场效应晶体管

参数	符号	单位	型　号			
			3DO4	3DO2（高频管）	3DO6（开关管）	3CO1（开关管）
饱和漏极电流	I_{DSS}	μA	$0.5\times10^3 \sim 15\times10^3$			
栅源夹断电压	$U_{GS(off)}$	V	$\leqslant \mid -9 \mid$			
开启电压	$U_{GS(th)}$	V				
栅源绝缘电阻	R_{GS}	Ω	$\geqslant 10^9$	$\geqslant 10^9$	$\geqslant 10^9$	$\geqslant 10^9$
共源小信号低频跨导	g_m	$\mu A/V$	≥2 000	≥4 000	≥2 000	≥500
最高振荡频率	f_M	MHz	≥300	≥1 000		
最高漏源电压	$U_{DS(BR)}$	V	20	12	20	
最高栅源电压	$U_{GS(BR)}$	V	≥20	≥20	≥20	≥20
最大耗散功率	P_{DM}	mW	100	100	100	100

注：3CO1 为 P 沟道增强型，其他为 N 沟道管（增强型：$U_{GS(th)}$ 为正值；耗尽型 $U_{GS(off)}$ 为负值）。

附录C 半导体集成器件型号命名方法

(国家标准 GB3430—89)

第0部分		第一部分		第二部分	第三部分		第四部分	
用字母表示器件符合国家标准		用字母表示器件的类型		用阿拉伯数字表示器件的系列和品种代码	用字母表示器件的工作温度范围		用字母表示器件的封装	
符号	意义	符号	意义		符号	意义	符号	意义
		T	TTL		C	0～70℃	F	多层陶瓷扁平
		H	HTL		G	－25～70℃	B	塑料扁平
C	符合	E	ECL		L	－25～85℃	H	黑瓷扁平
		C	CMOS		E	－40～85℃	D	多层陶瓷
	国家	M	存储器		R	－55～85℃		双列直插
		F	线性放大器		M	－55～125℃	J	黑瓷双列直插
	标准						P	塑料双列直插
		W	稳压器				S	塑料单列直插
		B	非线性电路				K。	金属菱形
							T	金属圆形
		J	接口电路				C	陶瓷片状载体
		AD	A/D转换器				E	塑料片状载体
		DA	D/A转换器				G	网络阵列

示例

C F 741 C T

- T —— 金属圆形封装
- C —— 工作温度为0~70℃
- 741 —— 通用型运算放大器
- F —— 线性放大器
- C —— 符合国家标准

附录D　常用半导体集成电路的参数和符号

一、运算放大器

参数	符号	单位	型　号					
			F007	F101	8FC2	CF118	CF725	CF747M
最大电源电压	U_S	V	±22	±22	±22	±22	±22	±22
差模开环电压放大倍数	A_{μ_0}		≥80dB	≥88dB	3×10^4	2×10^5	3×10^6	2×10^5
输入失调电压	U_{IO}	mV	2～10	3～5	≤3	2	0.5	1
输入失调电流	I_{IO}	nA	100～300	20～200	≤100			
输入偏置电流	I_{IB}	nA	500	150～500		120	42	80
共模输入电压范围	U_{ICR}	V	±15			±11.5	±14	±13
共模抑制比	U_{CMR}	dB	≥70	≥80	≥80	≥80	120	90
最大输出电压	U_{OPP}	V	±13	±14	±12		±13.5	
静态功耗	P_D	mW	≤120	≤60	150		80	

二、W7800系列和W7900系列集成稳压器

参数名称	符号	单位	7805	7815	7820	7905	7915	7920
输出电压	U_o	V	5±5％	15±5％	20±5％	−5±5％	−15±5％	−20±5％
输入电压	U_i	V	10	23	28	−10	−23	−28
电压最大调整率	S_n	mV	50	150	200	50	150	200
静态工作电流	I_O	mA	6	6	6	6	6	6
输出电压温漂	S_T	mV/℃	0.6	1.8	2.5	−0.4	−0.9	−1
最小输入电压	U_{imin}	V	7.5	17.5	22.5	−7	−17	−22
最大输入电压	U_{imax}	V	35	35	35	−35	−35	−35
最大输出电流	I_{omax}	A	1.5	1.5	1.5	1.5	1.5	1.5

附录E　数字集成电路各系列型号分类表

系列	子系列	名称	国标型号	国际型号	速度/ns—功耗/mW
TTL	TTL	标准TTL系列	CT1000	54/74×××	10—10
	HTTL	高速TTL系列	CT2000	54/74H×××	6—22
	STTL	肖特基TTL系列	CT3000	54/74S×××	3—19
	LSTTL	低功耗肖特基TTL系列	CT4000	54/74LS×××	9.5—2
	ALSTTL	先进低功耗肖特基TTL系列		54/74ALS×××	4—1
MOS	PMOS	P沟道场效晶体管系列			
	NMOS	N沟道场效晶体管系列			
	CMOS	互补场效晶体管系列	CC4000		125ns—1.25μW
	HCMOS	高速CMOS系列			8—2.5
	HCMOST	与TTL兼容的HC系列			8—2.5

附录F　TTL门电路、触发器和计数器的部分品种型号

类型	型号	名称
门电路	CT4000(74LS00)	四2输入与非门
	CT4004(74LS04)	六反相器
	CT4008(74LS08)	四2输入与门
	CT4011(74LS11)	三3输入与门
	CT4020(74LS20)	双4输入与非门
	CT4027(74LS27)	三3输入或非门
	CT4032(74LS32)	四2输入或门
	CT4086(74LS86)	四2输入异或门
触发器	CT4074(74LS74)	双上升沿 D 触发器
	CT4112(74LS112)	双下降沿 JK 触发器
	CT4175(74LS175)	四上升沿 D 触发器
计数器	CT4160(74LS160)	十进制同步计数器
	CT4161(74LS161)	二进制同步计数器
	CT4162(74LS162)	十进制同步计数器
	CT4192(74LS192)	十进制同步可逆计数器
	CT4290(74LS290)	2—5—10计数器
	CT4293(74LS293)	2—8—16计数器

附录G　电阻器标称阻值系列

E24 系列	E12 系列	E6 系列
允许偏差±5%	允许偏差±10%	允许偏差±20%
1.0	1.0	1.0
1.1		
1.2	1.2	
1.3		
1.5	1.5	1.5
1.6		
1.8	1.8	
2.0		
2.2	2.2	2.2
2.4		
2.7	2.7	
3.0		
3.3	3.3	3.3
3.6		
3.9	3.9	
4.3		
4.7	4.7	4.7
5.1		
5.6	5.6	
6.2		
6.8	6.8	6.8
7.5		
8.2	8.2	
9.1		

电阻器标称阻值应符合上表所列数值之一，或表列数值再乘以 10^n，n 为整数。

部分习题参考答案

第 1 章

1-4 (1)$V_Y=0, I_R=3.08mA, I_{DA}=I_{DB}=1.54mA$；

(2)$V_Y=0, I_R=I_{DB}=3.8mA, I_{DA}=0$；

(3)$V_Y=3, I_R=2.3mA, I_{DA}=I_{DA}=1.15mA$；

1-5 (1)$V_Y=9V, I_R=I_{DA}=1mA; I_{DB}=0$；

(2)$V_Y=5.59V, I_R=0.62mA, I_{DA}=0.41mA, I_{DB}=0.21mA$；

(3)$V_Y=4.74V, I_R=0.53mA, I_{DA}=I_{DA}=0.26mA$；

1-7 $I_Z=2.02mA$

第 2 章

2-1 (1)$I_B+50\mu A, I_C=2mA; U_{CE}=6V$ (2)(3)省略

2-2 $R_B=160k\Omega, I_C=3mA, I_B=75\mu A, U_{CE}=3V$；

$R_B=320k\Omega, I_C=1.5mA, I_B=37.5\mu A, U_{CE}=7.5V$；

2-3 $R_C=2.5k\Omega, R_B=200k\Omega$；

2-6 (1)$A_u=-150$；(2)$A_u=-100$；

2-7 $R_C=3.6k\Omega, R_B=180k\Omega, U_{CE}=5.4V$；

2-8 (1)$R_B=250k\Omega, R_C=2.5k\Omega; R_L=3.75k\Omega$；(2)$U_{im}=34.4mA$；(5)$I_B$ 不变，I_C 减小近一半，U_{CE}增大，$|A_u|$将减小一半；

2-9 $U_{OL}=1.2V$；

2-10 $A_u=0.99, A_{uS}=0.98, R_0=28\Omega$

2-11 R_{B1}取 36kΩ；R_{B2}取 12kΩ；

2-12 (1)$I_B=0.05mA$、$I_C=3.32mA$、$U_{CE}=8.06V$；

(3)$r_{be}=0.72k\Omega$；(4)$A_u=-183.7$；(5)$A_u=-302.5$；(6)$r_i=0.72k\Omega$、$r_0\approx3.3k\Omega$

2-13 $A_u=-183.7, A_{uS}=-76.9$

2-14 $A_u=-1.3$

2-15 $A_u\approx1; r_i=16k\Omega; r_0=21\Omega$

2-16 (1)$I_{C1}\approx1mA; I_{B1}\approx25\mu A; U_{CE1}\approx6.6V$；

$I_{C2}\approx1.8mA; I_{B2}\approx45\mu A; U_{CE2}\approx10.8V$；

(2)$A_{u1}=-21; A_{u2}=-0.99; A_u=-20.8$；

(3)$r_i=4.77k\Omega; r_0\approx272\Omega$

2-18 (1)$I_B=0.01mA; I_C=0.5mA; V_C=3.5V; V_E=-0.789V; V_B=-0.1V$；

(2) $u_{iC1}=u_{iC2}=5\text{mV}$；$u_{id1}=u_{id2}=2\text{mV}$；

(3) $u_{iC1}=u_{iC2}=-2.39\text{mV}$；

(4) $u_{0d1}-39.8\text{mV}$；$u_{0d2}=+39.8\text{mV}$；

(5) $u_{01}=-42.2\text{mV}$；$u_{02}=+37.4\text{mV}$；

(6) $u_{0C}=0$；$u_{0d}=-79.6\text{mV}$；$u_0=-79.6\text{mV}$

2-19 −17.4

2-20 (1)为甲乙类 OCL 电路；(2)为准互补对称功率放大电路；(3)甲乙类工作状态；(4)调整电阻 R；

2-21 (1) $I_D=0.3\text{mA}, U_{DS}=8.4\text{V}$；(2) $r_i=10\text{m}\Omega, r_0=30\text{k}\Omega, A_u=-18$；(3) $A_{uf}=-5.3$

2-22 −11.25

第 3 章

3-3 $A_{uf}=-50$， $R_2=9.8\text{k}\Omega$， $u_o=-500\text{mV}$

3-4 $u_o=5.4\text{V}$

3-7 $u_o=5.5\text{V}$

3-8 $u_o=\dfrac{2R_f}{R_1}u_i$

3-11 1s

3-12 $R_{11}=10\text{M}\Omega$， $R_{12}=2\text{M}\Omega$， $R_{13}=1\text{M}\Omega$， $R_{14}=200\text{k}\Omega$， $R_{15}=100\text{k}\Omega$

第 4 章

4-3 (a)串联电压负反馈； (b)串联电流负反馈

4-5 ① $A_f=75$； ②5％

4-6 $A=2\,000$； $F=0.0495$

4-7 ① $R\leqslant1.5\text{k}\Omega$； ②100Hz～1kHz

4-8 (a)不能； (b)能

4-10 (a)能； (b)能

第 5 章

5-1 ①1.375A； ②4.32A； ③244.4V； ④2.16A

5-2 ①18V， 0.36A； ②31V

5-3 122V， 2.22A

5-4 ②无影响； ③电路仍能工作，$U_O=63\text{V}$， $I_O=0.48\text{A}$，2CZ52C 过载，应更换型号

5-5 ① $U_{O1}=45\text{V}$， $U_{O2}=9\text{V}$； ② $I_{D1}=4.5\text{mA}$， $I_{D2}=I_{D3}=45\text{mA}$， $U_{RM1}=141\text{V}, U_{RM2}=U_{RM3}=28.2\text{V}$

5-7 ①5kV・A； ②选 100A，50V 的整流管

5-9 2CZ52C， 250μF

5-10 ①$U_i=18$V， $I_O=3$mA， $I_R=10$mA， $I_Z=7$mA； ②$U_i=24$V， $I_O=3$mA， $I_R=15$mA， $I_Z=12$mA

5-12 ②$U_i\approx28$V； ③$U_O=9\sim18$V

5-13 $U_O=8\sim13.3$V

第 6 章

6-1 (1)407； (2)0.8125； (3)13.625

6-2 (1)$(10011100)_2$； (2)$(0.0110)_2$； (3)$(1010010.1010)_2$

6-3 (1)$(683)_{10}$、$(1010101011)_2$； (2)$(45.9)_{10}$、$(101101.1110)_2$

6-5 $Y_1=A+B$； $Y_2=1$； $Y_3=AD$； $Y_4=AB+\overline{A}\cdot\overline{B}+B\overline{C}+\overline{A}\cdot\overline{C}$

6-6 $Y_1=A\overline{B}C+ABC+AB\overline{C}+\overline{A}B\overline{C}=m_2+m_5+m_6+m_7$

$Y_2=A\overline{B}C+ABC=m_5+m_7$；

$Y_3=\overline{A}BC+ABC=m_3+m_7$；

$Y_4=m_4+m_6+m_8+m_{10}+m_{11}+m_{12}+m_{14}+m_{15}$

6-7 $Y_1=B$； $Y_2=A+\overline{B}$； $Y_3=\overline{C}D+B+\overline{A}\,\overline{C}$； $Y_4=A+C$

$Y_5=\overline{A}C+AB$； $Y_6=BC+C\overline{D}+\overline{B}\,\overline{D}$

6-9 $Y=\overline{A}\,\overline{B}+AB$；

6-10 $Y_1=A\overline{B}+\overline{A}B$； $Y_2=(A+B)(\overline{A}+\overline{B})=A\overline{B}+\overline{A}B=Y_1$

6-11 $Y=\overline{\overline{AB}\,\overline{\overline{A}\,\overline{B}}}=AB+\overline{A}\,\overline{B}$

6-12 $Y=\overline{\overline{AM}\,\overline{\overline{M}B}}=AM+\overline{M}B$

6-13 $Y=\overline{A}BC+A\overline{B}\,\overline{C}+A\overline{B}C+AB\overline{C}+ABC=A+B\overline{C}$

6-14 $Y=\overline{A}\,\overline{B}C+\overline{A}B\overline{C}+A\overline{B}\,\overline{C}+ABC$

6-18 $Y=\overline{A}\,\overline{B}\,\overline{C}+\overline{A}B\overline{C}+A\overline{B}C+ABC=AC+\overline{A}\,\overline{C}$

6-20 $M_1=\overline{A}\,\overline{V}C+\overline{A}B\overline{C}+A\overline{B}\,\overline{C}+ABC$

$M_2=\overline{A}BC+A\overline{B}C+AB\overline{C}+ABC$

6-23 $F=\overline{A}\,\overline{B}+AB$ 同或

第 7 章

7-7 $f_{Q1}=\frac{1}{2}f_{CP}$；$f_{Q2}=\frac{1}{4}f_{CP}$

7-9 驱动方程：

$$\begin{cases}J_1=\overline{Q_3Q_2}; \quad K_1=1\\ J_2=Q_1; \quad K_2=\overline{\overline{Q}_3\overline{Q}_1}\\ J_3=Q_2Q_1; \quad K_3=Q_2\end{cases}$$

状态方程：

$$\begin{cases} Q_1^{n+1}=\overline{Q_3 Q_2 Q_1} \\ Q_2^{n+1}=\overline{Q_2}Q_1+\overline{Q_3}Q_2\,\overline{Q_1} \\ Q_3^{n+1}=\overline{Q_3}Q_2Q_1+Q_3\,\overline{Q_2} \end{cases}$$

输出方程：$Y=Q_3Q_2$；

电路是七进制计数器，能够自启动。

7－10　十进制计数器

7－11　十二进制计数器

7－14

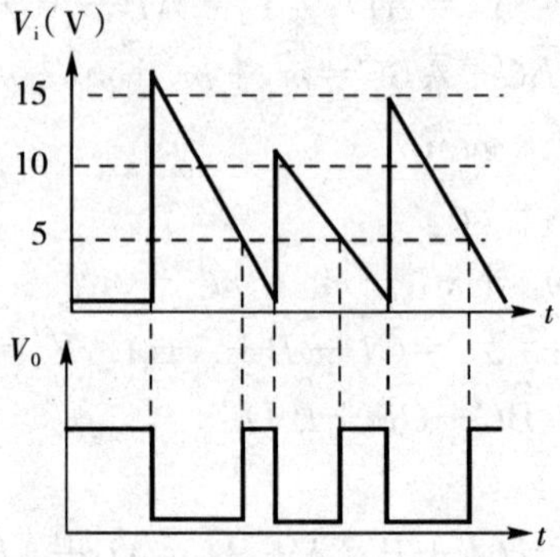

7－16　$V_{T+}=9V$，　$T_{T-}=4V$

7－17　1mS；　1kHz；　66.7%；　抗干扰

7－17　D1、D2 的作用是使充电、放电的电流路径不同，电位器的作用是调节占空比；电容的充电通路 R_A、D1、C，放电通路 C、D2、R_B。

$T=0.69(R_A+R_B)C$；　$f=\dfrac{1}{T}$；　$q=\dfrac{R_A}{R_A+R_B}$

参考文献

[1]秦曾煌．电工学(下册)(第六版)[M]．北京:高等教育出版社,2004
[2]康华光．电子技术基础(数字部分)[M]．北京:高等教育出版社,2003
[3]康华光．电子技术基础(模拟部分)[M]．北京:高等教育出版社,2003
[4]王皖贞．电子技术[M]．北京:国防工业出版社,2001
[5]李守成．电子技术(电工学Ⅱ)[M]．北京:高等教育出版社,2001
[6]肖广润,周惠领．电子技术[M]．武汉:华中科技大学出版社,1995
[7]杨志忠．数字电子技术基础[M]．北京:高等教育出版社,2004
[8]华成英．数字电子技术基础[M]．北京:高等教育出版社,2001
[9]张先永．电子技术基础[M]．长沙:国防科技大学出版社,2001
[10]许泽鹏．电子技术[M]．北京:人民邮电出版社,2004
[11]吴运昌．模拟电子线路基础[M]．广州:华南理工大学出版社,2001
[12]陈澎,曾永和．电子技术[M]．长沙:湖南大学出版社,2004
[13]龙忠琪．模拟集成电路教程[M]．北京:科学出版社,2004
[14]许泽鹏．电子技术[M]．北京:人民邮电出版社,2004
[15]王成珍,李辉．数字电子技术基础学习指导与提高[M]．北京:航空工业出版社,2003
[16]庞学民．数字电子技术[M]．北京:清华大学出版社,北京交通大学出版社,2005
[17]林育兹,陈文萝．数字电子技术[M]．北京:科学出版社,2004
[18]叶挺秀．电工电子学[M]．北京:高等教育出版社,1999
[19]唐介．电工学[M]．北京:高等教育出版社,1999
[20]江延．电工与工业电子学[M]．西安:西安电子科技大学出版社,2004
[21]于孟尝．数字电子技术基础简明教程[M]．北京:高等教育出版社,1999
[22]杨志中．数字电子技术[M]．北京:高等教育出版社,2000
[23]孙健．数字电子技术基础[M]．成都:西南交通大学出版社,2000
[24]庄效桓,谢冠虹．电工电子学(第二册)[M]．北京:北京理工大学出版社,1988
[25]贾书圣．模拟电子线路(线性部分)[M]．北京:北京理工大学出版社,1986
[26]朱正涌．半导体集成电路[M]．北京:清华大学出版社,2001
[27]杨素行．模拟电子技术基础简明教程(第二版)[M]．北京:高等教育出版社,1997
[28]童诗白．模拟电子技术基础(第三版)[M]．北京:高等教育出版社,2001
[29]陈振源．电子技术基础[M]．北京:高等教育出版社,2001
[30]方厚辉,谢胜曙．电子技术(电工学Ⅱ)[M]．北京:北京邮电大学出版社,2006